Grundlagen der Kinetik

Carl Heinz Hamann
Dirk Hoogestraat
Rainer Koch

Grundlagen der Kinetik

Von Transportprozessen zur Reaktionskinetik

Carl Heinz Hamann
Institut für Chemie
Carl von Ossietzky Universität Oldenburg
Oldenburg
Deutschland

Rainer Koch
Institut für Chemie
Carl von Ossietzky Universität Oldenburg
Oldenburg
Deutschland

Dirk Hoogestraat
Institut für Chemie
Carl von Ossietzky Universität Oldenburg
Oldenburg
Deutschland

Die Darstellung von manchen Formeln und Strukturelementen war in einigen elektronischen Ausgaben nicht korrekt, dies ist nun korrigiert. Wir bitten damit verbundene Unannehmlichkeiten zu entschuldigen und danken den Lesern für Hinweise.

ISBN 978-3-662-49392-2   ISBN 978-3-662-49393-9 (eBook)
https://doi.org/10.1007/978-3-662-49393-9

Die Deutsche Nationalbibliothek verzeichnet diese Publikation in der Deutschen National-bibliografie; detaillierte bibliografische Daten sind im Internet über http://dnb.d-nb.de abrufbar.

Springer Spektrum
© Springer-Verlag GmbH Deutschland, ein Teil von Springer Nature 2017
Das Werk einschließlich aller seiner Teile ist urheberrechtlich geschützt. Jede Verwertung, die nicht ausdrücklich vom Urheberrechtsgesetz zugelassen ist, bedarf der vorherigen Zustimmung des Verlags. Das gilt insbesondere für Vervielfältigungen, Bearbeitungen, Übersetzungen, Mikroverfilmungen und die Einspeicherung und Verarbeitung in elektronischen Systemen.
Die Wiedergabe von Gebrauchsnamen, Handelsnamen, Warenbezeichnungen usw. in diesem Werk berechtigt auch ohne besondere Kennzeichnung nicht zu der Annahme, dass solche Namen im Sinne der Warenzeichen- und Markenschutz-Gesetzgebung als frei zu betrachten wären und daher von jedermann benutzt werden dürften.
Der Verlag, die Autoren und die Herausgeber gehen davon aus, dass die Angaben und Informationen in diesem Werk zum Zeitpunkt der Veröffentlichung vollständig und korrekt sind. Weder der Verlag, noch die Autoren oder die Herausgeber übernehmen, ausdrücklich oder implizit, Gewähr für den Inhalt des Werkes, etwaige Fehler oder Äußerungen.

Planung: Margit Maly

Gedruckt auf säurefreiem und chlorfrei gebleichtem Papier

Springer Spektrum ist ein Imprint der eingetragenen Gesellschaft Springer-Verlag GmbH, DE und ist ein Teil von Springer Nature.
Die Anschrift der Gesellschaft ist: Heidelberger Platz 3, 14197 Berlin, Germany

Vorwort

Das Studium der Physikalischen Chemie beginnt an den Universitäten unseres Landes üblicherweise mit Vorlesungen zur Thermodynamik. Die Leser des vorliegenden Werkes werden also bereits wissen, dass die Thermodynamik vom Prinzip her ohne Kenntnisse über den Aufbau der Materie auskommt und auch den Begriff „Zustandsänderung" bereits kennen. Eine Zustandsänderung überführt ein System von einem Gleichgewichtszustand in einen anderen. In Bezug auf den Ablauf einer Zustandsänderung (Prozessablauf) wird in der klassischen Thermodynamik allerdings nur zwischen reversiblem Ablauf (eine die Realität nichtachtende, aber für den Aufbau der Thermodynamik wichtige Hilfskonstruktion) und irreversiblem, d. h. tatsächlichem Ablauf unterschieden. Dieser wird nicht näher charakterisiert. So finden sich z. B. zum Ablauf chemischer Reaktionen zwar detaillierte Angaben zu Wärmeumsätzen oder zur Lage des chemischen Gleichgewichts und seiner Abhängigkeit von Druck und Temperatur, Angaben über den zeitlichen Verlauf von Edukt- wie Produktkonzentrationen bis zur Gleichgewichtseinstellung fehlen jedoch völlig. Auch Informationen über den Zeitpunkt, zu welchem ein gebildetes Zwischenprodukt seine maximale Konzentration erreicht (und deren Zahlenwert), wird man gegebenenfalls vermissen.

Derartige kinetische Fragestellungen (Kinetik: lt. Duden die Lehre der Bewegung durch Kräfte) werden im vorliegenden Buch behandelt. Der Hauptteil entfällt dabei auf die Kinetik chemischer (auch elektrochemischer) Reaktionen. Vorgeschaltet ist die Behandlung von Transportprozessen (Diffusion und Wärmeleitung in Gasen, Flüssigkeiten und Festkörpern, Strömungen von Gasen und Flüssigkeiten, Wanderung von Ionen im elektrischen Feld). Kinetische Fragestellungen werden auf Basis von Atomen und Molekülen, ihren Bewegungen, Wechselwirkungen und ihres Aufbaus beantwortet.

Mit Absicht beginnt der Vorabsatz nicht mit „diese Lücke wird hier geschlossen". Prozessabläufe sind im Umfeld der Menschen sehr viel häufiger als Gleichgewichte und stellen – passend gesteuert – eine der Grundlagen unserer technischen Zivilisation dar. Und selbst wenn Gleichgewichte bestehen: Es ist sehr viel wahrscheinlicher, dass sie gestört werden, als dass sie Bestand haben. Eine Störung setzt jedoch wieder Prozessabläufe in Gang. Die Kinetik steht also zumindest gleichberechtigt neben der Thermodynamik. Man sollte möglichst früh in Prozessabläufen denken lernen, um nicht statischem Denken verhaftet zu bleiben. Der hierfür erforderliche mathematische Aufwand geht nur wenig über denjenigen hinaus, der für die Thermodynamik erforderlich ist. Zu Logarithmen, Exponentialfunktionen, Differentialen und Integralen treten lediglich Differentialgleichungen hinzu. Dies sollte jedoch niemanden vom Studium dieses Buches abhalten; diese Mathematik wird jeweils an Ort und Stelle erklärt. Vorausgesetzt wird allerdings die Kenntnis der Thermodynamik. Es liegt in der Natur eines Abrisses, dass in ihm von Fall zu Fall didaktische Reduktionen enthalten sind.

An dieser Stelle möchten wir folgenden Personen für ihr Mitwirken beim Entstehen dieses Werkes danken: Katharina Al-Shamery, Susanne Bartel, Thorsten Röpke, Heike Hillmer und Renate Scheper. Ohne ihre Anregungen und ihr Mitwirken wäre das Buch in der vorliegenden

Form nicht möglich gewesen. C. H. Hamann bedankt sich weiterhin bei früheren und jetztigen Mitarbeitern des Arbeitskreises Al-Shamery für die während des Entstehens dieses Buches erwiesene Gastfreundschaft.

Carl H. Hamann, Dirk Hoogestraat und Rainer Koch,
Oldenburg, im Juli 2017

Verzeichnis häufig verwendeter Symbole

Nur in begrenzten, zusammenhängenden Textpassagen benutzte Symbole sowie in solchen Fällen benutzte Nebenbedeutungen der verzeichneten Symbole sind nicht mit aufgeführt.

A	Fläche; Vorfaktor in der Arrhenius-Gleichung
C	Sutherland-Konstante; Kapazität (C_D Doppelschichtkapazität)
C_p	spezifische Wärmekapazität bei konstantem Druck
c	Konzentration
c_p	molare Wärmekapazität (Molwärme) bei konstantem Druck
c_V	molare Wärmekapazität (Molwärme) bei konstantem Volumen
D	Diffusionskoeffizient
d	Abstand, Kernabstand
d, ∂	Kennzeichnung für Differentiale bzw. Differentialquotienten
E	Feldstärke; Energie (E_A Aktivierungsenergie). Auch: elektrische Spannung im Bereich der Elektrochemie, E_0 dto. im stromlosen Zustand, E_{00} im stromlosen Zustand unter Standardbedingungen, E_{Kl} Klemmenspannung, E_Z Zersetzungsspannung), Edukt, Enzym
ES	Enzym-Substrat-Komplex
e_0	Elementarladung
F	Kraft; Freie Energie; Faraday-Konstante
f	Aktivitätskoeffizient
G	Freie Enthalpie ($\Delta_R G$ Freie Reaktionsenthalpie, $\Delta_R G^{\ominus}$ dto. bei Standardbedingungen, $\Delta_R G^{\neq}$ Freie Aktivierungsenthalpie)
H	Enthalpie ($\Delta_R H$ Reaktionsenthalpie, $\Delta_R H^{\neq}$ Aktivierungsenthalpie)
h	Planck'sches Wirkungsquantum
I	Impuls; Ionenstärke; Trägheitsmoment, Stromstärke ($I_{\lim}$ Diffusionsgrenzstrom)
J	Rotationsquantenzahl
j	Stromdichte (j_0 Austauschstromdichte, j_{00} Standardaustauschstromdichten, $j_{\lim}$ Diffusionsgrenzstromdichte)
K	Gleichgewichtskonstante
K_M	Michaelis-Konstante
k	Kohlrausch-Konstante, Reaktionsgeschwindigkeitskonstante
k_B	Boltzmann-Konstante
k_{cat}	Wechselzahl (*turnover number*)
L	Leitwert
l	Länge
M	Molmasse
m	Teilchenmasse
N	Teilchenzahl
N_A	Avogadro-Zahl
Nu	Nußeltzahl
n	Stoffmenge; Elektrodenreaktionswertigkeit
^1n	Teilchenzahl pro Volumeneinheit
P	Produkt(e)
p	Druck
Q	Wärmemenge; elektrische Ladung; Zustandssumme
R	allgemeine Gaskonstante; Ohm'scher Widerstand
Re	Reynoldszahl
r	Radius
S	Entropie ($\Delta_R S$ Reaktionsentropie, $\Delta_R S^{\neq}$ Aktivierungsentropie), Substrat
T	absolute Temperatur
t	Zeit ($t_{1/2}$ Halbwertszeit); Überführungszahl
U	Innere Energie (U_0 dto. bei 0 K, $\Delta_R U^{\neq}$ innere Reaktionsenergie für die Bildung des aktivierten Komplexes); elektrische Spannung. In der technischen Elektrochemie: U_Z Zellspannung (Elektrolysespannung)

u	Geschwindigkeit von Gasteilchen (u^w wahrscheinlichste Geschwindigkeit, $\bar{u}$ mittlere Geschwindigkeit, $\overline{u^2}$ mittleres Geschwindigkeitsquadrat), Ionenbeweglichkeit
ÜZ	Übergangszustand
V	Volumen (V_R Reaktionsvolumen, V_m Molvolumen); physikalisches Potential
v	Schwingungsquantenzahl; Reaktions-, Wanderungs-, Strömungsgeschwindigkeit ($\bar{v}$ mittlere Strömungsgeschwindigkeit)
W	Strömungswiderstand; Zahl der Realisierungsmöglichkeiten eines Systems (thermodynamische Wahrscheinlichkeit)
x, y, z	Ortskoordinaten
Z	Stoßzahl
Z_{NA}	Zahlenwert der Avogadro-Konstanten N_A
z	Ladungszahl
α	Wärmeübergangszahl; Dissoziationsgrad; Durchtrittsfaktor
Δ	Differenz; Laplace-Operator
δ_N	Dicke der Nernst'schen Diffusionsschicht
δ_{WL}	Temperaturleitfähigkeit
ε	Dielektrizitätskonstante; Teilchenenergie (ε_0 Nullpunktsenergie)
η	Viskosität (Zähigkeit); Überpotential
θ	Bedeckungsgrad
κ	spezifische Leitfähigkeit
Λ_{eq}	Äquivalentleitfähigkeit (Λ_{eq}^0 Grenzleitfähigkeit)
λ	Wellenlänge, mittlere freie Weglänge, Zerfallskonstante, Reaktionslaufzahl
λ_{eq}	Ionenäquivalentleitfähigkeit (λ_0^+, λ_0^- Grenzleitfähigkeit von Kation und Anion)
λ_{WL}	Wärmeleitungskoeffizient
μ	reduzierte Masse
ν	Frequenz; stöchiometrischer Faktor
ξ	Reaktionslaufzahl
Π	Zeichen für Produktbildung
ρ	Dichte
Σ	Zeichen für Summenbildung
σ	Stoßquerschnitt, Stefan-Boltzmann-Konstante
τ	Relaxationszeit; Verweilzeit
φ	Elektrodenpotential (φ_0 dto. im stromlosen Zustand, φ_{00} im stromlosen Zustand unter Standardbedingungen)
Ψ	Wellenfunktion
ω	Winkelgeschwindigkeit
$*$	Oberflächenplatz
$\ominus$	Standardbedingungen

Schlussbemerkung: Ein kleines kursives „vau" ist im Falle der hier verwendeten Schrift optisch kaum von einem kleinen griechischen „nü" zu unterscheiden. Treten beide Symbole benachbart auf, erfolgt ein klärender Hinweis.

Verzeichnis häufig benutzter unterer und/oder oberer Indizes

Nur in begrenzten, zusammenhängenden Textpassagen benutzte Indizes sowie in solchen Fällen benutzte Nebenbedeutungen der verzeichneten Indizes sind nicht mit aufgeführt. Gleiches gilt für Indizes mit Bedeutungen laut Symbolverzeichnis.

a	Aktivität; Aktivierungsreaktion; Kontrollfläche
A, B, C	Teilchen A, B, C
ad	Adsorption
aq	wässrige Lösung
b	bimolekular
$chem$	chemisch
dea	Deaktivierungsreaktion
des	Desorption
$\neq$	aktivierter Komplex
el	elektrisch
Gl	Gleichgewicht
i, j, k, m	laufende Indizes
m	monomolekular
max	Maximum
ox	oxidierter Zustand
P	Produktbildung
R	Reaktion
red	reduzierter Zustand
rot	Rotation
s	Oberfläche (von *surface*); Schwelle
$schw$	Schwingung
$stat$	stationär
t	trimolekular
$trans$	Translation
$\vert_x$	Die Variable x wird als konstant betrachtet

Inhaltsverzeichnis

1	**Einführung**	1
2	**Transporterscheinungen in Gasen**	7
2.1	**Grundlagen**	8
2.1.1	Die mittlere freie Weglänge	9
2.1.2	Die Herleitung der Transportgleichungen	14
2.1.2.1	Diffusionsgesetze	15
2.1.2.2	Wärmeleitungsgesetze	21
2.1.2.3	Transport von Impuls	22
2.1.2.4	Abschließende Hinweise und Bemerkungen	25
2.2	**Anwendungen**	26
2.2.1	Diffusion	26
2.2.1.1	Flächenquelle, Diffusionsschicht und mittleres Verschiebungsquadrat	27
2.2.1.2	Der Diffusionskoeffizient	29
2.2.1.3	Konvektive Diffusion	30
2.2.1.4	Abschließende Hinweise	31
2.2.2	Wärmeleitung	32
2.2.2.1	Wärmeleitungskoeffizient und klassische Wärmeleitung	32
2.2.2.2	Beispiele	33
2.2.2.3	Molekularer Wärmetransport	35
2.2.2.4	Abschließender Hinweis	35
2.2.3	Gasströmungen	36
2.2.3.1	Allgemeines	36
2.2.3.2	Gasviskosität und laminare Strömung	38
2.2.3.3	Effusion und Knudsen-Strömung	42
2.2.3.4	Die turbulente Strömung	47
2.2.3.5	Die Berechnung von Gasströmungen	50
2.2.3.6	Abschließende Hinweise	51
	Literatur	51
3	**Transporterscheinungen in Flüssigkeiten und Festkörpern**	53
3.1	**Flüssigkeitsströmungen**	54
3.2	**Diffusion und konvektive Diffusion**	56
3.2.1	Allgemeines	56
3.2.2	Quantifizierung der Diffusion in Flüssigkeiten	57
3.2.3	Besonderheiten bei Diffusion in Festkörpern	60
3.3	**Wärmeleitung, Wärmeübergang, Wärmedurchgang und Wärmerohr**	61
3.3.1	Allgemeines	61
3.3.2	Konvektiver Wärmetransport in Flüssigkeiten, Wärmeübergang	61
3.3.3	Wärmetransport in Festkörpern, Wärmedurchgang	66
3.3.4	Das Wärmerohr	68
3.4	**Wanderung von Ionen im elektrischen Feld**	69
3.4.1	Grundlagen	69

3.4.1.1	Ein einfaches Modell der Ionenwanderung	69
3.4.1.2	Spezifische, molare und Äquivalentleitfähigkeiten sowie Überführungszahlen	71
3.4.1.3	Ein verbessertes Modell und die Einführung von Grenzleitfähigkeiten	73
3.4.2	Gewinnung von Zahlenwerten	75
3.4.2.1	Spezifische Leitfähigkeit	75
3.4.2.2	Grenzleitfähigkeit, Überführungszahlen und Ionengrenzleitfähigkeiten	80
3.4.2.3	Ionenbeweglichkeiten und Ionenradien	85
3.4.2.4	Abschließende Hinweise und Bemerkungen	87
3.4.3	Nichtwässrige Lösungen, Festkörper und Schmelzen	89
3.5	**Diffusion von Ionen**	93
	Literatur	96
4	**Chemische Reaktionen**	**97**
4.1	**Einführung**	98
4.1.1	Thermodynamik und Kinetik	98
4.1.2	Klassifizierung chemischer Reaktionen	99
4.2	**Basiswissen zur Kinetik chemischer Reaktionen**	100
4.2.1	Der zeitliche Ablauf chemischer Reaktionen	100
4.2.1.1	Elementarreaktionen	101
4.2.1.1.1	Die monomolekulare Reaktion	102
4.2.1.1.2	Die bimolekulare Reaktion	106
4.2.1.1.3	Die trimolekulare Reaktion	110
4.2.1.2	Zusammengesetzte Reaktionen	113
4.2.1.2.1	Die Mehrdeutigkeit von Konzentrations- Zeit-Abhängigkeiten, Reaktionsordnungen	113
4.2.1.2.2	Gebrochene und formale Reaktionsordnungen	116
4.2.1.2.3	Die Bestimmung von Reaktionsordnungen	117
4.2.1.3	Beispiele für zusammengesetzte Reaktionen	120
4.2.1.3.1	Gleichgewichtseinstellende Reaktionen	121
4.2.1.3.2	Reaktionen mit partiellem Gleichgewicht	122
4.2.1.3.3	Folgereaktionen	123
4.2.1.3.4	Kettenreaktionen	129
4.2.1.3.5	Abschließende Hinweise und Bemerkungen	137
4.2.2	Einfluss der Temperatur auf die Reaktionsgeschwindigkeit	140
4.2.2.1	Die Entwicklung der Arrhenius-Gleichung	140
4.2.2.2	Leistungen	142
4.2.2.2.1	Quantifizierung der Temperaturabhängigkeit chemischer Reaktionen	142
4.2.2.2.2	Kinetische Deutung der Reaktionsenthalpie	144
4.2.2.3	Abschließende Hinweise und Bemerkungen	146
4.2.3	Katalyse	147
4.2.3.1	Der Katalysebegriff	147
4.2.3.2	Homogene Katalyse	150
4.2.3.3	Heterogene Katalyse	152
4.2.3.3.1	Adsorption	153
4.2.3.3.2	Heterogene Mechanismen	159
4.2.3.3.3	Katalysatoren für heterogene Prozesse	163
4.2.3.3.4	Mikroheterogene Katalyse	165
4.2.3.4	Enzymatische Katalyse	167
4.2.4	Experimentelle Methoden der chemischen Kinetik in Beispielen	174

4.2.4.1	Allgemeines	174
4.2.4.2	Langsame Reaktionen: Becherglas und Stoppuhr	175
4.2.4.3	Schnellere Reaktionen: Mischkammerverfahren	177
4.2.4.4	Schnelle Reaktionen I: Chemische Relaxation	178
4.2.4.5	Schnelle Reaktionen II: Blitzlichtphotolyse und Femtosekundenmethode	181
4.2.5	Technische Reaktionsführungen	183
4.2.5.1	Allgemeines	183
4.2.5.2	Der kontinuierliche Rührkesselreaktor	185
4.2.5.3	Der Rohrreaktor	187
4.2.5.4	Weitere Reaktorformen	188
4.2.5.5	Thermische Reaktorstabilität	189
4.3	**Theorien zur Reaktionsgeschwindigkeit**	**190**
4.3.1	Die Stoßtheorie	191
4.3.1.1	Ausführung für bimolekulare Gasreaktionen	191
4.3.1.2	Leistungen und Erweiterungen	194
4.3.1.3	Anwendung auf trimolekulare Gasreaktionen und auf Reaktionen in Lösungen	196
4.3.1.4	Die Stoßtheorie aus heutiger Sicht	197
4.3.2	Die Theorie des aktivierten Komplexes	198
4.3.2.1	Die Herleitung der Eyring-Gleichung anhand bimolekularer Gasreaktionen	198
4.3.2.2	Leistungen und Erweiterungen	200
4.3.2.2.1	Die Berechnung des Frequenzfaktors	200
4.3.2.2.2	Die Reaktionsenergie	201
4.3.2.3	Anwendung auf trimolekulare Gasreaktionen und auf Reaktionen in Lösungen	205
4.3.3	Die Lindemann-Theorie des monomolekularen Zerfalls	206
4.3.3.1	Die Lindemann-Theorie	207
4.3.3.2	Leistungen und Erweiterungen	209
4.3.4	Theoretische Deutung empirischer Einflüsse auf die Reaktionsgeschwindigkeit	210
4.3.4.1	Die thermodynamische Formulierung der Theorie des aktivierten Komplexes	210
4.3.4.2	Anwendungen	213
4.3.4.2.1	Der Einfluss des Lösungsmittels	213
4.3.4.2.2	Der Einfluss eines Zusatzelektrolyten	214
4.3.4.2.3	Die Druckabhängigkeit der Geschwindigkeitskonstanten	216
4.3.4.2.4	Der Einfluss von Substituenten	217
4.3.5	Abschließende Hinweise und Bemerkungen, Marcus-Theorie	219
	Literatur	222
5	**Elektrochemische Reaktionen**	**225**
5.1	Einführung	226
5.1.1	Thermodynamik und Kinetik in der Elektrochemie	226
5.1.2	Mess-, Bezugs- und Gegenelektrode, Überspannung, potentiostatische Messanordnung	231
5.2	**Elektrodencharakteristiken**	234
5.2.1	Die Durchtrittscharakteristik (Butler-Volmer-Gleichung)	235
5.2.2	Der Einfluss der Diffusion	244
5.2.3	Weitere Einflüsse auf die Elektrodencharakteristik	248
5.3	**Beispiele für Elektrodenreaktionen**	249
5.3.1	Wasserstoff- und Sauerstoffelektrode I: Die H_2/O_2-Brennstoffzelle	249
5.3.2	Wasserstoff- und Sauerstoffelektrode II: Die Wasserelektrolyse	252

5.3.3	Selektive Elektrokatalyse	253
5.4	**Schlussbemerkungen**	254
5.4.1	Theorie elektrochemischer Reaktionen	254
5.4.2	Untersuchungsmethoden	255
	Literatur	256
6	**Kinetik aus Sicht der Thermodynamik linearer irreversibler Prozesse**	257
6.1	**Die Entropieproduktion**	259
6.1.1	Chemische Reaktionen	259
6.1.2	Diffusion	261
6.1.3	Wärmeleitung	262
6.1.4	Erste Schlussfolgerungen	262
6.2	**Die Onsager'schen Reziprozitätsbeziehungen**	263
6.2.1	Korrespondierende Kräfte und Flüsse	263
6.2.2	Die Reziprozität der phänomenologischen Koeffizienten	263
6.2.3	Interferenzerscheinungen und eine Plausibilitätsbetrachtung zur Reziprozität	264
6.3	**Das Prinzip der minimalen Entropieproduktion und die Stabilität linearer irreversibler Prozesse**	265
6.4	**Ausblick: Nichtlineare irreversible Systeme**	267
6.4.1	Aufhebung von Linearität und Reziprozität bei großen treibenden Kräften, Verlust des Prinzips der minimalen Entropieproduktion	267
6.4.2	Das Evolutionskriterium für nichtlineare Systeme	267
6.4.3	Die Stabilität nichtlinearer Prozesse	268
	Literatur	269
7	**Anhang**	271
7.1	**Die Boltzmann-Statistik**	272
7.2	**Die Maxwell'sche Geschwindigkeitsverteilung**	279
7.2.1	Das eindimensionale Gas	279
7.2.2	Das zweidimensionale Gas	281
7.2.3	Das tatsächliche Gas	284
7.2.4	Der Einfluss der Temperatur	287
7.2.5	Abschließende Hinweise und Bemerkungen	290
7.3	**Die wichtigsten Gleichungen der statistischen Thermodynamik**	291
7.3.1	Zustandssumme, Innere Energie und molare Wärmekapazität	292
7.3.2	Entropie, Freie Energie und Freie Enthalpie	294
7.3.2.1	Systeme unterscheidbarer Teilchen	294
7.3.2.2	Systeme nicht unterscheidbarer Teilchen	295
7.3.3	Zur Berechnung von Zustandssummen	297
7.3.3.1	Energieterme für Translations-, Rotations- und Schwingungszustände	297
7.3.3.2	Zustandssummen für Translation, Rotation und Schwingung sowie Molekülzustandssummen	303
7.3.4	Beispiele für Anwendungen	307
7.3.4.1	Molare Wärmekapazitäten	307
7.3.4.2	Entropien	308
7.3.4.3	Das chemische Gleichgewicht	309

| 7.4 | Der quantenmechanische Tunneleffekt | 311 |
| | Literatur | 313 |

Serviceteil 315
Hinweise zu Literatur und Literaturstudium 316
Schlusswort 321
Stichwortverzeichnis 322

Einführung

Beim Studium der Thermodynamik muss man ganz zu Anfang einige Vokabeln lernen, etwa die Worte „Ideales Gas", „molare Wärmekapazität" (früher Molwärme), „System", „Zustandsfunktion" u.v.a.m. nebst ihren Bedeutungen. Das Lernen von Vokabeln steht auch am Anfang des Studiums der Kinetik. Es erfolgt ganz zwanglos an Hand eines einfachen Beispiels.

Man stelle sich im Gedankenexperiment eine Platte aus Kupfersulfat vor, an welcher rechts ein Wasservolumen angrenzt. Die rechte Seite des Volumens wiederum ist durch eine Ebene begrenzt, in welcher Kupferionen in schneller Reaktion abgeschieden werden können.

Zu Beginn des Experiments wird sich unmittelbar vor der Salzplatte eine Lösungskonzentration an Cu^{2+} - und SO_4^{2-} -Ionen ausbilden. Aus dieser Zone wandern Ionen in das Innere des Wassers. Vor der Platte werden sie durch Lösen nachgeliefert. Man beobachtet also an die Platte angrenzend eine blaue Färbung, die Intensität der Färbung nimmt mit zunehmender Entfernung ab.

Betrachtet man einen festgelegten Ort, so nimmt die Färbung zeitlich zu. Betrachtet man einen Ort mit festgelegter Farbintensität, so verschiebt sich dieser zeitlich nach rechts.

Die so beschriebene Diffusion der Ionen ist damit durch eine von Ort und Zeit abhängige Konzentration gekennzeichnet, gleiches gilt ersichtlich für den diffusionsbedingten Stofftransport. Es liegt ein **instationärer Prozess** vor.

> Diese Aussage bedeutet erfahrungsgemäß eine Verständnisschwierigkeit. Herrn Kapitän Dipl.-Chem. J. Hackstein verdanken wir folgende Verdeutlichung: Wenn Autos frontal auf eine Mauer zufahren, so ist die Oberflächenkonzentration intakter Autos dort null.

Schließlich erreichen Ionen die rechte Begrenzung, wo sie schnell gebunden werden, d. h., ihre Konzentration ist hier gleich null. Wird diese Bedingung aufrechterhalten, so stellt sich schließlich zwischen den Begrenzungen eine von links nach rechts linear bis auf null abnehmende, zeitlich stabile Blaufärbung ein. Die Diffusion ist damit durch eine nur noch vom Ort abhängige Konzentration gekennzeichnet, der Transportprozess durch Diffusion ist zeitlich konstant. Es liegt ein **stationärer Prozess** vor.

Der stationäre Prozess wird so lange aufrechterhalten, wie die experimentellen Randbedingungen (konstante Konzentrationsdifferenz zwischen den Begrenzungen) aufrechterhalten werden.

Lassen wir die Bedingung der Vernichtung der Ionen an der rechten Begrenzung weg, so wird die Färbung des Wassers von der Intensität her schließlich auch dort auf diejenige vor der linken Begrenzung ansteigen. Die Ionenkonzentration hängt dann weder von Ort noch Zeit ab, die Diffusion ist zur Ruhe gekommen, ein **Gleichgewicht** hat sich eingestellt. Merke: Ein stationärer Prozess hat dann niemals bestanden.

Diese Beobachtungen sind voll verallgemeinerbar: Wird ein Prozess in Gang gesetzt, so ist er zunächst stets instationär. Die Instationarität kann entweder in die Stationarität übergehen (Fall 1) oder sich bis zur Erreichung eines Gleichgewichtes fortsetzen (Fall 2). Die im Fall 1 zwischen Prozessbeginn und beginnender Stationarität liegende Zeitspanne wird als **Evolutionsphase** des Prozesses bezeichnet. Sie kann, wie noch ausgeführt werden wird, großen Einfluss auf das Verhalten eines betrachteten Systems nehmen.

Einführung

Zu jedem Prozessablauf gehören natürlich Ursache und Wirkung. In Analogie zu physikalischen Kräften sprechen wir von **treibenden Kräften**, Wirkungen werden als **resultierende Flüsse** verallgemeinert. Aus dieser Sicht sind instationäre Prozesse durch sich zeitlich ändernde Kräfte und/oder Flüsse gekennzeichnet. Für stationäre Prozesse sind Kräfte und Flüsse zeitlich konstant. Im Gleichgewicht sind Kräfte und Flüsse gleich null.

Die im Beispiel behandelte Diffusion gehört zu den sog. Transporterscheinungen (treibende Kraft: Konzentrationsdifferenz/ resultierender Fluss: Stofftransport). Weitere Transporterscheinungen sind die Wärmeleitung (Temperaturdifferenz/ Wärmetransport), Strömungen (Druckunterschied/ Transport von Impuls) und die sog. elektrolytische Leitfähigkeit (elektrisches Feld/ Ionentransport).

Diese vier Themen werden in den ▶ Kap. 2 (**Transporterscheinungen in Gasen**) und ▶ Kap. 3 (**Transporterscheinungen in Flüssigkeiten und Festkörpern**) dieses Buches behandelt. Neben den Themen stationärer Transport (alle vier Erscheinungen) werden für den Fall der Diffusion und der Wärmeleitfähigkeit auch die zugehörigen **Evolutionsphasen** sowie **konvektive Einflüsse** auf das Systemverhalten ausführlich behandelt. Die Behandlung von zum Gleichgewicht führenden instationären Prozessen ist hier hingegen weniger wichtig und erfolgt nur für den Fall der Diffusion und nur punktuell.

In ▶ Kap. 4 (**Chemische Reaktionen**) wird anders gewichtet. Hier interessiert vor allem die zu einem Gleichgewicht führende Reaktion. Sie ist gekennzeichnet durch eine zeitliche Abnahme von treibender Kraft (Differenz im chemischen Potential von Edukten und Produkten) und resultierendem Fluss (Fluss von den Edukten zu den Produkten) bis zum Wert null, die Reaktion verläuft also instationär.

Stationäre chemische Reaktionen (Aufrechterhalten der treibenden Kraft durch kontinuierliches Einspeisen der Edukte in einen Reaktor nebst kontinuierlichem Abziehen der Produkte) werden erst in der Chemischen Reaktionstechnik wichtig. Einige Grundaspekte – auch in Bezug auf die Evolution der stationären chemischen Reaktion – sind jedoch bereits in den vorliegenden Text integriert.

Für den Fall **elektrochemischer Reaktionen** schließlich wiederum ist Stationarität angesagt – laufen doch Elektrolysen wie das Entladen galvanischer Elemente vorzugsweise bei stationären Strömen ab (▶ Kap. 5).

Damit ein Elektronenaustausch zwischen Elektrode und aus der Lösung stammenden Spezies ablaufen kann, müssen Letztere zur Elektrodenoberfläche gelangen. Die Diffusion spielt also eine wichtige Rolle. Insbesondere die Evolutionsphase wird vielfach durch Diffusion regiert. Daher ist es unmöglich, das Verhalten elektrochemischer Systeme ohne Kenntnis der Evolutionsgesetze für die Diffusion zu verstehen.

Die Diskussion von Prozessen und Gleichgewichten wäre nicht vollständig ohne ein Eingehen auf den Informationsgehalt der zugehörigen Gesetze. Hierzu ist festzuhalten, dass Gesetze für Gleichgewichten zustrebende Prozesse auch Informationen über das Gleichgewicht selbst enthalten. So folgen z. B. das Massenwirkungsgesetz aus den Gleichungen

> Erst die sog. konvektive Diffusion und der konvektive Wärmetransport spiegeln die Realität von Diffusion und Wärmetransport wider. Sie werden in Lehrbüchern der Physikalischen Chemie häufig stiefmütterlich bis gar nicht behandelt.

für den Reaktionsablauf und die Nernst'sche Gleichung aus den Gesetzen für den elektrochemischen Reaktionsablauf.

Schließlich geben Gesetze für Prozessabläufe zumeist bessere Hinweise auf die Ausgestaltung von Anordnungen, welche diese Prozesse vornehmen, als Gleichgewichtsgesetze. Erst die Kenntnis der Beschleunigung des Reaktionsablaufs durch Temperaturerhöhung legte z. B. die Reaktionsbedingungen für die Ammoniak-Synthese richtig fest, die Beachtung der Gleichgewichtsgesetze allein hatte zuvor in die Irre geführt. Ein aktuelles Beispiel ist die Wasserstoff-Sauerstoff-Brennstoffzelle: Aus der Nernst'schen Gleichung ist nichts zu entnehmen, was der Konstruktion dienlich wäre.

Es folgt ein ▶ Kap. 6 über die **Rolle der Thermodynamik irreversibler Systeme** in der Kinetik. Dieses Wissensgebiet führt auf überraschende Einsichten, welche jedoch trotz zweier in jüngerer Zeit auf diesem Gebiet verliehener Nobelpreise eher unbekannt geblieben sind.

Ein Erarbeiten des Gesamtgebietes der Kinetik setzt zwingend die Kenntnis der Verteilung unterschiedlicher Geschwindigkeiten auf die Teilchen eines Gases (sog. Maxwell'sche Geschwindigkeitsverteilung) sowie der Grundbegriffe der statistischen Thermodynamik voraus. Beides wiederum basiert auf der Boltzmann'schen Statistik für die Verteilung von Energie auf die Teilchen eines Kollektivs. Diese drei Aspekte werden daher in ▶ Kap. 7 gebündelt dargestellt. Ein vierter Teil dieses Kapitels beschäftigt sich mit dem quantenmechanischen Tunneleffekt. Seine Kenntnis ist für das Verständnis einiger Textstellen ebenfalls zwingende Voraussetzung.

Der **Serviceteil** dieses Buches schließlich enthält neben einem Schlusswort und einem Stichwortverzeichnis noch ein kommentiertes Literaturverzeichnis mit eingestreuten Hinweisen zu einem zweckmäßigen Literaturstudium. Letzterer Textteil sollte verinnerlicht werden, bevor man mit dem Studium des vorliegenden Buches beginnt.

Das Literaturverzeichnis beginnt mit Hinweisen auf Monografien zur Chemischen Thermodynamik, die – wie in der Einleitung angedeutet – hier vorausgesetzt wird. Eine Diskussion von Einzeldarstellungen zur Chemischen Kinetik, auch in Bezug auf unterschiedliche Teilgebiete (z. B. elektrochemische Kinetik) schließt sich an. Ebenso enthalten sind Monografien zur Thermodynamik irreversibler Systeme. Als letztes werden noch Gesamtdarstellungen der Physikalischen Chemie beleuchtet.

Die soeben genannten Werke werden im Text als [A1]–[A36] zitiert. Hinweise auf Primärliteratur und einige Spezialwerke finden sich am Ende der jeweiligen Kapitel.

In der englischsprachigen Ausgabe [A24] des Werkes [A23] befindet sich die folgende, für ein Literaturstudium allgemein beherzigenswerte Feststellung:

> » „It should become second nature to check any formula for consistency of units […] Unfortunately, the unit of concentration remains a problem; the molarity is deeply ingrained in chemical

practice, and cannot be erased easily. This is a particular problem in the development of solution thermodynamics, and the choice of standard rates remains a difficulty, for which the only remedy is constant caution. Let the reader be warned."

Noch ein weiterer Hinweis: Argumente von Exponentialfunktionen oder Logarithmen sind prinzipiell einheitenlos, da diese Funktionen sonst mathematisch nicht definiert sind. Daher ist jegliche mit Einheiten behaftete Größe vor dem Einsetzen als entsprechendes Argument durch ihre Einheitsgröße zu teilen, z. B. eine Konzentration c (der Höhe 0,125 mol l^{-1}) durch $c^{\ominus}$ (1 mol l^{-1}). Analog ist auch bei Konstanten zu verfahren. Eine konsequente Durchführung führt jedoch oftmals zu unübersichtlichen Gleichungen. Wir vertrauen daher bei Erfordernis auf im Text gegebene Erläuterungen.

Transporterscheinungen in Gasen

2.1 Grundlagen

Am Anfang unserer Überlegungen stehen die Vorstellungen von einem idealen Gas. Das ideale Gas besteht zunächst aus einer Vielzahl von punktförmigen Teilchen der Masse m, welche sich in ungeordneter Bewegung befinden. Sie üben keine Kräfte aufeinander aus und im Falle des Zusammenstoßes gelten die Gesetze für den elastischen Stoß.

In Lehrbüchern der Thermodynamik oder Gesamtdarstellungen der Physikalischen Chemie [A1]–[A6], [A30]–[A36] wird aus diesen Vorstellungen der Gasdruck auf eine Wand und in der Folge das sog. ideale Gasgesetz hergeleitet. Nunmehr geht es um Transporterscheinungen im Gas. Hierfür wird neben den Teilchengeschwindigkeiten ganz allgemein die Länge des Wegs, die ein Teilchen (bis zu einem Stoßvorgang) ungestört zurücklegt, eine Rolle spielen.

Diese wird abhängig sein von der Gasdichte, aber auch von der Größe der Teilchen. Wir müssen ihnen daher jetzt auch einen Teilchendurchmesser zuordnen. Die Vorstellung von einem idealen Gas (Kräftefreiheit) impliziert, dass dieser Durchmesser sehr viel kleiner als der (mittlere!) Teilchenabstand ist.

Eine Berechnung der Transportgeschwindigkeiten kann natürlich nicht über die unendliche Vielzahl der einzelnen Teilchenbewegungen erfolgen. Vielmehr ist es erforderlich, die Teilchenbewegungen durch mittlere Größen zu charakterisieren. Es sind dies
- die mittlere Geschwindigkeit $\bar{u}$ der Teilchen und
- die mittlere Länge des Weges, die ein Teilchen zwischen zwei Zusammenstößen zurücklegt (allgemein als mittlere freie Weglänge λ bezeichnet).

Die mittlere Geschwindigkeit $\bar{u}$ erhält man als Funktion von Teilchenmasse und Temperatur aus viele Seiten füllenden statistischen Rechnungen zur Verteilung von Geschwindigkeiten auf die einzelnen Gasteilchen. Diese Rechnungen finden sich, wie bereits erwähnt, in ▶ Kap. 7.

Ergebnis ist die dortige Gl. 7.51 (k_B: Boltzmann-Konstante, T: absolute Temperatur, R: allgemeine Gaskonstante, m: Teilchenmasse, M: Molmasse)

$$\bar{u} = \sqrt{\frac{8 k_B T}{\pi m}} = \sqrt{\frac{8RT}{\pi M}}$$ Gl. 7.51

Man erkennt, dass die mittlere Teilchengeschwindigkeit mit der Wurzel aus der absoluten Temperatur ansteigt (Temperaturbewegung) und mit der Wurzel aus der Teilchenmasse absinkt. Einsetzen von Zahlenwerten für molekularen Sauerstoff liefert einen Wert von 444 m s^{-1} für 300 K. Für H_2 erhält man 1779 m s^{-1}, UF_6 nur noch 134 m s^{-1} (siehe auch ◘ Tab. 7.1).

Die Berechnung der mittleren freien Weglänge λ in Abhängigkeit von Teilcheneigenschaften und Gasdichte erfolgt nachstehend.

2.1 · Grundlagen

2.1.1 Die mittlere freie Weglänge

Zwei Teilchen A und B mit den Radien r_A und r_B berühren sich, wenn ihr seitlicher Abstand null wird (Abb. 2.1).

Dies bedeutet, dass für ein anfliegendes Teilchen in Flugrichtung die Fläche

$$\sigma = \pi \left(r_A + r_B \right)^2 \qquad \text{Gl. 2.1}$$

gesperrt ist (jede Begegnung mit einem Abstand der Teilchenmittelpunkte $\leq (r_A + r_B)$ entspricht einem Stoßvorgang). σ wird als Stoßquerschnitt bezeichnet.

In einem einfachen Modell durcheile ein Teilchen A mit der mittleren Geschwindigkeit $\bar{u}_A$ einen Raum, in welchem sich als stationär betrachtete Teilchen B befinden. Anschaulich ausgedrückt fegt das Teilchen in der Zeit Δt ein zylindrisches Volumen $\sigma \bar{u}_A \Delta t$ leer, alle mit ihrem Mittelpunkt darin befindlichen Teilchen B werden getroffen (Abb. 2.2).

Definieren wir $\sigma \bar{u}_A$ als zeitliches Stoßvolumen (cm³ s⁻¹), so ist die Zahl der sich darin ereignenden Stöße des Teilchens A mit den Teilchen B pro Zeiteinheit gleich $\sigma \bar{u}_A$ multipliziert mit der darin vorliegenden Dichte der Teilchen B, definiert als ^1n_B (Teilchen N / Volumeneinheit V, hier beispielsweise 1/cm³). Diese Größe wird als Stoßzahl Z_A (s⁻¹) bezeichnet.

$$Z_A = \sigma \bar{u}_A {}^1n_B \qquad \text{Gl. 2.2}$$

Die gesuchte mittlere freie Weglänge λ ist damit sofort angebbar, da das Produkt aus mittlerer freier Weglänge des Teilchens A (cm) und seiner Stoßzahl (s⁻¹) seiner mittleren Geschwindigkeit entsprechen muss.

Mit Gl. 2.2 folgt dann sofort

$$\lambda_A Z_A = \bar{u}_A \qquad \text{Gl. 2.3}$$

d. h.

$$\lambda_A = \frac{1}{{}^1n_B \sigma} \qquad \text{Gl. 2.4}$$

> Das in der Chemie für die Stoffmenge übliche Symbol n wird auch für die Teilchendichte (Teilchen pro Volumeneinheit) benutzt. Für eine Unterscheidung indizieren wir links oben mit der Zahl 1 für die Volumeneinheit.

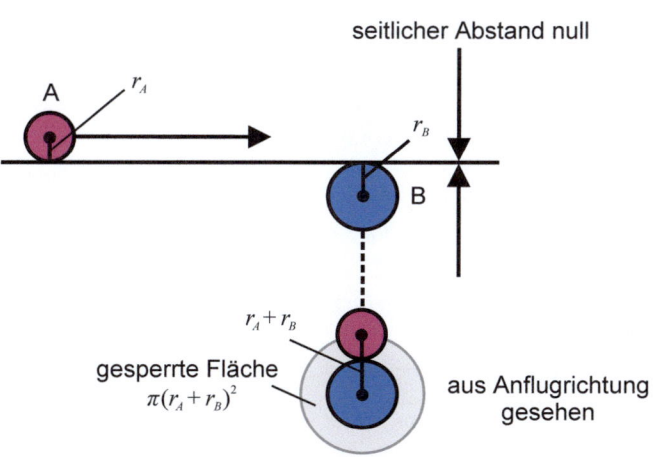

Abb. 2.1 Zur Definition des Stoßquerschnitts. Das Teilchen B wird aus Gründen der Einfachheit der Darstellung als feststehend betrachtet

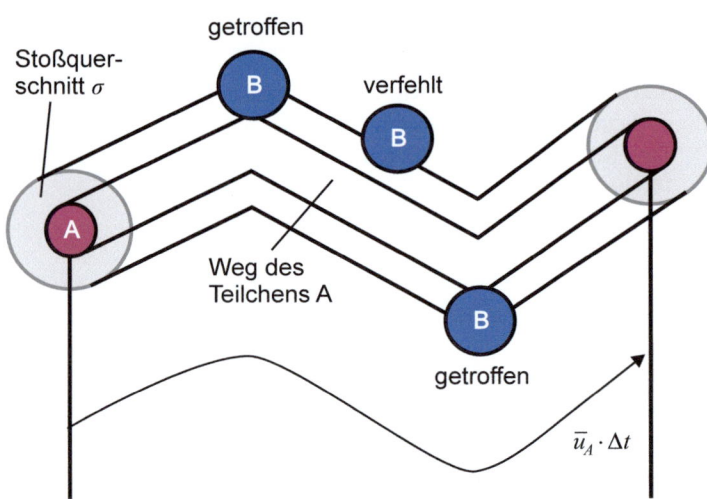

◘ Abb. 2.2 Zur Herleitung der mittleren freien Weglänge, vgl. Text

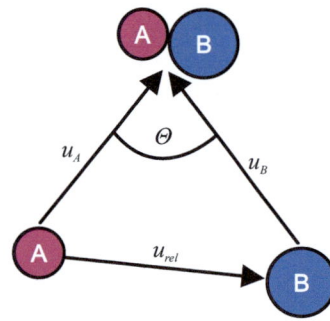

◘ Abb. 2.3 Zur Herleitung eines Ausdrucks für die Relativgeschwindigkeit beim Stoß, vgl. Text

Eine Verbesserung des Modells wird erreicht, wenn man auch den Teilchen B eine Geschwindigkeit zubilligt. Der Zusammenstoß erfolgt dann mit der Relativgeschwindigkeit u_{rel} unter einem Stoßwinkel Θ (◘ Abb. 2.3).

Den Zusammenhang zwischen u_A, u_B und u_{rel} liefert der Kosinussatz der ebenen Trigonometrie (vgl. Lehrbücher der Schulmathematik).

$$u_{rel}^2 = u_A^2 + u_B^2 - 2 u_A u_B \cos\Theta \qquad \text{Gl. 2.5}$$

Betrachten wir nunmehr die beiden Teilchen der ◘ Abb. 2.3 als für alle Teilchen stellvertretend, so ist über alle Geschwindigkeitsausdrücke ebenso wie über den Stoßwinkel Θ zu mitteln. Da jeder Stoßwinkel zwischen 0° und 180° gleich oft vorkommen muss (solange sich das Gas nicht in seiner Gesamtheit in irgendeine Richtung bewegt), ist der mittlere Stoßwinkel 90°, sein Kosinus also null. Damit ist $\overline{u}_{rel}^2 = \overline{u}_A^2 + \overline{u}_B^2$ und mit m_A und m_B als den Teilchenmassen und Gl. 7.51 aus ▶ Kap. 7 erhalten wir für die mittlere Relativgeschwindigkeit beim Stoß

$$\sqrt{\overline{u}_{rel}^2} = \sqrt{\overline{u}_A^2 + \overline{u}_B^2} = \sqrt{\frac{8 k_B T}{\pi m_A} + \frac{8 k_B T}{\pi m_B}}$$

$$= \sqrt{\frac{8 k_B T}{\pi m_A}\left(1 + \frac{m_A}{m_B}\right)} = \overline{u}_A \sqrt{1 + \frac{m_A}{m_B}} \qquad \text{Gl. 2.6}$$

Gleichung 2.7 wird im ▶ Kap. 4 – Chemische Reaktionen – noch wichtig: keine Reaktion ohne Zusammentreffen. Z_A wird dort auch zahlenwertmäßig ausgeführt.

Ersetzen von $\overline{u}_A$ durch $\overline{u}_{rel}$ in Gl. 2.2 liefert dann die Stoßzahl in Form von Gl. 2.7

$$Z_A = {}^1 n_B \sigma \overline{u}_A \sqrt{1 + \frac{m_A}{m_B}} \qquad \text{Gl. 2.7}$$

2.1 · Grundlagen

Anstelle von Gl. 2.4 folgt jetzt

$$\lambda_A = \frac{1}{^1n_B \sigma \sqrt{1 + \frac{m_A}{m_B}}}$$ Gl. 2.8

Für ein einheitliches Gas (stoßendes und gestoßenes Teilchen sind identisch) mit dem Teilchenradius r und der Dichte ^1n vereinfacht sich Gl. 2.8 zu

$$\lambda = \frac{1}{^1n 4\pi r^2 \sqrt{2}}$$ Gl. 2.9

Die mittlere freie Weglänge hängt also zunächst von den individuellen Teilchendaten ab – der Stoßquerschnitt etwa von Wasserstoff ist mit einem Wert von 0,27 nm² deutlich geringer als der von Sauerstoff (0,4 nm²), entsprechend länger ist die mittlere freie Weglänge im leichteren Gas unter sonst gleichen Bedingungen. Diese beziehen sich alleine auf die Teilchendichte. Mit

$$^1n = \frac{nN_A}{V}$$ Gl. 2.10

(N_A: Avogadro-Konstante) folgt z. B. aus Gl. 2.9 für konstante Stoffmenge n dann eine Proportionalität zum Gasvolumen V

$$\lambda = \frac{V}{nN_A 4\pi r^2 \sqrt{2}}$$ Gl. 2.11

Nach dem idealen Gasgesetz in der Form

$$V = \frac{nRT}{p}$$ Gl. 2.12

ist damit

- λ proportional zur Temperatur für **festgehaltenen Druck** (das Gas dehnt sich mit ansteigender Temperatur aus, die mittleren Teilchenabstände nehmen zu).
- λ umgekehrt proportional zum Druck **für konstante Temperatur** (das Gas wird bei steigendem Druck komprimiert).

◘ Tabelle 2.1 führt Letzteres für ein Gas mittlerer Teilchengröße und T = 298 K aus. Berechnet man nach Gl. 2.11 mit $N_A = 6{,}022 \cdot 10^{23}$ mol^{-1} beispielsweise für **Standardbedingungen** (Molvolumen $V_m = V/n = 24{,}790 \cdot 10^{-3}$ m³ mol^{-1}), erhält man mit der Teilchendichte ^1n von $2{,}43 \cdot 10^{25}$ m^{-3} dann mit $\sigma = 4\pi r^2 = 0{,}4$ nm² (Sauerstoff) für λ den Zahlenwert $7{,}3 \cdot 10^{-8}$ m, d. h. ungefähr 10^{-7} m.

Im Hochvakuum nimmt die mittlere freie Weglänge danach schnell Beträge von mehreren 10 Metern an. Im Normalbereich ist die mittlere freie Weglänge noch etwa 10^3 mal größer als der Teilchendurchmesser, d. h., die zu Beginn des ▶ Abschn. 2.1 getroffene Annahme war begründet. Bei höheren Drücken (Teilchendichten) gilt dies nicht mehr. Die Wechselwirkungen zwischen den Teilchen nehmen dann zu und das Verhalten des Gases geht vom idealen in das reale Verhalten über.

Tab. 2.1 Mittlere freie Weglängen in einem Gas mittlerer Teilchengröße (Sauerstoff) für 298 K zwischen Hochdruck und Hochvakuumbedingungen.

Druck	Bemerkungen	Mittlere freie Weglänge
100 bar		10^{-9} m
1 bar	Normalbereich	10^{-7} m = $1 \cdot 10^{-5}$ cm
10^{-3} bar	ca. 1 Torr, Grobvakuum	10^{-4} m = 0,1 mm
10^{-6} bar	ca. 10^{-3} Torr, Feinvakuum	10^{-1} m = 10 cm
10^{-9} bar	ca. 10^{-6} Torr, Hochvakuum	10^{2} m = 100 m

> **Standard- oder Normalbedingungen?**
>
> An dieser Stelle sollen die Definitionen für Standardbedingungen sowie für Normalbedingungen gegeben werden, Begriffe, die in der Literatur häufig uneinheitlich verwendet werden. Nach IUPAC-Empfehlungen werden heute 273,15 K und 100 kPa (1 bar) als **Normalbedingungen** bezeichnet. Dafür wurde auch der Terminus STP (*standard temperature and pressure*) festgelegt [1]. Wir nutzen den Begriff **Standardbedingungen** für die sog. *standard ambient temperature and pressure* (SATP) mit 298,15 K und 100 kPa [2].
> Des Weiteren ist der Begriff **Standardzustand** als Referenzzustand zur Beschreibung thermodynamischer Größen gebräuchlich [3]. Dies wird durch das Symbol „⦵" gekennzeichnet. Wir beziehen uns hierbei auf SATP-Bedingungen, also 298,15 K und 100 kPa. In älteren Tabellenwerken beziehen sich Standardzustandsgrößen noch auf den ehemals verwendeten Druck von 100,325 kPa, darauf ist bei Rechnungen zu achten!

Da die mittlere freie Weglänge für Transporterscheinungen im Gas eine Rolle spielt, kann man aus entsprechenden Messungen λ auch experimentell bestimmen (siehe etwa ▶ Abschn. 2.2.3.2). So gewonnene Daten erweisen sich mit den vorstehenden Rechnungen als konsistent.

Hält man schließlich die Teilchendichte (das Gasvolumen) konstant, so ist die Systemtemperatur nach Gl. 2.11 für die mittlere Weglänge ohne Belang. Dies gilt jedoch nur für das bisher betrachtete einfache Modell.

In einem verbesserten Modell werden die zwischen den Teilchen wirksamen Anziehungskräfte berücksichtigt. Sie führen für den Fall der Annäherung von zwei Teilchen zu gekrümmten Flugbahnen (reale Flugbahnen). Teilchen, welche für den Fall ungekrümmter (idealer) Bahnen einander um einen seitlichen Abstand d verfehlen würden, können sich jetzt treffen. Der Stoßquerschnitt wird durch die Kraftwirkungen entsprechend vergrößert (◘ Abb. 2.4, vgl. auch ◘ Abb. 2.1).

2.1 · Grundlagen

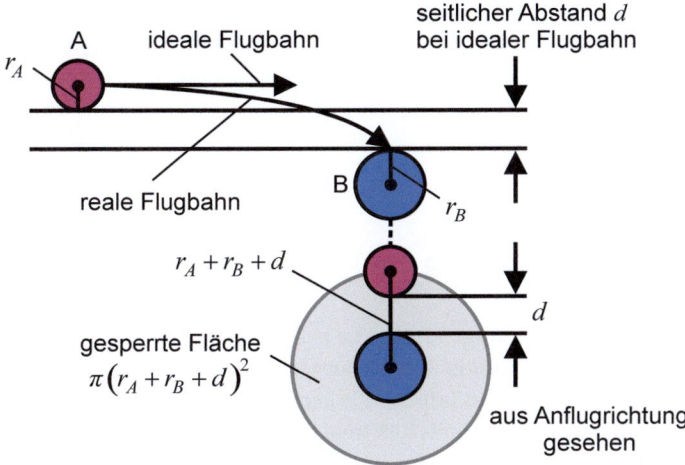

Abb. 2.4 Schaubild zur sog. Sutherland-Korrektur

Wie groß der seitliche Abstand d der idealen Flugbahn sein darf, damit bei realer Flugbahn eine Berührung der Teilchen noch bewirkt wird, hängt von der Stärke der Wechselwirkungen (Anziehungspotential $V(r)$, r ist der Abstand der Teilchenmittelpunkte) und von der für die Wechselwirkungen zur Verfügung stehenden Zeit ab. Hohe Fluggeschwindigkeiten – hohen Temperaturen entsprechend – nähern im Grenzfall die ideale Bahn an, d. h., für einen Stoßvorgang muss d wiederum zu null werden. Für sinkende Temperaturen wächst d an, d. h., der Stoßquerschnitt nimmt zu. Für den Effekt wird daher der Ansatz

$$\sigma = \sigma_0\left(1 + \frac{C}{T}\right) \qquad \text{Gl. 2.13}$$

getroffen (sog. Sutherland-Korrektur), C ist die Sutherland-Konstante mit der Einheit einer Temperatur; σ_0 stellt den Stoßquerschnitt für $T \to \infty$ dar. Damit ist auch $\sigma_0 = \pi(r_A + r_B)^2$, wie es im einfachen Modell ohne Berücksichtigung von Kraftwirkungen gilt – es kann keine Rolle spielen, ob die Wechselwirkungszeit oder die Kräfte gegen Null gehen.

Einsetzen in Gl. 2.9 liefert für das einheitliche Gas, wenn $r_A = r_B$ sinngemäß zu r_0 werden

$$\lambda = \frac{1}{{}^1 n 4\pi r_0^2 \left(1 + \frac{C}{T}\right)\sqrt{2}} \qquad \text{Gl. 2.14}$$

Mit λ als experimenteller Größe (soeben erwähnt) ist die Konstante C aus entsprechenden temperaturabhängigen Messungen zugänglich. C wird z. B. für H_2 zu 7,7 K, für N_2 zu 104 K und für Hg-Dampf zu 942 K erhalten. Damit erweist sich auch die mittlere freie Weglänge

Zweikörperproblem: Beispielsweise die Berechnung der Bahnen zweier Himmelskörper unter dem Einfluss ihrer Gravitation; etwa der Bahn eines Kometen um die Sonne ohne Berücksichtigung der Anwesenheit anderer Himmelskörper.

für konstante Teilchendichte als (durchaus merklich) temperaturabhängig. Die realen Flugbahnen können analog zum sog. Zweikörperproblem als Funktion von $V(r)$ und Teilchengeschwindigkeit berechnet werden. Damit wird letztlich auch das Anziehungspotential $V(r)$ aus der temperaturabhängigen Bestimmung der mittleren freien Weglänge zugänglich.

2.1.2 Die Herleitung der Transportgleichungen

Transporterscheinungen in Gasen beziehen sich auf den Transport von Teilchen („Diffusion"), von Wärmeenergie („Wärmeleitung") und auf den Transport von Impuls („Innere Reibung", dieses Schlagwort nehmen wir für einige Seiten erstmal so hin).

Die zugehörigen Gleichungen werden auf Basis eines gemeinsamen Modells hergeleitet. Es entspricht einem idealen Gas, welches in eine Vielzahl von Ebenen unterteilt ist. Sie haben jeweils den Abstand einer mittleren freien Weglänge λ.

Wir können uns diese Ebenen senkrecht zur Papierebene von oben nach unten verlaufend vorstellen (◘ Abb. 2.5). Jetzt legen wir fest, dass die Zusammenstöße der Teilchen nur in den Ebenen stattfinden sollen, zwischen den Ebenen fliegen sie dann frei. Da im Gas keine Druckunterschiede bestehen (regellose Bewegung bei fester und einheitlicher Temperatur), fliegen jeweils gleich viele Teilchen in $+x$- und in $-x$-Richtung. Dies ist in ◘ Abb. 2.5 durch die beiden von den Ebenen ausgehenden einander entgegengerichteten gleich breiten Pfeile ausgedrückt. a ist eine willkürlich herausgegriffene Ebene.

Für die Entwicklung der Transportgleichungen benötigen wir noch eine Formel für die Anzahl der Teilchen, welche jeweils in eine Richtung fliegen und damit die Nachbarebene erreichen, am besten **bezogen auf die Zeit- und die Flächeneinheit**. Dies ist die sogenannte **Stoßzahl** Z_w (Index w für Wand, die Nachbarebene kann ja auch eine das Gasvolumen begrenzende Wand darstellen). Für die Berechnung ordnen wir den Teilchen wiederum eine mittlere Geschwindigkeit $\bar{u}$ zu. Aus einfacher Sicht müssen dann alle diejenigen Teilchen, welche sich noch **innerhalb einer Wegstrecke** vom Betrage $\bar{u}$ in Flugrichtung vor der Nachbarebene bzw. Wand befinden, innerhalb der gewählten Zeiteinheit diese erreichen. Ist ^1n wiederum die Teilchendichte, so treffen also $1/6\ ^1n\bar{u}$ Teilchen pro Sekunde senkrecht auf die Flächeneinheit auf – der Faktor 1/6 entspricht dabei einer von 6 Raumrichtungen, hier z. B. die positive $+x$-Richtung. Damit ist

$$Z_w = \frac{1}{6}\ ^1n\bar{u} \qquad \text{Gl. 2.15}$$

Bei einer Wertung der zu Gl. 2.15 führenden Argumentation ist anzumerken, dass in der Realität Teilchen die Nachbarebene bzw. Wand nicht nur in $+x$-Richtung erreichen, sondern aus allen Richtungen anfliegen können.

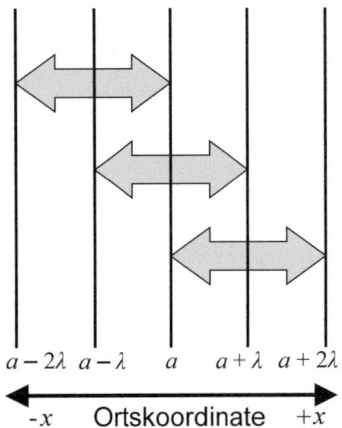

◘ **Abb. 2.5** Schichtmodell eines idealen Gases, vgl. Text

2.1 · Grundlagen

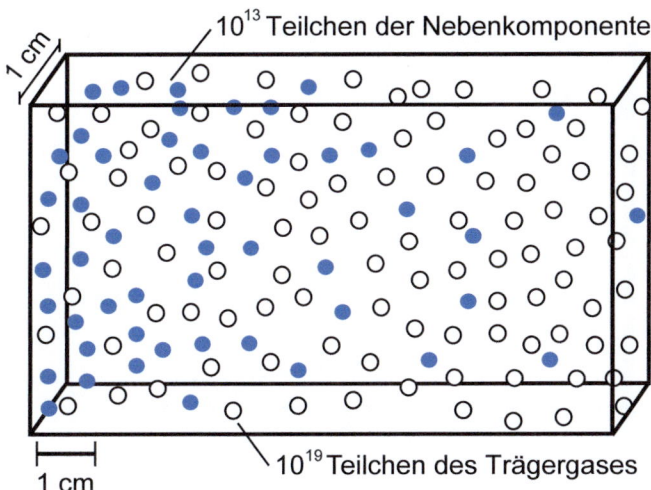

Abb. 2.6 Nebenkomponente mit nach rechts abnehmender Teilchendichte in einem Trägergas. Bei Standardbedingungen ist die Teilchendichte des Trägergases rund $2{,}5 \cdot 10^{19}$ pro cm^3. Denkt man sich die dargestellte Gasschicht senkrecht zur Zeichenebene einen Zentimeter tief, so entspricht eines der für das Trägergas gewählten Symbole also etwa 10^{19} Teilchen (auf den Quadratzentimeter der Zeichenebene entfallen ca. drei dieser Symbole). Liegt die Nebenkomponente im ppm-Bereich, so entspricht eines der zugehörigen Symbole rund 10^{13} Teilchen

Die Berücksichtigung dieser Tatsache führt richtig auf einen **etwas größeren Wert** für Z_w

$$Z_w = \frac{1}{4}\,{}^1 n \bar{u} \qquad \text{Gl. 2.16}$$

Dies weicht nicht allzu sehr vom vorhergehenden Ergebnis ab. Zur Herleitung der Gl. 2.16 sind sphärische Polarkoordinationen zu benutzen. Hierbei wird die Zahl der Teilchen berechnet, die aus einem differentiellen Raumwinkelelement auf die Oberfläche auftreffen. Anschließend wird über den Halbraum integriert. Eine etwas einfachere Herleitung findet sich in [A32].

2.1.2.1 Diffusionsgesetze

Ausgangspunkt sei eine **Gasmischung,** die aus einer Haupt- und einer Nebenkomponente bestehe. Die beiden Komponenten seien so in der Gasmischung verteilt, dass die Teilchendichte der Nebenkomponente in $+x$-Richtung abnimmt und diejenige der Hauptkomponente (die auch als **Trägergas** bezeichnet wird) entsprechend zunimmt, sodass ein einheitlicher Druck im gesamten Volumen gewährleistet ist – Strömungen im Gas sollen vermieden werden. Die Ortsabhängigkeit der Trägergasdichte sei jedoch gering, sie wird in den nachstehenden Rechnungen nicht berücksichtigt. ◘ Abbildung 2.6 zeigt die geschilderte Situation.

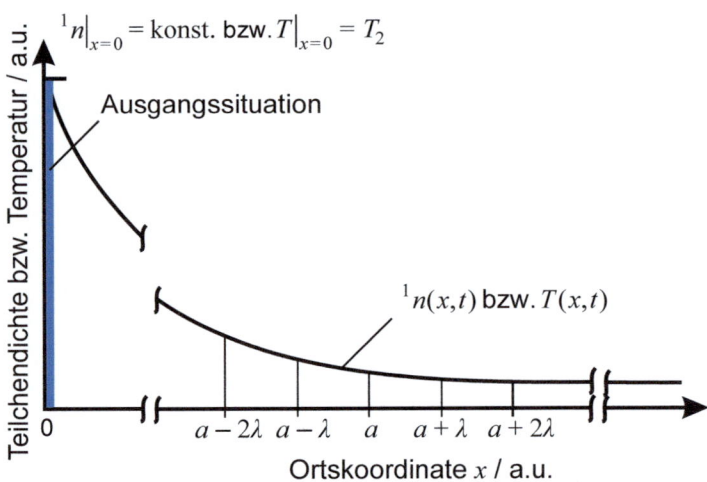

◘ Abb. 2.7 Zur Herleitung der Diffusionsgesetze, vgl. Text. Die mit „bzw." gekennzeichneten Symbole werden im Folgeabschnitt ▶ Abschn. 2.1.2.2 (Wärmeleitungsgesetze) benötigt und sind dort definiert. Ohne diesen Kunstgriff müsste die Abbildung dort wiederholt werden. Dieser Hinweis gilt auch für die beiden Folgeabbildungen ◘ Abb. 2.8 und ◘ Abb. 2.9. „a.u." ist die international übliche Abkürzung für „arbitrary units", willkürliche Einheiten. Die Unterbrechungen des Kurvenzugs sind erforderlich, weil – vgl. etwa ◘ Tab. 2.1 zweite Zeile – die Distanz $(a + 2\lambda) - (a - 2\lambda)$ nur einen kleinen Bruchteil der Ortskoordinate umfasst (die Diskussion bezieht sich auf normale Drucke)

Die Evolutionsphase

In einem Gedankenexperiment betrachten wir ein Vliespapier, welches einen Geruchsstoff kontinuierlich und schnell abgeben kann, angrenzend an ein Trägergasvolumen, z. B. Luft. Zu Beginn des Experiments ($t = 0$) sei die Geruchsstoffdichte an der Papieroberfläche ($x = 0$) gleich $^1n\big|_{x=0}$. Für alle $x > 0$ ist ^1n noch gleich null.

Im weiteren Geschehen werden die aus der Grenzebene $x = 0$ austretenden Geruchsstoffteilchen schnell für einen Anstieg ihrer Teilchendichte ^1n rechts davon sorgen. ^1n ist jetzt Funktion von Ort und Zeit. Die Dichte $^1n\big|_{x=0}$ bleibt jedoch konstant, da der Geruchsstoff ja aus dem Vlies schnell nachgeliefert wird. Die beschriebene Anordnung wird allgemein als Flächenquelle gekennzeichnet. Der nach einiger Zeit bestehende Verlauf $^1n(x, t)$ sei durch die in ◘ Abb. 2.7 eingezeichnete Kurve visualisiert, deren genauer Verlauf uns noch nicht bekannt ist. Die sich anschließende Diskussion ist aber davon unabhängig. Wichtig: Vor dem Weiterlesen die zur ◘ Abb. 2.7 gehörige Legende beachten.

◘ Abbildung 2.8 schließt sich unmittelbar an die ◘ Abb. 2.5 und ◘ Abb. 2.7 an. Bei Vorliegen einer Dichtefunktion $^1n(x, t)$ muss auch die Stoßzahl Z_w orts- und zeitabhängig sein.

Unter diesen Bedingungen fliegen nach der getroffenen Modellierung auf eine herausgegriffene Ebene bei $x = a$ zeitlich mehr Teilchen der Nebenkomponente aus der links als aus der rechts benachbarten Ebene zu – die Teilchendichte ^1n nimmt ja nach rechts hin ab. **Dies entspricht**

2.1 · Grundlagen

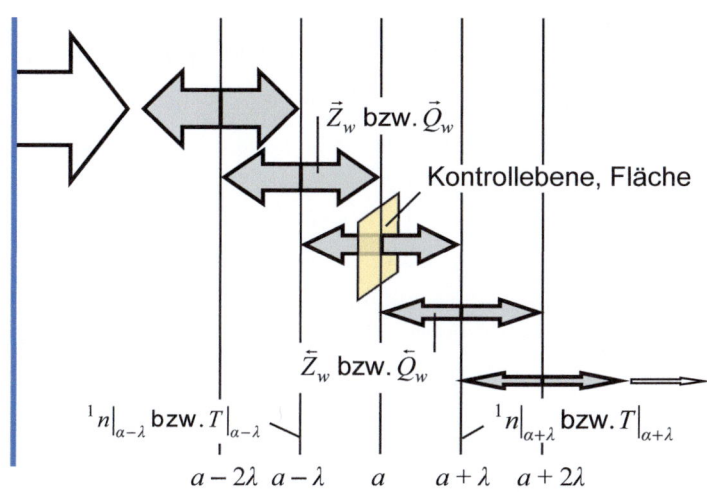

Abb. 2.8 Zur Herleitung eines Teilchentransports durch Diffusion, vgl. Text

einem Netto-Teilchenfluss $\partial \vec{N} / \partial t$ von links nach rechts (bzw. von $-x$ nach $+x$) zu dieser Ebene – wie in Verallgemeinerung zu jeder anderen Ebene auch. Dies bezeichnet man als Diffusion.

Den Netto-Teilchenfluss berechnen wir wie folgt. Aus Gl. 2.16 folgt zunächst für die Zahl pro Zeit- und Flächeneinheit von links auf die eingezeichnete Kontrollebene auftreffende Teilchen

$$\vec{Z}_w = \frac{1}{4} \bar{u} \, {}^1n \Big|_{a-\lambda} \qquad \text{Gl. 2.17}$$

Entsprechend gilt für die rechte Seite

$$\bar{\vec{Z}}_w = \frac{1}{4} \bar{u} \, {}^1n \Big|_{a+\lambda} \qquad \text{Gl. 2.18}$$

Der Netto-Teilchenfluss zur Kontrollfläche bei $x = a$ lautet dann bei einer Oberfläche A

$$\frac{\partial \vec{N}}{\partial t}\bigg|_{x=a} = A(\vec{Z}_w - \bar{\vec{Z}}_w) = -A(\bar{\vec{Z}}_w - \vec{Z}_w) \qquad \text{Gl. 2.19}$$

$$= -\frac{1}{4} \bar{u} A \left({}^1n \Big|_{a+\lambda} - {}^1n \Big|_{a-\lambda} \right)$$

Die partielle Schreibweise muss gewählt werden, da Abhängigkeit von zwei Variablen besteht (Ort und Zeit).

Die Änderung der Teilchendichte beim Fortschreiten um die Distanz 2λ in $+x$-Richtung können wir durch $\frac{\partial^1 n}{\partial x} 2\lambda$ ersetzen. Damit gilt

$$\frac{\partial \vec{N}}{\partial t}\bigg|_{x=a} = -\frac{1}{2} \bar{u} \lambda A \frac{\partial^1 n}{\partial x}\bigg|_a \qquad \text{Gl. 2.20}$$

Für eine Funktion $y(x)$ gilt allgemein $\Delta y \cong \frac{dy}{dx} \Delta x$ für nicht zu großes Δx.

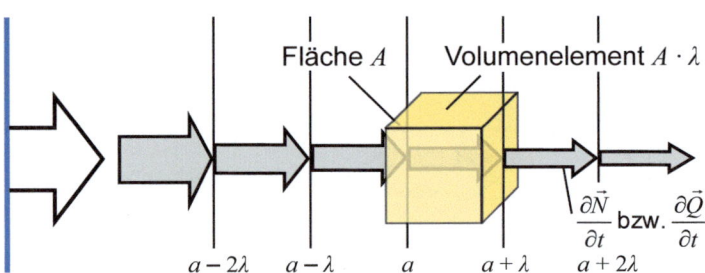

Abb. 2.9 Abnahme des Teilchentransports in Diffusionsrichtung, vgl. Text. Das eingezeichnete Volumenelement $A \cdot \lambda$ wird in der Anschlussdiskussion benötigt

Der resultierende Teilchenfluss hängt also linear von der treibenden Kraft (dem Dichtegradienten) ab. Das Minuszeichen entspricht der Richtung des Flusses in $+x$-Richtung bei negativem Gradienten.

Zur Vereinfachung führen wir noch den sog. Diffusionskoeffizienten D (mit der Einheit $cm^2 \, s^{-1}$) ein.

$$D = \frac{1}{2}\bar{u}\lambda \qquad \text{Gl. 2.21}$$

Damit ist

$$\left.\frac{\partial \vec{N}}{\partial t}\right|_{x=a} = -AD \left.\frac{\partial^1 n}{\partial x}\right|_a \qquad \text{Gl. 2.22}$$

Betrachten wir nunmehr noch einmal die unterschiedlichen Ebenen in ◘ Abb. 2.8, so stellen wir fest, dass mit Gl. 2.22 der auf die Ebenen gerichtete Netto-Teilchenfluss in $+x$-Richtung abnimmt ($\partial^1 n / \partial x$ sinkt ab). Dies ist in ◘ Abb. 2.9 dargestellt.

Die jeweiligen Differenzen erhöhen sofort die örtlichen Teilchendichten – die in den ◘ Abb. 2.7, ◘ Abb. 2.8 und ◘ Abb. 2.9 dargestellte Situation muss also als eine Momentaufnahme angesehen werden. Wir befinden uns in der Evolutionsphase des Diffusionsprozesses.

Das 1. Diffusionsgesetz

Stationarität wird für die Diffusion erreicht, wenn der Netto-Teilchenfluss zu allen Ebenen hin identisch ist. Dies ist gegeben, wenn der Dichtegradient linear ist.

Dies ist rasch zu erreichen, wenn man in das Diffusionsproblem „Flächenquelle" eine zweite, rechts davon gelegene Grenzebene z. B. bei $x = d$ einführt, in welcher die Dichte des diffundierenden Gases beim Wert null fixiert ist. In unserem Gedankenexperiment wäre dies durch Neutralisation des in der Ebene $x = 0$ freigesetzten Duftstoffes sofort möglich. Ohne die Einführung der rechten Begrenzung wird sich nach unendlich langer Zeit eine Gleichverteilung $^1n = {}^1n\big|_{x=0}$ für alle x einstellen, aber nur, wenn auch der Duftstoff unendlich lange nachgeliefert wird. ◘ Abbildung 2.10 stellt die Verhältnisse bei instationärer und stationärer Diffusion dar.

2.1 · Grundlagen

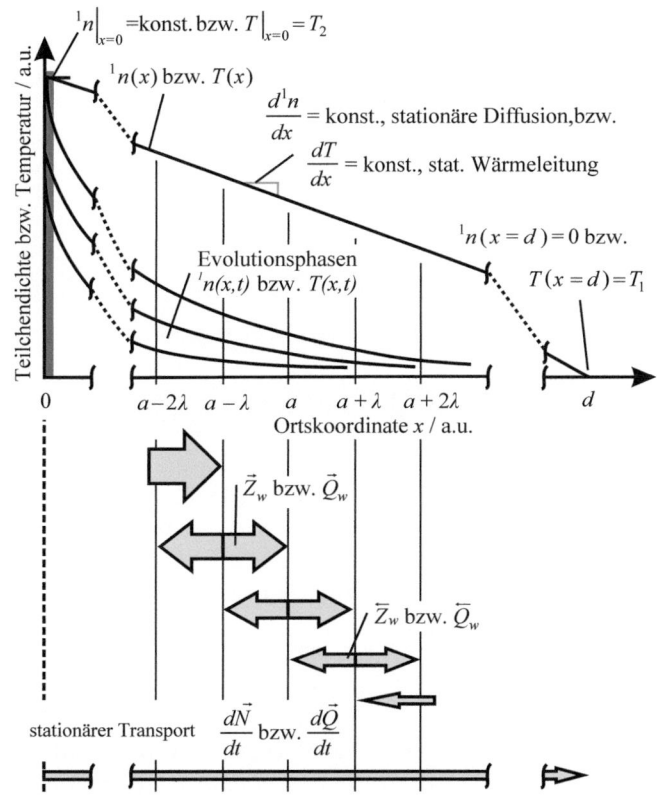

Abb. 2.10 Instationäre und stationäre Diffusion, vgl. Text. Die mit „bzw." gekennzeichneten Symbole beziehen sich wiederum auf den Folgeabschnitt
▶ Abschn. 2.1.2.2 und sind dort erklärt. Der Grund für die Unterbrechung wurde anhand ◘ Abb. 2.7 erläutert

Im stationären Fall mit der Teilchendichte ^1n jetzt **als linearer Funktion einer Variablen** (der Ortskoordinate) gilt anstelle von Gl. 2.22 allgemein

$$\frac{dN}{dt} = -AD\frac{d^1n}{dx} \qquad \text{Gl. 2.23}$$

Der Diffusionsstrom durch eine Trägergasschicht der Dicke Δx kann dann sofort berechnet werden. Anstelle von d^1n/dx ist $\Delta^1n/\Delta x$ einzusetzen (im Falle der ◘ Abb. 2.10 wäre $\Delta^1n = {^1n}\big|_{x=0}$ und Δx gleich d). Der Diffusionskoeffizient D (Gl. 2.21) ist mit den Gl. 7.51 für $\bar{u}$ und Gl. 2.8 für λ ebenfalls bekannt. Die Gl. 2.23 wird als **1. Diffusionsgesetz** (auch als 1. Fick'sches Gesetz) bezeichnet. Gleichung 2.23 gilt nach dem Gang der Herleitung auch dann, wenn für $x = d$ der Wert für ^1n nicht gleich null, aber zeitlich konstant ist. Entsprechende numerische Rechnungen werden an späteren Stellen ausgeführt.

Das 2. Diffusionsgesetz

An diesem Punkt kehren wir noch einmal zum instationären Fall (der Evolutionsphase) zurück mit dem Ziel, die ja immer noch unbekannte Funktion $^1n(x, t)$ zu bestimmen. Hierzu müssen wir die im Anschluss an Gl. 2.22 schon angemerkten zeitlichen Erhöhungen der örtlichen Teilchendichten berechnen. Dies geschieht anhand des sich an die Ebene $x = a$ nach rechts anschließenden Volumenelements $A \cdot \lambda$ (vgl. noch einmal ◘ Abb. 2.9).

Die in das Volumenelement bei $x = a$ zur Zeit t von links zeitlich eintretende Teilchenmenge ist aus Gl. 2.22 bekannt.

$$\left.\frac{\partial \vec{N}}{\partial t}\right|_a = -AD \left.\frac{\partial^1 n}{\partial x}\right|_a \quad \text{Gl. 2.24}$$

Entsprechend gilt für die bei $x = a + \lambda$ austretenden Teilchen

$$\left.\frac{\partial \vec{N}}{\partial t}\right|_{(a+\lambda)} = -AD \left.\frac{\partial^1 n}{\partial x}\right|_{(a+\lambda)} \quad \text{Gl. 2.25}$$

Die Differenz dieser Ausdrücke entspricht der Zahl der im Zeitintervall dt im betrachteten Volumenelement verbleibenden (d. h. die dortige Teilchendichte erhöhenden) Teilchen. Da die Teilchenzahl der mit dem Volumen multiplizierten Teilchendichte entspricht, gilt für diese Differenz

$$\left.\frac{\partial^1 n}{\partial t}\right|_a A\lambda = AD \left(-\left.\frac{\partial^1 n}{\partial x}\right|_a + \left.\frac{\partial^1 n}{\partial x}\right|_{(a+\lambda)} \right) \quad \text{Gl. 2.26}$$

Definiert man y in $\Delta y \cong \frac{dy}{dx} \Delta x$ als $\frac{\partial^1 n}{\partial x}$, dann gilt mit $\Delta x = \lambda$ sofort

$$\Delta\left(\frac{\partial^1 n}{\partial x}\right) \cong \frac{\partial}{\partial x}\left(\frac{\partial^1 n}{\partial x}\right)\lambda = \frac{\partial^2({}^1 n)}{\partial x^2}\lambda$$

Der zweite Term innerhalb der Klammer entspricht dem **um die Änderung der Steigung** $\partial^1 n/\partial x$ **bei Fortschreiten um den Weg** $\Delta x = \lambda$ **vermehrtem ersten Term**.

$$\left.\frac{\partial^1 n}{\partial x}\right|_{(a+\lambda)} = \left.\frac{\partial^1 n}{\partial x}\right|_a + \frac{\partial}{\partial x}\left(\frac{\partial^1 n}{\partial x}\right)_a \lambda \quad \text{Gl. 2.27}$$

Einsetzen ergibt

$$\left.\frac{\partial^1 n}{\partial t}\right|_a A\lambda = AD \left(\frac{\partial^2({}^1 n)}{\partial x^2}\right)_a \lambda \quad \text{Gl. 2.28}$$

Da dies nicht nur für das bei $x = a$ beginnende Volumenelement gilt, sondern für alle x, können wir allgemein schreiben

$$\frac{\partial^1 n}{\partial t} = D \frac{\partial^2({}^1 n)}{\partial x^2} \quad \text{Gl. 2.29}$$

Dies ist das **2. Diffusionsgesetz** (2. Fick'sches Gesetz).

Gleichung 2.29 stellt eine partielle Differentialgleichung von zweiter Ordnung dar. Die Funktion ${}^1 n(x, t)$ ist aus ihr durch doppelte Integration gewinnbar. Dabei treten zwei Integrationskonstanten auf. Gleichung 2.29 besitzt damit eine doppelt unendliche Vielfalt (mathematisch: Mannigfaltigkeit) an Lösungen. Die für ein betrachtetes Problem richtige Lösung wird durch die anfänglichen Bedingungen (Randbedingungen) ausgewählt (Weitere Behandlung in ▶ Abschn. 2.2.1.1).

2.1.2.2 Wärmeleitungsgesetze

Die Behandlung der Wärmeleitung durch ein **einheitliches Gas der Dichte** ^1n weist vollständige Analogie zum ▶ Abschn. 2.1.2.1 auf. Die ◘ Abb. 2.7 bis ◘ Abb. 2.10 können daher weiterbenutzt werden, wobei die mit „bzw." gekennzeichneten Symbole zu diskutieren sind.

Ausgangssituation ist jetzt eine feste Temperatur in der linken Grenzebene $x = 0$ – sie sei mit T_2 gekennzeichnet und größer als die des angrenzenden Gases. Ein betrachtetes Teilchen kann an dieser Ebene die Wärmemenge $½\, f k_B T_2$ aufnehmen (f symbolisiert dabei die Freiheitsgrade des Teilchens, d. h. die Zahl der Möglichkeiten, Wärmeenergie zu speichern). Diese Wärme wird von den Teilchen von Stoßebene zu Stoßebene weitergereicht. Es bildet sich ein Temperaturprofil $T(x, t)$ aus. Die von der Ebene $x = a - \lambda$ die Ebene a anfliegenden Teilchen stellen pro Zeit- und Flächeneinheit die Wärmemenge

$$\vec{Q}_w = \frac{1}{2} f k_B T \bigg|_{a-\lambda} \vec{Z}_w \qquad \text{Gl. 2.30}$$

dar.

> **Freiheitsgrade**
>
> Teilchen können Energie in translatorischen Bewegungen (drei Raumrichtungen), in Rotations- und in Schwingungszuständen speichern. Bei einem einatomigen Gas entfallen Rotation (aufgrund des zu kleinen Trägheitsmomentes) und Schwingung. Es gilt daher $f = 3$. Bei einem (linearen) zweiatomigen Gas liegen zwei Rotationen (die Rotation um die Längsachse besitzt ebenfalls ein zu kleines Trägheitsmoment) und eine Schwingung vor. Da Letztere aus zwei Energieanteilen (kinetisch und potentiell) zusammengesetzt ist und daher mit zwei Freiheitsgraden eingeht, ist hier $f = 7$. Für N-atomige nicht lineare Gase bei höheren Temperaturen gilt $f = 6N - 6$. Näheres siehe in [A1]–[A6], [A30]–[A36].

Entsprechend gilt

$$\overleftarrow{Q}_w = \frac{1}{2} f k_B T \bigg|_{a+\lambda} \overleftarrow{Z}_w \qquad \text{Gl. 2.31}$$

Für den Netto-Wärmestrom zur Kontrollfläche $x = a$ gilt dann mit Gl. 2.16

$$\frac{\partial Q}{\partial t}\bigg|_a = A\left(\vec{Q}_w - \overleftarrow{Q}_w\right) = -\frac{1}{4} A \bar{u}\, ^1n \frac{f}{2} k_B \left(T\big|_{a+\lambda} - T\big|_{a-\lambda}\right) \qquad \text{Gl. 2.32}$$

Unter Vernachlässigen der Temperaturabhängigkeit von $\bar{u}$ und Ersetzen des Klammerterms durch $\dfrac{dT}{dx} 2\lambda$ erhält man

$$\frac{\partial Q}{\partial t}\bigg|_a = -\frac{1}{4} A \lambda \bar{u}\, ^1 n f k_B \frac{\partial T}{\partial x}\bigg|_a = -A \lambda_{WL} \frac{\partial T}{\partial x}\bigg|_a \qquad \text{Gl. 2.33}$$

Hierin ist λ_{WL} der sog. Wärmeleitungskoeffizient. Dann gilt für den Wärmetransport zur betrachteten Ebene

$$\left.\frac{\partial Q}{\partial t}\right|_a = -A\lambda_{WL}\left.\frac{\partial T}{\partial x}\right|_a \qquad \text{Gl. 2.34}$$

Auch die weitere Diskussion verläuft völlig analog. Wird in einer rechten Grenzebene $x = d$ die Temperatur mit $T = T_1 < T_2$ ebenfalls konstant gehalten, so geht der instationäre Wärmetransport in Stationarität über und es gilt das 1. **Wärmeleitungsgesetz**.

$$\frac{dQ}{dt} = -A\lambda_{WL}\frac{dT}{dx} \qquad \text{Gl. 2.35}$$

Für eine numerische Behandlung (an späterer Stelle) wäre dT/dx durch $(T_2 - T_1)/d$ zu ersetzen.

Kehren wir auch jetzt zur Evolutionsphase, d. h. zur ◘ Abb. 2.9 zurück. Für die zeitlich im Volumenelement $A \cdot \lambda$ verbleibende (und dort die Temperatur erhöhende) Wärmemenge gilt allgemein

$$\frac{\partial Q}{\partial t} = \rho C_p A \cdot \lambda \frac{\partial T}{\partial t} \qquad \text{Gl. 2.36}$$

Hierin ist der Ausdruck $\rho \cdot C_p \cdot A \cdot \lambda$ mit ρ als Dichte und C_p als spezifische Wärmekapazität des Gases (in J kg^{-1} K^{-1}) die Wärmekapazität des Volumenelements. Drücken wir jetzt $\partial Q/\partial t$ durch die Differenz der nach Gl. 2.34 zu den Ebenen a und $a + \lambda$ bestehenden Wärmeströme $\partial Q/\partial t$ aus, so wird

$$\frac{\partial T}{\partial t} = \frac{\lambda_{WL}}{\rho C_p}\frac{\partial^2 T}{\partial x^2} = \delta_{WL}\frac{\partial^2 T}{\partial x^2} \qquad \text{Gl. 2.37}$$

Gleichung 2.37 stellt das 2. **Wärmeleitungsgesetz** dar, δ_{WL} wird als **Temperaturleitfähigkeit** bezeichnet. Der letzte Absatz des ▶ Abschn. 2.1.2.1 gilt sinngemäß.

2.1.2.3 Transport von Impuls

Jedes sich bewegende Gasteilchen besitzt einen Impuls (Teilchenmasse multipliziert mit Teilchengeschwindigkeit). Befinden sich die Teilchen in regelloser Bewegung, so ist der Summenimpuls gleich null – das Gas als Gesamtheit ist in Ruhe. Man kann dann natürlich auch einen Gesamtimpuls $N \cdot m \cdot \bar{u}$ definieren, der ebenfalls null ist.

Im Gas bestehe nunmehr eine Strömung parallel zu den Ebenen des Modells, d. h. in y-Richtung. Ist die Strömungsgeschwindigkeit v_y im Gas ortsabhängig – etwa wiederum nach rechts hin abnehmend – so besitzen die Teilchen in unterschiedlichen Ebenen unterschiedliche Impulse mv_y in Strömungsrichtung. Ganz analog zum Transport der Teilcheneigenschaft „Wärmeenergie" wird jetzt die **Teilcheneigenschaft** „Impuls in y-Richtung" nach rechts durch das Gas transportiert.

Wir interessieren uns direkt für den stationären Fall. Die Ebene $x = 0$ wird auf konstanter Strömungsgeschwindigkeit v_y gehalten, für $x = d$ ist $v_y = 0$. Dazwischen fällt die Strömungsgeschwindigkeit linear ab (◘ Abb. 2.11, oberer Teil).

Die hierfür erforderliche regellose Teilchenbewegung von und zu den parallel zur Strömungsrichtung angeordneten Ebenen ist natürlich auch bei Bewegung des Gases in eine Vorzugsrichtung vorhanden.

2.1 · Grundlagen

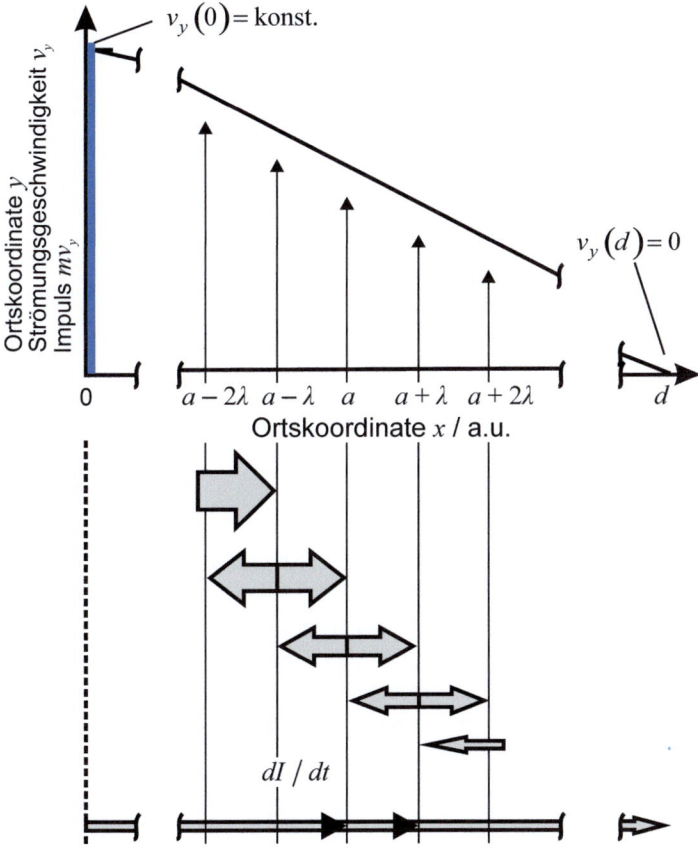

Abb. 2.11 Zum Transport von Impuls senkrecht zur Strömungsrichtung eines Gases, vgl. Text

> **Beispiel**
> Eine konstante Geschwindigkeit v_y ($x = 0$) kann man sich als durch die Arbeitsfläche eines Bandschleifers als Grenzebene bewirkt denken. Die erste Gasschicht nimmt dann aufgrund der sog. Haftbedingung die Geschwindigkeit des Bandes an. Befindet sich bei $x = d$ eine feste Wand, so ist die Strömungsgeschwindigkeit des Gases in dieser Ebene aufgrund eben dieser Haftbedingungen gleich null.

Die von der Ebene $a - \lambda$ die Ebene a anfliegenden Teilchen enthalten pro Zeit- und Flächeneinheit den Impuls $\vec{I}$ in Strömungsrichtung

$$\vec{I} = m v_y \big|_{a-\lambda} \cdot \vec{Z}_W \qquad \text{Gl. 2.38}$$

Entsprechend gilt

$$\overleftarrow{I} = m v_y \big|_{a+\lambda} \cdot \overleftarrow{Z}_W \qquad \text{Gl. 2.39}$$

(◘ Abb. 2.11, unterer Teil). Mit $\left(v_y \big|_{a+\lambda} - v_y \big|_{a-\lambda} \right) = \dfrac{dv_y}{dx} 2\lambda$ erhalten wir im vorliegenden Falle analog zum Rechengang des ▶ Abschn. 2.1.2.1

$$\left.\dfrac{dI}{dt}\right|_a = -\dfrac{1}{2} A\lambda \bar{u}^1 nm \left.\dfrac{dv_y}{dx}\right|_a \qquad \text{Gl. 2.40}$$

Dies gilt für alle Ebenen. Mit

$$\eta = \dfrac{1}{2}\lambda \bar{u}^1 nm \qquad \text{Gl. 2.41}$$

gilt damit für den stationären Impulsfluss

$$\dfrac{dI}{dt} = -A\eta \dfrac{dv_y}{dx} \qquad \text{Gl. 2.42}$$

(◘ Abb. 2.11, ganz unten). η wird als Viskosität (Zähigkeit) des Gases bezeichnet.

Die Ableitung des Impulses nach der Zeit stellt eine Kraft F dar (vgl. Lehrbücher der Physik). Auf jede Ebene wirkt aufgrund des nach Gl. 2.42 zeitlich von links übertragenen, positiven (dv_y/dx ist negativ) Impulses die in y-Richtung **beschleunigende** Kraft

$$F = -A\eta \dfrac{dv_y}{dx} \qquad \text{Gl. 2.43}$$

Die Anlaufphase für eine Strömung ist kurz, die Evolution reicht hingegen bei der Diffusion in Flüssigkeiten in den Minutenbereich, für die Wärmeleitung durch Steinwände in den Bereich vieler Stunden.

Nach rechts gibt im sich sehr schnell einstellenden stationären Fall jede Ebene gleich viel Impuls ab, dies entspricht einer gleich großen (in $-y$-Richtung wirkenden, d. h. **bremsenden**) Gegenkraft. In Analogie spricht man daher auch von **innerer Reibung** im Gas. Anschaulich kann man sich die Reibung anhand der ineinander verzahnten Teilchenbewegungen vorstellen. In der Evolutionsphase (sie startet mit der Einschaltung des Bandschleifers aus obigem Beispiel) überwiegt die beschleunigende Kraft die Bremskraft. Im Endeffekt wirkt die Kraft in y-Richtung auf die Ebene $x = d$ ein. In unserem Beispiel entspricht dies einer festen Wand, die nicht nachgeben kann.

Das für die Gewinnung der Gl. 2.41/Gl. 2.43 benutzte Strömungsproblem hat – anders als die für die Erarbeitung der Gleichungen für die Diffusion bzw. die Wärmeleitung zugrunde gelegten Gegebenheiten – keine wirkliche Entsprechung in der Realität. Dort werden Gasströmungen nicht durch eine konstant bewegte Grenzebene, sondern durch Druckunterschiede bewirkt. Die Gl. 2.41/Gl. 2.43 gelten natürlich nach wie vor und legen dann die Strömungsgeschwindigkeit als Funktion des Ortes fest (z. B. höchste Strömungsgeschwindigkeit in der Längsachse eines Rohres, näheres in ▶ Abschn. 2.2.3.2).

2.1.2.4 Abschließende Hinweise und Bemerkungen

Transporterscheinungen in Gasen sind recht abstrakte Vorgänge. Aus diesem Grunde wurden ihre Grundlagen relativ breit – und für Diffusion, Wärmeleitung und Impulstransport getrennt – dargestellt.

Man kann die drei sog. Transportgleichungen Gl. 2.23, Gl. 2.35 und Gl. 2.42 jedoch auch in einem Zug als eine einheitliche Transportgleichung entwickeln.

Hierzu kürzen wir die insgesamt <u>t</u>ransportierte <u>G</u>röße (Teilchenmenge N, Wärmemenge Q bzw. Impuls I) mit TG ab, die pro Teilchen <u>t</u>ransportierte <u>E</u>igenschaft mit te (bei Diffusion das Teilchen selbst, d. h. $te = 1$; beim Wärmetransport $te = \frac{1}{2} f k_B T$; beim Impulstransport $te = m v_y$). Dann muss gelten

$$\frac{d(TG)}{dt} = A \left[\vec{Z}_w te \right]_{x-\lambda} - A \left[\vec{Z}_w te \right]_{x+\lambda}$$
$$= A \frac{1}{4} \left(\left[{}^1 n \bar{u} te \right]_{x+\lambda} - \left[{}^1 n \bar{u} te \right]_{x-\lambda} \right) \qquad \text{Gl. 2.44}$$

Ersetzen des Klammerausdrucks durch $\frac{d({}^1 n \bar{u} te)}{dx} 2\lambda$ ergibt die **allgemeine Transportgleichung**

$$\frac{d(TG)}{dt} = -\frac{1}{2} \lambda \frac{d({}^1 n \bar{u} te)}{dx} \qquad \text{Gl. 2.45}$$

Einsetzen der korrespondierenden TG- und te-Ausdrücke und Herausziehen nicht ortsabhängiger Terme aus dem Differential liefert dann sofort die drei Einzel-Transportgleichungen, wiederum ohne Berücksichtigung der Temperaturabhängigkeit der mittleren Geschwindigkeit für den Fall der Wärmeleitung.

Natürlich ist es möglich, dass in einem Experiment z. B. sowohl ein Dichte- als auch ein Temperaturgradient bestehen. Unterschiedliche treibende Kräfte und Flüsse werden in diesem Fall miteinander verkoppelt. Das genaue Transportgeschehen gestaltet sich dann unübersichtlich. Es ist am ehesten über die Thermodynamik irreversibler Prozessabläufe (siehe ▸ Kap. 6) zugänglich.

Unabhängig vom Weg, auf welchem die Transportgleichungen entwickelt wurden: Eine 100%ige Übereinstimmung der als wesentliches Element die Größen λ und u enthaltenden **Transportkoeffizienten** D (Gl. 2.21), λ_{WL} (Gl. 2.34) und η (Gl. 2.41) mit experimentellen Daten ist aufgrund des einfachen Modells nicht zu erwarten (und wird auch nicht erzielt). Es hat daher auch nicht an Versuchen gefehlt, das Modell zu verbessern. Sie beruhen u. a. darauf, dass ein stoßendes Teilchen seine Bewegungsrichtung beizubehalten trachtet (sog. Persistenz). Im Rahmen eines Abrisses kann auf diese Feinheiten jedoch verzichtet werden. Für numerische Rechnungen wird ohnehin auf experimentelle Daten für die Transportkoeffizienten zurückgegriffen.

Tab. 2.2 Transportgleichungen und Transportkoeffizienten für Gase. Die angegebenen Koeffizienten sind als Näherungen zu betrachten.

Erscheinung	Transportgleichung	Transportkoeffizient
Stationäre Diffusion	$\dfrac{dN}{dt} = -AD\dfrac{d^1n}{dx}$ (Gl. 2.23)	$D = \dfrac{1}{2}\bar{u}\lambda$ (Gl. 2.21) Diffusionskoeffizient
Instationäre Diffusion	$\dfrac{\partial^1 n}{\partial t} = D\dfrac{\partial^2 (^1n)}{\partial x^2}$ (Gl. 2.29)	Diffusionskoeffizient
Stationäre Wärmeleitung	$\dfrac{dQ}{dt} = -A\lambda_{WL}\dfrac{dT}{dx}$ (Gl. 2.35)	$\lambda_{WL} = \dfrac{1}{4}\lambda\bar{u}^1 n f k_B$ (Gl. 2.33) Wärmeleitungskoeffizient
Instationäre Wärmeleitung	$\dfrac{\partial T}{\partial t} = \delta_{WL}\dfrac{\partial^2 T}{\partial x^2}$ (Gl. 2.37)	$\delta_{WL} = \dfrac{\lambda_{WL}}{\rho C_p}$ (Gl. 2.37) Temperaturleitfähigkeit
Stationärer Impulstransport (Innere Reibung)	$F = -A\eta\dfrac{dv_y}{dx}$ (Gl. 2.43)	$\eta = \dfrac{1}{2}\lambda\bar{u}^1 n m$ (Gl. 2.41) Viskosität

Als letztes bleibt noch festzuhalten, dass den Vorabschnitten jeweils sogenannte ebene Probleme (der Transport erfolgt nur in +x-Richtung) zugrunde liegen. Bei der Behandlung nicht ebener Transportprobleme (z. B. von einem erhitzten Draht ausgehender Wärmetransport bzw. von einer Kugeloberfläche ausgehende Diffusion) müssen die Überlegungen in dazu passenden Koordinatensystemen ausgeführt werden (hier: zylindrische bzw. sphärische Polarkoordinaten).

Tabelle 2.2 enthält eine den ▶ Abschn. 2.1 abschließende Übersicht über Transportgleichungen und Transportkoeffizienten.

2.2 Anwendungen

2.2.1 Diffusion

Für Anwendungen werden die Gl. 2.23 – 1. Diffusionsgesetz – und Gl. 2.29 – 2. Diffusionsgesetz – jeweils beidseitig durch die Avogadro-Zahl geteilt. Mit $N/N_A = n$ (Stoffmenge) und $\dfrac{^1 n}{N_A} = \dfrac{N}{V N_A} = \dfrac{n}{V} = c$ (Konzentration) gilt dann

$$\frac{dn}{dt} = -AD\frac{dc}{dx} \qquad \text{Gl. 2.46}$$

bzw.

$$\frac{\partial c}{\partial t} = D\frac{\partial^2 c}{\partial x^2} \qquad \text{Gl. 2.47}$$

2.2.1.1 Flächenquelle, Diffusionsschicht und mittleres Verschiebungsquadrat

Als ein Beispiel für die Evolutionsphase eines Diffusionsprozesses diskutieren wir das Problem der Flächenquelle im Anschluss an die ◘ Abb. 2.10, wobei darin $^1n(x, t)$ durch $c(x, t)$ ersetzt wird.

Zu Beginn des Experiments ($t = 0$) werde die Konzentration des diffundierenden Stoffes an der Stelle $x = 0$ auf den im Weiteren festgehaltenen Wert c_0 gebracht, an allen anderen Stellen ist sie null. Damit bestehen die folgenden Anfangs- und Randbedingungen
- $t = 0, x > 0, c = 0$
- $t \geq 0, x = 0, c = c_0$
- $t \geq 0, x \to \infty, c = 0$

$c(x, t)$ erhalten wir als Lösung der partiellen Differentialgleichung Gl. 2.47 unter Einbringung dieser Bedingungen. Die Ausführung der Rechnung ist mathematisch recht aufwändig (Stichworte sind Integral- und Laplace-Transformation). Wir geben daher direkt die Lösung an.

$$c(x, t) = c_0 \left(1 - \frac{2}{\sqrt{\pi}} \int_0^{\frac{x}{\sqrt{4Dt}}} e^{-x^2} dx \right) \quad \text{Gl. 2.48}$$

Die Form der Funktion e^{-x^2} entspricht der in der späteren ◘ Abb. 7.1 dargestellten Glockenkurve (man ersetze dort u_x durch x). Für $x \to \infty$ geht die obere Grenze gegen ∞, der Wert des Integrals ist dann $\sqrt{\pi}/2$ (vgl. Integraltafeln), d. h. $c(x \to \infty, t)$ ist gleich null. Für $x \to 0$ hat das Integral den Wert null, d. h. $c(x \to 0, t)$ ist gleich c_0.

Damit lassen sich nunmehr die genauen Konzentrationsprofile konstruieren (◘ Abb. 2.12).

Die Schicht zwischen der Ebene $x = 0$ und der (durch den Fußpunkt der Tangente an das zur Zeit t bestehende Konzentrationsprofil gegebenen) Ebene bei $x = \delta_N$ wird als Diffusionsschicht definiert (Nernst'sche Diffusionsschicht der Dicke δ_N). Innerhalb der Diffusionsschicht fällt die Konzentration der diffundierenden Spezies auf einen mit c_0 verglichen schon kleinen Wert ab.

Nach der Zeichnung gilt für δ_N

$$\delta_N(t) = -\frac{c_0}{dc/dx\vert_{x=0}(t)} \quad \text{Gl. 2.49}$$

Wir können $\delta_N(t)$ also über die Steigung des Konzentrationsprofils an der Stelle $x = 0$ berechnen. Hierzu vereinfachen wir Gl. 2.48 für kleine x (Reihenentwicklung nach Taylor und Abbruch nach dem zweiten Term).

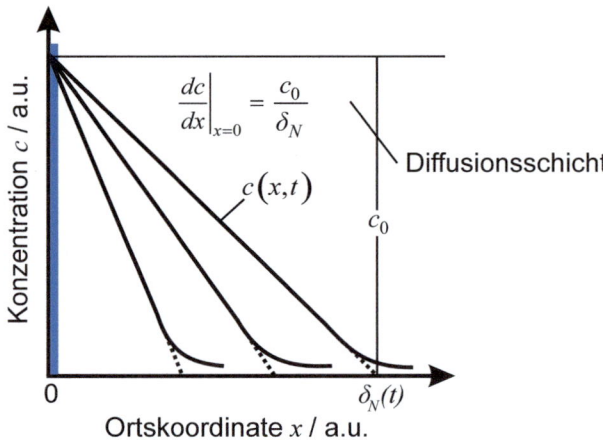

Abb. 2.12 Konzentrationsprofile c(x, t) vor einer Flächenquelle (schematisiert)

$$c(x,t) = c_0\left(1 - \frac{2}{\sqrt{\pi}}\frac{x}{\sqrt{4Dt}}\right) = c_0\left(1 - \frac{x}{\sqrt{\pi Dt}}\right) \quad \text{Gl. 2.50}$$

und differenzieren nach der Ortskoordinate

$$\left.\frac{\partial c}{\partial x}\right|_{x=0}(t) = -\frac{c_0}{\sqrt{\pi Dt}} \quad \text{Gl. 2.51}$$

Einsetzen in Gl. 2.49 liefert dann für die Dicke $\delta_N(t)$ der Nernst'schen Diffussionsschicht

$$\delta_N = \sqrt{\pi Dt} \quad \text{Gl. 2.52}$$

Es sei ausdrücklich noch einmal darauf hingewiesen, dass andere Diffusionsgeometrien und andere Randbedingungen auch zu anderen Lösungen führen müssen. Für eine Geometrie nach ◘ Abb. 2.13 erhält man beispielsweise

$$c(x,t) = \frac{n}{A\sqrt{4\pi Dt}} e^{-\frac{x^2}{4Dt}} \quad \text{Gl. 2.53}$$

Die Geometrie nach ◘ Abb. 2.13 wird üblicherweise benutzt, um einen Ausdruck für den Weg zu finden, welchen diffundierende Teilchen im Mittel nach einer Zeit t zurückgelegt haben. Eine einfache Mittelung würde allerdings auf den Wert null führen, da ja positive und negative Wege in gleichem Maße auftreten. Es wird daher erst quadriert und dann gemittelt. Endergebnis ist das sog. mittlere Verschiebungsquadrat.

$$\overline{x^2} = 2Dt \quad \text{Gl. 2.54}$$

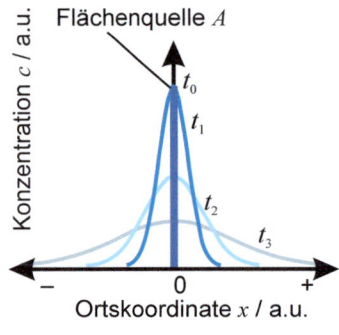

Abb. 2.13 Darstellung der Gl. 2.53 zugrunde liegenden Diffusionsgeometrie. Anfangsbedingungen: n Mole der diffundierenden Substanz befinden sich in einer sehr engen Umgebung der Ebene mit der Fläche A bei x = 0, überall anders ist die Konzentration gleich null

Die Wurzel daraus weicht nicht sehr von Gl. 2.52 ab. Ganz offenbar kann man auch δ_N mit Einschränkung als Maß für einen mittleren Diffusionsweg nehmen – schließlich sind ja auch jeweils schon Teilchen in den Raum rechts von der Ebene $x = \delta_N$ eindiffundiert (◘ Abb. 2.12).

2.2.1.2 Der Diffusionskoeffizient

Für den Diffusionskoeffizienten D gilt

$$D = \frac{1}{2}\bar{u}\lambda \qquad \text{Gl. 2.21}$$

Für Gase mittlerer Molmasse liegt $\bar{u}$ bei Normaltemperatur im Bereich $5 \cdot 10^4$ cm s^{-1} (◘ Tab. 7.1). λ beträgt unter Normalbedingungen etwa 10^{-5} cm. **Der Koeffizient für die Diffusion eines solchen Gases durch ein anderes Gas liegt damit im Umfeld des Wertes 0,2 cm^2 s^{-1}.**

Wird D in dieser bisher üblichen Einheit benutzt, so ist A in cm^2, x in cm und c in mol cm^{-3} in die Diffusionsgleichungen Gl. 2.46/Gl. 2.47 einzusetzen. Benutzt man SI-Einheiten, d. h. gibt D in m^2 s^{-1} an, so trägt die Konzentration c die Einheit mol m^{-3}.

Wegen Gl. 7.51 und Gl. 2.8 gilt, wenn das diffundierende Gas mit A und das Trägergas mit B indiziert werden

$$\bar{u}_A = \sqrt{\frac{8RT}{\pi M_A}} \qquad \text{Gl. 2.55}$$

und

$$\lambda_A = \frac{1}{{}^1n_B \sigma \sqrt{1 + \frac{M_A}{M_B}}} \qquad \text{Gl. 2.56}$$

Der Diffusionskoeffizient steigt daher in Übereinstimmung mit der Anschauung nach Gl. 2.21 ganz allgemein mit steigender Temperatur und mit sinkender Dichte des Trägergases an.

Für den individuellen Koeffizienten des diffundierenden Gases besteht nach Gl. 2.55 und Gl. 2.56 der Trend zum Anstieg mit sinkender Molmasse und kleinerer Teilchengröße. Auch die Molmasse des Trägergases und seine Größe nehmen Einfluss.

Es muss daher für feste Temperatur und festen Gesamtdruck (z. B. Normalbedingungen) in Bezug auf den genauen Zahlenwert eines Diffusionskoeffizienten einen Unterschied machen, ob
− ein Gas in Spuren durch ein Trägergas diffundiert (Spurendiffusionskoeffizient)
− ein Gas in größerer Konzentration diffundiert (Diffusionskoeffizient)
− ein Gas durch sich selbst diffundiert (Eigendiffusionskoeffizient)

Der Eigendiffusionskoeffizient ist naturgemäß nur in Sonderfällen messbar (etwa bei einer Diffusion von ortho- durch para-Wasserstoff).

Damit ist das Stichwort „Messung" gefallen. Eine Messung kann sowohl auf dem 1. als auch auf dem 2. Diffusionsgesetz beruhen. Im Falle der Nutzung des 1. Gesetzes muss der Stofftransport dn/dt als Funktion des Gradienten gemessen werden (Gl. 2.46). Im zweiten Fall wäre $c(t)$ für ein festes x zu bestimmen (vgl. etwa ◘ Abb. 2.12 und Gl. 2.50 oder ◘ Abb. 2.13 und Gl. 2.53). Auf alle Fälle müssen, damit D nicht örtlich variiert, Temperatur und Dichte des Trägergases möglichst konstant sein. Über mögliche Versuchsaufbauten, Ausweteverfahren

◘ **Tab. 2.3** Spurendiffusionskoeffizienten und Eigendiffusionskoeffizienten von Gasen durch Gase, vgl. Text. Die in der letzten Zeile genannten 20,6 K liegen knapp über dem Siedepunkt des Wasserstoffs

System	T [K]	p [Pa]	D [cm^2 s^{-1}]
H_2 durch N_2	288	10^5	0,74
H_2 durch Luft	300	100325	0,66
H_2 durch CO_2	288	10^5	0,62
N_2 durch CO	288	10^5	0,21
N_2 durch O_2	286	10^5	0,2
N_2 durch CO_2	288	10^5	0,16
N_2O durch CO_2	288	10^5	0,11
H_2O-Dampf durch Luft	300	100325	0,24
C_2H_5OH-Dampf durch Luft	300	100325	0,14
ortho-H_2 durch para-H_2	273	10^5	1,26
ortho-H_2 durch para-H_2	85	10^5	0,17
ortho-H_2 durch para-H_2	20,6	10^5	0,08

und Fehlerquellen erfährt man selbst in ausführlichen Lehrbüchern der Physikalischen Chemie (siehe ▶ Serviceteil) nur wenig. Bei Bedarf wäre auf Monografien zurückzugreifen [4].

◘ Tabelle 2.3 gibt eine Auswahl experimenteller Spurendiffusionskoeffizienten von Gasen durch Gase für laborübliche Temperaturen und Drucke an. Zusätzlich sind die Eigendiffusionskoeffizienten für ortho-Wasserstoff durch para-Wasserstoff in Abhängigkeit von der Temperatur angegeben. Unter Berücksichtigung des vorstehenden Textes sind die vier auftretenden Blöcke selbsterklärend.

Wir diskutieren abschließend beispielhaft die Wurzel aus dem mittleren Verschiebungsquadrat (Gl. 2.54) und die Dicke der Diffusionsschicht (Gl. 2.52) nach einer Sekunde und nach einer Stunde. Der Diffusionskoeffizient sei mit 0,1 cm^2 s^{-1}, wie er nach der Tabelle für die Diffusion von größeren Molekülen durch Luft gilt, angenommen. Nach einer Sekunde wären etwa 0,5 cm, **nach einer Stunde ca. 35 cm** erreicht.

Nunmehr stelle man sich eine Schale mit Geruchstoff vor, die plötzlich 35 cm vor der Nase hingestellt wird. Schlussfolgerung: In Bezug auf reale Diffusionsprozesse muss noch etwas übersehen worden sein.

2.2.1.3 Konvektive Diffusion

Die Gleichungen der ▶ Abschn. 2.2.1.1 und ▶ Abschn. 2.2.1.2 beschreiben den Stofftransport durch Diffusion. Sie verlieren ihre Gültigkeit, wenn der Stofftransport parallel dazu auch auf anderem Wege stattfindet.

Für den Fall eines Gases kommt hierfür Stofftransport durch Konvektion (mechanische Durchmischung, Rührung) in Frage. Dabei muss nicht unbedingt eine gerichtete Strömung vorliegen (erzeugt werden) – dies wäre eine sog. künstliche Konvektion. Vielmehr ist die sog. natürliche Konvektion praktisch allgegenwärtig: lokale Dichteunterschiede – durch die diffundierenden Teilchen selbst erzeugt oder infolge lokaler Temperaturinhomogenitäten – sorgen für eine ungerichtete mechanische Durchmischung.

Unabhängig von der Natur der Konvektion nimmt eine Bewegung des Gases mit Annäherung an eine Wand rasch ab und ist an deren Oberfläche gleich null (die bereits erwähnte Haftbedingung).

Dies bedeutet, dass sich bei Abdiffusion eines Stoffes von einer Oberfläche die Diffusionsschicht zunächst (für kleine Zeiten t) ungestört entsprechend Gl. 2.52 ausbilden kann. Diffundieren die Teilchen dann allerdings in die eigentliche Konvektionszone ein, so bewirkt die konvektive Durchmischung einen schnelleren Abtransport. Die Konzentration an dieser Stelle verbleibt für den Fall eines unendlich ausgedehnten Trägergasvolumens bei niedrigen Werten. Bei endlichem Volumen wird sie im Raum außerhalb der Diffusionsschicht mehr oder weniger gleichmäßig ansteigen. Das Wachstum der Diffusionsschicht ist damit (in beiden Fällen) vorzeitig zur Ruhe gekommen, Gl. 2.52 ist nicht mehr gültig.

Den Stofftransport ins Innere des Trägergases können wir bei stationärer Diffusionsschicht mit dem Gradienten c_0/δ_N nach Gl. 2.46 berechnen (vgl. auch ◘ Abb. 2.12). Wegen des konvektionsbedingten kleineren Wertes für die stationäre Diffusionsschichtdichte ist dieser Transport auch bei Vorliegen nur natürlicher Konvektion sehr viel schneller, als wenn die Diffusionsschicht weiter ungestört gewachsen wäre. Je stärker die Konvektion, umso eher wird die Diffusionsschicht stationär und umso stärker fällt der Effekt aus. Er wird bei Behandlung der sog. konvektiven Diffusion in Lösungen quantifiziert (▶ Abschn. 3.2).

2.2.1.4 Abschließende Hinweise

Bei Bestimmungsverfahren für Diffusionskoeffizienten muss demgemäß sehr auf eine Vermeidung störender Konvektion geachtet werden. Konvektion wird am ehesten vermieden, falls ein in enge Wände eingeschlossenes Gas verwendet wird (dämpfender Wandeinfluss, ▶ Abschn. 2.2.1.3). Beispiel ist ein enges Rohr bis hinab zum Durchmesser einer Kapillare (Diffusion in Richtung der Rohrachse). Ansonsten wird die Diffusion eines Gases durch ein Gas selten in reiner Form angetroffen. Die Diffusion eignet sich jedoch sehr gut als Startpunkt für die Behandlung von Transporterscheinungen.

Für die Gewinnung exakter Beziehungen ist anstelle von Gl. 2.47 die Differentialgleichung für die konvektive Diffusion zu lösen. Sie entsteht aus Gl. 2.47 durch Addition eines multiplikativen Terms aus Konvektionsgeschwindigkeit und der Ableitung der diffundierenden Konzentration nach der Konvektionsrichtung (siehe Lehrbücher der Physik).

2.2.2 Wärmeleitung

Das erste und das zweite Wärmeleitungsgesetz lauten

$$\frac{dQ}{dt} = -A\lambda_{WL}\frac{dT}{dx} \qquad \text{Gl. 2.35}$$

und

$$\frac{\partial T}{\partial t} = \delta_{WL}\frac{\partial^2 T}{\partial x^2} \qquad \text{Gl. 2.37}$$

Ein Vergleich mit den Diffusionsgesetzen Gl. 2.46/Gl. 2.47 zeigt 100%ige Übereinstimmung in der mathematischen Form. Dies gilt unbeschadet der Tatsache, dass abweichend vom dortigen Fall jetzt im 1. und 2. Gesetz unterschiedliche Konstanten, Wärmeleitfähigkeit λ_{WL} und **Temperaturleitfähigkeit** δ_{WL}, auftreten.

Von Geometrie und Randbedingungen her identische Diffusions- und Wärmeleitungsprobleme haben daher auch mathematisch identische Lösungen. Gibt man also etwa analog zu ◘ Abb. 2.12 eine Fläche der Temperatur T_0 als Wärmequelle vor, so muss für eine Lösung in der Gl. 2.50 lediglich c durch T, c_0 durch T_0 und D durch δ_{WL} ersetzt werden.

Auch die Vorstellungen zur Transportschicht und deren Abhängigkeit von Konvektion bleiben ungeändert. Je stärker die Konvektion, umso schneller erfolgt der Abtransport der Wärme von einer Oberfläche in das Innere des Gasvolumens.

Die hier entwickelten Vorstellungen werden bei der Wärmeleitung durch Flüssigkeiten noch einmal aufgegriffen.

Auch die Transportgleichungen für die Wärmeleitung sind also konkret nur dann anwendbar, falls Konvektion nicht stört. Dies wird wie im vorhergehenden Fall dann gegeben sein, wenn eine Konvektion dämpfendem Wandeinfluss unterliegt. Es ist sicherlich nicht der Fall, wenn man etwa den Wärmetransport in der Atmosphäre diskutieren will.

> Dies ist im Übrigen eine allgemeine Erfahrung, welche bei Beurteilung des Wetters gebührend zu berücksichtigen ist. Vor einiger Zeit wurde hierfür der Begriff *wind chill factor*, im Deutschen die „gefühlte Temperatur" geprägt.

2.2.2.1 Wärmeleitungskoeffizient und klassische Wärmeleitung

Für den Wärmeleitungskoeffizienten λ_{WL} gilt nach Gl. 2.33

$$\lambda_{WL} = \frac{1}{4}{}^1 n \lambda \bar{u} f k_B \qquad \text{Gl. 2.57}$$

λ_{WL} ist zunächst sowohl von der Teilchendichte ${}^1n$ als auch von der mittleren freien Weglänge λ linear abhängig. Mit $\lambda \sim 1/{}^1n$ (z. B. Gl. 2.9) ist die Wärmeleitung damit **unabhängig von ${}^1n$, d. h. auch unabhängig vom Druck des betrachteten Gases.**

Diese Feststellung ist zunächst überraschend. Aus Sicht unserer Modellierung ist sie jedoch logisch: Bei sinkendem Druck stehen zwar weniger Teilchen als Träger für die Wärmeenergie zur Verfügung, dafür aber steigt die jeweils in einem Schritt zurückgelegte Transportstrecke an. Dies sei als **klassische Wärmeleitung** bezeichnet.

Setzen wir schließlich in Gl. 2.57 λ aus Gl. 2.9 und $\bar{u}$ nach Gl. 7.51 ein, so gilt

$$\lambda_{WL} = \frac{1}{4} \frac{1}{4\pi r^2 \sqrt{2}} \sqrt{\frac{8RT}{\pi M}} f k_B \qquad \text{Gl. 2.58}$$

Nur der Vollständigkeit halber sei λ_{WL} noch als Funktion von Gasdichte ρ und molarer Wärmekapazität (bei konstantem Volumen) c_v angegeben.

$$\lambda_{WL} = \frac{1}{2} \lambda \bar{u} \rho \frac{c_v}{M} \qquad \text{Gl. 2.59}$$

Gleichung 2.59 wird erhalten, wenn in Gl. 2.57 k_B durch R/N_A ersetzt und dieser Bruch mit der Teilchenmasse m erweitert wird ($^1 n \cdot m = \rho$, $N_A \cdot m = M$, $(f/2) \cdot R = c_v$).

Für eine Diskussion des Wärmeleitungskoeffizienten aus Sicht der Teilcheneigenschaft eignet sich Gl. 2.58. Ein Gas leitet damit die Wärme am besten, falls sein Querschnitt $4\pi r^2$ klein ist, gleichfalls seine Molmasse, und falls die Zahl f seiner Wärmespeicherfreiheitsgrade hoch ist.

Aus Gl. 2.58 erhalten wir im Falle eines zweiatomigen Gases mittlerer Molmasse (etwa Luft) mit $f = 7$ für λ_{WL} einen Zahlenwert von rund $2 \cdot 10^{-2}$ J K^{-1} m^{-1} s^{-1}. Experimentelle Zahlenwerte (in J K^{-1} m^{-1} s^{-1}) liegen bei 0,17 für H_2, 0,024 für N_2, 0,14 für He und 0,022 für NH_3 [5]. Die Relation der Zahlenwerte zueinander ist auf Basis der Gl. 2.58 selbsterklärend.

2.2.2.2 Beispiele

Die für die Anwendung der Gl. 2.35 zu fordernde Bedingung (es darf keine Konvektion stören) ist näherungsweise z. B. in der Luftschicht zwischen den Glasscheiben eines Isolierfensters gegeben. **Bei einer Fensterfläche von einem Quadratmeter**, einem Temperaturunterschied von 25 K zwischen Innen- und Außenseite und einer Dicke der Gasschicht von 0,5 cm erhalten wir mit $\lambda_{WL} = 2 \cdot 10^{-2}$ J K^{-1}m^{-1}s^{-1} aus Gl. 2.35 einen Wert für dQ/dt von 100 J s^{-1}, d. h. 0,1 kW für den Wärmestrom durch die Isolierschicht. Diese Rechnung berücksichtigt noch nicht die Tatsache der Existenz von Transportschichten vor den beiden Glasscheiben sowie den Wärmetransport durch die Scheiben selbst. Ein realer Zahlenwert wird in ▶ Abschn. 3.3.3 mitgeteilt.

Füllt man das Fenster mit Edelgas anstelle von Luft ($f = 3$ anstelle von $f = 7$), so sinkt der durch das Fenster verursachte Wärmeverlust. Dies gilt allerdings nicht für den Fall von Helium ($M = 4$ und ein kleinerer Querschnitt, vgl. ▶ Abschn. 2.2.2.1).

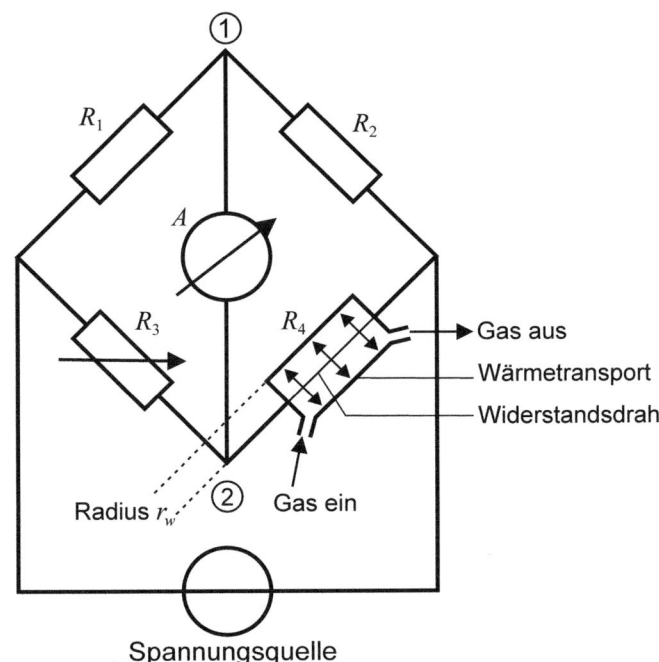

Abb. 2.14 Grundprinzip von Wärmeleitfähigkeitsdetektor und Gasmischungsanalysator, vgl. Text. Für den Rohrradius wurde als Symbol r_W (W für Wand) gewählt

Die Abhängigkeit des Wärmeleitungskoeffizienten von der Gasart (Freiheitsgrade f, Teilchengröße) **bei gleichzeitiger Unabhängigkeit vom Druck (Gl. 2.57), kann man für analytische Zwecke ausnutzen.** Die zugehörige zentrale Idee geht aus ◘ Abb. 2.14 hervor.

Danach durchströmt das Gas ein Rohr, in dessen Achse ein stromdurchflossener Widerstandsdraht angeordnet ist. Der Draht nimmt eine durch Stromfluss und Wärmeleitung bestimmte Temperatur und damit einen definierten Widerstand an und ist als Widerstand R_4 Teil einer Wheatstone'schen Brücke.

Im Falle eines **Wärmeleitfähigkeitsdetektors** wird das beschriebene Bauelement an den Ausgang eines Gaschromatografen angeschlossen und die Brücke wird bei Verwendung reinen Trägergases (z. B. Wasserstoff) abgeglichen. Passiert ein Eluat, so ändert sich λ_{WL} (steigt an). Der verstärkte Wärmetransport bewirkt in der Folge ein Absinken der Drahttemperatur und des Widerstandes. Der resultierende Brückenstrom wird zur Anzeige gebracht. Eventuelle Druckschwankungen nehmen darauf keinen Einfluss.

Durchströmt eine binäre Gasmischung wechselnden Druckes und wechselnder Zusammensetzung die Anordnung, so kann man, da der Druck keine Rolle spielt, die Anzeige nach Maßgabe des Mischungsverhältnisses eichen (sog. **Gasmischungsanalysator**).

Die Widerstände R_1 und R_2 sind identisch. Wird der variable Widerstand R_3 so abgeglichen, dass er dem Wert von R_4 entspricht, so besteht zwischen den Punkten 1 und 2 keine Spannungsdifferenz. Die Anzeige A (Amperemeter) steht dann auf null. Ändert sich jetzt R_4, so gerät die Brücke aus dem Gleichgewicht: Es entsteht zwischen den Punkten 1 und 2 eine Spannung und A zeigt einen Strom an.

2.2.2.3 Molekularer Wärmetransport

Die Unabhängigkeit des Wärmeleitfähigkeitskoeffizienten vom Gasdruck ist – wie ausführlich dargestellt – eine Folge des Wärmetransports von Stoßebene zu Stoßebene (Modellierung, ◘ Abb. 2.5). Erfolgt der Wärmetransport hingegen in einem (von Stößen ungestörtem) Zug von wärmerer zu kälterer Wand (Transportweg), so muss λ_{WL} zusätzlich zur Abhängigkeit von f und $\bar{u}$ auch proportional zur Teilchendichte, d. h. auch zum Gasdruck, werden.

Letzteres ist der Fall, wenn mit sinkendem Druck die mittlere freie Weglänge gleich oder größer als der Transportweg wird.

Es sei ausdrücklich darauf hingewiesen, dass ein solcher molekularer Wärmetransport nicht nur bei sehr verdünnten Gasen, sondern auch bereits bei Normaldruck bestehen kann. Dies gilt etwa für den Fall, dass die Wärme einen Kapillarspalt von 10^{-5} cm passieren soll. **Für den Fall eines Gasspalts von einigen Millimetern beginnt die Wärmeleitung hingegen erst unterhalb von ca. 10^{-5} bar abzusinken** (vgl. ◘ Tab. 2.1).

Den Effekt kann man sich für die Vakuummessung zunutze machen. Wird ein Bauelement nach ◘ Abb. 2.14 an eine Vakuumapparatur angeschlossen, so bleibt die bei Drücken mit $\lambda \ll r_W$ (Rohrradius) abgeglichene Brücke so lange im Gleichgewicht, bis die Bedingung $\lambda = r_W$ erreicht ist. Bei weiter absinkendem Druck sinkt die Wärmeleitfähigkeit ab, Drahttemperatur und -widerstand steigen an. Der dann resultierende Brückenstrom ist ein Maß für den Druck (sog. Wärmeleitfähigkeitsmanometer, auch als „Pirani-Manometer" bekannt). Der Messbereich erstreckt sich von etwa 0,01 bis 10 mbar.

Bei einem dem Wert null zustrebenden Gasdruck geht auch die Wärmeleitfähigkeit gegen null. Bei einem Isolierfenster kann man dies nicht ausnutzen – die pro m² auf dem Glas lastende Kraft betrüge 10 Tonnen. Bei aus gewölbtem, dickwandigem Glas bestehenden Dewar-Gefäßen ist eine Ausnutzung hingegen möglich. Man mache sich anhand von Gl. 2.35 und dem für N_2 angegebenen λ_{WL}-Wert klar, dass bei einem nicht evakuierten Dewar mittlerer Größe (Gefäßoberfläche 10^3 cm², der sonst evakuierte Spalt sei mit einem Zentimeter Dicke angenommen) und einer Temperaturdifferenz von 220 K (Innentemperatur durch Füllung mit flüssigem Stickstoff ca. 77 K, Außentemperatur 298 K) pro Sekunde etwa 50 J in den Innenraum strömen. Dies würde ausreichen, um in nur zwei Minuten ein Mol Stickstoff zu verdampfen (Verdampfungsenthalpie $\Delta_v H$ für Stickstoff: 5500 J mol^{-1}).

2.2.2.4 Abschließender Hinweis

Ein Vakuum sollte nach obigen Überlegungen eine ideale Isolierung darstellen. Dies ist jedoch nicht der Fall: Es besteht noch eine – bisher nicht in Betracht gezogene – **Wärmestrahlung**.

Ein Körper, dessen Oberfläche A ein maximales Wärmeabstrahlungsvermögen aufweist (ein sog. schwarzer Körper), emittiert nach

Stefan und Boltzmann einen zu T^4 proportionalen Wärmestrom. Mit der Stefan-Boltzmann-Konstanten σ als Proportionalitätsfaktor gilt dann im thermischen Gleichgewicht für Emission wie Absorption

$$\frac{dQ}{dt} = A\sigma T^4 \qquad \text{Gl. 2.60}$$

Stehen sich schwarze Körper unterschiedlicher Temperatur gegenüber, so ist der Netto-Wärmestrom aus Gl. 2.60 als Differenz zu berechnen.

σ ist mit $5{,}65 \cdot 10^{-12}$ J K^{-4} cm^{-2} s^{-1} sehr klein, die vierte Potenz der Temperatur sorgt jedoch für einen schnellen Anstieg von dQ/dt bei steigenden Temperaturen. Bei 1000 K ergibt sich sofort ein Wärmestrom von gut 5 Watt pro Quadratzentimeter in eine Umgebung von 298 K hinein (in der Differenzbildung ist $(298\,\text{K})^4$ gegenüber $(1000\,\text{K})^4$ zu vernachlässigen). Die Strahlung eines schwarzen Körpers von $T = 298$ K in eine Umgebung von 77 K hinein liegt immerhin noch bei $5 \cdot 10^{-2}$ W cm^{-2}.

Ein Körper mit nichtideal abstrahlender Oberfläche (sog. grauer Körper) besitzt ein kleineres σ und Gl. 2.60 gilt in vielen Fällen nur noch näherungsweise. Minimale Abstrahlungen/Aufnahmen werden bei weißen und erst recht bei verspiegelten Oberflächen erzielt (aus diesem Grund werden Dewar-Gefäße auch innen verspiegelt).

Zu einer fast idealen Wärmeisolierung gelangt man, wenn auf der einen Seite die Unabhängigkeit des Wärmetransports vom Gasdruck – das Stoßebenenmodell – durch weitgehende Evakuierung außer Kraft gesetzt wird und auf der anderen Seite die Wärmestrahlung durch Schichtenbildung behindert wird. Beispiel ist ein lockeres Stapeln von dünnen, blanken Aluminiumfolien in einem evakuierten Isolierspalt (sog. Superisolation). Aber auch dann verbleibt noch ein Rest von Wärmetransport, was bei Lagerung von Flüssiggasen – z. B. im Tank eines mit flüssigem Wasserstoff betriebenen Autos – stets zu Gasverlusten führt.

2.2.3 Gasströmungen

2.2.3.1 Allgemeines

Gegenstand des folgenden Abschnitts ist die Diskussion des Strömens von Gasen durch Rohre. Eines der Ziele dabei ist die Gewinnung von Kenntnissen über das Gasvolumen $V(t)$, welches in der Zeit t durch das Rohr strömt – in Abhängigkeit von Rohrradius r_W, Rohrlänge l und Druckunterschied Δp zwischen den Enden des Rohres. Blicken wir vor der Ausführung jedoch noch einmal zurück.

Bei der Behandlung des Transportphänomens der Diffusion konnte von einem einheitlichen Transportmechanismus ausgegangen werden – Transport der diffundierenden Teilchen über jeweils die Distanz einer mittleren freien Weglänge von Stoßebene zu Stoßebene. Ein Transport von Gasteilchen ohne Stöße mit den Teilchen eines anderen Gases wäre eine simple Expansion des Gases.

2.2 · Anwendungen

Im Falle des Wärmetransports mussten wir zwischen dem Transportmechanismus von Ebene zu Ebene (klassische Wärmeleitung) und dem Transport der Wärme von heißer zu kalter Wand in einem Zug (molekulare Wärmeleitung) unterscheiden.

Letztere Unterscheidung muss auch für den Fall von Gasströmungen getroffen werden.

Im klassischen Fall wird die Strömung auf Basis des in ▶ Abschn. 2.1.2.3 behandelten senkrecht zur Strömungsrichtung bestehenden Impulstransports von Stoßebene zu Stoßebene bis zur Wand berechnet (innere Reibung). Die resultierende Strömung trägt den Namen **laminare Strömung** (auch Schichtenströmung genannt, jede Stoßebene weist eine andere Strömungsgeschwindigkeit auf, vgl. ◘ Abb. 2.11).

Im zweiten Fall erfolgt der Impulstransport aus dem Gas zur Wand bei hinreichend großer mittlerer freier Weglänge in einem Zug. Die dann bestehende Strömung wird als **molekulare oder Knudsen-Strömung** bezeichnet. Basis der Berechnung ist die sog. **Effusion**.

Zusätzlich behandeln wir eine dritte Strömungsart. Sie geht aus der laminaren Strömung bei hohen Strömungsgeschwindigkeiten hervor und wird als **turbulente Strömung** bezeichnet. Kennzeichnend hierfür ist eine regellose Bewegung nicht nur der einzelnen Teilchen, sondern ganzer (mikroskopischer) Volumenelemente in der Strömung.

Vor der Ausführung von Gleichungen für $V(t)$ ist noch die sog. **Bernoulli-Gleichung** einzuführen. Sie beschreibt die Druckverhältnisse im strömenden Gas (und ist u. a. für das Verständnis der turbulenten Strömung wichtig). Die Bernoulli-Gleichung basiert nicht auf Vorstellungen zum Impulstransport, sondern kann ganz trivial auf Basis des Energieerhaltungssatzes abgeleitet werden.

Der Energieinhalt eines ruhenden Gases entspricht seiner Volumenenergie pV (vgl. etwa [A1]–[A6], [A30]–[A36]), ist das Gas in Bewegung, so kommt die kinetische Energie $mv^2/2$ hinzu (m steht in diesem Zusammenhang für die Gesamtmasse eines Gasvolumens mit einer Strömungsgeschwindigkeit v). Damit gilt, falls Energie weder zu- noch abgeführt wird

$$pV + \frac{1}{2}mv^2 = konst. \qquad \text{Gl. 2.61}$$

Die kinetische Energie der regellosen Teilchenbewegung, die Rotations- und Schwingungsenergien und Ruhemassenenergien hängen nicht vom Bewegungszustand ab und brauchen nicht berücksichtigt zu werden. Letzteres gilt auch für die potentielle Energie, solange man sich im Laborsystem befindet.

Division von Gl. 2.61 durch das Volumen V ergibt wegen $m/V = \rho$ (Gasdichte)

$$p + \frac{1}{2}\rho v^2 = konst. \qquad \text{Gl. 2.62}$$

Die Bezeichnung turbulente Strömung ist insofern irreführend. Turbulenzen (Verwirbelungen) treten auch in laminaren Strömungen auf – z. B. hinter Hindernissen. Eine vierte Strömungsart ist die Überschallströmung.

Für $v = 0$ ist $p = p_0$ (Druck des ruhenden Gases), d. h. die Konstante ist gleich p_0

$$p = p_0 - \frac{1}{2}\rho v^2 \qquad \text{Gl. 2.63}$$

Dies ist die erwähnte Bernoulli-Gleichung. Je schneller das Gas strömt, umso geringer ist also sein Druck gegenüber langsamer strömendem Gas und dort wieder geringer als im ruhenden Gas.

Umströmt das Gas z. B. einen flächigen, auf einer Seite jedoch gewölbten Körper, so fließt es (aufgrund des längeren zurückzulegenden Weges) auf der gewölbten Seite schneller. Gegenüber der flachen Seite besteht damit auf der gewölbten Seite ein Unterdruck, was einer Kraftwirkung **senkrecht** zur Strömungsrichtung entspricht (Prinzip von Tragfläche und von Propeller – es macht keinen Unterschied, ob der Körper vom Gas angeströmt wird oder sich durch das Gas bewegt). Dies ist ein völlig anderer Effekt als die durch Impulsübertragung auf eine Wand in Strömungsrichtung wirkende Kraft.

Weitere bekannte Beispiele für von Gasströmungen infolge von Geschwindigkeitsunterschieden ausgeübte Kraftwirkungen sind
— das Einsaugen eines zweiten Gases oder einer Flüssigkeit in einen Gasstrom (Bunsenbrenner, Zerstäuber bzw. Vergaser).
— das Tanzen eines Balles auf einem Gasstrahl (im Innern des Strahles ist die Geschwindigkeit größer und damit der Druck kleiner als außen. Bewegt sich der Ball nach außen, so wird er also wieder nach innen gezogen).
— das Abdecken eines Daches im Sturm.
— das Abweichen einer mit Rechtsdrall geworfenen Kegelkugel aus ihrer geraden Bahn nach rechts (sog. Magnus-Effekt, vom Werfer aus gesehen wird die die Kugel von vorn anströmende Luft auf der rechten Seite beschleunigt, auf der linken abgebremst).

2.2.3.2 Gasviskosität und laminare Strömung

Für den Impulstransport quer zu einer Strömung (ohne Index y für die Strömungsrichtung) gilt nach dem Stoßebenenmodell (▶ Abschn. 2.1.2.3)

$$\frac{dI}{dt} = -A\eta\frac{dv}{dx} \qquad \text{Gl. 2.42}$$

Hierin ist die Viskosität η Proportionalitätsfaktor

$$\eta = \frac{1}{2}\lambda\bar{u}^1 nm \qquad \text{Gl. 2.41}$$

Ebenso wie der Wärmeleitfähigkeitskoeffizient λ_{WL} (▶ Abschn. 2.2.2.1) ist damit auch die Viskosität eines Gases vom Gasdruck unabhängig. Im vorliegenden Fall erhält man durch Einsetzen von λ und $\bar{u}$

$$\eta = \frac{1}{2}\frac{1}{4\pi r^2\sqrt{2}}\sqrt{\frac{8k_B T}{\pi}}\sqrt{m} \qquad \text{Gl. 2.64}$$

Auch die auf eine (an die Strömung angrenzende) **Wand ausgeübte Kraft** (vgl. **Gl. 2.43**) hängt damit bei Benutzung des Stoßebenenmodells nicht vom Druck im strömenden Gas ab.

Individuellen Einfluss auf die Viskosität nehmen nach Gl. 2.64 Teilchenmasse und Teilchengröße. Ist Letztere vergleichbar, so hat das Gas kleinerer Masse auch eine kleinere Viskosität.

Gleichung 2.41 wird wegen $^1nm = \rho$ auch in der Form

$$\eta = \frac{1}{2}\lambda\bar{u}\rho \qquad \text{Gl. 2.65}$$

niedergeschrieben. Für ein Gas mittlerer Molmasse, z. B. Luft, liegt die Dichte ρ bei $1{,}3\,\text{g}\,\text{l}^{-1}$. Die Viskosität η hat dann mit den bekannten Daten für λ und $\bar{u}$ einen Wert im Bereich $2 \cdot 10^{-4}\,\text{g}\,\text{cm}^{-1}\,\text{s}^{-1}$. Diese bisher benutzte Einheit trägt den Namen Poise (nach dem Physiker Poiseuille), die zugehörige SI-Einheit ist $\text{kg}\,\text{m}^{-1}\,\text{s}^{-1}$.

Die Gesetze für die durch eine Druckdifferenz erzeugte laminare Strömung erhalten wir im Anschluss an die Überlegungen zur Gl. 2.43. Danach ist durch

$$F = -A\eta\frac{dv}{dx} \qquad \text{Gl. 2.43}$$

auch die von einer Stoßebene auf die Strömung ausgeübte Bremskraft (Reibungskraft) gegeben. Die beschleunigende Kraft wird jetzt durch die Druckdifferenz $\Delta p = p_2 - p_1$, multipliziert mit der Fläche, an welcher sie angreift, dargestellt. Bei stationärer Strömung sind beide Kräfte gleich.

Für den Fall eines Rohres ist von Radialsymmetrie der Strömung auszugehen, die Stoßebenen werden also durch Zylinderoberflächen A_Z der Länge l und des Radius r mit der Oberfläche $2\pi r l$ dargestellt (◘ Abb. 2.15a).

Die an diesen Zylinderoberflächen jeweils angreifende Reibungskraft ist damit durch

$$F = -2\pi r l \eta \frac{dv}{dr} \qquad \text{Gl. 2.66}$$

gegeben. Sie wird egalisiert durch die von der Druckdifferenz auf die Kreisscheibe der Fläche A_K ausgeübte Kraft

$$F = (p_2 - p_1)\pi r^2 \qquad \text{Gl. 2.67}$$

Damit gilt für jeden Radius r zwischen 0 (Achse) und r_w (Innenradius des Rohres)

$$(p_2 - p_1)\pi r^2 = -2\pi r l \eta \frac{dv}{dr} \qquad \text{Gl. 2.68}$$

Nach Separation der Variablen liefert die unbestimmte Integration

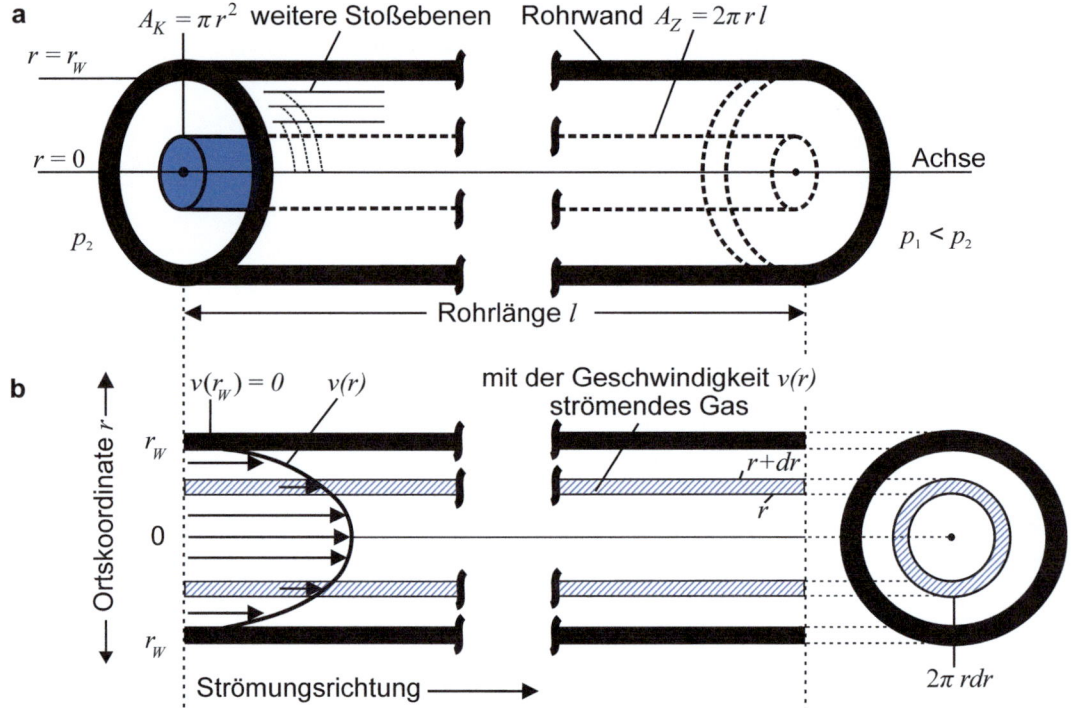

Abb. 2.15 **a** Zur Herleitung des Strömungsprofils $v(r)$ der laminaren Rohrströmung, vgl. Text, **b** resultierendes Strömungsprofil $v(r)$, vgl. Text

$$\frac{r^2}{2} = -\frac{2\eta l}{(p_2 - p_1)} v + C \qquad \text{Gl. 2.69}$$

Die Randbedingung $v = 0$ für $r = r_W$ (Haftbedingung, vgl. ▶ Abschn. 2.1.2.3) legt die Integrationskonstante mit $C = r_W^2 / 2$ fest.

Einsetzen der Integrationskonstanten in Gl. 2.69 und Auflösen nach der Strömungsgeschwindigkeit liefert für das Strömungsprofil $v(r)$ im Rohr

$$v(r) = \frac{(p_2 - p_1)}{4\eta l}(r_W^2 - r^2) \qquad \text{Gl. 2.70}$$

Gleichung 2.70 stellt eine Parabel mit dem Scheitel bei $r = 0$ dar. Wie nicht anders zu erwarten, ist die Strömungsgeschwindigkeit in der Achse des Rohres am größten (◘ Abb. 2.15b, linker Teil).

Um die gewünschte Formel für das pro Zeiteinheit das Rohr passierende Gasvolumen $V(t)$ zu erhalten, muss ein weiteres Mal integriert werden. **Für das in der Zeit t mit der individuellen Geschwindigkeit $v(r)$ durch das Rohr geströmte Gasvolumen $dV(r, t)$ gilt**

$$dV(r, t) = 2\pi r\, dr\, v(r)\, t \qquad \text{Gl. 2.71}$$

2.2 · Anwendungen

(vgl. ◘ Abb. 2.15b, rechter Teil). Der Ausdruck entspricht einem Hohlzylinder Gas der Stirnfläche $2\pi r\,dr$ und der Länge $v(r)\,t$. Dann ist das insgesamt in der Zeit t durch das Rohr geströmte Volumen, wenn Gl. 2.70 in Gl. 2.71 eingesetzt und anschließend über den Rohrradius integriert wird

$$\int_0^{r_W} dV(r,t) = V(t) = 2\pi \frac{(p_2 - p_1)}{4\eta l} t \int_0^{r_W} (r_W^2 - r^2) r\,dr \qquad \text{Gl. 2.72}$$

Das Integral hat den Wert $r_W^4/4$. Damit erhalten wir als Endformel

$$V(t) = \frac{\pi(p_2 - p_1)}{8\eta l} r_W^4 t \qquad \text{Gl. 2.73}$$

oder

$$\frac{dV}{dt} = \frac{\pi(p_2 - p_1)}{8\eta l} r_W^4 \qquad \text{Gl. 2.74}$$

Dies ist die **Gleichung von Hagen-Poiseuille**.

Die Abhängigkeit von der 4. Potenz des Rohrradius sorgt dafür, dass mit kleiner werdendem Radius die für eine bestimmte Transportleistung erforderliche Druckdifferenz und damit die Pumpleistung rasch ansteigen.

Für $V(t)$ als zeitlich ein Rohr passierendes Gas gelten die Bedingungen im Rohr. $V(t)$ steht also nicht unter dem Druck p_2 oder p_1, sondern unter einem mittleren Druck $(p_2 + p_1)/2$.

Dann gilt das ideale Gasgesetz in der Form $V(t) \cdot (p_2 + p_1)/2 = n(t)RT$. Einsetzen von $V(t)$ aus Gl. 2.73 liefert

$$n(t)RT = \frac{\pi(p_2^2 - p_1^2) r_W^4}{16\eta l} t \qquad \text{Gl. 2.75} \qquad\qquad (a+b)(a-b) = (a^2 - b^2)$$

Wird jetzt das Volumen des Gases bei einem Druck p_0 (z. B. p_2 oder p_1) betrachtet, so gilt nunmehr $n(t)RT = p_0 V(t)$ und

$$V(p_0, t) = \frac{\pi(p_2^2 - p_1^2) r_W^4}{16\eta l p_0} t \qquad \text{Gl. 2.76}$$

Dies ist die in der Praxis benutzte Form der Gleichung von Hagen-Poiseuille.

Aus Gl. 2.73 – den Gesamteffekt repräsentierend – kann man weiterhin die mittlere **Strömungsgeschwindigkeit** $\bar{v}$ **im Rohr** über den allgemeinen Zusammenhang

$$V(t) = \pi r_W^2 \bar{v} t \qquad \text{Gl. 2.77}$$

sofort berechnen.

Wird $V(t)$ dort eingesetzt, so folgt

$$\frac{\pi(p_2 - p_1) r_W^4}{8\eta l} t = \pi r_W^2 \bar{v} t \qquad \text{Gl. 2.78}$$

Kürzen mit nachfolgendem Ersetzen des Radius r_W durch den halben Rohrdurchmesser $d/2$ ergibt mit $p_2 - p_1 = \Delta p$

$$\frac{\Delta p}{l} = 32 \frac{\overline{v}\eta}{d^2} \qquad \text{Gl. 2.79}$$

Damit ist zunächst der **Zusammenhang zwischen mittlerer Strömungsgeschwindigkeit und der** (für ihr Erzielen) **pro Rohrlänge erforderlichen Druckdifferenz** bekannt. Die mittlere Strömungsgeschwindigkeit folgt unmittelbar.

Der Faktor 32 wird als Widerstandszahl χ bezeichnet:

$$\frac{\Delta p}{l} = \chi \frac{\overline{v}\eta}{d^2} \qquad \text{Gl. 2.80}$$

Verzichtet man auf das Ersetzen von r_W durch $d/2$, so trägt χ den Zahlenwert 8.

Oftmals wird im vorliegenden Zusammenhang noch der sog. Strömungswiderstand $W = \Delta p \pi r_W^2$ berechnet. Mit Gl. 2.79 gilt hierfür

$$W = 8\pi \overline{v} \eta l \qquad \text{Gl. 2.81}$$

Für Rechnungen ist natürlich noch der genaue Zahlenwert der Viskosität η des betrachteten Gases wichtig (siehe auch ▶ Abschn. 2.2.3.5). Er wird anhand der nach η aufgelösten Gl. 2.76 mittels Strömungsexperimenten bestimmt. Für Luft (als einheitliches Gas betrachtet) ist der experimentelle Wert $\eta = 1{,}9 \cdot 10^{-5}$, für Wasserstoff gilt $\eta = 0{,}9 \cdot 10^{-5}$, für Stickstoff $\eta = 1{,}7 \cdot 10^{-5}$, für Helium $1{,}9 \cdot 10^{-5}$ und für NH_3 $1 \cdot 10^{-5}$, jeweils in kg m^{-1} s^{-1}. Die Unterschiede erklären sich aus Gl. 2.64. Diese Daten erweisen sich – wie von der Theorie gefordert – als weitgehend druckunabhängig.

Aus gemessenen Viskositäten kann man über Gl. 2.65 Zahlenwerte für λ erhalten. Sie erweisen sich als mit den Daten der ◘ Tab. 2.1 konsistent. Über Gl. 2.64 sind aus dem makroskopischen Experiment „Rohrströmung" bei Vorgabe von m Daten für Teilchenradien r erhältlich.

2.2.3.3 Effusion und Knudsen-Strömung

Ebenso wie der Wärmetransport muss auch der Impulstransport vom Gasdruck abhängig werden, wenn der Transportprozess in einem Zug erfolgt, d. h. die mittlere freie Weglänge λ gleich dem (oder größer als der) Transportweg d wird.

Dieser Effekt kann in einem eindrucksvollen Experiment sichtbar gemacht werden. Hierzu denke man sich eine in einem Rezipienten angeordnete Scheibe, welche elektromotorisch in Drehung versetzt werden kann. Oberhalb dieser Scheibe befindet sich im Abstand d (z. B. 1 cm) eine zweite Scheibe, welche um einen Torsionsdraht drehbar angeordnet ist (◘ Abb. 2.16). Im zu evakuierenden Gefäß (Rezipient) herrsche zunächst Normaldruck.

Rotiert die untere Scheibe mit konstanter Drehzahl, so baut sich zwischen den beiden Scheiben eine laminare Kreisströmung auf, welche

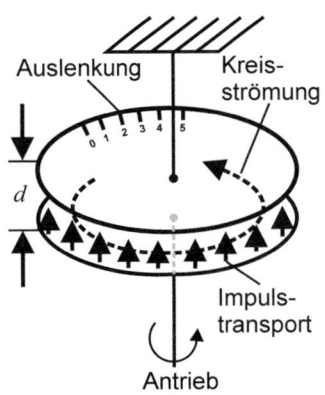

◘ **Abb. 2.16** Experiment zur Visualisierung des Impulstransports senkrecht zu einer Gasströmung in verschiedenen Druckbereichen. Gezeichnet ist die Situation für $\lambda < d$, vgl. Text

2.2 · Anwendungen

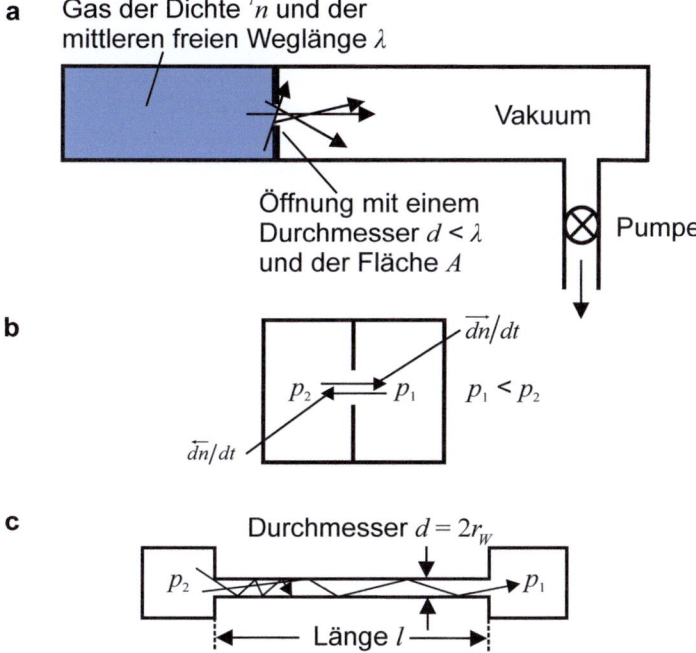

Abb. 2.17 Zur Herleitung der Gleichung für die Knudsen-Strömung, vgl. Text

eine Auslenkung der oberen Scheibe gegen die Rückstellkraft des Torsionsdrahtes bewirkt (sinngemäße Anwendung der Gl. 2.43 sowie des sich daran anschließenden Textes).

Wird der Rezipient nunmehr evakuiert, so ändert sich die Auslenkung der Scheibe so lange nicht, wie $\lambda < d$ bleibt. Wird $\lambda \geq d$ (bei einem Zentimeter Abstand ab ca. einem Pa), so sinkt die auf die obere Scheibe übertragene Kraft ab und die Auslenkung geht zurück.

Bei vollständiger Evakuierung wäre die Auslenkung 0 gegeben. Der beschriebene Effekt kann wie sein Analogon bei der Wärmeleitung für eine Druckmessung ausgenutzt werden. Entsprechende Anordnungen wären jedoch unpraktisch. Die im geschilderten Experiment bestehende Strömung ist im Umschlagpunkt durch den Übergang vom Überwiegen von Gasstößen zum Überwiegen von Wandstößen gekennzeichnet. Sie wird als Knudsen-Strömung bezeichnet. Überwiegen die Wandstöße völlig, so handelt es sich um eine Molekularströmung.

Die Knudsen-Strömung durch ein Rohr wird ausgehend von der sog. Effusion behandelt.

Unter Effusion versteht man das Austreten von Teilchen aus einem Gasraum in ein Vakuum hinein durch eine Wandöffnung, deren Durchmesser d kleiner ist als die mittlere freie Weglänge im Gas (d. h. $\lambda > d$, ◘ Abb. 2.17a).

Unter diesen Bedingungen können in der Öffnung selbst dann keine Stoßvorgänge auftreten, wenn Flugbahnen sehr schräg verlaufen. Alle Teilchen, welche die Ebene der Öffnung erreichen, treten auch aus. Es sind dies mit A als Fläche der Öffnung nach Gl. 2.16

$$Z_W A = \frac{1}{4} A\, {}^1n\bar{u} = \frac{dN}{dt} \qquad \text{Gl. 2.82}$$

Teilchen pro Sekunde. Mit $N/N_A = n$ wird daraus unter Ersetzen von $\bar{u}$ durch Gl. 7.51

$$\frac{dn}{dt} = \frac{1}{4} A \frac{{}^1n}{N_A} \sqrt{\frac{8RT}{\pi M}} \qquad \text{Gl. 2.83}$$

und mit

$$ {}^1n = \frac{N}{V} = \frac{nN_A}{V} = \frac{N_A}{V_m} = \frac{N_A p}{RT} \qquad \text{Gl. 2.84}$$

gilt

$$\frac{dn}{dt} = \frac{pA}{\sqrt{2\pi MRT}} \qquad \text{Gl. 2.85}$$

Dies ist die Gleichung für den in Mol pro Sekunde gerechneten Effusionsstrom. Sie ist der erste Schritt auf dem Wege zu einer Gleichung für die Knudsen-Strömung.

Im zweiten Schritt ordnen wir beidseitig zur Öffnung je einen Gasraum mit den Drucken p_2 und p_1 an (◘ Abb. 2.17b) und berechnen den Nettostrom in Richtung des kleineren Druckes.

$$\frac{dn}{dt} = \overrightarrow{\frac{dn}{dt}} - \overleftarrow{\frac{dn}{dt}} = \frac{p_2 A}{\sqrt{2\pi MRT}} - \frac{p_1 A}{\sqrt{2\pi MRT}} = \frac{(p_2 - p_1)A}{\sqrt{2\pi MRT}} \qquad \text{Gl. 2.86}$$

Im dritten Schritt wird zwischen den beiden Gasräumen ein Rohr mit dem Durchmesser $2r_W$ und der Länge l angeordnet (◘ Abb. 2.17c).

Dann besteht ein hemmender Einfluss von Stößen der Gasteilchen mit der Rohrwand (die in der Realität ja nicht ideal elastisch verlaufen) auf das Transportgeschehen. Knudsen berechnete den Einfluss von Rohrradius r_W und Rohrlänge l mit dem Faktor $8r_W/3l$. ◘ Abbildung 2.17c macht in ihrem linken Teil auch deutlich, dass Gasstöße noch möglich sind. Sie sorgen nach wie vor für eine Vorzugsrichtung, d. h. eine Strömung (vgl. den Schlussabsatz dieses Abschnitts).

Die Gleichung für die Knudsen-Strömung lautet damit ($A = \pi r_W^2$)

$$\frac{dn}{dt} = \frac{8\pi r_W^3 (p_2 - p_1)}{3l\sqrt{2\pi MRT}} \qquad \text{Gl. 2.87}$$

bzw.

$$n = \frac{8\pi r_W^3 (p_2 - p_1)}{3l\sqrt{2\pi MRT}} t \qquad \text{Gl. 2.88}$$

Gleichung 2.88 ist auch als **Knudsen-Gleichung** bekannt.

2.2 · Anwendungen

Im Unterschied zur laminaren Strömung hängt die Geschwindigkeit des Gastransports durch ein Rohr jetzt nicht mehr von der vierten, sondern nur noch von der dritten Potenz des Rohrradius ab. Aber auch die r_W^3-Abhängigkeit führt für kleine Rohrweiten noch schnell zu hohen erforderlichen Pumpleistungen. Aus diesem Grunde sind z. B. Saugleitungen von Vakuumapparaturen stets von großem Durchmesser.

Nach den für die Knudsen-Strömung erarbeiteten Gleichungen hängt die Transportgeschwindigkeit vom Kehrwert der Wurzel aus der Molmasse des strömenden Gases ab. Mit $M_1 < M_2$ gilt mit p_1, p_2 und T als konstanten Werten unmittelbar

$$\frac{dn(M_1)}{dt} = \sqrt{\frac{M_2}{M_1}} \frac{dn(M_2)}{dt} \qquad \text{Gl. 2.89}$$

Das leichtere Gas strömt also um einen Faktor $\sqrt{M_2/M_1}$ schneller als das schwerere Gas (eine Folge der höheren Teilchengeschwindigkeit $\bar{u}$).

Dies kann man für eine Isotopentrennung bzw. -anreicherung ausnutzen, z. B. im Falle des Urans. Hierzu wird das (aus dem Erz gewonnene) aus 99,3% U-238 und nur 0,7% U-235 bestehende Metall zunächst in sein Hexafluorid überführt (^{238}UF$_6$ mit M_2 = 352 g/mol, ^{235}UF$_6$ mit M_1 = 349 g/mol). Dieses Gas lässt man sodann nach Knudsen strömen. Es wird ein Anreicherungsfaktor von $\sqrt{352/349}$ = 1,004 erzielt.

Selbstverständlich wird dieser Prozess nicht etwa im Vakuum durchgeführt, sondern bei eher normalen Drucken. Dies ist ohne Weiteres möglich, **da die Bedingung für die Knudsen-Strömung ($\lambda > 2r_W$) auch im normalen Druckbereich erfüllt werden kann: Man muss lediglich ausreichend enge Rohre als Transportwege verwenden** (vgl. ◘ Tab. 2.1). Technisch werden poröse Membranen passender Porenweite benutzt. Die Tatsache, dass dann erhebliche Pumparbeiten erforderlich werden und zudem der Anreicherungsprozess vielfach wiederholt werden muss – für Kernbrennstoffe ist ein 3%iger ^{235}U-Anteil erforderlich anstelle der ursprünglichen 0,7% – gestaltet den Prozess teuer.

Gleichung 2.87 kann man im Übrigen verwenden, um die Molmasse eines unbekannten Gases zu bestimmen: Bei Messung von dn/dt ist für den Fall konstanter p_1-, p_2- und T-Werte M die einzige verbleibende Variable. Bei Ausführung der Messung lässt man das Gas aus einem vorgegebenen Volumen bei kleinem Gasdruck durch eine Kapillare mit $\lambda > 2r_W$ in ein Vakuum strömen und berechnet M aus der zeitlich gemessenen Druckabnahme.

Dies sei hier nicht näher ausgeführt, gibt aber Anlass, darauf hinzuweisen, dass Druckmessungen in Vakuumapparaturen einer besonderen Sorgfalt bedürfen, und zwar in Bezug auf die Überwachung der Messtemperatur.

Für eine Verifizierung betrachten wir eine Anordnung nach ◘ Abb. 2.17b, jedoch mit $p_2 = p_1 = p$. Die Temperatur sei wie bisher stets vorausgesetzt mit $T_2 = T_1 = T$ in beiden Gasräumen ebenfalls gleich.

Dann sind die Teilströme $\overrightarrow{dn}/dt$ und $\overleftarrow{dn}/dt$ in Gl. 2.86 identisch und der Nettostrom ist gleich null (Gleichgewicht).

Dies gilt nicht mehr, wenn ausgehend von der obigen Situation die Bedingung einheitlicher Temperatur plötzlich außer Kraft gesetzt wird. Im Beispiel herrsche jetzt im linken Gasraum die höhere Temperatur T_2, im rechten die niedrigere T_1. Dann ist nach Gl. 2.86

$$\frac{\overrightarrow{dn}}{dt} = \frac{pA}{\sqrt{2\pi MRT_2}} < \frac{\overleftarrow{dn}}{dt} = \frac{pA}{\sqrt{2\pi MRT_1}} \qquad \text{Gl. 2.90}$$

d. h., es besteht ein Netto-Gasstrom in Richtung auf den Gasraum mit der höheren Temperatur.

In der Folge steigt der Druck im Raum höherer Temperatur an und sinkt im Raum mit niedrigerem Wert ab. Dadurch gleichen sich die Beträge der Teilströme wieder an. Ein neues Gleichgewicht ist ersichtlich für

$$p_2 = p_1 \sqrt{\frac{T_2}{T_1}} \qquad \text{Gl. 2.91}$$

erreicht. Dieses Ergebnis bleibt unverändert, wenn die unterschiedlich warmen Gasräume nicht unmittelbar aneinander grenzen, sondern durch ein Rohr getrennt sind (Abb. 2.17c). In diesem Fall sind die Stoffströme der Gl. 2.90 mit dem Faktor $8r_W/3l$ zu multiplizieren.

In einer Vakuumapparatur herrscht nach Gl. 2.91 an wärmeren/heißeren Stellen ein höherer/erheblich höherer Druck als in kalten Zonen. Dies ist bei Experimenten in Vakuumapparaturen, bei denen durchaus Temperaturdifferenzen vom mehreren 100 K auftreten können, stets zu beachten – man sollte den Druck nicht an einer kalten Stelle messen, wenn man denjenigen an einer warmen Stelle wissen will (und umgekehrt).

Wie in der vorhergehenden Diskussion der Isotopenanreicherung ist auch jetzt der Transportmechanismus nicht auf das Vakuum beschränkt: Die Bedingung $\lambda > 2r_W$ ist für hinreichend kleine Rohrquerschnitte, z. B. im Falle von Poren, auch bei Normaldruck erfüllt. Das Einströmen von Luft aus der Kälte in die Wärme durch eine poröse Wand hindurch wird im Winter an manchen aus durchgehend porösen Ziegeln ohne Vorhandensein einer Dampfsperre erstellten Bauten offenkundig.

Für eine Labordemonstration gibt es ein eindrucksvolles Experiment (Abb. 2.18).

Die Trennwand zwischen warmem und kaltem Raum wird jetzt durch ein passend poröses Tondiaphragma dargestellt und das Reservoir des kalten Gases ist die Atmosphäre. Der zur höheren Temperatur in der Kugel gehörende Überdruck wird durch Ausströmen wieder abgebaut, das Einströmen wird dann stationär (**sog. Knudsen-Effekt**).

Bei einer Temperatur der Außenluft von 17 °C und einer nur um 10 Grad höheren Innentemperatur bestünde für 1000 mbar Außendruck ein Gleichgewichts-Innendruck von 1017 mbar (Gl. 2.91).

2.2 · Anwendungen

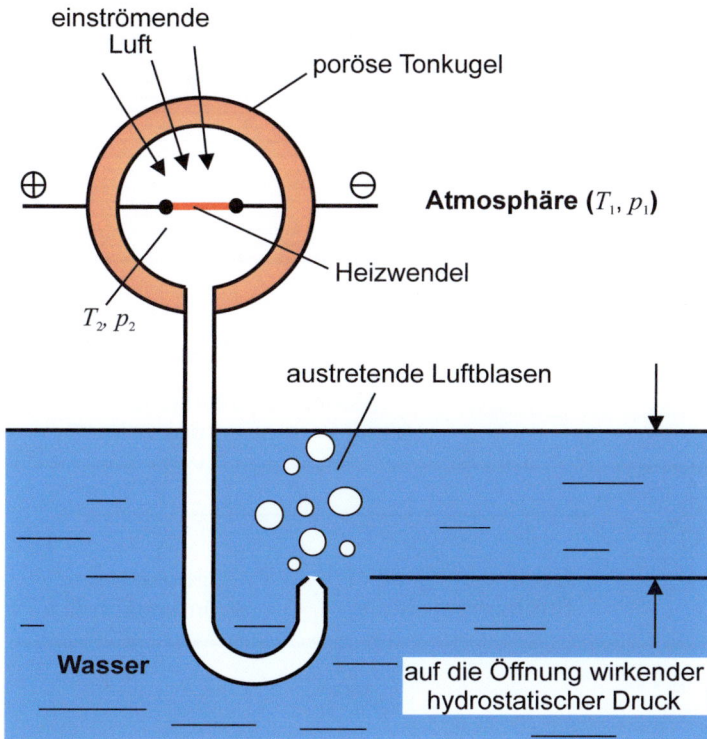

Abb. 2.18 Knudsen-Effekt

Maximal kann dann ein hydrostatischer Druck von 17 cm Wassersäule überwunden werden.

Eine noch einfachere Verifizierung des Knudsen-Effekts ist gegeben, wenn man in ein Becherglas seitlich ein Loch brennt, dieses mit einer hydrophoben porösen Teflon®-Folie abklebt und heißes Wasser einfüllt. An der Innenoberfläche der Folie treten dann Luftblasen in das Wasser ein. Ein Zuschauer kann die Temperatur des Wassers nicht erkennen und lässt sich möglicherweise überzeugen, dass es doch *perpetua mobilia* gibt.

Werden Gasstöße selten, so kann ein Gasteilchen durch Reflexion an Wandunebenheiten oder durch Adsorptions-/Desorptionsvorgänge an der Wand jede beliebige Bewegungsrichtung erlangen. Damit kann eine Pumpe ein Teilchen nur noch dann befördern, wenn das Teilchen (von alleine!) ihren Eingang erreicht. Von einer Strömung – hier Molekularströmung – kann dann eigentlich nicht mehr gesprochen werden.

2.2.3.4 Die turbulente Strömung

Die turbulente Strömung kann in diesem Abriss nur heuristisch eingeführt werden. Alle Überlegungen beziehen sich zunächst auf Rohrströmungen.

Kein geringerer als A. Einstein hat den Nutzen heuristischer Erklärungen immer wieder betont. Heuristik: vorläufige Annahme zum Zweck des besseren Verständnisses eines Sachverhalts, Arbeitshypothese als Hilfsmittel der Forschung.

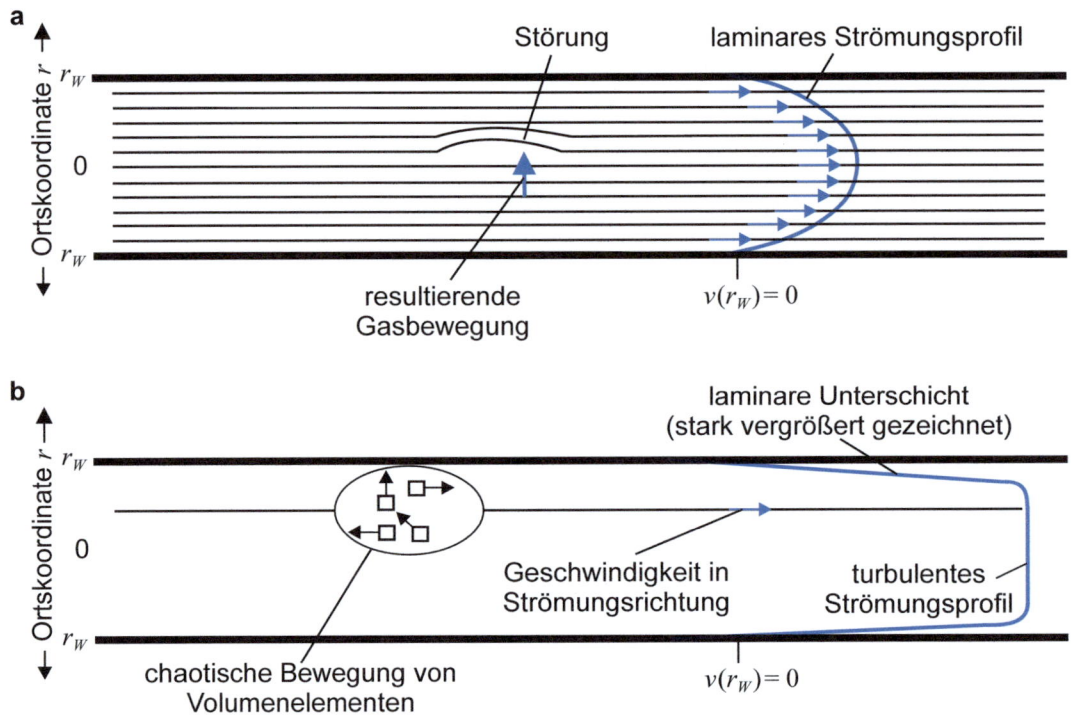

☐ **Abb. 2.19** Zum Übergang von laminarer zu turbulenter Strömung

Wir betrachten ein zunächst laminares Strömungssystem, in welchem eine Störung die Strömung punktuell ausgelenkt hat. Lokal sei dadurch die Strömungsgeschwindigkeit etwas erhöht. Nach der Bernoulli-Gleichung Gl. 2.63 bedeutet dies einen etwas kleineren Gasdruck. Gas wird dann in Richtung der Störung gezogen (☐ Abb. 2.19a). Man kann sich als Ursache für die Störung etwa ein unregelmäßig geformtes, in der Strömung mitbewegtes Staubteilchen vorstellen, welches plötzlich seine räumliche Lage ändert. In jedem Fall sind entsprechende Störungen auch beim Einlauf in das Rohr gegeben.

Eine einmal vorhandene Störung strebt also danach, sich selbst zu verstärken.

Dieser die Strömung destabilisierende Einfluss ist nach Gl. 2.63 proportional zu ρv^2, er wird außerdem umso wirksamer sein, je mehr Raum für die Ausbreitung der Störung zur Verfügung steht (Rohrdurchmesser d). **Einen die laminare Strömung destabilisierenden Einfluss können wir also insgesamt proportional zu $\rho \bar{v}^2 d$ ansetzen.**

Einer Destabilisierung entgegen wirkt die innere Reibung des Gases, welche Geschwindigkeitsunterschiede im Gas abzubauen trachtet. Sie wird durch die Viskosität η beschrieben. Außerdem wirkt die Massenträgheit der Teilchen – also die mittlere Geschwindigkeit $\bar{v}$ – stabilisierend. **Der die Strömung stabilisierende Einfluss ist also insgesamt proportional zu $\eta \bar{v}$** (die mittlere Geschwindigkeit $\bar{v}$ wird hier aus Zweckmäßigkeitsgründen benutzt).

2.2 · Anwendungen

Das Verhältnis beider Proportionalitäten wird als **Reynoldszahl** *Re* bezeichnet.

$$Re = \frac{\rho \bar{v}^2 d}{\eta \bar{v}} = \frac{\rho \bar{v} d}{\eta} \qquad \text{Gl. 2.92}$$

Häufig wird *Re* auch über den Rohrradius r_w definiert (Halbierung des Zahlenwertes). Wie man sich leicht überzeugen kann, trägt *Re* keine Einheit (frühere Bezeichnung: dimensionslose Zahl).

Ist der durch den Ausdruck $\rho \bar{v} d$ beschriebene destabilisierende Einfluss noch klein, so klingen eingetretene Störungen wieder ab. **Es besteht eine laminare Strömung. Dies entspricht niedrigen Reynoldszahlen.**

Überwiegt der destabilisierende Einfluss, so breitet sich eine die Strömung überlagernde regellose Bewegung von Volumenelementen nach allen Seiten aus (◘ Abb. 2.19b). Es liegt eine sog. turbulente Strömung vor. **Dies entspricht hohen Reynoldszahlen.** Stoßebenenmodell und Gleichung von Hagen-Poiseuille sind außer Kraft gesetzt.

Im Zwischenbereich muss es einen bestimmten Zahlenwert für *Re* geben, bei welchem die Strömung aus dem laminaren in den turbulenten Bereich wechselt. **Dies ist die kritische Reynoldszahl.**

Der kritische Zahlenwert ist bisher nicht berechenbar. **Er kann nach Gl. 2.92 auf ganz unterschiedlichen Wegen zustande kommen, z. B. bei kleinen Rohrdurchmessern und hohen Strömungsgeschwindigkeiten oder großen Durchmessern und kleinen Geschwindigkeiten** (man gehe noch einmal den zur Gl. 2.92 führenden Gang der Überlegungen durch).

Die Strömungsgeschwindigkeit ist im Experiment natürlich leicht zu variieren. Der Umschlagseffekt lässt sich dann sichtbar machen, wenn man (über eine Düse) etwa Rauch in eine laminare Strömung einbläst. Der sich in Strömungsrichtung entwickelnde Rauchfaden weitet sich nur langsam auf (seitwärts gerichtete Diffusion). Wird die Strömungsgeschwindigkeit jetzt ausreichend erhöht und schlägt die Strömung um, so verteilt sich der Rauch (von der Düse ausgehend) schnell auf die ganze Strömungsbahn. Dies erlaubt eine (näherungsweise) Bestimmung der kritischen Reynoldszahl.

Eine regellose (chaotische) Bewegung von Volumenelementen muss zur Folge haben, dass Geschwindigkeitsunterschiede im Innern der Strömung gering werden, das Strömungsprofil $v(r)$ also flach wird. In Wandnähe muss es dann umso steiler sein (◘ Abb. 2.19b).

Unter dem Einfluss der Wand wird die chaotische Bewegung abklingen, das Verhalten der Strömung nähert sich in diesem Bereich wieder dem laminaren Verhalten (laminare Unterschicht oder Viskositätsunterschicht).

Beides – chaotische Durchmischung im Innern der Strömung wie steiles Geschwindigkeitsprofil in der Viskositätsschicht – entspricht einer starken Erhöhung des zur Strömungsrichtung senkrechten Impulstransports, d. h. der inneren Reibung, gegenüber der laminaren Strömung (in der Unterschicht setzen wir Gl. 2.43 näherungsweise als gültig an). Damit steigt auch die für die Aufrechterhaltung einer bestimmten Strömungsgeschwindigkeit pro Rohrlänge erforderliche

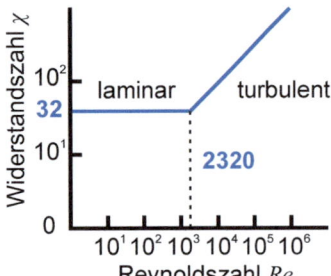

Abb. 2.20 Übergang von laminarer zu turbulenter Rohrströmung bei einer Reynoldszahl von 2320

Für noch höhere Reynoldszahlen als in der Abbildung erfasst, wird χ direkt proportional zur Reynoldszahl.

Druckdifferenz $\Delta p/l$. Behalten wir hierfür formal die Gl. 2.79 bei, so setzt am Umschlagpunkt ein Anstieg der Widerstandszahl χ ein. Dies erlaubt die Bestimmung der kritischen Reynoldszahl anhand einer Auftragung experimenteller Daten für χ gegen Re. ◘ Abbildung 2.20 zeigt die Ausführung gemessen für den Fall von Luft als strömendes Medium.

◘ Abbildung 2.20 bestätigt eindrucksvoll die bisherigen Überlegungen. Die kritische Reynoldszahl für die hier diskutierte Rohrströmung (für andere Strömungsgeometrien vgl. ▶ Abschn. 2.2.3.6) liegt bei 2320. Im Bereich $1800 < Re < 2800$ ist ein Hin- und Herschwanken zwischen den Strömungsarten möglich.

Für den turbulenten Strömungsbereich erhält man zwischen Widerstandszahl und Reynoldszahl den Zusammenhang

$$\chi = 0{,}16 Re^{3/4} \qquad \text{Gl. 2.93}$$

Hieraus lassen sich bei Erfordernis über die Gl. 2.92 und Gl. 2.80 bei Vorgabe von ρ, d, η, Δp und l die mittlere turbulente Strömungsgeschwindigkeit $\bar{v}$ und anschließend aus Gl. 2.77 $V(t)$ berechnen. Bei Vorgabe von $V(t)$ etc. kann man umgekehrt die zum Erreichen des vorgegebenen Werts bei turbulenter Strömung erforderliche Druckdifferenz $\Delta p/l$ erhalten.

2.2.3.5 Die Berechnung von Gasströmungen

Im ▶ Abschn. 2.2.3 wurden einige interessante gaskinetische Effekte, vor allem aber auch Gleichungen für die Berechnung von Strömungen durch Rohre vorgestellt.

Wenn eine Rohrströmung berechnet wird, muss danach in jedem Fall sichergestellt werden, dass auch die richtige Gleichung – für laminare, Knudsen- oder turbulente Strömung – angewendet wurde.

Die Entscheidung, ob eine Knudsen-Strömung vorliegt ($\lambda > d$) oder nicht ($\lambda < d$) kann in einfacher Weise anhand der ◘ Tab. 2.1 getroffen werden.

Liegt Knudsen-Strömung nicht vor, so ist die Größe der Reynoldszahl für Laminarität einerseits und Turbulenz andererseits maßgebend: Der kritische Wert $Re = 2320$ trennt beide Bereiche.

Für die Gewinnung eines Überblicks benutzen wir stellvertretend die Strömung von Luft im normalen Druckbereich ($\eta = 1{,}9 \cdot 10^{-5}$ kg m^{-1} s^{-1}, $\rho = 1{,}3$ kg m^{-3}). Der Ausdruck ρ/η hat dann einen Zahlenwert von $0{,}684 \cdot 10^5$. Damit gilt für den Umschlagpunkt

$$Re = 2320 = \frac{\rho \bar{v} d}{\eta} = 0{,}684 \cdot 10^5 \bar{v} d \qquad \text{Gl. 2.94}$$

oder

$$\bar{v} d = 3{,}4 \cdot 10^{-2} \qquad \text{Gl. 2.95}$$

Im Grenzbereich zwischen laminar und turbulent befinden sich dann etwa Strömungen mit

$\bar{v} = 34$ m s^{-1} bei $d = 1$ mm
$\bar{v} = 3{,}4$ m s^{-1} bei $d = 1$ cm
$\bar{v} = 34$ cm s^{-1} bei $d = 10$ cm

Der Normalfall von Gasströmungen durch Rohre ist damit eher der turbulente Strömungszustand.

Für den Transport von Brenngas (Erdgas, Wasserstoff) durch Rohrleitungen berechnet man z. B. Reynoldszahlen im Bereich > 10^6 (Rohrdurchmesser ab 0,05 m, Betriebsdruck ab 25 bar, Strömungsgeschwindigkeiten um 20 m s^{-1}). Trotz der damit verbundenen hohen Widerstandszahl (◘ Abb. 2.20) kommt der Transport bezogen auf den Energieinhalt (1 t H$_2$ entspricht einem Heizwert von 124 GJ) insgesamt billiger als der Transport elektrischer Energie in Hochspannungsleitungen.

2.2.3.6 Abschließende Hinweise

Alle entwickelten Gleichungen beziehen sich auf Rohrströmungen kreisförmigen Querschnitts.

Für andere Strömungsgeometrien (z. B. Rohrleitungen quadratischen Querschnitts oder Strömung zwischen zwei Platten) treten an die Stelle des Rohrdurchmessers andere, für die jeweilige Geometrie charakteristische Größen. Außerdem können sich auftretende Konstanten und Zahlenfaktoren ändern. Auch der Aufbau der zugehörigen Reynoldszahl ändert sich einschließlich des Zahlenwerts für die Reynoldszahl, bei welcher sich aus Laminarität Turbulenz (und umgekehrt) ausbildet.

Strömungen gleicher Geometrie und gleicher Reynoldszahl – diese kann ja auf unterschiedliche Art und Weise zustande kommen – werden als ähnlich bezeichnet. Die Erweiterung der sog. Ähnlichkeitstheorie auf von Luft umströmte geometrische Körper (z. B. Flugzeuge) ist die Basis von Untersuchungen ihres aerodynamischen Verhaltens anhand von Modellen in Windkanälen.

Literatur

[1] Calvert, J.G.: Glossary of atmospheric chemistry terms (Recommendations 1990). Pure Appl. Chem. 62, 2167–2219 (1990)
[2] Wagman, D.D., Evans, W.H., Parker, V.B., Schumm, R.H., Halow, I., Bailey, S.M., Churney, K.L., Nutall, R.L.: The NBS tables of chemical thermodynamic properties. J. Phys. Chem. Ref. Data. 11(2), 1–407 (1982)
[3] Bearbeitet von Cohen, E.R., Cvitaš, T., Frey, J.G., Holmström, B., Kuchitsu, K., Marquardt, R., Mills, I., Pavese, F., Quack, M., Stohner, J., Strauss, H.L., Takami, M., Thor. A.J.: Quantities, Units and Symbols in Physical Chemistry (The IUPAC „Green Book"), 3. Aufl. IUPAC Physical and Biophysical Chemistry Division, RSC Publishing, Cambridge (2007)
[4] Jost, W., Hauffe, K.: Diffusion. Steinkopff-Verlag, Darmstadt (1972)
[5] Zahlenwerte nach: Czeslik, C., Seemann, H., Winter, R.: Basiswissen Physikalische Chemie. Teubner Verlag, Wiesbaden (2007)

Transporterscheinungen in Flüssigkeiten und Festkörpern

Transporterscheinungen in Flüssigkeiten (Diffusion, Wärmetransport, Strömungen und die Wanderung von Ionen im elektrischen Feld) und Festkörpern (Diffusion, Wärmetransport und Ionenwanderung) sind aufgrund der intensiveren Wechselwirkungen der Bausteine untereinander aus theoretischer Sicht schwerer zu erfassen als Transporterscheinungen in Gasen. Wir behandeln sie hauptsächlich aus Sicht ihrer Hilfsfunktion für chemische und technische Prozesse.

Dies bedeutet für den Fall von Diffusion, Wärmetransport und Strömungen ein Übernehmen der für gasförmige Systeme entwickelten Transportgleichungen, wobei den Transportkoeffizienten (Diffusionskoeffizient, Wärmeleitungskoeffizient, Viskosität) ein experimenteller Charakter zugewiesen wird.

Wegen der Wichtigkeit von konvektiver Diffusion und Wärmeleitung stehen jetzt die Strömungen am Anfang. Die Diffusion von in Flüssigkeiten gebildeten Ionen steht am Ende, da für ein Verständnis die Aspekte der Ionenwanderung bekannt sein müssen.

3.1 Flüssigkeitsströmungen

Die Herleitung der Bernoulli-Gleichung

$$p = p_0 - \frac{1}{2}\rho v^2 \qquad \text{Gl. 2.63}$$

beruht auf dem Energieerhaltungssatz und macht keinerlei Voraussetzungen über die Natur des strömenden Mediums. Tragflächen und Propeller machen nicht nur Flugzeuge, sondern auch Schiffe („Tragflächenboote") aus. Das Prinzip des Vergasers ergibt bei Austauschen der Medien eine Pumpe („Wasserstrahlpumpe"), ein Ball tanzt auch auf einem Flüssigkeitsstrahl etc.

Auch die Transportgleichung für den Impulstransport senkrecht zur Strömungsrichtung

$$\frac{dI}{dt} = F = -A\eta \frac{dv_y}{dx} \qquad \text{Gl. 2.42/Gl. 2.43}$$

kann ohne Weiteres übernommen werden. Als einfache Begründung führen wir an, dass Gl. 2.42 einen passenden linearen Ansatz für das vorliegende Problem der Kraftübertragung aus der Strömung auf eine die Strömung begrenzende Wand darstellt. Über die Proportionalitätskonstante – wiederum als Viskosität des strömenden Mediums interpretierbar – muss dann keine weitere Annahme gemacht werden. Auch hier kann man sich ein Stoßebenenmodell vorstellen, in welchem nun die regellose Bewegung der Gasteilchen durch die Brown'sche Molekularbewegung der Flüssigkeitsteilchen ersetzt ist.

Damit gilt die aus Gl. 2.42 folgende Gleichung von Hagen-Poiseuille Gl. 2.73 unmittelbar auch für **Flüssigkeitsströmungen durch Rohre**

3.1 · Flüssigkeitsströmungen

$$V(t) = \frac{\pi(p_2 - p_1)}{8\eta l} r_W^4 t \qquad \text{Gl. 2.73}$$

Für Wasser unter Normalbedingungen erhält man **anhand von Strömungsexperimenten** aus dieser Gleichung für die Viskosität einen Wert von rund 10^{-3} kg m^{-1} s^{-1} (d. h. einen etwa 100-mal größeren Wert als für Gase). Aufgrund der Inkompressibilität flüssiger Medien ist dieser Wert nur wenig druckabhängig, sinkt jedoch um etwa 2% pro Kelvin Temperaturanstieg.

Auch die Überlegungen zu destabilisierenden und stabilisierenden Einflüssen auf die Strömung – ausgedrückt durch die Reynoldszahl

$$Re = \frac{\rho \bar{v} d}{\eta} \qquad \text{Gl. 2.92}$$

sind von der Natur des Fluids unabhängig. Auch Flüssigkeitsströmungen sind daher nach **laminar** (Gl. 2.73) und **turbulent** zu unterscheiden. Der Wert von 2320 für die Reynoldszahl, bei welchem die Strömung aus dem laminaren in den turbulenten Zustand übergeht, ändert sich dabei nicht. Letzteres ist eine Folge der Tatsache, dass die Viskosität des strömenden Fluids experimentell angepasst wurde.

Mit der Dichte von Wasser (1000 kg m^{-3} bei Normalbedingungen) und seinem bereits genannten Wert von 10^{-3} kg m^{-1} s^{-1} für die Viskosität gilt für den Ausdruck ρ/η jetzt ein Zahlenwert von 10^6 (anstelle von $0{,}684 \cdot 10^5$ im Falle von Luft). Beim Wechsel von Luftströmung zu Wasserströmung besteht daher unter sonst gleichen Bedingungen (in Bezug auf mittlere Strömungsgeschwindigkeit v und Rohrdurchmesser $d = 2r_W$) eine um den Faktor 14 höhere Reynoldszahl, und umso eher setzt mit steigender Strömungsgeschwindigkeit Turbulenz ein.

Schon in einer dreiviertelzölligen Wasserleitung, aus welcher pro Minute ein Eimer Wasser ($V = 10$ l) entnommen wird, herrscht turbulente Strömung. Mit

$$V(t) = \pi r_W^2 \bar{v} t \qquad \text{Gl. 2.77}$$

gilt für die mittlere Strömungsgeschwindigkeit

$$\bar{v} = \frac{V(t)}{t} \cdot \frac{l}{\pi(d/2)^2} \qquad \text{Gl. 3.1}$$

Setzen wir $d/2$ der Einfachheit halber gleich 0,01 m, so resultiert eine mittlere Strömungsgeschwindigkeit von 0,5 m s^{-1}. Mit den für ρ und η geltenden Werten (s.o.) ist dann $Re = 10^4$. Wir befinden uns also im turbulenten Bereich. Turbulent aus einer Leitung ausströmendes Wasser hat im Übrigen das Aussehen von gegossenem Glas – eine Folge der schnellen regellosen Bewegung von Flüssigkeitselementen in der Strömung (vgl. ◘ Abb. 2.19). Laminar ausströmendes Wasser ist klar.

Für die Berechnung der turbulenten Strömung sind nach wie vor die Gl. 2.80 und Gl. 2.93 maßgeblich. Als expliziten Ausdruck für die pro Rohrlänge erforderliche Druckdifferenz findet man [1]

$$\frac{\Delta p}{l} = 0{,}0665 \left(\frac{\eta p^3 \overline{v}^7}{r_W^5} \right)^{\frac{1}{4}}$$ Gl. 3.2

Abschließend sei noch darauf hingewiesen, dass auch die Hinweise des ▶ Abschn. 2.2.3.6 für Flüssigkeitsströmungen gelten. Die Ähnlichkeitstheorie führt hier auf die Möglichkeit, etwa den Strömungswiderstand von Schiffsrümpfen an Modellen in sog. Schlepptanks zu testen.

3.2 Diffusion und konvektive Diffusion

3.2.1 Allgemeines

Für die Diffusion eines Gases durch ein Trägergas gilt das 1. Diffusionsgesetz

$$\frac{dn}{dt} = -AD\frac{dc}{dx}$$ Gl. 2.46

Grundlage war eine passende Modellierung (das Stoßebenenmodell).
Für die Diffusion einer gelösten Spezies durch eine Flüssigkeit (Lösung) ist mit Gl. 2.46 ein passender linearer Ansatz (lineare Beziehung zwischen Diffusionsfluss dn/dt und treibender Kraft dc/dx) gegeben. Den Diffusionskoeffizienten D verwenden wir jetzt als eine experimentelle Größe. ◘ Tabelle 3.1 gibt eine Zusammenstellung.
Bei Übernahme von Gl. 2.46 gilt sofort auch das 2. Diffusionsgesetz

$$\frac{\partial c}{\partial t} = D\frac{\partial^2 c}{\partial x^2}$$ Gl. 2.47

ebenso wie die zugehörige Lösung dieser Differentialgleichung etwa für eine Flächenquelle (◘ Abb. 2.12 und Gl. 2.50). Auch die Vorstellungen zur Diffusionsschicht und deren zeitlichem Wachstum bleiben dann unverändert:

$$\delta_N = \sqrt{\pi D t}$$ Gl. 2.52

Die Gl. 2.46, Gl. 2.47 und Gl. 2.52 gelten ohne Weiteres auch für die Diffusion in Festkörpern (▶ Abschn. 3.2.3).
Natürliche Konvektion infolge lokaler Dichteunterschiede in der Diffusionsschicht **ist auch in Lösungen anzunehmen.** Die Diffusionsschicht kann sich also wiederum nur für kleine Zeiten t – d. h. solange sie sich in einem Bereich befindet, in welchem die Konvektion durch die Nähe der Wand gedämpft wird – ungestört ausbilden. Anschließend kommt ihr Wachstum konvektionsbedingt zur Ruhe (vgl. hierzu ▶ Abschn. 2.2.1.3).

3.2 · Diffusion und konvektive Diffusion

◘ **Tab. 3.1** Zusammenstellung experimenteller Diffusionskoeffizienten D für die Diffusion durch Flüssigkeiten

System	Temperatur [K]	Druck [Pa]	D [cm² s⁻¹]
H_2 durch CCl_4	298	10^5	$9{,}75 \cdot 10^{-5}$
N_2 durch CCl_4	298	10^5	$3{,}42 \cdot 10^{-5}$
H_2 durch Wasser	291	10^5	$3{,}6 \cdot 10^{-5}$
I_2 durch Benzol	298	10^5	$2{,}13 \cdot 10^{-5}$
CH_3OH durch Wasser	298	10^5	$1{,}58 \cdot 10^{-5}$
C_2H_5OH durch Wasser	298	10^5	$1{,}24 \cdot 10^{-5}$
Saccharose durch Wasser	298	10^5	$0{,}52 \cdot 10^{-5}$

3.2.2 Quantifizierung der Diffusion in Flüssigkeiten

Bedingung für eine Flächenquelle war ein zeitliches Aufrechterhalten der Oberflächenkonzentration eines Stoffes auch bei dessen Abdiffusion (vgl. ▶ Abschn. 2.2.1.1, jetzt Abdiffusion in das Innere eines Lösungsmittels). Reale Beispiele sind etwa eine Salzplatte, welche sich in Wasser auflöst, oder eine Metallelektrode, an deren Oberfläche Metallionen in Lösung gehen (vgl. ▶ Kap. 5).

Ist die in Lösung gehende Spezies gefärbt (z. B. Cu^{2+}-Ionen), so kann das Wachstum der Diffusionsschicht direkt beobachtet werden. In anderen Fällen lässt sich das Schichtenwachstum etwa durch Interferenzaufnahmen verfolgen.

Ergebnis dieser Beobachtungen ist, dass das Wachstum einer Diffusionsschicht für den Fall des Vorliegens nur natürlicher Konvektion nach 30 bis 60 Sekunden bei einer Ausdehnung (Diffusionsschichtdicke δ_N) von ca. 1 mm zur Ruhe kommt. Unterdrückt man die Konvektion durch Immobilisierung (z. B. Gelatinezusatz zu Wasser), so setzt sich das Wachstum ungestört fort.

Für den Fall künstlicher Konvektion betrachten wir stellvertretend eine vor der Oberfläche (der Flächenquelle) parallel verlaufende Strömung. Unter dem Einfluss der Wand klingt die Strömungsgeschwindigkeit ab, an der Wand selbst ist sie gleich null.

Dies gilt für laminare wie turbulente Strömungen. Im Falle laminarer Strömung wird die so definierte Strömungsgrenzschicht als **Prandtl'sche Grenzschicht** (Dicke δ_{Pr}) bezeichnet. Für turbulente Strömungen war der Begriff Viskositätsunterschicht bereits eingeführt (Dicke δ_0). Im Falle der Turbulenz ist der Geschwindigkeitsabfall zur Wand hin aufgrund der Natur der turbulenten Strömung (regellose Bewegung von Flüssigkeitselementen) steiler. Die ◘ Abb. 3.1 stellt dies grafisch dar.

Von der Wand abdiffundierende Teilchen werden in der Strömungsgrenzschicht erfasst und abtransportiert. Wir können also $\delta_N < \delta_{Pr}$ bzw. $< \delta_0$ ansetzen.

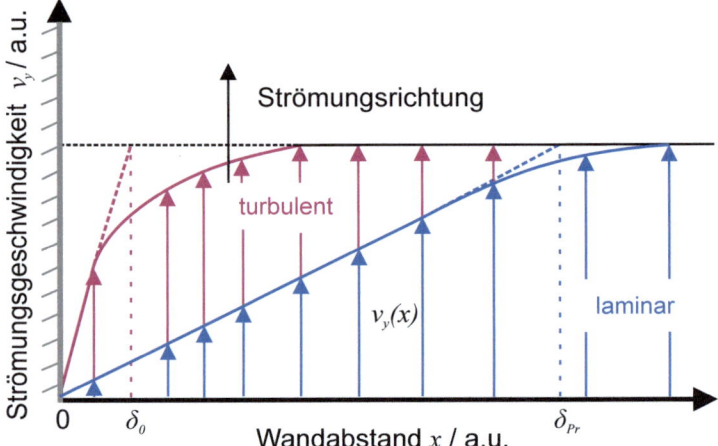

Abb. 3.1 Vergleich von laminarer und turbulenter Strömung in Wandnähe, vgl. Text (schematisiert und vereinfacht)

Bei laminarer Strömung lassen sich die Verhältnisse über ein Lösen der sog. Differentialgleichung der konvektiven Diffusion berechnen (vgl. ▶ Abschn. 2.2.1.4). Man erhält die Beziehung

$$\delta_N = \left(\frac{\eta}{\rho D}\right)^{\frac{1}{3}} \delta_{\text{Pr}} \qquad \text{Gl. 3.3}$$

und δ_N kann bei hinreichender Stärke der Strömung ohne Weiteres bis auf 10^{-4} cm absinken (für Wasser ist $(\eta/\rho D)^{\frac{1}{3}} \cong 1/10$). Natürlich wird hierbei auch die Rauigkeit der Oberfläche (Verhältnis von wahrer zu geometrischer Oberfläche) eine Rolle spielen. Bei turbulentem Strömungszustand sind noch dünnere Diffusionsschichten möglich.

Die vorstehenden Aspekte sind stark vereinfacht dargestellt. Im folgenden Rechenbeispiel betrachten wir die Auflösung eines Kochsalzkristalls in Wasser.

> **Beispiel**
> Die Berechnung der Abdiffusion in Lösung gehender Ionen erfolgt anhand der ◘ Abb. 2.12. Als Flächenquelle stellen wir uns eine Kochsalzplatte von 100 cm² vor. Die Oberflächenkonzentration des sich lösenden Salzes beträgt rund 6 mol l^{-1} (das Löslichkeitsgleichgewicht sei stets eingestellt). Ist das angrenzende Lösungsmittelvolumen groß, so ist die Konzentration c des gelösten Salzes im Innern des Volumens stets gleich (besser nahe) null. Die Diffusionskoeffizienten von Ionen liegen typischerweise bei etwa 10^{-5} cm² s^{-1} (außer für H$^+$ und OH$^-$; vgl. ▶ Abschn. 3.5).

3.2 · Diffusion und konvektive Diffusion

Für den Fall **natürlicher Konvektion** ($\delta_N = 0{,}1$ cm) ist dann die Gl. 2.46 wie folgt auszuführen

$$\left|\frac{dn}{dt}\right| = AD\frac{dc}{dx} = AD\frac{c_0}{\delta_N} = 100\,\text{cm}^2 \cdot 10^{-5}\,\text{cm}^2\,\text{s}^{-1}\frac{6\cdot 10^{-3}\,\text{mol cm}^{-3}}{0{,}1\,\text{cm}}$$

$$\triangleq 6\cdot 10^{-5}\,\text{mol s}^{-1}$$

(Die Konzentration war in mol cm^{-3} einzusetzen, vgl. ▶ Abschn. 2.2.1.2).

Mit einer Molmasse von 58,4 g mol^{-1} lösen sich damit pro Sekunde gut $3 \cdot 10^{-3}$ g Kochsalz auf. Die Einrechnung der spezifischen Dichte des Salzes von 2,1 g cm^{-3} führt dann auf die sekündliche Auflösung eines Salzvolumens von 10^{-3} cm^3, d. h. bezogen auf 100 cm^2 Oberfläche einer Schichtdicke von 10^{-5} cm.

Die Auflösungsgeschwindigkeit kann durch **künstliche Konvektion** erheblich gesteigert werden. Setzen wir bei entsprechend starker Rührung eine Diffusionsschichtdicke δ_N von nur noch 10^{-4} cm an, so wird sie nach dem Gang der Rechnung um drei Zehnerpotenzen angehoben. Dies entspricht dann pro Sekunde einer aufgelösten Salzschicht von 10^{-2} cm.

Dieser Zahlenwert ist uns allen gegenwärtig. Salzkörner werden in Wasser durch Rühren in einigen Sekunden aufgelöst.

Der Vorgang beschleunigt sich bei höherer Temperatur. Dies liegt weniger an der Tatsache eines temperaturabhängigen Löslichkeitsprodukts – die Löslichkeit von Kochsalz in Wasser steigt zwischen 20 und 90 °C nur um ca. 8% an – als an einer Erhöhung des Diffusionskoeffizienten um 2 bis 3% pro Kelvin.

Im Folgenden betrachten wir nun noch ein an die sich auflösende Salzplatte angrenzendes Lösungsvolumen V begrenzten Inhalts. Die Salzkonzentration c im Lösungsmittel steigt dann zeitlich an.

Damit gilt (vgl. ◘ Abb. 2.12)

$$\frac{dn}{dt} = -AD\frac{dc}{dx} = -AD\frac{-(c_0 - c(t))}{\delta_N} \qquad \text{Gl. 3.4}$$

Die Auflösungsrate dn/dt entspricht andererseits der im Lösungsvolumen zunehmenden Stoffmenge, d. h.

$$\frac{dn}{dt} = \frac{d(Vc(t))}{dt} \qquad \text{Gl. 3.5}$$

Damit gilt mit $c(t) = c$

$$\frac{dc}{c_0 - c} = \frac{DA}{V\delta_N}dt \qquad \text{Gl. 3.6}$$

Die Integration liefert in den Grenzen von $c = 0$ bis c bzw. $t = 0$ bis t

$$c = c_0 \left(1 - e^{-\frac{DA}{V\delta_N}t}\right) \qquad \text{Gl. 3.7}$$

c steigt in Übereinstimmung mit der Anschauung umso schneller an, je größer D und je kleiner V und δ_N sind. $c = c_0$ wird als Grenzfall erst nach langer Zeit erreicht.

3.2.3 Besonderheiten bei Diffusion in Festkörpern

Fremdteilchen können ohne Weiteres durch einen Festkörper diffundieren, wenn sie im Zwischengitter, in Leerstellen oder in sonstigen Strukturdefekten Platz finden. Außerdem müssen sie genügend Energie besitzen, um sich im Festkörper von Platz zu Platz bewegen zu können. Gegebenenfalls können diffundierende Teilchen auch Bausteine des Festkörpergitters in das Zwischengitter verdrängen, vgl. auch ▶ Abschn. 3.4.3.

Es verwundert daher nicht, dass z. B. die Diffusion von Fremdmetallatomen in einem Metall zumeist erst kurz unterhalb des Schmelzpunktes merklich wird (Zunahme von Strukturdefekten und Teilchenenergien).

Diffusionskoeffizienten liegen dann im Bereich 10^{-8} cm^2 s^{-1}, d. h. um drei Dekaden unterhalb des Wertes für Koeffizienten in Flüssigkeiten und 7 Dekaden unterhalb der Daten für die Diffusion durch Gase.

Zu einer Diffusion durch Festkörper bei Normaltemperatur sind gegebenenfalls Teilchen fähig, welche nur einen geringen Platzbedarf aufweisen (z. B. atomarer Wasserstoff).

Eine irgendwie geartete Konvektion kann im Festkörper natürlich nicht stattfinden. Gl. 2.52 für das Wachstum der Diffusionsschicht oder Gl. 2.54 für das mittlere Verschiebungsquadrat können daher ohne Zeitlimit angewendet werden.

Beispiele für Diffusion in Festkörpern sind:
- Das Dotieren von Halbleitern – man lässt etwa Phosphoratome aus der Dampfphase bei 850–950 °C für 15–30 min in Silicium eindiffundieren.
- Die Diffusion von atomarem Wasserstoff durch Palladium-Folien bei Normaltemperatur. Größere Moleküle passen nicht in die Gitterlücken des Metalls (Verfahren zur Gewinnung hochreinen Wasserstoffs).
- Die Diffusion von molekularem Wasserstoff durch die Wände von Gummischläuchen. Luft vermag dies nicht. Ist daher Wasserstoffgas nach Ausführung eines Experiments in einem Schlauch verblieben, so entsteht durch Ausdiffusion Unterdruck im Schlauch (Gefahr des Einsaugens von Flüssigkeit z. B. aus einer Gaswaschflasche).

3.3 Wärmeleitung, Wärmeübergang, Wärmedurchgang und Wärmerohr

3.3.1 Allgemeines

Die für den Wärmetransport in Gasen entwickelten Gl. 2.35 und Gl. 2.37 gelten auch für den Wärmetransport in kondensierter Materie. Die Begründung ist die gleiche wie bei Übertragung von Impulstransport und Diffusion (▶ Abschn. 3.1 und ▶ Abschn. 3.2).

Damit ist im stationären Fall

$$\frac{dQ}{dt} = -A\lambda_{WL}\frac{dT}{dx} \qquad \text{Gl. 2.35}$$

und die Evolutionsphase wird durch

$$\frac{\partial T}{\partial t} = \frac{\lambda_{WL}}{\rho C_p}\frac{\partial^2 T}{\partial x^2} = \delta_{WL}\frac{\partial^2 T}{\partial x^2} \qquad \text{Gl. 2.37}$$

beschrieben.

Wie in Gasen ist jedoch auch in Flüssigkeiten konvektiver Wärmetransport die Regel, d. h. die Gl. 2.35 und Gl. 2.37 sind nur in Sonderfällen anwendbar.

Die Wärmeleitungskoeffizienten λ_{WL} sind für Flüssigkeiten deutlich höher als für Gase. Die Koeffizienten von Festkörpern schließen sich an diejenigen für Flüssigkeiten an. Sie sind am höchsten im Fall von Metallen. Unter den Metallen wiederum haben diejenigen die höchste Wärmeleitfähigkeit, welche auch die höchste Elektronenbeweglichkeit (elektrische Leitfähigkeit) besitzen. ◘ Tabelle 3.2 enthält eine Auswahl von Wärmeleitkoeffizienten.

3.3.2 Konvektiver Wärmetransport in Flüssigkeiten, Wärmeübergang

In der Evolutionsphase des Wärmetransports bildet sich vor einer warmen Wand eine Wärmetransportschicht in die Flüssigkeit hinein aus (vgl. hierzu den ▶ Abschn. 2.2.2 einleitenden Text).

◘ **Tab. 3.2** Zusammenstellung von Wärmeleitungskoeffizienten λ_{WL} (J s^{-1} m^{-1} K^{-1}) für Flüssigkeiten und Festkörper bei 293 K. Der Wert für Luft ist zum Vergleich noch einmal mit aufgeführt

Stoff	λ_{WL}	Stoff	λ_{WL}
Luft	0,024	Glas	0,72
Öl	um 0,1	Stein	1 bis 1,6
Wasser	0,67	Fe	50
Erde (trocken)	um 0,25	Cu	384
Ziegel	0,7 bis 0,9		

Tab. 3.3 Beispiele für Wärmeübergangszahlen α (in J s^{-1} m^{-2} K^{-1})

Fluid	Konvektion		
	niedrig	mittel	hoch
Luft	8	40	80
Wasser	100	1000	4000
siedendes Wasser	1000	6000	30000

Besteht vor der Wand Konvektion, so kommt das Wachstum der Transportschicht umso schneller zur Ruhe, je stärker die Konvektion ist. Umso steiler ist auch der Temperaturgradient in der Transportschicht und umso größer ist der Wärmetransport nach Gl. 2.35 in das Innere der Flüssigkeit.

Die so beschriebenen Verhältnisse sind in Analogie zur Diffusion – wie sie in ▶ Abschn. 3.2 behandelt wurde – zu sehen. Im Falle des Wärmetransports wählen wir jedoch eine abweichende, sich mehr an den Methoden der Technischen Chemie orientierende Betrachtungsweise.

Hierzu definieren wir die zeitlich von einer Wand der Fläche A der Temperatur T_w in ein Fluid (in der Strömungslehre zusammenfassende Bezeichnung für Flüssigkeiten, Gase sowie Plasmen) der Temperatur T_F unter Konvektion **einströmende Wärmemenge als Wärmeübergang.**

$$\frac{dQ}{dt} = A\alpha \left(T_W - T_F\right) \qquad \text{Gl. 3.8}$$

Hierin ist α die sog. Wärmeübergangszahl (Einheit im SI-System: J s^{-1} m^{-2} K^{-1}).

Die Wärmeübergangszahl α ist z. B. messbar, wenn man die Wand eines Rohres auf konstanter Temperatur hält (z. B. mit Heizdampf) und Wasser durch das Rohr strömen und sich dabei aufheizen lässt. dQ/dt entspricht dann der zeitlich das Rohr passierenden Wassermenge multipliziert mit der spezifischen Wärme des Wassers und der Differenz von Einlauf- und Auslauftemperatur. In Gl. 3.8 ist weiterhin A gleich der inneren Oberfläche des Rohres (Wärmeaustauschfläche); für T_F wird der Mittelwert zwischen Einlauf und Auslauf eingesetzt. Auch bei den nachfolgenden Überlegungen denke man immer an eine Rohrgeometrie.

◘ Tabelle 3.3 gibt einen Überblick über für Wasser erhaltene Wärmeübergangszahlen. Diese zeigen sehr deutlich die überragende Rolle der Konvektion beim Wärmeübergang auf. Mit in die Tabelle aufgenommen wurden Daten für das gasförmige Fluid Luft, **für welches die jetzigen Überlegungen im Umkehrschluss natürlich ebenso gelten.**

Wie ersichtlich, steigt der Wärmeübergang bei einsetzendem Sieden stark an (beispielsweise beim Überkochen von Speisen). Dies ist eine Folge der Bildung von Dampfblasen an der Wandoberfläche. Diese lösen sich ab, verstärken so die Konvektion unmittelbar vor der Oberfläche und sorgen somit für eine noch dünnere Transportschicht (d. h. anwachsendes dT/dx). ◘ Abbildung 3.2 versucht eine grafische Darstellung.

3.3 · Wärmeleitung, Wärmeübergang, Wärmedurchgang und Wärmerohr

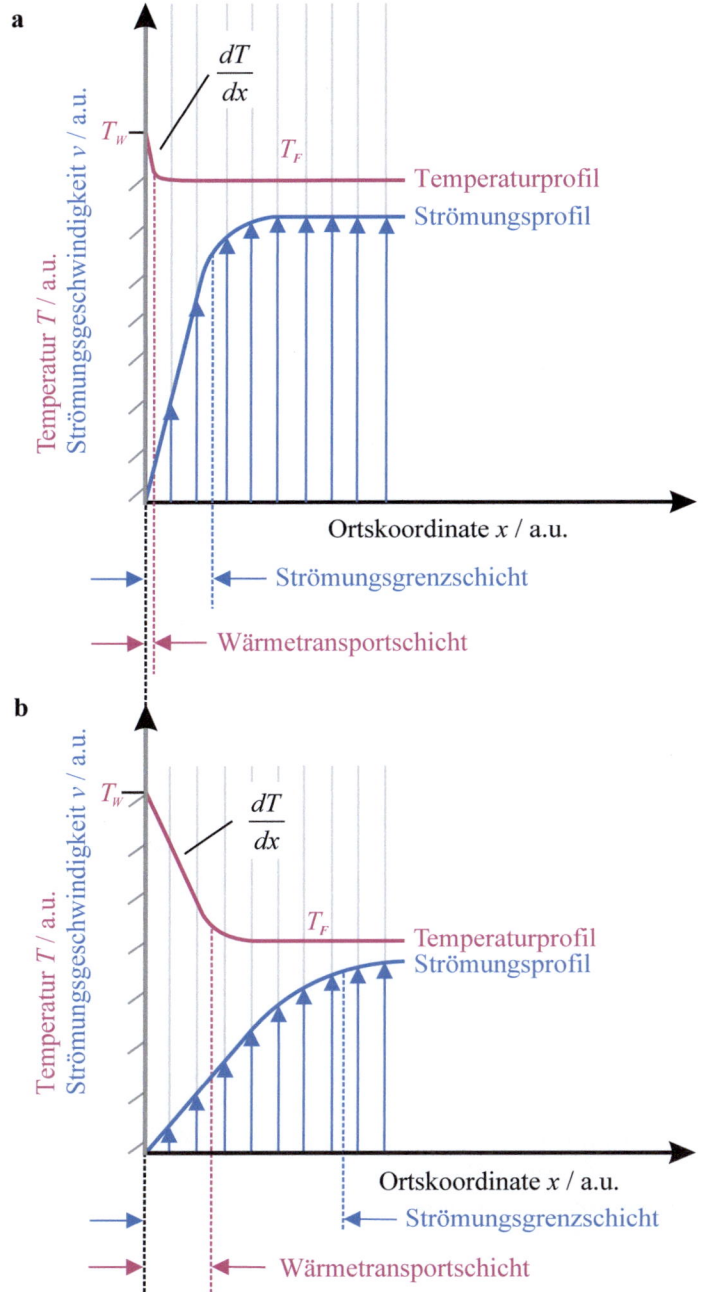

Abb. 3.2 Schematisierte und vereinfachte Darstellung der Rolle der Konvektion beim Wärmeübergang. T_W ist in beiden Fällen identisch, die Strömungskonvektion im Falle **a** jedoch stärker als im Falle **b**. Entsprechend dünner sind im Falle **a** die Transportschichten und der Wärmetransport steigt an

Für eine praktische Berechnung des Wärmeübergangs nach Gl. 3.8 wären allerdings sehr viel detailliertere Tabellen für α erforderlich (α hängt von Strömungsgeschwindigkeit, Viskosität des strömenden

Mediums und Strömungsmodus (laminar oder turbulent) ab, auch der zugehörige Wärmeleitungskoeffizient muss eine Rolle spielen). Es scheint daher besser, eine Funktion zu suchen, die aus vorhandenen Messdaten für α gewonnen werden kann und anschließend erlaubt, α als Funktion obiger Variablen zu berechnen.

Zu diesem Zweck kehren wir noch einmal zu der einheitslosen Reynoldszahl Re

$$Re = \frac{\rho \bar{v} d}{\eta} \qquad \text{Gl. 2.92}$$

zurück. Strömungen gleicher Reynoldszahl sind (bei gleichartiger Strömungsgeometrie) einander ähnlich (▶ Abschn. 2.2.3.6 und ▶ Abschn. 3.1).

Ganz entsprechend benötigen wir jetzt eine einheitslose Kennzahl, welche für gleichen Zahlenwert einander ähnliche Wärmetransportvorgänge beschreibt. Sie wurde in Form der Nußeltzahl Nu gefunden.

$$Nu = \frac{\text{konvektiver Wärmestrom}}{\text{von Konvektion unbeeinflusster Wärmestrom}} \qquad \text{Gl. 3.9}$$

Für den Zähler setzen wir Gl. 3.8, für den Nenner Gl. 2.35 ein, d. h.

$$Nu = \frac{A \alpha \Delta T}{A \lambda_{WL} (\Delta T / d)} = \frac{\alpha d}{\lambda_{WL}} \qquad \text{Gl. 3.10}$$

Nu muss als Kennzahl für den Wärmetransport vom Zustand der Strömung und von den Stoffdaten für das strömende Fluid abhängen. Zur Beschreibung des Strömungszustands benutzen wir weiterhin die Reynoldszahl. Als (einheitslose) Kennzahl für die Stoffdaten im Zusammenhang mit dem Wärmetransport wird die Prandtlzahl Pr eingeführt.

$$Pr = \frac{\text{den Wärmetransport schwächender Stoffdateneinfluss}}{\text{den Wärmetransport erhöhender Stoffdateneinfluss}} \qquad \text{Gl. 3.11}$$

Als Zähler setzen wir das Produkt aus Viskosität η und spezifischer Wärme C_p (in J kg^{-1} K^{-1}) ein. Je größer die Viskosität, umso weiter wird der konvektionsdämpfende Einfluss der Wand reichen und umso flacher wird das dortige Temperaturprofil. Je größer C_p, umso mehr Wärme – die dann nicht mehr weitergeleitet werden kann – wird für die Erwärmung der Transportschicht selbst verbraucht. Als Nenner setzen wir λ_{WL} ein. Dann ist

$$Pr = \frac{\eta \cdot C_p}{\lambda_{WL}} \qquad \text{Gl. 3.12}$$

Man kann sich leicht überzeugen, das Nu und Pr keine Einheit tragen.

Für den Zusammenhang zwischen Nußelt-, Reynolds- und Prandtlzahl schließlich treffen wir den Produktansatz

$$Nu = konst \cdot Re^m \cdot Pr^n \qquad \text{Gl. 3.13}$$

mit experimentell zu bestimmenden Konstanten.

3.3 · Wärmeleitung, Wärmeübergang, Wärmedurchgang und Wärmerohr

Ein Verfahren zur Bestimmung der Wärmeübergangszahl α wurde für den Fall der Rohrströmung zu Beginn des laufenden Abschnitts angegeben. Mit bekannten Wärmeleitungskoeffizienten λ_{WL} und d (Rohrdurchmesser) als „charakteristische Länge" ist dann aus Gl. 3.10 die Nußeltzahl bekannt. Die Prandtlzahl nach Gl. 3.12 enthält lediglich Stoffdaten. Zur Bestimmung der Reynoldszahl muss noch die mittlere Strömungsgeschwindigkeit $\bar{v}$ der Rohrströmung bestimmt werden. Nach Ausführung entsprechender Experimente stellt man (vereinfachend) fest, dass **im Falle turbulenter Rohrströmung** die Auftragung von Nu gegen $Re^{0,8} \cdot Pr^{0,43}$ eine Gerade mit der Steigung 0,023 liefert

$$Nu = 0,023 \cdot Re^{0,8} \cdot Pr^{0,43} \qquad \text{Gl. 3.14}$$

Die Nußeltzahl als charakteristische Kennzahl des Wärmetransports ist damit durch Reynolds- und Prandtlzahl eindeutig festgelegt. **Aus Nu ist anschließend die Wärmeübergangszahl α (insgesamt als Funktion von $\bar{v}, \eta, \lambda_{WL}, C_p, \rho$ und d) erhältlich.**

> **Beispiel**
>
> **Ein einfaches Rechenbeispiel soll den Nutzen beleuchten.** Für einen Prozess werden stündlich 5,7 Kubikmeter Wasser ($V(t) = 1,58 \cdot 10^{-3}$ m^3 s^{-1}) von 70 °C benötigt. Zur Verfügung steht Speisewasser von 30 °C. Als Wärmequelle kann vorhandener Abdampf dienen, mit welchem die Wand eines Rohres durch Kondensation des Dampfes auf 100 °C gehalten werden kann. Man besitzt Rohre von 50 mm ($d = 0,05$ m) Innenweite. **Wie lang muss das Rohr sein, um die gewünschte Erwärmung zu erzielen?**
> **1. Schritt.** Um Gl. 3.14 anwenden zu können, muss die resultierende Strömung turbulent, d. h. $Re > 2320$ sein. Über Gl. 2.77 erhält man eine mittlere Strömungsgeschwindigkeit von 0,81 m s^{-1}. Mit $\rho = 988$ kg m^{-3} und $\eta = 0,55 \cdot 10^{-3}$ kg m^{-1} s^{-1} liefert Gl. 2.92 für Re dann den Wert 73700.
> **2. Schritt.** $Re^{0,8} = 7950$.
> **3. Schritt.** Mit (den für Wasser der mittleren Temperatur 50 °C geltenden Daten) $C_p = 4190$ J kg^{-1} K^{-1} und $\lambda_{WL} = 0,64$ J m^{-1} s^{-1} K^{-1} liefert Gl. 3.12 $Pr = 3,6$, d. h. $Pr^{0,43} = 1,73$.
> **4. Schritt.** Gl. 3.14 liefert $Nu = 289$, Gl. 3.10 anschließend $\alpha = 3699$ J m^{-2} s^{-1} K^{-1} (vgl. ◘ Tab. 3.3).
> **5. Schritt.** Die für die gewünschte Temperaturerhöhung um $\Delta T = 40$ K zeitlich erforderliche Wärmemenge ist
>
> $$\frac{dQ}{dt} = \frac{dV}{dt} \rho C_p \cdot \Delta T = 268 \; kJ \; s^{-1}$$
>
> Damit sind alle für die Berechnung der Wärmeaustauschfläche A aus Gl. 3.8 erforderlichen Größen bekannt. T_F wird als mittlere Temperatur, d. h. mit 50 °C angenommen. T_W war 100 °C. Man

> errechnet eine für den Wärmeübergang erforderliche Oberfläche von 1,44 m². Mit einer Innenoberfläche des Rohres von 0,157 m² pro Meter Rohrlänge benötigt man also **ein Rohr von knapp zehn Metern.**

Für den Fall anderer Strömungsgeometrien treten in Gl. 3.14 andere Zahlenfaktoren und Exponenten auf. Sie hängen (wie auch bei der Rohrströmung) noch vom Strömungszustand (laminar oder turbulent) ab. Außerdem kann sich die Zusammensetzung der Kennzahlen selbst noch ändern.

Für den Fall rein natürlicher Konvektion ist die Reynoldszahl sinnlos. An ihre Stelle tritt dann eine sog. Grashof-Zahl.

3.3.3 Wärmetransport in Festkörpern, Wärmedurchgang

In ▶ Abschn. 2.2.2.2 wurde der stationäre Wärmetransport durch den Luftspalt (0,5 cm) eines Isolierfensters von einem Quadratmeter mit rund 100 Watt für den Fall einer Temperaturdifferenz von 25 K berechnet.

Die Anwendung der Gl. 2.35 auf eine Ziegel- oder Steinwand von 1 m² und 25 cm Dicke führt mit $\lambda_{WL} \approx 1$ (◘ Tab. 3.2) auf den gleichen Zahlenwert.

Alle so berechneten Wärmetransportdaten müssen jedoch mit Vorsicht betrachtet werden. Grund ist die Nichtberücksichtigung von Wärmeübergangsprozessen.

◘ Abbildung 3.3 zeigt hierzu (schematisiert) den Temperaturverlauf für den Fall eines einfach verglasten Fensters.

Der den Wärmetransport durch die Glasscheibe regierende Ausdruck dT/dx ist damit deutlich abgesunken.

Selbstverständlich muss diese Sichtweise allgemein angewendet werden, wenn Wärme aus einem Fluid (Gas, Flüssigkeit) in einen Festkörper übertritt und anschließend wieder in ein Fluid weitergeleitet wird.

Die Berechnung des sog. Wärmedurchgangs ist für den Fall der ◘ Abb. 3.3 ($T_{W,i}$ und $T_{W,a}$ = konst.) leicht ausführbar. Nach Gl. 3.8 gilt für den in die Scheibe eintretenden Wärmestrom

$$\frac{dQ}{dt} = -A\alpha_i(T_{W,i} - T_{F,i}) \Rightarrow (T_{F,i} - T_{W,i}) = \frac{dQ}{dt}\frac{1}{A\alpha_i} \quad \text{Gl. 3.15}$$

Das Minuszeichen wird erforderlich, da Gl. 3.8 sich auf den Wärmestrom vom Festkörper in das Fluid bezieht. Für den Wärmetransport durch die Scheibe gilt nach Gl. 2.35 mit $dT/dx = (T_{W,a} - T_{W,i})$

$$\frac{dQ}{dt} = -A\lambda_{WL}\frac{T_{W,a} - T_{W,i}}{d} \Rightarrow (T_{W,i} - T_{W,a}) = \frac{dQ}{dt}\frac{d}{A\lambda_{WL}} \quad \text{Gl. 3.16}$$

Der in den Außenraum eintretende Wärmestrom ist

$$\frac{dQ}{dt} = A\alpha_a(T_{W,a} - T_{F,a}) \Rightarrow (T_{W,a} - T_{F,a}) = \frac{dQ}{dt}\frac{1}{A\alpha_a} \quad \text{Gl. 3.17}$$

3.3 · Wärmeleitung, Wärmeübergang, Wärmedurchgang und Wärmerohr

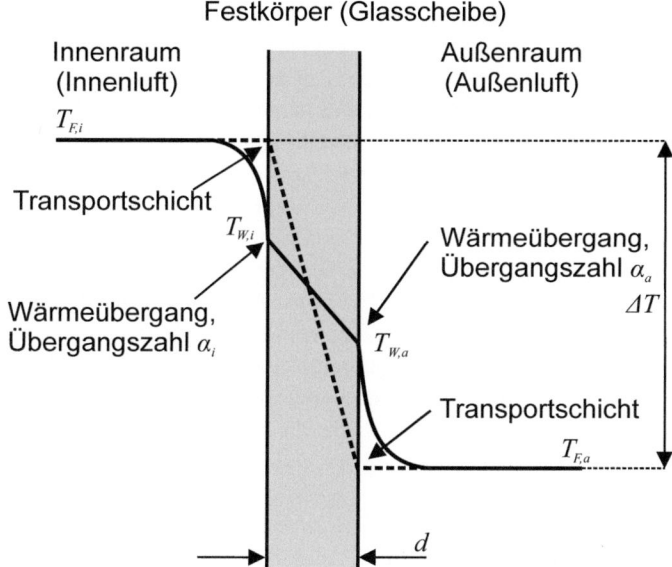

Abb. 3.3 Zum Begriff des Wärmedurchgangs. Die Bezeichnungen schließen sich an die Gl. 3.8 an, es erfolgt eine (zusätzliche) Indizierung mit i bzw. a für innen und außen

In diesen Gleichungen sind die auftretenden dQ/dt im Fall stationären Transports identisch. Wir betrachten im Weiteren den rechten Teil des Gleichungssystems und addieren auf. Auf der linken Seite bleibt dann $T_{F,i} - T_{F,a} = \Delta T$ stehen, auf der rechten können wir dQ/dt ausklammern. Dies liefert unmittelbar die Endformel

$$\frac{dQ}{dt} = A \frac{1}{\frac{1}{\alpha_i} + \frac{d}{\lambda_{WL}} + \frac{1}{\alpha_a}} \Delta T \qquad \text{Gl. 3.18}$$

Der in Gl. 3.18 auftretende Bruch entspricht dem sog. Wärmedurchgangskoeffizienten U (in J s^{-1} m^{-2} K^{-1}).

Eine Gleichung entsprechend

$$\frac{dQ}{dt} = A \cdot U \cdot \Delta T \qquad \text{Gl. 3.19}$$

lässt sich auch für kompliziertere Fälle, etwa ein Doppel- oder Dreifachfenster, angeben. Im ersten Fall sind bei einem (heute üblichen) Luftspalt von ca. 12 mm ohne Weiteres U-Werte in der Größenordnung von einem J s^{-1} m^{-2} K^{-1} erreichbar. Der Wärmeverlust durch das Fenster von einem Quadratmeter entspricht im Falle von $U = 1$ dann nur noch 25 Watt bei $\Delta T = 25$ Kelvin.

Der Wärmedurchgangskoeffizient hängt ersichtlich von der Konvektion im Fluid ab. Aus diesem Grunde steigt der Wärmeverlust eines Hauses mit zunehmender sog. Windlast an (vgl. Tab. 3.3 sowie den zugehörigen Text).

Bei der Wärmeleitung in Festkörpern tritt eine Störung der Evolution durch Konvektion natürlich nicht auf. Lösungen des

> Der Wärmedurchgangskoeffizienten U ist der neue Name für den früher gebräuchlichen k-Wert gemäß EN ISO 6946. Er darf auch nicht mit λ_{WL} (Einheit: J s^{-1} m^{-1} K^{-1}) verwechselt werden.

2. Wärmeleitungsgesetzes (Gl. 2.37) können daher direkt angewendet werden. Auf die Form der Lösung für die Flächenquelle wurde bereits hingewiesen. Gl. 2.37 ist auch für den Fall integrierbar, dass sich die Temperatur der Flächenquelle periodisch (sinusförmig) ändert.

Wir wollen es bei diesen Feststellungen belassen und nur noch auf ein Ergebnis hinweisen. Danach sind die täglichen Temperaturschwankungen (sie seien einmal als sinusförmig angenähert) bereits in einer Bodentiefe von nur ca. sechs Zentimetern auf den e-ten Teil abgeklungen und treten dort um fast vier Stunden verzögert auf. Im Falle von Steinwänden ist die Temperaturleitfähigkeit δ_{WL} größer (◘ Tab. 2.2, $\delta_{WL} = \lambda_{WL}/\rho C_p$). Für hinreichend große Wandstärken lässt es sich jedoch erreichen, dass die Mittagshitze erst in den Abendstunden (auf niedrigerem Niveau) die Innenräume eines Hauses erreicht – und mit passendem Zeitfaktor am Morgen wieder die Außenwand. Dies macht den Wärmekomfort alter dickwandiger Steinhäuser aus.

Die hier gegebene Behandlung des Transportproblems der Wärmeleitung ist auch auf die Diffusion anwendbar. Sie führt dann zu den Begriffen von Stoffübergang und Stoffdurchgang.

3.3.4 Das Wärmerohr

Es gibt nicht nur Situationen, in welchen man, im Sinne einer Isolierung, den Wärmetransport zu minimieren trachtet. In der Technik ist der umgekehrte Fall sicherlich genauso häufig, wenn nicht häufiger: Wärme soll, im Sinne einer Kühlung, möglichst schnell abtransportiert werden.

Dem ▶ Abschn. 3.3.2, insbesondere der ◘ Tab. 3.3, folgend, wird man dazu eine zu kühlende Oberfläche schnell anströmen. Beispiele sind die Kühlung eines Motorradmotors mit dem Fahrtwind oder die Kühlung von Kernbrennstäben durch Anströmung mit Wasser.

Nach ◘ Tab. 3.3 sind bei Wasser als Kühlmedium ohne Weiteres Wärmestromdichten von 40 W cm^{-2} und mehr erreichbar (Wärmeübergangszahl $\alpha = 4000$ J s^{-1} m^{-2} K^{-1} für Wasser bei hoher Konvektion, $\Delta T = 100$ K). Wärmestromdichten von mehr als einem Kilowatt pro cm^2 lassen sich erzielen, wenn man die Wärme in einem sogenannten **Wärmerohr in Form latenter Wärme** transportiert. Das Grundprinzip stellt sich wie folgt dar [2] :

» „Wärmerohre sind vakuumdicht verschlossene Behälter, meistens Rohre, die auf ihrer Innenseite mit einer Kapillarstruktur (z. B. Textil- oder Drahtgewebe, Rillen, gesinterte Strukturen) ausgekleidet sind. Sie werden nach dem Evakuieren mit einer geringen Menge Flüssigkeit als Wärmeträger so weit gefüllt, dass die Kapillarstruktur gerade gesättigt ist. Die Flüssigkeit in der Kapillarstruktur steht mit ihrem Dampf im Übrigen zur Verfügung stehenden Raum im Gleichgewicht. Wird eine Seite des Rohres beheizt, die andere Seite gekühlt, so verdampft die Flüssigkeit unter Aufnahme der Verdampfungswärme. Der Dampf strömt in die Kühlzone und kondensiert dort unter Abgabe der Kondensationswärme. Das Kondensat strömt in der Kapillarstruktur in die Heizzone zurück. Treibende Kraft ist dabei die Kapillarkraft."

Wärmerohre können die Wahl passender Latentwärmeträger im Temperaturbereich <200 K bis >750 K eingesetzt werden. Die Natur der Wärmeträger reicht dabei von flüssigem Stickstoff über Kohlenwasserstoffe, handelsübliche Kältemittel, Alkohole, Wasser, Öle, Quecksilber bis hin zu Cäsium, Natrium und Silber. Anwendungsbeispiele finden sich beim Bau von Leistungselektroniken, in der Solartechnik und in der Weltraumtechnik.

3.4 Wanderung von Ionen im elektrischen Feld

3.4.1 Grundlagen

Wir betrachten atomare oder molekulare Teilchen, welche eine positive oder negative Ladung ze_0 tragen (elektrische Elementarladung $e_0 = 1{,}602 \cdot 10^{-19}$ A·s, Ladungszahl $z = \pm 1, \pm 2, \pm 3$; höhere Werte sind selten). Befindet sich ein solches Teilchen in einem elektrischen Feld der Stärke E (Feldstärke: elektrische Spannung U pro Weglänge l; $E = U/l$, z. B. in V cm^{-1}), so erfährt es eine elektrische Kraft F_{el}

$$F_{el} = ze_0 E \qquad \text{Gl. 3.20}$$

Das Teilchen beginnt in der Folge im elektrischen Feld zu wandern. Es trägt nach dem griechischen Wort für Wanderer den Namen Ion. Zu unterscheiden sind Kationen (positive Ladung) und Anionen (negative Ladung).

Ionen treten in der Gasphase, in Lösungsphase, in Schmelzen und in Festkörpern auf. Wir diskutieren **zunächst die Situation in der wässrigen Lösungsphase** und später (kurz) in nichtwässrigen Lösungen, Schmelzen und Festkörpern. Diese Gebiete werden zur Elektrochemie gezählt. Das früher die Elektrochemie der Gase genannte Gebiet zählt heute zur Physik (z. B. Plasmaphysik).

3.4.1.1 Ein einfaches Modell der Ionenwanderung

In wässriger Lösung liegen Ionen hydratisiert vor. Damit ist gemeint, dass sich Wasserdipole an das Ion anlagern, sie bilden eine **Hydrathülle** aus. Wie wir später noch sehen werden, können sich ohne Weiteres zehn oder mehr Wassermoleküle in der (mit der Wärmebewegung dynamisch fluktuierenden) Hydrathülle eines Ions befinden [A20], [A21], [A23].

Bei seiner Wanderung im elektrischen Feld erfahren die hydratisierten Ionen eine ihrer Bewegung entgegenwirkende Reibungskraft F_R. Nähern wir das hydratisierte Ion als starre Kugel des Radius r an, so können wir für F_R das für diese Geometrie gültige sog. Stoke'sche Reibungsgesetz übernehmen

$$F_R = 6\pi\eta r v \qquad \text{Gl. 3.21}$$

v ist hier die Wanderungsgeschwindigkeit der betrachteten Ionensorte und η die Viskosität des Wassers.

Schalten wir im Gedankenversuch das elektrische Feld ein, so werden nach einer kurzen Beschleunigungsphase elektrische Kraft und Reibungskraft gleich, d. h. für die dann stationäre Wanderungsgeschwindigkeit gilt

$$v = \frac{ze_0 E}{6\pi\eta r} \qquad \text{Gl. 3.22}$$

Beispiel
Erstaunlicherweise bereitet in diesem Zusammenhang die Vorstellung einer endlichen Beschleunigungsphase oftmals Schwierigkeiten. Für diesen Fall betrachte man einen Menschen, der aus dem Flugzeug fällt. Er wird durch die Erdanziehung beschleunigt, mit wachsender Fallgeschwindigkeit nimmt jedoch auch der Luftwiderstand (Reibungskraft!) zu. Bei etwa 200 km h^{-1} werden beschleunigende Kraft und Reibungskraft gleich, die Fallgeschwindigkeit kann nicht mehr zunehmen. Fällt der Mensch auf ein großes Zeltdach oder in tiefen Schnee, besteht noch Hoffnung.

Je größer die Wanderungsgeschwindigkeit $v = v(r, z, E)$ der Ionen ist, umso größer ist auch der zeitliche Transport elektrischer Ladung Q – d. h. die Stromstärke I – durch die Lösung ($dQ/dt = I$ (in Ampere)). Wir beachten nun, dass alle Ionen einer betrachteten Sorte, welche sich innerhalb einer Wegstrecke l vom Geschwindigkeitsbetrag v in Bewegungsrichtung vor einer Kontrollfläche A befinden, diese im gewählten Zeitintervall auch durchqueren bzw. erreichen. dQ/dt kann dann als räumliche Dichte ^1n der Ionen multipliziert mit A und v sowie der Ionenladung $z\,e_0$ niedergeschrieben werden.

$$I = \frac{dQ}{dt} = A z e_0\, ^1n v \qquad \text{Gl. 3.23}$$

Bei Übergang zur Konzentration c ($c = {}^1n/N_A$; hier typischerweise in mol/cm^3 angegeben) und mit $e_0 N_A = F$ (Faraday-Konstante, $F = 96494$ As) wird daraus

$$I = AFzcv \qquad \text{Gl. 3.24}$$

In der Realität müssen wir noch berücksichtigen, dass Kationen und Anionen eines Elektrolyten immer gemeinsam auftreten. Als Elektrolyt wird eine Verbindung bezeichnet, welche in Lösung zu Ionen dissoziiert (elektrolytische Lösung). Die Ladungszahlen z^+ und z^- von Kationen und Anionen können dabei unterschiedlich sein. Insoweit spricht man etwa von einem 1-1-wertigen Elektrolyten (Beispiel: NaCl),

3.4 · Wanderung von Ionen im elektrischen Feld

einem 1-2-wertigen Elektrolyten (Beispiel Na_2SO_4). Im elektrischen Feld wandern die Ionen in entgegengesetzter Richtung. Damit ist bei Indizierung mit + und −

$$I = I^+ + I^- = AF\left(z^+c^+v^+ + z^-c^-v^-\right) \qquad \text{Gl. 3.25}$$

Bezeichnen wir schließlich die Absolutzahl der bei Dissoziation eines Elektrolytteilchens freigesetzten positiven oder negativen Ladungen mit n_e (Äquivalentzahl), so ist, **vollständige Dissoziation des Elektrolyten unabhängig von seiner eingewogenen Konzentration c vorausgesetzt, $n_e c = z^+c^+ = z^-c^-$**. Dies liefert für den elektrischen Strom durch die Lösung

$$I = AFn_e c\left(v^+ + v^-\right) \qquad \text{Gl. 3.26}$$

> Verhalten sog. starker Elektrolyte. Beispiel Na_2SO_4: $n_e = 2$.

3.4.1.2 Spezifische, molare und Äquivalentleitfähigkeiten sowie Überführungszahlen

Nunmehr beziehen wir die Wanderungsgeschwindigkeit auf die Einheit der Feldstärke E (V cm^{-1}). Die entstehende Größe trägt die Bezeichnung Ionenbeweglichkeit u (Einheit z. B. cm s^{-1} pro V cm^{-1}, entsprechend cm^2 V^{-1} s^{-1}), d. h.

$$u = \frac{v}{E} = \frac{ze_0}{6\pi\eta r} \qquad \text{Gl. 3.27}$$

Gl. 3.26 lautet dann

$$I = AFn_e c\left(u^+ + u^-\right)E \qquad \text{Gl. 3.28}$$

oder, wenn die Feldstärke durch den Spannungsabfall U pro Weglänge l ersetzt wird

$$I = \frac{AFn_e c(u^+ + u^-)}{l}U \qquad \text{Gl. 3.29}$$

Dies ist nichts anderes als das Ohm'sche Gesetz in der Form

$$I = LU \qquad \text{Gl. 3.30}$$

mit

$$L = \frac{AFn_e c(u^+ + u^-)}{l} \qquad \text{Gl. 3.31}$$

als sogenanntem Leitwert (Einheit $A/V = \Omega^{-1} = S$, „Siemens", Kehrwert des Widerstandes R). L steigt mit wachsender Querschnittsfläche A des Leiters (hier des Ionenleiters) und sinkt mit dessen Länge l. Der Widerstand sinkt mit A und wächst mit l.

Für den Fall $A = 1$ cm^2 und $l = 1$ cm haben wir sodann **den Leitwert eines Würfels elektrolytischer Lösung von 1 cm Kantenlänge**. Dies ist die **spezifische Leitfähigkeit** κ (Einheit Ω^{-1} cm^{-1}, heute nach DIN

> Nach der DIN-Norm 1304 ist die früher als Leitfähigkeit verwendete Größe L heute als Leitwert zu bezeichnen.

als Leitfähigkeit zu bezeichnen, worauf die Autoren aber aufgrund der Verwechslungsgefahr verzichten).

$$\kappa = Fn_e c(u^+ + u^-) \qquad \text{Gl. 3.32}$$

Die spezifische Leitfähigkeit κ ist eine experimentelle Größe (Messverfahren geschildert in ▶ Abschn. 3.4.2). Sie erfasst die Eigenschaften von Kationen und Anionen eines Elektrolyten gemeinsam und steigt nach Gl. 3.32 linear mit dessen Konzentration (in der Realität nur für kleine Konzentrationen gültig). **Für einen definierten Vergleich der Leitfähigkeitsdaten unterschiedlicher Elektrolyte** ist die spezifische Leitfähigkeit – sie hebt nach Gl. 3.32 auf unterschiedliche Elektrolytmengen in einem ml Lösung ab – allerdings weniger gut geeignet als Leitfähigkeitsgrößen, welche sich auf eine konstante Elektrolytmenge beziehen.

Hierzu wählen wir ein Mol des betrachteten Elektrolyten, gelöst z. B. in einem Volumen von 10 l. Die Konzentration c beträgt dann 10^{-1} mol l^{-1} bzw. 10^{-4} mol cm^{-3}. **Dieses Volumen sei als eine Schicht von 1 cm Stärke ausgeführt, die Fläche A der Schicht ist dann gleich 1 m^2** (◉ Abb. 3.4). Die Leifähigkeit dieser Schicht wird als molare Leitfähigkeit Λ_m bezeichnet.

Aufgrund des einfachen Modells – die Beweglichkeiten der Ionen hängen nur von den Variablen z, η und r ab – muss derselbe Zahlenwert für Λ_m entstehen, wenn das betrachtete eine Mol vollständig dissoziierenden Elektrolyts in beliebig anderer Konzentration vorliegt. Es muss lediglich die Schichtdicke 1 cm beibehalten werden. Die mit dem Elektrolyten beaufschlagte Fläche sinkt mit zunehmender Konzentration ab.

Natürlich lässt sich auf Basis dieser Definition nur schlecht ein Messverfahren gründen (die Flächen fallen etwas groß aus). Dies ist aber auch gar nicht erforderlich. Die Elektrolytschicht enthält nämlich genau $1/c$ Elektrolytwürfel von 1 cm Kantenlänge (◉ Abb. 3.4, unten rechts), deren Leitfähigkeit jeweils die spezifische Leitfähigkeit κ ist. Damit schreiben wir unter Verwendung von Gl. 3.32

$$\Lambda_m = \frac{1}{c}\kappa = Fn_e(u^+ + u^-) \qquad \text{Gl. 3.33}$$

(Einheit Ω^{-1} mol^{-1} cm^2). Schließlich können wir noch durch n_e teilen und erhalten als Äquivalentleitfähigkeit Λ_{eq}

$$\Lambda_{eq} = \frac{\Lambda_m}{n_e} = F(u^+ + u^-) \qquad \text{Gl. 3.34}$$

Diese Größe ist die eigentliche Grundlage der Diskussion des Leitfähigkeitsverhaltens unterschiedlicher Elektrolyte: Sie entspricht dem Leitfähigkeitsbeitrag einer ionalen Ladung von zwei Faraday (1 F je Äquivalent Anionen und Kationen).

Da im vorliegenden Modell die Wanderung der Ionen nur durch die Wirkung des von außen angelegten elektrischen Feldes bestimmt ist, beeinflussen sich Anionen und Kationen aus dieser Sicht **nicht**. Die Äquivalentleitfähigkeit ist damit in die Anteile von Kationen und

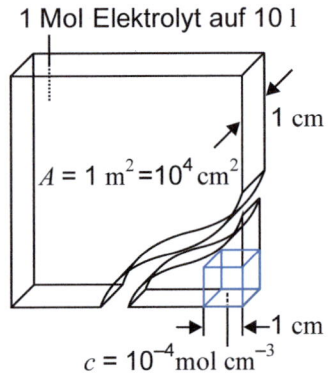

◉ **Abb. 3.4** Zur Herleitung des Begriffs der molaren Leitfähigkeit, vgl. Text

3.4 · Wanderung von Ionen im elektrischen Feld

Anionen aufspaltbar. Sie werden als **Ionenäquivalentleitfähigkeiten** λ^+ und λ^- bezeichnet.

$$\Lambda_{eq} = \lambda^+ + \lambda^- = Fu^+ + Fu^- \qquad \text{Gl. 3.35}$$

Sind λ^+ und λ^- bekannt, folgen damit sofort die Ionenbeweglichkeiten und damit auch die Ionenradien (Gl. 3.27).

Man kann λ^+ und λ^- jedoch nicht aus einer Messung der spezifischen Leitfähigkeit κ allein erhalten: Diese führt nur auf Λ_{eq}. Vielmehr ist noch eine zweite Messgröße für eine Aufteilung erforderlich. Sie resultiert aus der Verteilung des Ladungstransportes auf Kationen und Anionen. Sei t^+ der Anteil der Kationen am Ladungstransport und t^- die entsprechende Größe für die Anionen, so gilt mit $t^+ + t^- = 1$

$$\Lambda_{eq} t^+ = \lambda^+ \qquad \text{Gl. 3.36}$$

und

$$\Lambda_{eq} t^- = \lambda^- \qquad \text{Gl. 3.37}$$

t^+ und t^- werden als sog. Hittorf'sche Überführungszahlen bezeichnet (Messverfahren und Begründung der Wortwahl folgen in ▶ Abschn. 3.4.2).

3.4.1.3 Ein verbessertes Modell und die Einführung von Grenzleitfähigkeiten

Eine verbesserte Modellierung der Ionenwanderung muss berücksichtigen, dass auch zwischen den Ionen elektrische Kräfte wirksam sind. Jedes Kation wird von allen vorhandenen Anionen angezogen und von allen weiteren Kationen abgestoßen, entsprechendes gilt für jedes Anion. Anziehende wie abstoßende Kräfte F sind nach dem sog. Coulomb'schen Gesetz umgekehrt proportional zum Quadrat des Abstands d der beiden im Einzelfall betrachteten Ionen der Ladungen q_1 und q_2. ε ist hierbei die Dielektrizitätskonstante in alter Notation.

$$F = \frac{q_1 q_2}{\varepsilon d^2} \qquad \text{Gl. 3.38}$$

Eine entsprechende Modellierung stammt von Debye, Hückel und Onsager. Sie argumentierten wie folgt:

> Die hydratisierten Ionen verteilen sich in der Lösungsphase derart, dass im Gleichgewicht (d. h. ohne die Wirkung eines äußeren elektrischen Feldes) ihre Position zueinander durch die anziehenden und abstoßenden elektrischen Kräfte einerseits und durch die thermische Teilchenbewegung andererseits bestimmt ist. Die elektrischen Kräfte wirken derart, dass sich jedes Ion vorzugsweise mit entgegengesetzt geladenen Ionen zu umgeben trachtet. Die Wärmebewegung wirkt diesem

Diese Vorstellung liegt auch der Berechnung der mittleren Aktivitätskoeffizienten von Ionen zugrunde, vgl. etwa [A23].

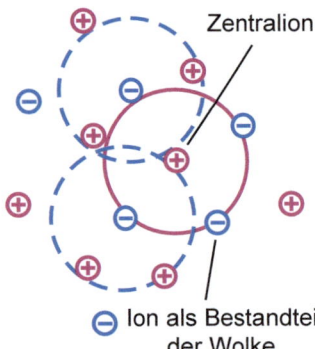

Abb. 3.5 Schematisierte Darstellung der ionalen Nahordnung in Lösungen (Ionenwolken), nicht eingezeichnet sind die Hydrathüllen. Nach [A23]

Ordnungsstreben entgegen. Im zeitlichen Mittel bildet sich daher um ein betrachtetes Ion (**Zentralion**) herum keine Nahordnung wie in einem Kristallgitter aus, sondern nur eine kugelsymmetrische **Ionenwolke** aus entgegengesetzt geladenen Ionen. Jedes der einer Ionenwolke zugeordnete Ion ist seinerseits wieder Zentralion seiner eigenen ionalen Umgebung (Abb. 3.5).

Bei Anlegen eines elektrischen Feldes werden positive und negative Ionen in entgegengesetzte Richtung gezogen, d. h., die beschriebene Ladungsverteilung wird gestört. Um ein wanderndes Ion herum muss sich daher die Ionenwolke ständig neu aufbauen. Dieser Vorgang beansprucht jedoch eine gewisse Zeit. Das Zentralion eilt daher auf seinem Weg durch die Lösung dem Ladungsschwerpunkt seiner Ionenwolke stets ein wenig voraus (Abb. 3.6).

Damit wirkt auf jedes wandernde Ion eine elektrische Rückhaltekraft, welche die Wanderungsgeschwindigkeit/Ionenbeweglichkeit gegenüber den Gl. 3.22/Gl. 3.27 verringert. Wir müssen daher in der Folge zwischen u (reale Ionenbeweglichkeit) und u_0 (Grenzwert der Beweglichkeit für $d \to \infty$ oder sog. **unendliche Verdünnung**) unterscheiden. Der Wert für u ist gegenüber u_0 umso mehr verringert, je höher die ionalen Konzentrationen sind (je kleiner der mittlere Abstand d wird, Gl. 3.38).

Für die spezifische Leitfähigkeit κ (Gl. 3.32) bedeutet dies, dass sie in der Realität nicht linear mit c ansteigt, sondern in geringerem Maße. In Bezug auf die molare Leitfähigkeit Λ_m (Gl. 3.33) und die Äquivalentleitfähigkeit Λ_{eq} (Gl. 3.34) ist die Folge, dass wir für unendliche Verdünnung gültige **Grenzleitfähigkeiten** Λ_m^0 und Λ_{eq}^0 nebst entsprechenden Größen für die Beweglichkeit u einführen müssen:

$$\Lambda_m^0 = F n_e \left(u_0^+ + u_0^-\right) \qquad \text{Gl. 3.39}$$

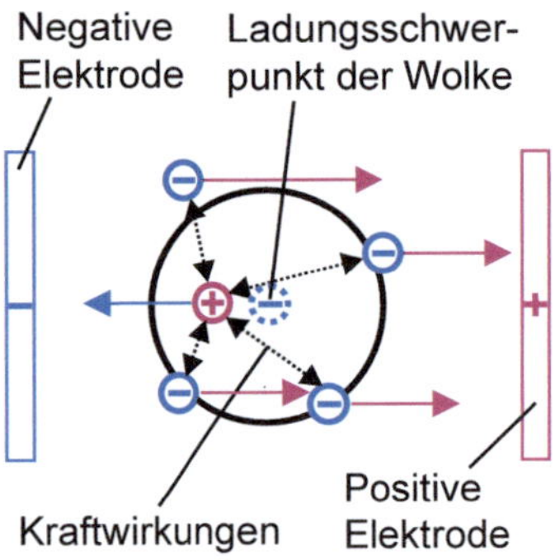

und

$$\Lambda_{eq}^0 = F \left(u_0^+ + u_0^-\right) \qquad \text{Gl. 3.40}$$

Die realen Größen sind gegenüber diesen Größen umso kleiner, je größer c ist.

In der Folge gilt dann auch

$$\Lambda_{eq}^0 = \lambda_0^+ + \lambda_0^- = F u_0^+ + F u_0^- \qquad \text{Gl. 3.41}$$

mit λ_0^+ und λ_0^- als **Ionengrenzleitfähigkeiten**. In diesen Daten sind interionische Wechselwirkungen nicht mehr enthalten (Prinzip der unabhängigen Ionenwanderung).

Schließlich ist

$$\Lambda_{eq}^0 t^+ = \lambda_0^+ \qquad \text{Gl. 3.42}$$

Abb. 3.6 Zur Entstehung einer Rückhaltekraft zwischen entgegengesetzt wandernden Ionen. Diese Abbildung wurde mit freundlicher Genehmigung des Wiley-VCH-Verlags, Weinheim, dem unter [A23] zitierten Werk entnommen

und

$$\Lambda^0_{eq} t^- = \lambda^-_0 \qquad \text{Gl. 3.43}$$

Für einen Vergleich des Leitfähigkeitsverhaltens unterschiedlicher Elektrolyte ist damit die Grenzäquivalentleitfähigkeit Λ^0_{eq} maßgeblich, die Ioneneigenschaften werden durch die Ionengrenzleitfähigkeiten λ^+_0 und λ^-_0 repräsentiert.

Die Berechnung des Modells von Ionenwolke und elektrischer Rückhaltekraft in Abhängigkeit von der Konzentration (Debye, Hückel und Onsager, „Theorie der elektrolytischen Leitfähigkeit") [3] berücksichtigt zusätzlich noch die Bremskraft entsprechend Gl. 3.21. Dieser Reibungseffekt hängt ebenfalls noch von der Konzentration ab, da mit wachsender Konzentration Begegnungen der Solvathüllen entgegengesetzt wandernder Ionen häufiger werden. Man erhält dann **im Bereich niedriger Konzentrationen starker Elektrolyte**

$$\Lambda_{eq} = \Lambda^0_{eq} - k\sqrt{c} \qquad \text{Gl. 3.44}$$

Die zentrale Größe Λ^0_{eq} ist damit durch die Messung der realen Äquivalentleitfähigkeit (d. h. der realen spezifischen Leitfähigkeit κ) in Abhängigkeit von der Konzentration erhältlich. Gleichung 3.44 wurde bereits um 1900 von Kohlrausch experimentell gefunden (sog. **Kohlrausch-Gesetz**).

3.4.2 Gewinnung von Zahlenwerten

3.4.2.1 Spezifische Leitfähigkeit

Nach den Ausführungen der Vorabschnitte ist die spezifische Leitfähigkeit κ (neben der Überführungszahl) die zentrale Messgröße. Sie entspricht der Leitfähigkeit eines Würfels elektrolytischer Lösung von einem Zentimeter Kantenlänge. Dies legt die Anordnung von zwei jeweils $1 \times 1\ \text{cm}^2$ großen Elektroden im Abstand von einem Zentimeter nahe. κ sollte dann durch einfache Messung von zwischen den Elektroden angelegter Spannung und resultierendem Strom aus dem Ohm'schen Gesetz erhältlich sein.

Unter Benutzung von Gleichstrom gelingt dies jedoch nicht, wie anhand der ◘ Abb. 3.7 erläutert wird.

Im oberen linken Teil der ◘ Abb. 3.7 ist der experimentelle Aufbau skizziert. Eine laborübliche Leitfähigkeits-Messzelle der angeführten Geometrie tauche in wässrige Salzsäure ein. Mittels der regelbaren Spannungsquelle wird eine Spannung von 0,1 V angelegt und für eine Minute aufrechterhalten. Anschließend wird die Spannung schrittweise um jeweils 0,1 V erhöht, die jeweils erreichte Spannung wird wiederum für eine Minute aufrechterhalten.

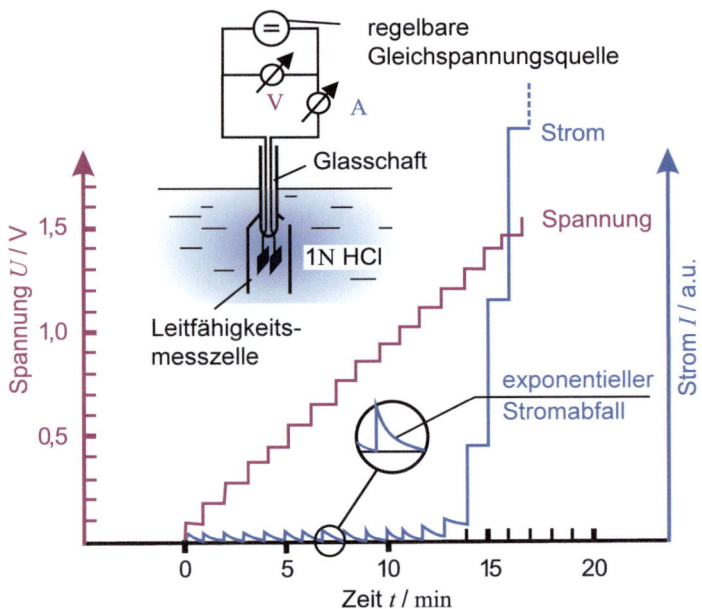

Abb. 3.7 Zum Versuch der Messung der spezifischen Leitfähigkeit mittels Gleichstroms, vgl. Text. Die einander in der Messzelle gegenüberstehenden Elektroden stelle man sich als jeweils 1 cm² groß vor, der Abstand sei 1 cm (vgl. ▶ Abschn. 3.4.1.2)

Als Antwortsignal erhält man im Bereich unterhalb von ca. 1,3 V bei jeder Spannungserhöhung sofort einen Strom, welcher jedoch unmittelbar wieder abfällt und nach Ablauf einer Minute schon wieder auf null abgeklungen ist (exponentieller Abfall). Insoweit kann man hier **keinen stationären Strom** beobachten. Oberhalb von ca. 1,3 V hingegen erhält man (höhere) Ströme, die zeitlich konstant bleiben. Hierbei beobachtet man an den Elektroden die Bildung von Gasblasen (H_2 und Cl_2).

Der Fakt stationärer Ströme erst oberhalb einer Schwellenspannung hat thermodynamische Gründe.

Bei der Bildung von wässriger Salzsäure aus den Elementen nach $H_2 + Cl_2 \rightarrow 2HCl \rightarrow 2H^+ + 2Cl^-$ wird unter Standardbedingungen die Freie Reaktionsenthalpie $\Delta_R G^\ominus = -262$ kJ mol^{-1} frei (Reaktionsweg: Verbrennen der Gase zu Chlorwasserstoff, Lösen des Gases). Wird die Reaktion in einem galvanischen Element geführt, so gilt zwischen dessen Standard-Ruheklemmenspannung E_{00} und $\Delta_R G^\ominus$ der Zusammenhang

$$\Delta_R G^\ominus = -nFE_{00} \qquad \text{Gl. 3.45}$$

n ist darin die Zahl der in einem Elementarschritt an den Elektroden des Elements umgesetzten Elektronen (hier $n = 2$, die Elektrodenreaktionen lauten $Cl_2 + 2e^- \rightarrow 2Cl^-$ und $H_2 \rightarrow 2H^+ + 2e^-$). Multipliziert mit

3.4 · Wanderung von Ionen im elektrischen Feld

der Faradaykonstanten F erhält man die bei Entladung des Elements pro Formelumsatz durch den äußeren Stromkreis fließende elektrische Ladung. Durch Multiplikation mit der Standard-Ruheklemmenspannung E_{00} – diese wird für den Fall reversibler Reaktionsführung $I \to 0$ erhalten – wird daraus die maximal gewinnbare elektrische (Nutz-) Arbeit $-nFE_{00}$, also die Freie Standard-Reaktionsenthalpie. E_{00} erhält man aus dem angegebenen Wert für $\Delta_R G^{\ominus}$ zu 1,36 V (Näheres in [A1]–[A3], [A6], [A30]–[A36]).

Will man den Reaktionsablauf umkehren, d. h. die Säure durch Elektrolyse wieder in die Elemente überführen, **so muss die zuvor gewonnene reversible elektrische Arbeit** – bei Vermeidung des Entstehens eines Perpetuum-Mobile – **dem System wieder zugeführt werden**. Dann gilt

$$\Delta_R G^{\ominus} = nFE_z \qquad \text{Gl. 3.46}$$

mit E_z als sog. Zersetzungsspannung. E_z muss ersichtlich mit E_{00} vom Zahlenwert her identisch sein. Die Elektrolyse kann also im Beispielexperiment erst oberhalb von 1,36 V ablaufen, darunter ist ein stationärer Stromfluss thermodynamisch unmöglich.

Das der ◘ Abb. 3.7 zugrunde liegende Experiment ist damit zwar geeignet, die für den Fall einer Elektrolyse geltenden Beziehungen zwischen Spannung und Strom zu studieren (in ▶ Kap. 5 ausgeführt), nicht aber zur Bestimmung von Leitfähigkeiten.

Wie Letzteres nun geschehen kann, geht ebenfalls aus der ◘ Abb. 3.7 hervor. Hierzu muss man das Augenmerk auf den Spannungsbereich richten, in welchem eine Elektrolyse noch nicht ablaufen kann. Eine Erhöhung der Spannung bewirkt hier einen sofortigen Strom, welcher rasch wieder auf null abklingt.

Dieser Effekt kommt wie folgt zustande. Die Elektroden werden bei Erhöhung der Spannung gegenüber ihrem vorherigen Zustand **positiv** bzw. **negativ** aufgeladen. Dies bewirkt, dass **negative** bzw. **positive** Ionen zur Kompensation in Form von Überschussladungen vor die Elektroden gezogen werden. Es bildet sich eine sog. elektrolytische Doppelschicht aus, wie sie in ◘ Abb. 3.8 für den Fall der positivierten Elektrode dargestellt ist.

Die Zeichnung unterteilt die vor der Elektrode befindliche Überschussladung in zwei Schichten. Die der Oberfläche benachbarte Schicht wird als „starre" Doppelschicht nach Stern bezeichnet. Modellerweiterungen weisen Überschussladungen auch dem rechts angrenzenden Raum zu (Wechselspiel zwischen elektrischen Kräften und thermischer Bewegung, sog. diffuser Anteil der Doppelschicht), und berücksichtigen (hier nicht gezeichnete) adsorbierte Ionen und im Feld ausgerichtete Lösungsmitteldipole.

Die Doppelschicht stellt ganz ersichtlich einen elektrischen Kondensator dar: Elektrische Ladungen können sich in Schichten anordnen, für den Fall $U < E_Z$ jedoch nicht ausgleichen. Dies wird beim sog. Plattenkondensator durch eine dünne Isolierschicht bewirkt.

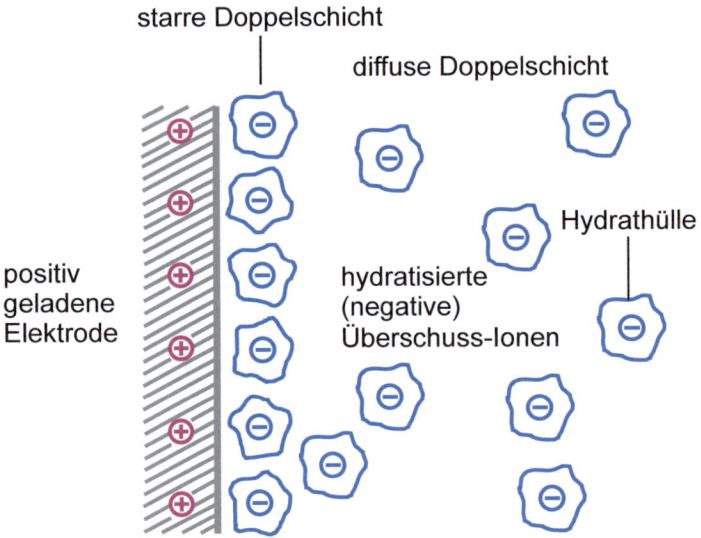

Abb. 3.8 Modell der elektrolytischen Doppelschicht

Bei einem Plattenkondensator besteht ein linearer Zusammenhang zwischen der gespeicherten Ladung Q auf und der Spannung U zwischen den Platten. Die Proportionalitätskonstante wird als Kapazität C bezeichnet.

$$Q = C \cdot U \qquad \text{Gl. 3.47}$$

C hat die Einheit As V^{-1} (Farad, Symbol F, nach Faraday).

Für das einfache Doppelschicht-Modell der ◘ Abb. 3.8 können wir dies unter Verwendung des Symbols C_D für die sog. Doppelschichtkapazität übernehmen, desgleichen das Gesetz für den zeitlichen Verlauf des Kondensator-Ladestroms bei Anlegen einer Spannung

$$I = I_0 e^{-t/RC_D} \qquad \text{Gl. 3.48}$$

(vgl. Lehrbücher der Physik, I_0 ist der Anfangsstrom und R der elektrische Widerstand des Schaltkreises). Genau dieser zeitliche Verlauf (exponentieller Abfall) wird in unserem Experiment ja auch beobachtet.

Damit ist der Weg aufgezeigt, nach welchem die Leitfähigkeit der zwischen den Elektroden befindlichen Lösung gemessen werden kann: Die Doppelschichten der Elektroden müssen – zweckmäßigerweise durch Anlegen einer Wechselspannung – laufend umgeladen werden. Die Ionenwanderung entspricht dann einem oszillierenden Hin und Her im Takt der Umladung. Bleibt die Amplitude der verwendeten Wechselspannung unterhalb der Zersetzungsspannung aller Lösungskomponenten, so lässt sich jetzt die Leitfähigkeit ohne Störung durch

3.4 · Wanderung von Ionen im elektrischen Feld

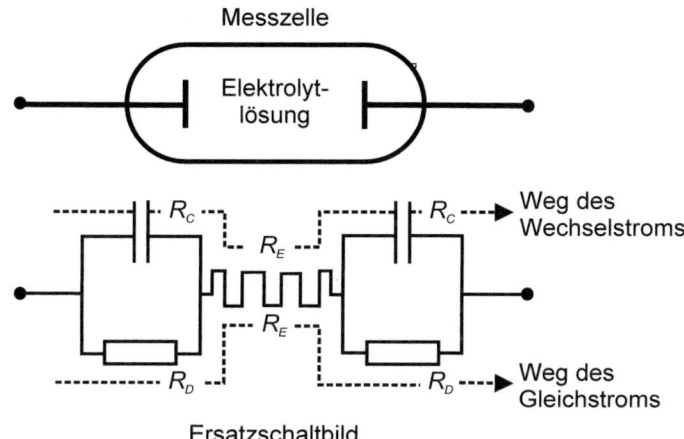

Abb. 3.9 Messzelle und Ersatzschaltbild für die Messung der elektrolytischen Leitfähigkeit, vgl. Text

Elektrolysevorgänge studieren. ◘ Abbildung 3.9 zeigt das zugehörige Ersatzschaltbild.

Wir betrachten zunächst den Weg des Wechselstroms. R_E ist der Elektrolytwiderstand. R_C ist der an beiden Elektroden auftretende Widerstand der Doppelschichtkapazität. Er ist für einen Gleichstrom unendlich. Im Falle eines Wechselstroms gilt

$$R_C = \frac{1}{2\pi \nu C_D} \qquad \text{Gl. 3.49}$$

mit ν als Frequenz des Wechselstroms (vgl. Lehrbücher der Physik).

Um aus einer Wechselspannungsmessung den Elektrolytwiderstand R_E unverfälscht zu erhalten, müssen die beiden kapazitiven Widerstände $R_C \ll R_E$ sein. Dies bedeutet einmal die Verwendung einer hohen Wechselfrequenz (üblich bis 50 kHz, bei höheren Frequenzen beginnen induktive Widerstände im Schaltkreis zu stören). Zum anderen ist eine große Doppelschichtkapazität C_D anzustreben. Hierzu wird die Oberfläche der zumeist wegen der chemischen Beständigkeit aus dünnem Platinblech bestehenden Elektroden noch platiniert (Abscheiden fein verteilten Platins auf der Oberfläche des Metalls). Die so bis zum Faktor 1000 vergrößerte Oberfläche geht mit einer entsprechenden Vergrößerung der Doppelschichtkapazität einher. So sind Kapazitäten C_D bis 50 µF erzielbar.

Als eine Nebenbemerkung sei der in die ◘ Abb. 3.9 mit eingetragene Weg eines Gleichstroms durch die Messzelle kurz beleuchtet. Für $U > E_Z$ kann eine Elektrolyse ablaufen, d. h., die Elektronen können an den Elektroden die Phasengrenzen zum Elektrolyten durchtreten. Wir verbinden hiermit einen von der an der betrachteten Elektrode ablaufenden Reaktion (z. B. $2\,Cl^- \rightarrow Cl_2 + 2\,e^-$ oder $2\,H^+ + 2\,e^- \rightarrow H_2$) abhängigen sog. Durchtrittswiderstand R_D. Er ist nichtlinear (spannungsabhängig)

◘ **Tab. 3.4** Spezifische Leitfähigkeiten κ für wässrige Salzsäure unterschiedlicher Konzentrationen (25 °C). Nach [A23]

c [mol l^{-1}]	κ [Ω^{-1} cm^{-1}]
0,0005	0,211 · 10^{-3}
0,001	0,421 · 10^{-3}
0,005	0,208 · 10^{-2}
0,01	0,412 · 10^{-2}
0,02	0,814 · 10^{-2}
0,1	0,391 · 10^{-1}

Moderne Messgeräte führen den Abgleich automatisch aus.

und wird für $U < E_Z = \infty$. Diese Aspekte werden in ▶ Kap. 5 (Elektrochemische Reaktionen) wieder aufgegriffen.

Für eine Ausführung der Messung können wir eine analog zur ◘ Abb. 3.7 oben links skizzierte Messzelle in eine Wheatstone'sche Brücke einsetzen. Die Brücke wird mit Wechselspannung kleiner Amplitude gespeist und abgeglichen. Die spezifische Leitfähigkeit ist dann als Kehrwert des abgeglichenen Widerstands bestimmt.

Experimentelle Daten für die spezifische Leitfähigkeit κ seien zunächst für das gewählte Beispiel der wässrigen HCl angegebenen (◘ Tab. 3.4).

Danach steigt κ in der Tat – wie im Vorabschnitt aus der weitergehenden Modellierung gefolgert – etwas geringer als linear mit der Konzentration an.

Bei einer Konzentration von 6 mol l^{-1} schließlich ist ein κ-Wert von 0,75 Ω^{-1} cm^{-1} erreicht. Bei noch höheren Konzentrationen fällt die Leitfähigkeit wieder deutlich ab. Dies ist auf die Bildung von Assoziaten entgegengesetzt geladener hydratisierter Ionen infolge der bei kleinen Abständen wirksam werdenden starken Coulombkräfte zurückzuführen; die Assoziate wirken nach außen als Neutralteilchen und leisten keinen Beitrag zur Leitfähigkeit mehr.

◘ Tabelle 3.5 zeigt Daten für eine Reihe unterschiedlicher Systeme auf.

Die mitgeteilten Daten weisen aus, dass die spezifische Leitfähigkeit im Wesentlichen stets durch die Konzentration der Ladungsträger geprägt wird. Als Faustregel liest man ab, dass ein Würfel gut leitenden Elektrolyts von $1 \times 1 \times 1$ cm einen elektrischen Widerstand von etwa einem Ohm hat.

3.4.2.2 Grenzleitfähigkeit, Überführungszahlen und Ionengrenzleitfähigkeiten

Die Äquivalentleitfähigkeit Λ_{eq} für verschiedene HCl-Konzentrationen sind aus den in ◘ Tab. 3.4 mitgeteilten spezifischen Leitfähigkeiten κ nach Gl. 3.33/Gl. 3.34 sofort berechenbar. So ergibt sich für

3.4 · Wanderung von Ionen im elektrischen Feld

Tab. 3.5 Spezifische Leitfähigkeit verschiedener Lösungsmittel und Elektrolytlösungen sowie Vergleichswerte von Metallen. Nach [A23]

System	T [°C]	κ [Ω^{-1} cm^{-1}]	Leitfähigkeit durch
Methanol CH_3OH	25	2 bis 7 · 10^{-9}	Ausbildung sehr geringer Konzentrationen von CH_3O^- und $CH_3OH_2^+$
Reines Wasser	25	6,41 · 10^{-8}	Geringfügige Dissoziation zu H_3O^+ und OH^-
Destilliertes Wasser	25	10^{-6} bis 10^{-5}	Dissoziation von z. B. Kohlensäure
Wässrige Essigsäure, $c(CH_3CO_2H) = 1$ mol l^{-1}		1,3 · 10^{-3}	Dissoziation eines Teils der gelösten Säure zu CH_3COO^- und H_3O^+
Wässrige NaCl-Lösung, $c(NaCl) = 1$ mol l^{-1}	18	0,744 · 10^{-1}	Dissoziation zu Na^+ und Cl^-
Gesättigte wässrige NaCl-Lösung	18	0,214	Dissoziation zu Na^+ und Cl^-
Wässrige Schwefelsäure, $c(H_2SO_4) = 1$ mol l^{-1}	18	0,366	Dissoziation zu H_3O^+ und SO_4^{2-}
Wässrige Schwefelsäure, $c(H_2SO_4) = 3,5$ mol l^{-1}	18	0,739	Dissoziation zu H_3O^+ und SO_4^{2-}
Quecksilber	0	1,063 · 10^4	Elektronenleitung
Kupfer	0	6,452 · 10^5	Elektronenleitung

$c = 0,01$ mol l^{-1} mit $\kappa = 0,412 \cdot 10^{-2}$ Ω^{-1} cm^{-1} im Falle wässriger HCl $\Lambda_{eq} = 412$ Ω^{-1} mol^{-1} cm^2.

Nach Gl. 3.44 ergibt die Auftragung dieser Daten gegen die Wurzel aus der Konzentration eine Gerade. Dies ist in ◘ Abb. 3.10 zusammen mit den Daten anderer Elektrolyte ausgeführt. Man erkennt, dass Gl. 3.44 sehr gut erfüllt wird. Für über ◘ Tab. 3.4 hinausreichende Konzentrationen gilt dies nicht mehr. Es gilt ebenfalls nicht für Essigsäure als schwachen Elektrolyten (Diskussion an späterer Stelle). Eine Extrapolation auf $\sqrt{c} = 0$ liefert dann die jeweiligen Grenzleitfähigkeiten. Sie sind mit in die Abbildung aufgenommen.

Man erkennt aus ◘ Abb. 3.10, dass bei Elektrolyten mit mehrwertigen Ionen die sog. Kohlrausch-Gerade steiler verläuft, eine Folge der stärkeren Wechselwirkungen zwischen den Ionen (Gl. 3.38).

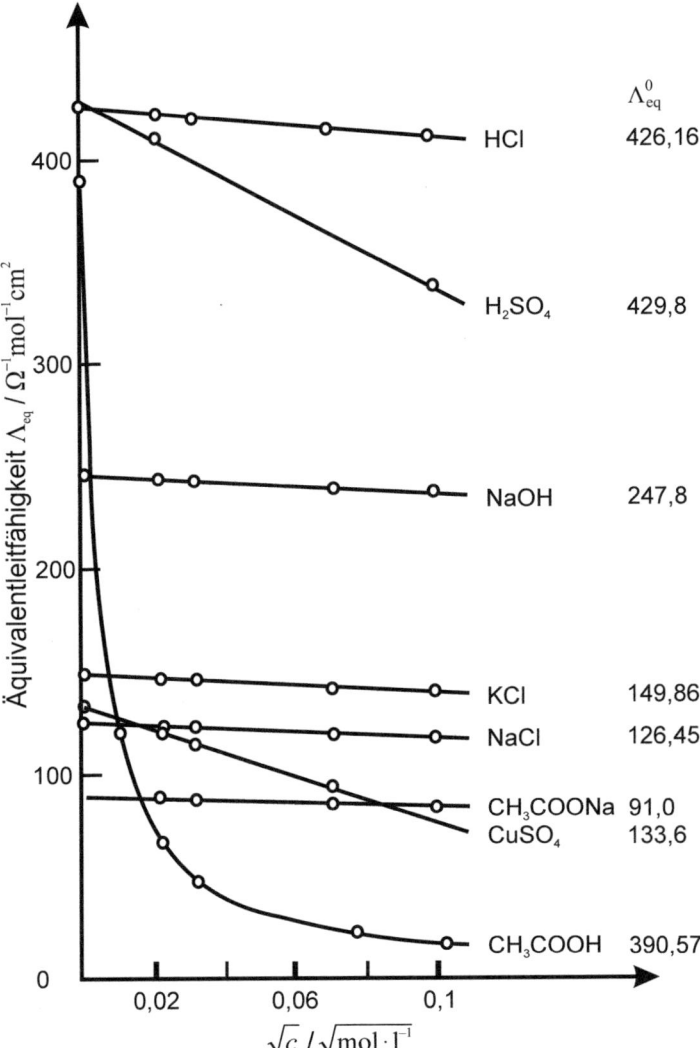

Abb. 3.10 Auftragung von Leitfähigkeitsdaten gegen die Wurzel aus der Konzentration des Elektrolyten. Diese Abbildung wurde mit freundlicher Genehmigung des Wiley-VCH-Verlags, Weinheim, dem unter [A23] zitierten Werk entnommen

Man stellt weiter fest, dass die Grenzleitfähigkeiten etwa von HCl und NaOH erheblich höher liegen als diejenige von NaCl. Unter Beachtung des Prinzips der unabhängigen Ionenwanderung $\left(\Lambda_{eq}^0 = \lambda_0^+ + \lambda_0^-\right)$ ist dies nur dadurch erklärbar, dass die Ionengrenzleitfähigkeit des Protons deutlich höher ausfällt als diejenige des Natrium-Ions und die des OH^--Ions höher als diejenige des Cl^--Ions.

Eine Quantifizierung dieser Unterschiede ist an die Bestimmung der Überführungszahlen von Anionen und Kationen der Elektrolyte gebunden.

3.4 · Wanderung von Ionen im elektrischen Feld

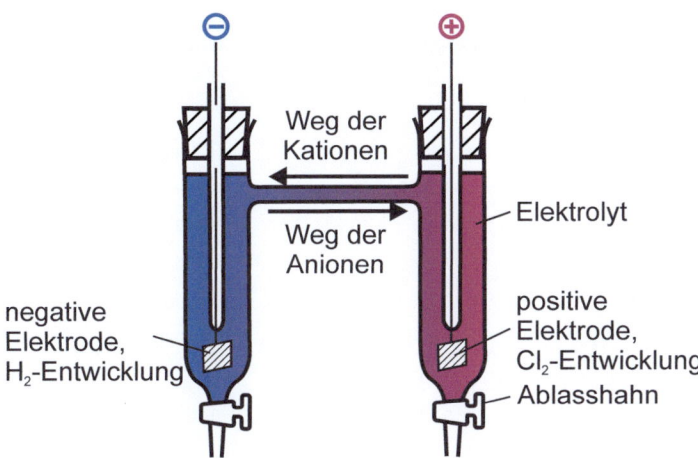

Abb. 3.11 Experimentelle Anordnung zur Messung von Überführungszahlen nach Hittorf. Diese Abbildung wurde mit freundlicher Genehmigung des Wiley-VCH-Verlags, Weinheim, dem unter [A23] zitierten Werk entnommen

Hittorf benutzte 1853 bis 1859 hierzu z. B. die in ◘ Abb. 3.11 gezeigte Anordnung.

Tauchen Platinelektroden in Salzsäure als Elektrolyt, scheidet sich bei Stromdurchgang ($U > E_Z$) an der negativen Elektrode Wasserstoff und an der positiven Elektrode Chlorgas ab. Bei einem Stromdurchgang von einem Faraday ergeben sich folgende Stoffbilanzen:

linker Elektrodenraum	Vorgänge	rechter Elektrodenraum
$-t^-$ mol Cl$^-$	Mit dem Transport der Strommenge $t^-\,F$ (Anteil der Anionen am Ladungstransport) verbundene Wanderung (Überführung) von t^- mol einwertiger Anionen aus dem linken in den rechten Elektrodenraum.	$+t^-$ mol Cl$^-$
$+t^+$ mol H$^+$	Mit dem Transport der Strommenge $t^+\,F$ (Anteil der Kationen am Ladungstransport) verbundene Wanderung (Überführung) von t^+ mol einwertiger Kationen aus dem rechten in den linken Elektrodenraum.	$-t^+$ mol H$^+$
-1 mol H$^+$	Abscheidung von ½ mol Cl$_2$ bzw. ½ mol H$_2$	-1 mol Cl$^-$
$-t^-$ mol Cl$^-$ $+(t^+ - 1)$ mol H$^+$ $= -t^-$ mol HCl	Summe der Vorgänge	$-t^+$ mol H$^+$ $+(t^- - 1)$ mol Cl$^-$ $= -t^+$ mol HCl

Aufsummiert fehlen nach Stromdurchgang rechts t^+ Mole und links t^- Mole HCl. Zahlenwerte waren und sind durch quantitative Analyse

◘ **Tab. 3.6** Zusammenstellung von Überführungszahlen t (298 K). Nach [A23].

Elektrolyt	t^+	$t^- = 1 - t^+$
KCl	0,4906	0,5094
NH$_4$Cl	0,4909	0,5091
HCl	0,821	0,179
KOH	0,274	0,726
NaCl	0,3962	0,6038
NaOOCCH$_3$	0,5507	0,4493
KOOCCH$_3$	0,6427	0,3573
CuSO$_4$	0,375	0,625

rasch bestimmbar. Dies gilt auch für andere Systeme als HCl. Es ist klar, dass – z. B. durch kurze Messzeiten und/oder lange Diffusionswege bzw. Anordnungen von Fritten – eine Rückvermischung im Experiment möglichst niedrig gehalten werden muss.

◘ Tabelle 3.6 gibt die für den Beispielfall und eine Reihe weiterer Systeme gewonnenen Überführungszahlen an.

Man erkennt, dass bei Elektrolyten wie etwa Kaliumchlorid oder Ammoniumchlorid der Ladungstransport auf Anionen und Kationen in etwa gleichmäßig verteilt ist. Im Falle der Salzsäure entfällt der Hauptanteil auf das Proton, im Falle der Kalilauge auf das OH^--Ion.

Wir können nunmehr die Ionengrenzleitfähigkeiten nach den Gl. 3.42/Gl. 3.43 berechnen. Für $\lambda_0^{H^+}$ erhalten wir mit $\Lambda_{HCl}^0 = 426{,}16\ \Omega^{-1}$ mol^{-1} cm^2 und $t^{H^+} = 0{,}821$ den Wert 349,8 Ω^{-1} mol^1 cm^2, für $\lambda_0^{Cl^-}$ ganz entsprechend 76,4 dieser Einheiten. Diese Werte sind mit weiteren Daten in ◘ Tab. 3.7 zusammengefasst.

Die Ionengrenzleitfähigkeiten hängen nach dem Gang der Diskussion von den zugehörigen Ionenbeweglichkeiten ab, diese wiederum steigen mit der Ionenladung und sinken mit zunehmendem Radius des hydratisierten Ions.

Den einwertigen Kationen K^+, NH_4^+, Rb^+ und Cs^+ müssen wir damit praktisch gleiche Radien zuschreiben. Die Radien der Ag^+-, Na^+- und Li^+-Ionen sollten in dieser Reihenfolge zunehmen. Dies ist auch verständlich, denn der Radius der unhydratisierten Ionen sinkt in dieser Reihenfolge ab. Dann ist das elektrische Feld an der Oberfläche des „nackten" Ions in dieser Reihenfolge größer und die Hydratation nimmt zu, also auch der Ionenradius. Die Grenzleitfähigkeiten der zweiwertigen Kationen liegen im gleichen Rahmen wie die der einwertigen.

Anionen sind im Allgemeinen nur schwach hydratisiert, mit Gl. 3.27 führt dies zu größeren Wanderungsgeschwindigkeiten bzw. Grenzleitfähigkeiten bei wachsender Ionenladung z. Die geringen Leitfähigkeiten

3.4 · Wanderung von Ionen im elektrischen Feld

◘ **Tab. 3.7** Ionengrenzleitfähigkeiten $\lambda_0 \left[\Omega^{-1}\text{mol}^{-1}\text{cm}^2\right]$ in wässrigen Lösungen (298 K). Die Brüche weisen das Teilen durch die Äquivalentzahl entsprechend Gl. 3.34 aus. Nach [A23]

Ionenäquivalent	λ_0^+, λ_0^-	Ionenäquivalent	λ_0^+	Ionenäquivalent	λ_0^-
H^+	349,8	1/2 Ba^{2+}	63,2	1/4 $\left[Fe(CN)_6\right]^{4-}$	110
OH^-	197	1/2 Ca^{2+}	59,8	1/3 $\left[Fe(CN)_6\right]^{3-}$	101
		1/2 Mg^{2+}	53	1/2 CrO_4^{2-}	83
K^+	73,5			1/2 SO_4^{2-}	80,8
NH_4^+	73,7	Ag^+	62,2	I^-	76,5
Rb^+	77,5	Na^+	50,11	Cl^-	76,4
Cs^+	77	Li^+	38,68	NO_3^-	71,5
				CH_3COO^-	40,9
				$C_7H_5O_2^-$	32,4

organischer Ionen kann man aus größeren Durchmessern der bereits unhydratisierten Ionen erklären.

Die gegenüber allen anderen Ionen sehr viel höheren Grenzleitfähigkeiten von H^+- und OH^--Ionen passen nicht in dieses Deutungsschema. Sie müssten dann besonders klein sein. Dies trifft zwar etwa für das unhydratisierte Proton zu, nicht aber für die hydratisierte Spezies (um H_3O^+ herum lagern sich weitere 3 Wasserdipole an).

Beiden Spezies wird daher gegenüber der normalen Ionenwanderung ein abweichender (schnellerer) Wanderungsmechanismus zugeordnet, die sog. Extraleitfähigkeit. Basis ist ein schnelles Überwechseln von Protonen durch Tunneleffekt (vgl. ▶ Abschn. 7.4) von H_3O^+-Ion zu Wasserdipol etc. bzw. von Wasserdipol zu OH^--Ion etc. Entsprechend tritt eine Extraleitfähigkeit in nichtwässrigen Lösungsmitteln nur in Ausnahmefällen auf. Näheres ist in ausführlichen Lehrbüchern der Physikalischen Chemie oder der Elektrochemie zu finden [A23], [A32].

3.4.2.3 Ionenbeweglichkeiten und Ionenradien

Wir können nunmehr nach Gl. 3.41 die Beweglichkeit von Ionen berechnen

$$u_0 = \lambda_0 / F \qquad \text{Gl. 3.50}$$

Für die Beweglichkeit u_0 des Na^+-Ions bei 298 K erhält man unter Zuhilfenahme der ◘ Tab. 3.6 einen Wert von 50,11/96 494 cm s^{-1}/V cm^{-1} = 5,19 · 10^{-4} cm s^{-1}/V cm^{-1}, d. h. bei einer Feldstärke von

1 V/cm bewegt sich das Ion in einer Stunde um ca. 2 cm. Die Beweglichkeiten vieler anderer Ionen sind vergleichbar. Herausragende Ausnahmen sind H^+- und OH^--Ionen mit Werten von 36,3 bzw. 20,4 · 10^{-4} cm $s^{-1}/V\,cm^{-1}$. Reale Beweglichkeiten sind, wie bereits in ▶ Abschn. 3.4.1.3 angemerkt, geringer als u_0-Daten.

Die Wanderungsgeschwindigkeit v eines Ions kann auch direkt beobachtet werden. Verfolgt wird das Wandern einer farblichen Grenzschicht, der „moving boundary", zwischen zwei unterschiedlich gefärbten ionalen Lösungen unter der Wirkung des elektrischen Feldes (◘ Abb. 3.12, selbsterklärend).

Nunmehr können wir über Gl. 3.36 die Radien der solvatisierten Ionen erhalten

$$r = \frac{ze_0}{6\pi\eta u_0} \qquad \text{Gl. 3.51}$$

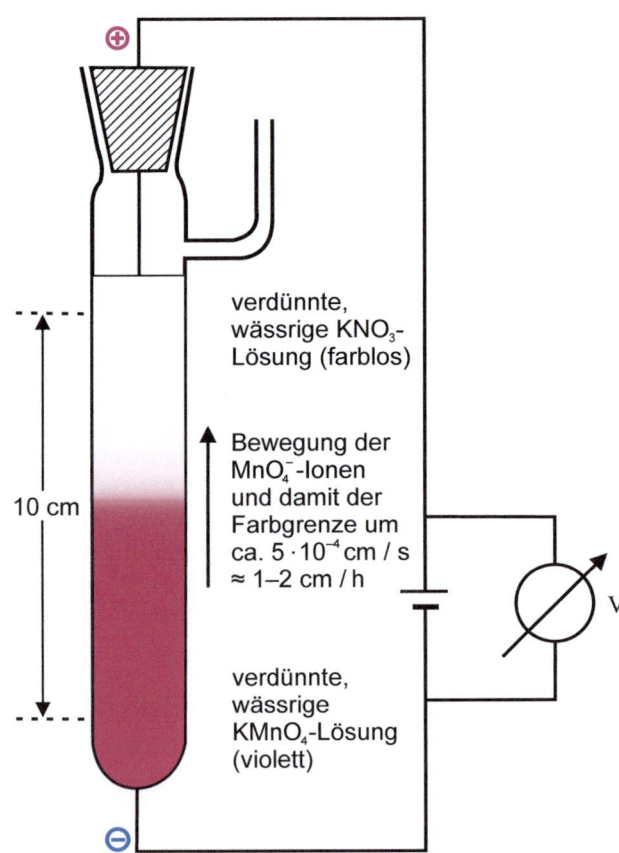

◘ **Abb. 3.12** Grundschema einer „moving boundary"-Anordnung. Die gezeigte scharfe Farbgrenze tritt nur zu Beginn des Experiments auf. Diese Abbildung wurde mit freundlicher Genehmigung des Wiley-VCH-Verlags, Weinheim, dem unter [A23] zitierten Werk entnommen

3.4 · Wanderung von Ionen im elektrischen Feld

Als Wert für die Viskosität muss die Viskosität reinen Wassers bei 298 K (ideal verdünnte Lösung!) benutzt werden, sie beträgt $0{,}89 \cdot 10^{-3}$ Pa·s (1 Pa = 1 N/m^2). Für 1 VAs sind bei der Durchführung der Rechnung 1 N·m einzusetzen. Dann erhält man z. B. für das Lithium-Ion ($u_0 = 4 \cdot 10^{-4}$ cm^2 s^{-1} V^{-1}) einen Zahlenwert von $2{,}4 \cdot 10^{-8}$ cm. Demgegenüber bestimmt man aus Kristallgitterabständen (LiCl-Kristall) den Radius des positiv geladenen Lithium-Ions zu $0{,}78 \cdot 10^{-8}$ cm: Dort gibt es keine Hydrathülle.

3.4.2.4 Abschließende Hinweise und Bemerkungen

◘ Abbildung 3.13 enthält zwei einfache Beispiele für die sog. **konduktometrische Titration**, einmal die Titration von Magnesiumsulfat mit Bariumhydroxid, zum anderen die von Salzsäure mit Kalilauge.

Leitfähigkeitsmessungen können ebenso die Belastung einer Flüssigkeit (Wasser, Abwasser) mit Elektrolyt überwachen oder eine Regelgröße für Prozesse liefern.

Beim konduktometrischen Prinzip der Schadstoffbestimmung in Luft wird diese kontinuierlich durch eine geeignete Flüssigkeit geleitet und der Schadstoff dabei absorbiert. Er geht dort mit Lösungsbestandteilen ein chemisches Gleichgewicht ein. Z. B. reagieren SO$_2$-Spuren mit Wasserstoffperoxid zu Schwefelsäure. Damit liegen in wässriger Lösung Ionen vor. Über diese kann SO$_2$ im Bereich <0,1 ppm bis ca. 15 Vol.% in der Luft bestimmt werden [A23].

Zu erklären bleibt noch das Leitfähigkeitsverhalten der Essigsäure in ◘ Abb. 3.10.

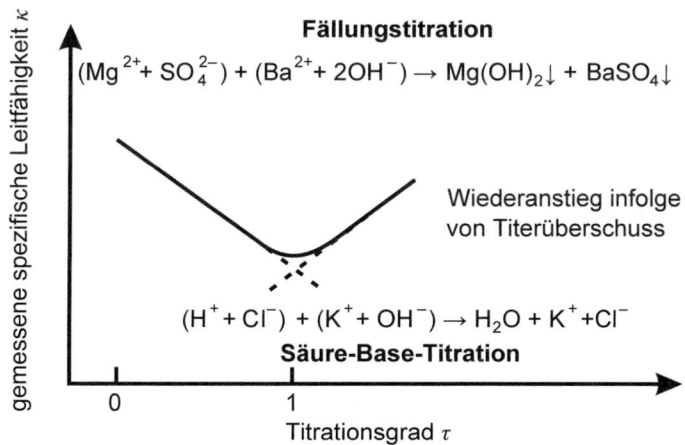

◘ **Abb. 3.13** Beispiele für den Verlauf der spezifischen Leitfähigkeit bei konduktometrischer Titration. Diese Abbildung wurde mit freundlicher Genehmigung des Wiley-VCH-Verlags, Weinheim, dem unter [A23] zitierten Werk entnommen

Essigsäure ist ein sog. schwacher Elektrolyt, dessen Dissoziation von der eingewogenen Konzentration c abhängt. Dies wird durch den Dissoziationsgrad α beschrieben

$$\alpha = \frac{\text{dissoziierter Anteil}}{\text{Gesamtmenge des in Lösung gebrachten Elektrolyten}} \qquad \text{Gl. 3.52}$$

Bei unendlicher Verdünnung ist auch ein schwacher Elektrolyt vollständig in Ionen dissoziiert, da die Rekombination wegen der dann vorhandenen sehr großen Abstände zwischen Kation und Anion zum Erliegen kommt. Damit entspricht die Grenzleitfähigkeit Λ_{eq}^0 eines schwachen Elektrolyten dem Dissoziationsgrad $\alpha = 1$.

Dann können wir zunächst nach dem Prinzip der unabhängigen Ionenwanderung die Grenzleitfähigkeit Λ_{eq}^0 aus den Ionengrenzleitfähigkeiten zusammensetzen. Für Essigsäure erhält man über ◘ Tab. 3.7 sofort den in ◘ Abb. 3.10 schon eingetragenen Zahlenwert.

Als Nächstes können wir in der klassischen Gleichgewichtskonstanten der Dissoziation der schwachen Säure HA

$$K = \frac{c_{H^+} \cdot c_{A^-}}{c_{HA}} \qquad \text{Gl. 3.53}$$

die Konzentrationen über den Dissoziationsgrad ausdrücken. Sei c die eingewogene Säurekonzentration, so ist

$$c_{H^+} = c_{A^-} = \alpha c \qquad \text{Gl. 3.54}$$

und

$$c_{HA} = (1-\alpha)c \qquad \text{Gl. 3.55}$$

Gl. 3.53 lautet dann

$$K = \frac{\alpha^2 c^2}{(1-\alpha)c} = \frac{\alpha^2 c}{1-\alpha} \qquad \text{Gl. 3.56}$$

Dies ist das sog. Ostwald'sche Verdünnungsgesetz für 1-1-wertige schwache Elektrolyte. Daraus ergibt sich für Dissoziationsgrade $\alpha \ll 1$

$$\alpha\sqrt{c} = \sqrt{K} \qquad \text{Gl. 3.57}$$

Die starke Abnahme der Äquivalentleitfähigkeit Λ_{eq} schwacher Elektrolyte mit wachsender Konzentration können wir über die Abnahme des Dissoziationsgrades erklären. Dann entspricht das Verhältnis von Äquivalentleitfähigkeit zu Grenzleitfähigkeit dem jeweils vorhandenen Dissoziationsgrad

$$\frac{\Lambda_{eq}}{\Lambda_{eq}^0} = \alpha \qquad \text{Gl. 3.58}$$

Nach dem Einsetzen von Gl. 3.58 in Gl. 3.57 erhält man für die vorausgesetzten kleinen Dissoziationsgrade

$$\Lambda_{eq}\sqrt{c} = \sqrt{K}\Lambda_{eq}^0 = konst.$$ **Gl. 3.59**

Dies entspricht mathematisch der Form einer Hyperbel xy = konst. (vgl. ◘ Abb. 3.10).

Schließlich können wir aus gemessenen Λ_{eq}-Daten und bekanntem Λ_{eq}^0 den Dissoziationsgrad α konzentrationsabhängig bestimmen. Dann wird aus Gl. 3.56 die klassische Gleichgewichtskonstante ebenfalls als konzentrationsabhängige Größe erhalten. Eine wirkliche Konstante stellt nur die thermodynamische Gleichgewichtskonstante dar [A1]–[A3], [A5]–[A6].

3.4.3 Nichtwässrige Lösungen, Festkörper und Schmelzen

Für den Fall nichtwässriger Lösungen können wir den bisher diskutierten Wanderungsmechanismus ohne Weiteres übernehmen, auch falls, wie zumeist, keine oder nur geringe Solvatation (Oberbegriff für die Anlagerung von Lösungsmittelmolekülen) vorliegt. Dann gilt auch Gl. 3.44. ◘ Abb. 3.14 zeigt hierfür ein Beispiel.

Die Grenzleitfähigkeiten liegen danach in der gleichen Höhe wie in wässriger Umgebung, die Äquivalentleitfähigkeiten fallen mit wachsender Konzentration jetzt sehr viel schneller ab. Dies bedeutet, dass die spezifische Leitfähigkeit – sie wird wie im Falle der wässrigen Lösungen bestimmt – mit der Konzentration langsamer ansteigt als im Falle von Wasser als Lösungsmittel.

Hinzu kommt, dass sich Elektrolyte in nichtwässrigen Medien im Allgemeinen sehr viel schlechter lösen als in Wasser. Die Sättigungskonzentration von NaCl liegt z. B. in Wasser bei etwa 5,5, in Methanol nur noch bei 0,19 mol l^{-1}. Dementsprechend finden wir in Wasser eine mit NaCl maximal erreichbare spezifische Leitfähigkeit von 0,214, in MeOH jedoch nur noch eine solche von $8 \cdot 10^{-3}$ Ω^{-1} cm^{-1} (298 K).

Dies lässt sich verallgemeinern: In nichtwässrigen Lösungsmitteln ist die überhaupt erreichbare Leitfähigkeit zumeist um mehr als eine Größenordnung geringer als in Wasser und häufig noch kleiner.

Ionen können sich im Gitter eines sog. Festionenleiters unter dem Einfluss eines elektrischen Feldes ebenfalls bewegen, und zwar von Leerstelle (unbesetzter Gitterplatz) zu Leerstelle, von Zwischengitterplatz zu Zwischengitterplatz oder von Zwischengitterplatz zu Gitterplatz, wobei das Gitterteilchen verdrängt wird. Zumeist handelt es sich um im Gitter bewegliche Kationen.

Vor einer aufgeladenen Metallelektrode bildet sich dann wie an der Phasengrenze Metall–ionale Lösung im Festionenleiter eine Doppelschicht aus (◘ Abb. 3.15).

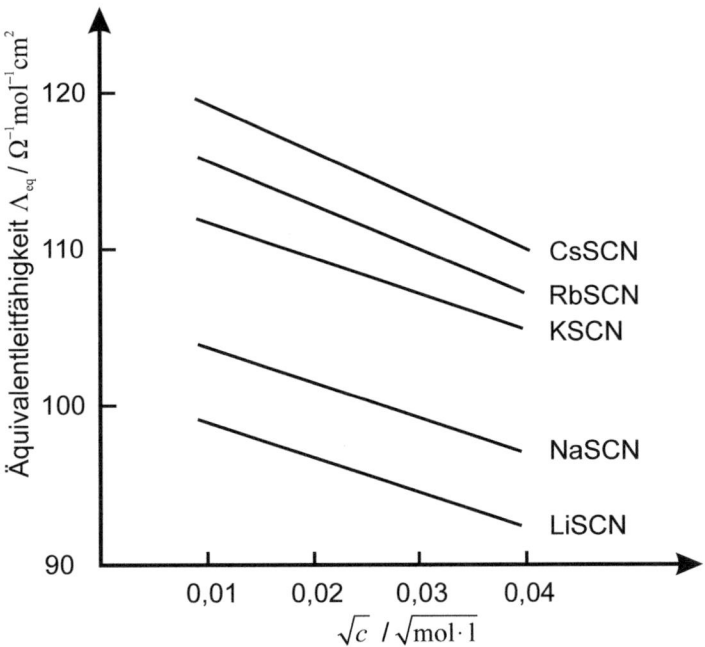

Abb. 3.14 Äquivalentleitfähigkeit von Alkalirhodaniden in Methanol. Diese Abbildung wurde mit freundlicher Genehmigung des Wiley-VCH-Verlags, Weinheim, dem unter [A23] zitierten Werk entnommen

Folgt man dem in ▸ Abschn. 3.4.2.1 beschriebenen Messprinzip, so ist die (spezifische) Leitfähigkeit des Materials ohne Weiteres erfassbar.

Die zum Platztausch fähigen Ionen entsprechen Zuständen höherer Energie, ihre Konzentration c steigt daher mit der Temperatur nach Maßgabe der Boltzmann-Statistik (vgl. ▸ Abschn. 7.1) exponentiell an und desgleichen die Leitfähigkeit.

Mit steigender Temperatur kann die Fehlordnung gegebenenfalls so groß werden, dass alle Ionen einer Sorte frei beweglich werden. Dies entspricht maximalen Werten sowohl für c als auch für v (vgl. Gl. 3.24). Solche sog. „super ionic conductors" können die Leitfähigkeitswerte gut leitender elektrolytischer Lösungen ohne Weiteres übertreffen – Gl. 3.22 besitzt naturgemäß jetzt keine Gültigkeit.

▫ Abbildung 3.16 zeigt hierzu die spezifische Leitfähigkeit einiger Festkörpergitter als Temperaturfunktion. Zum Vergleich dient die Leitfähigkeit von Akkumulatorensäure; α-AgI ist ein „super ionic conductor".

Festionenleiter treten uns auch in Form von Polymeren entgegen (Solid Polymer Elektrolyte SPE). Hauptvertreter sind perfluorierte Sulfonsäuren (Handelsname Nafion®) in Form von Membranen. Andere polymere Kationenleiter basieren auf Polystyrol oder Polyvinylalkohol. Anionenleitende Polymere sind bisher wenig gebräuchlich.

Eine bisher unbenutzte Membran wird in Natronlauge oder Salzsäure gequollen.

Für den Fall sogenannter perfluorierter Sulfonsäuren sei der Leitfähigkeitsmechanismus kurz angerissen. In der vorbehandelten Membran entstehen ausweislich spektroskopischer Untersuchungen

3.4 · Wanderung von Ionen im elektrischen Feld

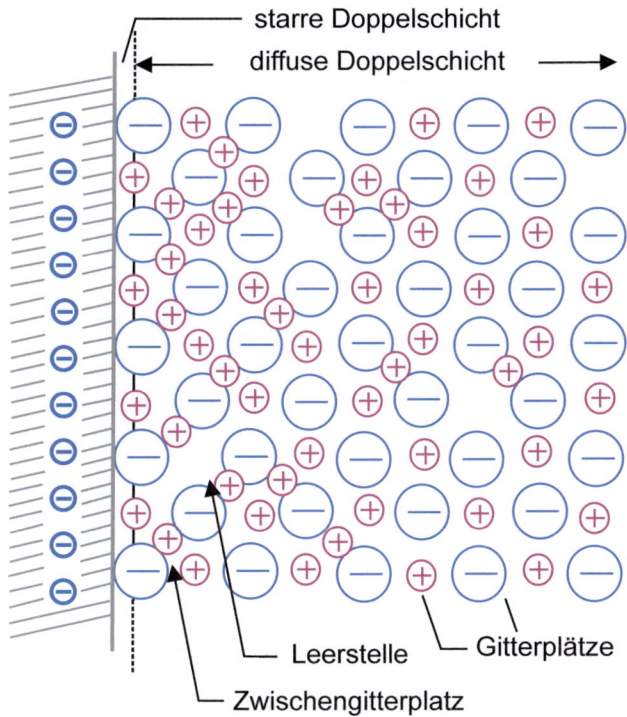

Abb. 3.15 Zur Phasengrenze Metall/kationenleitender Festelektrolyt. Diese Abbildung wurde mit freundlicher Genehmigung des Wiley-VCH-Verlags, Weinheim, dem unter [A23] zitierten Werk entnommen

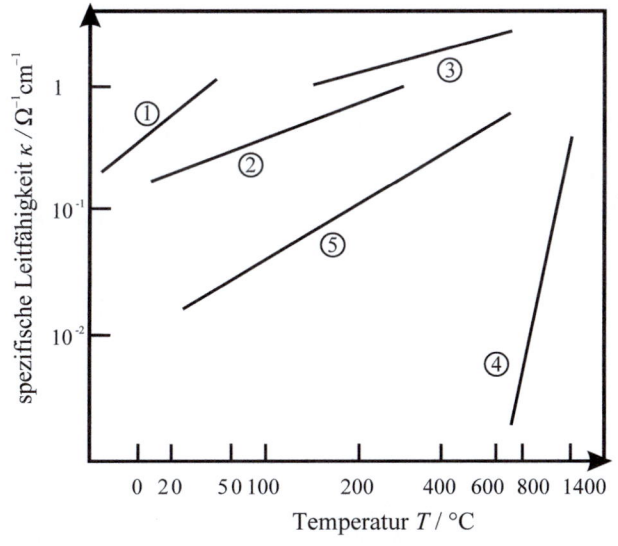

① wässrige Schwefelsäure (Akkumulatorsäure)
② $RbAg_4I_5$ (Silberionen)
③ α-AgI (Silberionen)
④ $ZrO_2 \cdot Y_2O_3$ (Sauerstofionen)
⑤ $Na_2O \cdot 11Al_2O_3$ (Natriumionen)

Abb. 3.16 Spezifische Leitfähigkeit von Festelektrolyten und Schwefelsäure in Abhängigkeit von der Temperatur (in Klammern: wandernde Ladungsträger). Diese Abbildung wurde mit freundlicher Genehmigung des Wiley-VCH-Verlags, Weinheim, dem unter [A23] zitierten Werk entnommen

kugelartige Erweiterungen, verbunden durch Kanäle. Die Innenoberflächen werden dabei durch SO_3^--Cluster gebildet (◨ Abb. 3.17, sog. Cluster-Network-Modell).

Der im Bereich der SO_3^- Cluster gegenüber dem Zeichnungshintergrund etwas stärker grau schattierte Bereich entspricht in etwa der Wirkdistanz der ortsfesten negativen Ladung. Etwaig vorhandene Anionen werden damit die Kanäle nicht passieren können. Solvatisierte Kationen können dies bei Vorhandensein eines überlagerten elektrischen Feldes jedoch ohne Weiteres, eine Kationenleitfähigkeit ist gegeben. Sie ist konzentrierten wässrigen Lösungen vergleichbar.

Als Letztes richten wir unser Augenmerk auf Schmelzen. Sie weisen etwa für den Fall von Salzen, Oxiden und Basen ebenfalls eine Leitfähigkeit infolge Ionenwanderung auf. Diese kann in vielen Fällen größenordnungsmäßig über diejenige wässriger Lösungen hinausgehen.

Ein Transportmechanismus entsprechend ► Abschn. 3.4.1 kann daher nicht gegeben sein (die in der Schmelze dicht gepackten Ionen

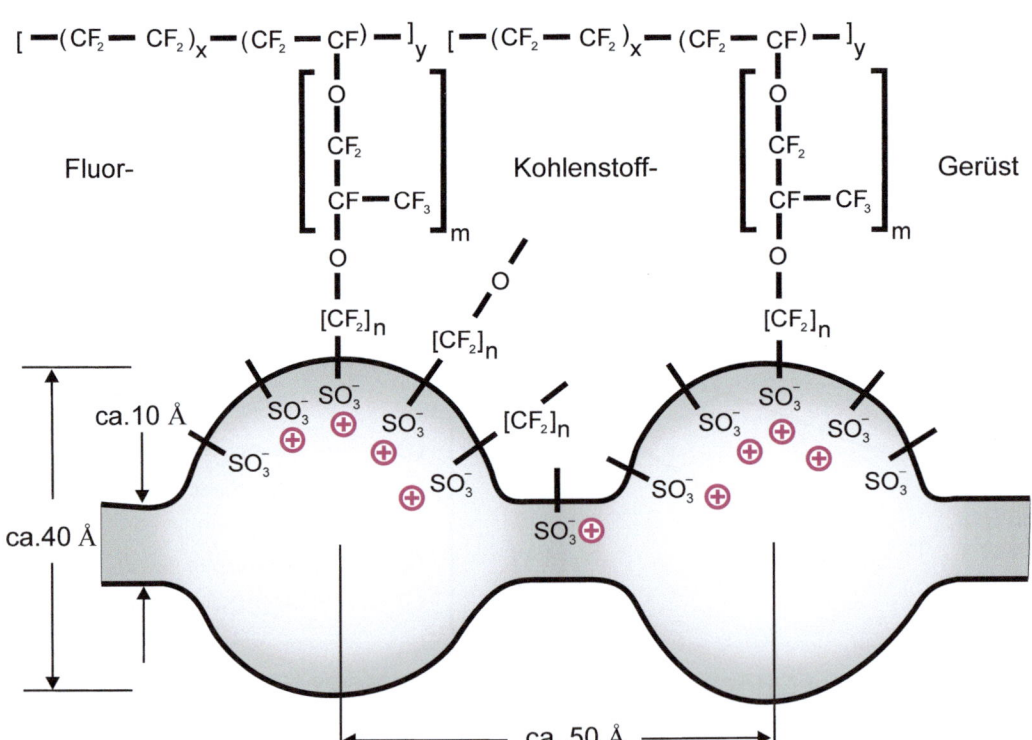

◨ **Abb. 3.17** Zum Ladungstransport durch Nafion®-Membranen, vgl. Text. x = 5 bis 13; $y \approx$ 1000; m = 0 bis 3; n = 2 bis 6; ⊕: H$^+$ oder Na$^+$. Ein Å entspricht 10^{-10} m, d. h. etwa einem Atomdurchmesser. Die Verwendung dieser Einheit macht die Zeichnung transparenter. Diese Abbildung wurde mit freundlicher Genehmigung des Wiley-VCH-Verlags, Weinheim, dem unter [A23] zitierten Werk entnommen

Tab. 3.8 Spezifische Leitfähigkeiten κ von Schmelzen. Nach [A23]

Schmelze	T [K]	κ [Ω^{-1} cm^{-1}]	Schmelze	T [K]	κ [Ω^{-1} cm^{-1}]
LiCl	893	5,83	NaOH	673	2,82
NaCl	1123	3,75	Hg_2Cl_2	802	1,00
$CaCl_2$	1073	2,21	$HgCl_2$	623	$1,10 \cdot 10^{-4}$
KNO_3	673	0,81	$BeCl_2$	745	$8,68 \cdot 10^{-3}$
AgI	873	2,35			

würden sich in ihrer Wanderung viel zu sehr behindern, als dass derartig hohe Leitfähigkeiten entstehen könnten). Es wird daher – vor allem auch wegen einer exponentiellen Temperaturabhängigkeit der Leitfähigkeit – in diesem Zusammenhang angenommen, dass man die Schmelze als sehr stark gestörtes Gitter betrachten kann, in welchem Ionentransport über Fehlordnungen vorliegt.

Leitfähigkeitsmesszellen müssen bei der Untersuchung von Schmelzen aus entsprechend temperatur- und korrosionsfesten Materialien bestehen. ◘ Tabelle 3.8 zeigt so gewonnene Daten.

Die in diesem Abschnitt behandelten Ionenleiter werden zum Teil schon seit Anfang des 20. Jahrhunderts in der Technik benutzt (Schmelzflusselektrolyse von Aluminium, patentiert 1888 durch Herault und Hall), zum Teil gewinnen sie in der Technik erst heute zunehmend an Bedeutung, und zwar
— nichtwässrige Lösungen in als Elektrolysen geführten Synthesen organischer Chemikalien (elektroorganische Synthesen).
— Membranen aus Festkörpergittern als Bauelemente in Hochtemperatur-Brennstoffzellen und -Akkumulatoren.
— SPE-Membranen in Brennstoffzellentechnik und in der Chlor-Alkali-Elektrolyse.
— schmelzflüssige Elektrolyte ebenfalls in der Brennstoffzellentechnik.

3.5 Diffusion von Ionen

In ▶ Abschn. 3.4.1.1 haben wir die Wanderungsgeschwindigkeit v von Ionen im elektrischen Feld (Gl. 3.22) und anschließend die Ionenbeweglichkeit u (Gl. 3.27) in Abhängigkeit von Wertigkeit z und Radius r der Ionen sowie von der Viskosität η des Lösemittels beschrieben. Die Beweglichkeit lässt sich aus der Ionengrenzleitfähigkeit λ_0 berechnen (Gl. 3.50).

Bewegen sich Ionen nicht unter dem Einfluss eines elektrischen Feldes, sondern eines Konzentrationsgradienten durch die Lösung, so sollten dieselben Größen für die Transportgeschwindigkeit maßgeblich sein. Ein einfacher Zusammenhang zwischen Beweglichkeit u und Diffusionskoeffizient D ist also zu erwarten. Er lautet (sog. Einstein-Beziehung) [4].

$$D = \frac{uRT}{zF} = \frac{ue_0 T}{zk_B}$$

Gl. 3.60

Die Beweglichkeit u_0 in Wasser liegt für normale Ionen bei $5 \cdot 10^{-4}$ cm s^{-1}/V cm^{-1}, für Protonen um fast eine Größenordnung höher (vgl. ▶ Abschn. 3.4.2.3). Aus Gl. 3.60 folgen damit Diffusionskoeffizienten von rund 10^{-5} cm^2 s^{-1} etwa für Cl$^-$ und rund 10^{-4} cm^2 s^{-1} für Protonen (sog. individuelle Koeffizienten).

Lässt man nun etwa aus HCl entstandene Ionen aus einer Zone höherer Konzentration – zur Verhinderung konvektiver Effekte durch ein Diaphragma – in eine Zone niedriger Konzentration eindiffundieren, so bauen sich aufgrund der unterschiedlichen Koeffizienten sofort Raumladungen auf (◘ Abb. 3.18, oberer Teil).

Die Raumladungen wachsen solange an, bis infolge elektrischer Brems- bzw. Beschleunigungskräfte die Teilchengeschwindigkeiten für beide Ionensorten gleich geworden sind (◘ Abb. 3.18, unterer Teil). Man kann dies als eine stationäre gemeinsame Diffusion der Ionen durch eine Membran charakterisieren und auch einen aus den individuellen Größen zusammengesetzten gemeinsamen Diffusionskoeffizienten für diese Transporterscheinung definieren (und diese so zeitlich berechnen, vgl. ▶ Abschn. 3.2).

Es darf nicht übersehen werden, dass sich bei stationärer Diffusion von Ionen durch ein Diaphragma eine stationäre Raumladungsschicht über diesem gebildet hat. Dies entspricht einem stationären Potentialsprung über der Membran, dem sog. Diffusionspotential. Letzteres wird umso größer ausfallen, je größer der Unterschied der individuellen Diffusionskoeffizienten von Anion und Kation sind. Im diskutierten Fall ist er groß, das Diffusionspotential beträgt hier 38 mV [A23]. Bei sehr ähnlichen individuellen Koeffizienten geht das Diffusionspotential gegen null.

Diffusionspotentiale können elektrochemische Messungen erheblich stören. Etwa bei der Bestimmung von Freien Enthalpien aus Standard-Ruheklemmenspannungen E_{00} in einer durch ein Diaphragma geteilten elektrochemischen Zelle wird ein bestehendes Diffusionspotential ohne Weiteres den Messwert verfälschen. Ein Fehler in E_{00} von nur einem mV ergibt in $\Delta_R G = -nFE_{00}$ (Gl. 3.45) bei $n = 2$ einen Fehler in $\Delta_R G$ von bereits 0,2 kJ mol^{-1}.

Es sei ausdrücklich betont, dass das Diffusionspotential kinetische Ursachen hat und nicht wie eine Ruheklemmenspannung aus Gleichgewichtseinstellungen herrührt. Insoweit hat auf diesem Gebiet auch die Nernst'sche Gleichung (vgl. den Beginn des ▶ Abschn. 5.1.1) nichts verloren, Diffusionspotentiale lassen sich vielmehr über die sog. Henderson-Gleichung berechnen. Eine umfassende Behandlung von Diffusionspotentialen ist in [A23] gegeben.

3.5 · Diffusion von Ionen

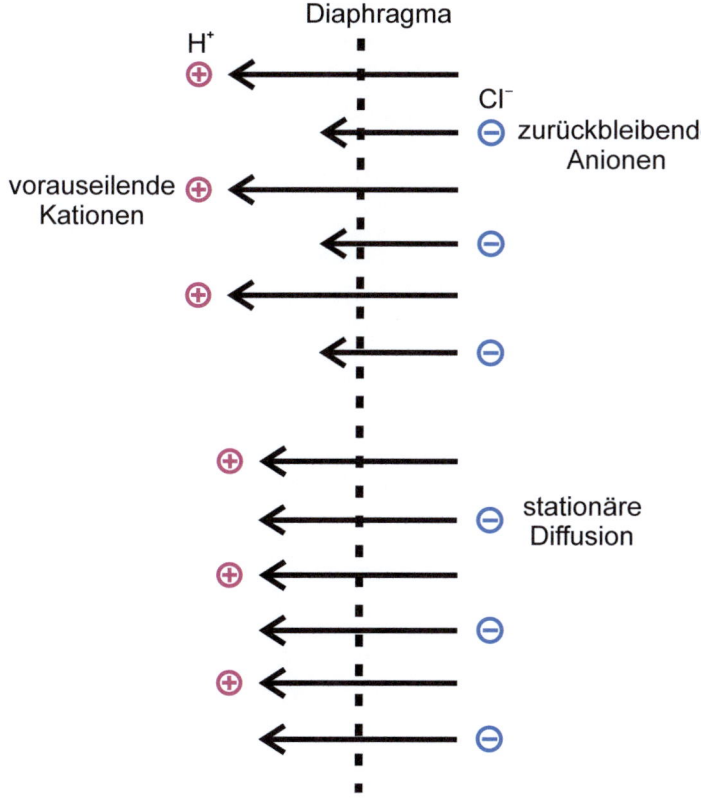

Abb. 3.18 Diffusion von Ionen, vgl. Text. Die Länge der Pfeile symbolisiert die Diffusionsgeschwindigkeit

Das hier für den Fall des Ionentransports durch ein Diaphragma angerissene gleichzeitige Einwirken von Konzentrationsgradient und elektrischem Feld kann auch in anderen Fällen gegeben sein, z. B. vor einer Elektrode, an welcher gelöste Ionen elektrochemisch umgesetzt werden. Dann besteht in Bezug auf diese Teilchen ein Konzentrationsgradient in Richtung der Elektrode (vgl. ▶ Abschn. 5.2.2), und sie sind dem elektrischen Feld ausgesetzt, welches über den Elektrolyten angelegt ist. Eine Hauptaussage hierzu ist, dass in den meisten praktischen Fällen (Verwendung gut leitender Lösung) der Einfluss der Diffusion weit überwiegt. Dies ist der Grund dafür, dass in Elektrolyseprozessen negative Ionen auch an einer negativ geschalteten Elektrode umgesetzt werden können, ein Effekt, welcher ohne kinetische Überlegungen unverständlich bleiben muss.

Als Schlussbemerkung dieses sehr komprimierten ▶ Abschn. 3.5 sei daher auf die sog. Nernst-Planck'sche Gleichung hingewiesen. Sie konkretisiert das o.a. gleichzeitige Einwirken. Diese Gegebenheiten sind in [A23] (dortiger ▶ Abschn. 4.3) näher ausgeführt.

Literatur

[1] Bergmann, L., Schafer, C.: Lehrbuch der Experimentalphysik Band I. Walter de Gruyter, Berlin (2008)
[2] Molt, W.: Chem.-Ing.-Tech. 50, A654 (1978)
[3] Debye, P., Huckel, E.: Physik Z. 24, 185 (1923). Berechnung in gekurzter Form in: Koryta, J., Dvorak, J., Bohackove, V.: Electrochemistry. Methuen & Co. Ltd., London (1970)
[4] Einstein, A.: Über die von der molekularkinetischen Theorie der Wärme geforderte Bewegung von in ruhenden Flüssigkeiten suspendierten Teilchen. Ann. d. Phys. 17, 549 (1905)

Chemische Reaktionen

© Springer-Verlag GmbH Deutschland, ein Teil von Springer Nature 2017
C. H. Hamann, D. Hoogestraat, R. Koch, *Grundlagen der Kinetik*,
https://doi.org/10.1007/978-3-662-49393-9_4

4.1 Einführung

4.1.1 Thermodynamik und Kinetik

Aus thermodynamischer Sicht muss für den freiwilligen Ablauf einer chemischen Reaktion die Freie Reaktionsenthalpie negativ sein, $\Delta_R G < 0$. Der Ablauf der Reaktion erfolgt in Richtung des chemischen Gleichgewichts, Letzteres gekennzeichnet durch die Gleichgewichtskonstante K. Konstante und Freie Reaktionsenthalpie hängen über die vant' Hoff'sche Reaktionsisotherme $\Delta_R G = -RT \ln K$ zusammen (siehe auch [A1]–[A6], [A30]–[A36]).

Aus kinetischer Sicht kommt die Bedingung hinzu, dass im betrachteten System genügend thermische Energie vorhanden sein muss, **um die Reaktion auch zu ermöglichen**. Damit ist gemeint, dass etwa die Schwingungen in einem (aus thermodynamischer Sicht zum freiwilligen Zerfall fähigen) Molekül ausreichend hoch angeregt werden können, dass eine bestimmte Wahrscheinlichkeit für einen Bindungsbruch besteht. Für den Fall zweier Gasteilchen, die sich freiwillig vereinigen können, muss die kinetische Energie groß genug sein, um zunächst Bindungen aufzubrechen (die Rekombination von Gasatomen ist ein später zu behandelnder Sonderfall). Wir können beides als eine **Aktivierung der Reaktion** verstehen, verbunden mit einer Aktivierungsenergie, welche der Überwindung einer energetischen Barriere dient.

Nach dem Boltzmann'schen Energiesatz bzw. der Maxwell'schen Geschwindigkeitsverteilung (vgl. ▶ Abschn. 7.1 und ▶ Abschn. 7.2) nimmt die Zahl der Teilchen, welche ein bestimmtes Energieniveau bzw. eine bestimmte kinetische Energie erreichen, mit der Temperatur zu. Dies bedeutet eine Beschleunigung des Reaktionsablaufs mit der Temperatur.

Im individuellen Fall können hohe energetische Ansprüche für die Aktivierung vorliegen. Die Reaktion ist dann „kinetisch gehemmt". Ein langsamer Reaktionsablauf kann seine Ursache auch in der Geometrie der Reaktionspartner haben – die Positionen, an welchen sich Bindungen ausbilden können, sind gegeneinander räumlich abgeschirmt (sog. sterische Hemmung).

Ein wohl jedem bekanntes – und gleichzeitig extremes – Beispiel für das Vorliegen einer Hemmung ist die Knallgasreaktion ($\Delta_R G = -237$ kJ mol^{-1} unter Standardbedingungen). Bei Normaltemperatur und -druck würde das Erreichen des Gleichgewichts – das gesamte Knallgas ist zu Wasser abreagiert – länger dauern, als das bisherige Alter des Weltalls ausmacht.

Die Hemmung ist hier mit der Tatsache verbunden, dass für einen Reaktionsablauf das Wasserstoffmolekül zunächst in seine atomaren Bestandteile zerfallen muss. Die hierzu erforderliche Aktivierungsenergie kann unter Normalbedingungen nicht aufgebracht werden. Dementsprechend wird die Hemmung durch Temperaturerhöhung

---

Reaktionsabläufe können auch durch Strahlungsenergie eingeleitet werden. Dies wird hier aber nicht behandelt.

überwunden. Die Reaktion läuft in diesem Fall sehr rasch ab (Knallgasflamme, Knallgasexplosion, vgl. ▶ Abschn. 4.2.1.3).

Diese Überlegungen weisen klar aus, dass $\Delta_R G < 0$ zwar notwendige, aber nicht hinreichende Bedingung für den beobachtbaren Ablauf einer chemischen Reaktion ist **und dass die Temperatur einen wesentlichen Einfluss auf den Ablauf der Reaktion nimmt.** Es kann z. B. durchaus richtig sein, eine Reaktion, deren thermodynamisches Gleichgewicht bei Temperaturerhöhung zu den Edukten verschoben wird, im Sinne wenigstens ausreichend schneller Produktbildung bei hohen Temperaturen ablaufen zu lassen (ein Beispiel hierfür ist die Haber-Bosch-Synthese).

4.1.2 Klassifizierung chemischer Reaktionen

Auf chemische Reaktionen lässt sich eine Vielzahl von Ordnungsprinzipien anwenden.

Aus **thermodynamischer** Sicht kann man etwa exotherm, endotherm, isotherm, isobar oder isochor ablaufende Reaktionen unterscheiden, zudem Reaktionen in offenen, geschlossenen oder isolierten Systemen.

Eine weitere Differenzierung aus makroskopischer Sicht wäre die Unterscheidung etwa nach der Phase: So können Reaktionen sowohl in Gas-, flüssiger oder fester Phase stattfinden (Letzteres ist nicht Gegenstand dieser Einführung).

Auch wird unterschieden zwischen Reaktionen, die in nur einer Phase ablaufen (homogene Reaktion) oder an der Grenzfläche zweier Phasen stattfinden (heterogene Reaktion). Aber Vorsicht: Das Wort „homogen" wird auch verwendet, wenn man ausdrücken will, dass im aus einer einheitlichen Phase bestehenden Reaktionsraum keine Ortsabhängigkeiten in Bezug auf stoffliche Zusammensetzung und Temperatur bestehen.

Aus Sicht der **organischen Chemie** unterscheidet man die Mechanismen der nucleophilen und elektrophilen Substitutionen, der Additionen und Eliminierungen sowie der Umlagerungen.

Eine Unterscheidung nach grundlegenden **mechanistischen** Gesichtspunkten ist die Unterteilung nach
— Elementarreaktionen und
— zusammengesetzten Reaktionen.

Unter **Elementarreaktionen** verstehen wir dabei Reaktionen, welche direkt und ohne Umwege so ablaufen, wie sie geschrieben werden (ein einziger Reaktionsschritt, auf molekularer Ebene nicht unterteilbar).

Zusammengesetzte Reaktionen entsprechen hingegen (im einfachen Fall) dem konsekutiven Ablauf von Elementarreaktionen unter Bildung von Zwischenprodukten. Die Abfolge der Elementarreaktionen innerhalb der zusammengesetzten Reaktion wird als **Reaktionsmechanismus** bezeichnet.

4.2 Basiswissen zur Kinetik chemischer Reaktionen

In diesem Abschnitt wird das zur Kinetik chemischer Reaktionen gehörende **Basiswissen** anhand von Elementarreaktionen und zusammengesetzten Reaktionen entwickelt. Mit in den Abschnitt aufgenommen sind eine erste Betrachtung der Temperaturabhängigkeit der Reaktionsgeschwindigkeit, die Katalyse, experimentelle Methoden zur Untersuchung der Reaktionskinetik und eine kurze Betrachtung technischer Reaktionsführungen.

Unsere Erörterungen beziehen sich dabei auf Reaktionen in einheitlichen Phasen ohne ortsabhängige Parameter. Eine Ausnahme in Bezug auf „einheitliche Phase" ist dabei die Diskussion heterogener Katalyse sowie teilweise der Enzymkinetik (▶ Abschn. 4.2.3.3 und ▶ Abschn. 4.2.3.4). Ausnahmen in Bezug auf „ohne ortsabhängige Parameter" sind die Behandlung des sog. Mischkammerverfahrens zur Ermittlung von zeitlichen Reaktionsabläufen (▶ Abschn. 4.2.4.3) sowie des sog. Rohrreaktors (eine technische Reaktionsführung, ▶ Abschn. 4.2.5.3). In beiden Fällen besteht eine Ortsabhängigkeit der Konzentration $c = c(x)$.

4.2.1 Der zeitliche Ablauf chemischer Reaktionen

Für den Ablauf chemischer Reaktionen sind Reaktionsgeschwindigkeiten, kinetische Gleichungen, Reaktionsgeschwindigkeitskonstanten, Konzentrations-Zeit-Gesetze und Halbwertszeiten von zentraler Bedeutung.

Der Begriff der Reaktionsgeschwindigkeit v wird direkt anschließend beleuchtet. Die weiteren Begriffe werden dort eingeführt, wo sie erstmals gebraucht werden, und gegebenenfalls an späteren Stellen erweitert.

Prinzipiell lässt sich der Verlauf einer chemischen Reaktion über die Beobachtung jeder beliebigen zeitabhängigen Größe verfolgen. So lässt sich etwa mit einem Massenspektrometer eine Änderung des Anteils bestimmter Teilchen in einem Reaktionsgemisch verfolgen, mit einem Thermometer eine Temperaturänderung oder mit einem Manometer eine Druckänderung beobachten. Je nach Messmethode wäre dabei die Geschwindigkeit einer Reaktion anders definiert. Daher hat man sich auf bestimmte Definitionen geeinigt.

Am allgemeinsten ist die Beschreibung einer chemischen Reaktion als die zeitlich Änderung einer thermodynamischen Zustandsfunktion [A1]–[A6], [A30]–[A36], z. B. der Entropie S in einem isolierten System

$$v_s(t) = \frac{\partial S}{\partial t} \qquad \text{Gl. 4.1}$$

Sie muss nach dem zweiten Hauptsatz der Thermodynamik für reale Abläufe stets größer als null sein.

Beschränkt man sich auf eine Reaktion mit sich zeitlich nicht ändernder Stöchiometrie, so kann man sich nach IUPAC auf die

4.2 · Basiswissen zur Kinetik chemischer Reaktionen

sogenannte Reaktionslaufzahl ξ beziehen. ξ ist dabei definiert als der Bruchteil einer Stoffmenge n_k von einem vollen stöchiometrischen Umsatz (anders: wie viel von einem stöchiometrischen Umsatz schon reagiert hat) eines k-ten Stoffes. Damit ist mit v_k als dem zugehörigen stöchiometrischen Faktor

$$d\xi = \frac{1}{v_k} dn_k \qquad \text{Gl. 4.2}$$

Für die Umsatz- oder Umwandlungsgeschwindigkeit („rate of conversion") gilt dann

$$v_\xi(t) = \frac{d\xi}{dt} = \frac{1}{v_k}\frac{dn_k}{dt} \qquad \text{Gl. 4.3}$$

Die gängigste Beschreibung eines Reaktionsverlaufs wird verwendet, wenn wir es mit homogenen Systemen zu tun haben. Die nach IUPAC als Reaktionsgeschwindigkeit („rate of reaction") bezeichnete Größe v_c beschreibt dann die zeitliche Änderung c_k eines k-ten Stoffes in Mol pro Volumen und Zeit.

$$v_c(t) = \frac{1}{v_k}\frac{dc_k}{dt} \qquad \text{Gl. 4.4}$$

Für den Zusammenhang zwischen v_c und v_ξ gilt mit Gl. 4.4 und $c_k = n_k/V_R$ (V_R ist das Volumen, in dem die Reaktion abläuft („Reaktionsvolumen"))

$$v_c(t) = \frac{1}{v_k}\frac{d(n_k/V_R)}{dt} = \frac{1}{V_R}\frac{d\xi}{dt} = \frac{1}{V_R}v_\xi(t) \qquad \text{Gl. 4.5}$$

Im laufenden ▶ Abschn. 4.2.1 ist die Gl. 4.4 Gegenstand der Diskussion. Es sei noch einmal betont, dass diese sich auf homogene Reaktionssysteme mit ortsunabhängigen Konzentrationen und Temperaturen bezieht. Zusätzlich wird festgelegt, dass diese Temperaturen bei Reaktionsablauf konstant zu sein haben. Dies wird der Fall sein, wenn die betrachtete Reaktion temperaturneutral verläuft oder wenn das Reaktionssystem thermostatisiert wird. Ist beides nicht der Fall, so kann sich z. B. eine exotherme Reaktion beim Ablauf beschleunigen und gegebenenfalls einen explosionsartigen Verlauf annehmen (siehe die ▶ Abschn. 4.2.1.3.4 oder 4.2.5.5).

4.2.1.1 Elementarreaktionen

Im Abschnitt „Elementarreaktionen" betrachten wir stets nur von dem Edukt/den Edukten zu dem Produkt/den Produkten gerichtete Reaktionsabläufe. Eine Rückreaktion wird also ausgeschlossen. Dies bedeutet entweder eine gehemmte Rückreaktion oder eine Reaktion, die fern von ihrem Gleichgewicht abläuft (wenn es keine nennenswerte Produktkonzentration gibt, kann die Rückreaktion vernachlässigt werden). Edukte werden mit A, B, C, allgemein mit E_i bezeichnet. Produkte sind $P_1, P_2, …$, allgemein P_j.

4.2.1.1.1 Die monomolekulare Reaktion

In monomolekularen Reaktionen kann ein Molekül A in zumeist zwei Produktfragmente zerfallen (auch als monomolekularer Zerfall bezeichnet) oder es erfolgen im Ausgangsmolekül Umlagerungen. Allgemein lässt sich die Reaktion beschreiben als

$$A \rightarrow \text{Produkte P} \qquad \text{Gl. 4.6}$$

Beispiele für monomolekulare Zerfälle sind

$$H_2 \rightarrow H + H \qquad \text{Gl. 4.7}$$

und

$$N_2O_5 \rightarrow NO_2 + NO_3 \qquad \text{Gl. 4.8}$$

Ein monomolekularer Zerfall in mehr als zwei Produkte ist ebenfalls möglich, aber eher selten.

Ein Beispiel für eine monomolekulare Umlagerung ist die Isomerisierung von Cyclopropan zu Propen.

$$c-C_3H_6 \rightarrow CH_3CH=CH_2 \qquad \text{Gl. 4.9}$$

Die Wahrscheinlichkeit eines Zerfalls (einer Umlagerung) ist für jedes im Reaktionsvolumen vorhandene Molekül gleich, insgesamt also proportional zu c_A. Sie ist außerdem umso größer, je mehr Energie im Reaktionssystem vorhanden ist, also proportional zu einer Temperaturfunktion $f(T)$. Wir fassen die Proportionalitätskonstante mit der Temperaturfunktion zu einer temperaturabhängigen sog. **Reaktionsgeschwindigkeitskonstanten** $k(T)$ zusammen und schreiben für die Reaktionsgeschwindigkeit der monomolekularen Reaktion

$$v_c(t) = v = \frac{dc_A}{dt} = -k(T)c_A \qquad \text{Gl. 4.10}$$

Das Minuszeichen entspricht der zeitlichen Abnahme des Edukts A (stöchiometrischer Koeffizient $v_A = -1$). Die Reaktionsgeschwindigkeitskonstante $k(T)$ – in Kurzschreibweise zumeist als k geschrieben – trägt hier die Einheit s^{-1}. Die Behandlung der Temperaturabhängigkeit der Geschwindigkeitskonstanten erfolgt später in ▶ Abschn. 4.2.2.

Gleichung 4.10 wird als kinetische Gleichung (der monomolekularen Reaktion) bezeichnet. Mathematisch gesehen handelt es sich um eine Differentialgleichung erster Ordnung. Sie beschreibt, wie sich die Konzentration c_A zeitlich ändert. Will man die noch verbleibende Konzentration c_A zu einem bestimmten Zeitpunkt t vorhersagen, wenn man von einer bekannten Ausgangskonzentration c_A^0 zur Zeit $t = 0$ ausgeht, so muss man die Differentialgleichung lösen. Dies geschieht unter Konstanthalten der Temperatur (siehe den Text unterhalb von Gl. 4.5). Im vorliegenden Fall wird das Verfahren der Separation der Variablen benutzt (auf jeder Gleichungsseite hat nur eine Variable zu stehen). Anschließend wird von $c_A = c_A^0$ bis c_A bzw. von $t = 0$ bis t integriert:

Ist eine Substanz zum Zerfall fähig, so beginnt dieser – ausreichende Systemtemperatur vorausgesetzt – natürlich im Augenblick des Entstehens dieser Substanz. Als Reaktionsbeginn stelle man sich daher eine Zeit $t = 0$ vor, zu welcher c_A^0 bekannt ist. Alternativ kann man sich einen Reaktionsbeginn durch Temperaturerhöhung eingeleitet denken.

4.2 · Basiswissen zur Kinetik chemischer Reaktionen

$$\int_{c_A^0}^{c_A} \frac{dc_A}{c_A} = -\int_0^t k\,dt \qquad \text{Gl. 4.11}$$

d. h.

$$\ln \frac{c_A}{c_A^0} = -kt \qquad \text{Gl. 4.12}$$

oder nach Entlogarithmieren

$$c_A(t) = c_A^0\, e^{-kt} \qquad \text{Gl. 4.13}$$

Dies ist das **Konzentrations-Zeit-Gesetz** der monomolekularen Reaktion. Die Eduktkonzentration sinkt danach exponentiell mit der Zeit ab. Dies ist in ◘ Abb. 4.1 dargestellt.

Mit in die Abbildung aufgenommen ist die zeitliche Zunahme der Konzentration c_P eines Produkts P, ausgehend von einer Anfangskonzentration $c_P^0 = 0$ und einem stöchiometrischen Faktor $\nu_P = 1$ (etwa NO_2 entsprechend Gl. 4.8). Dann muss die gebildete Produktkonzentration zu jedem Zeitpunkt der Differenz zwischen Edukt-Anfangskonzentration und noch vorhandener Eduktkonzentration entsprechen.

$$c_p(t) = c_A^0 - c_A(t) \qquad \text{Gl. 4.14}$$

Drückt man die Reaktionsgeschwindigkeit durch die zeitliche Änderung einer Produktkonzentration aus

$$\nu_p = \frac{dc_p}{dt} = kc_A \qquad \text{Gl. 4.15}$$

so ist mit Gl. 4.14 in der Form $c_A = c_A^0 - c_p$ dann wie folgt zu integrieren

$$\int_0^{c_p} \frac{dc_p}{c_A^0 - c_p} = \int_0^t k\,dt \qquad \text{Gl. 4.16}$$

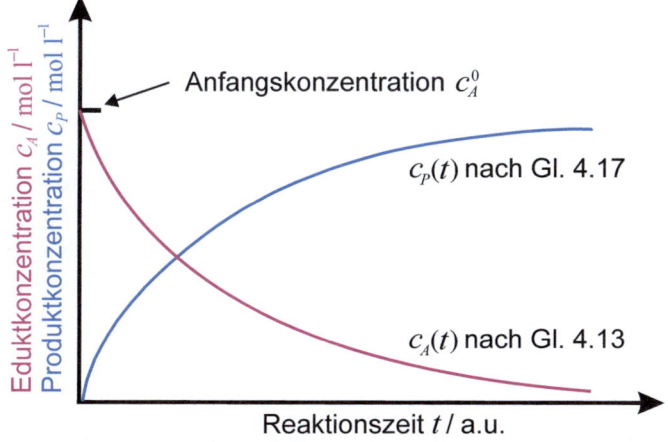

◘ **Abb. 4.1** Konzentrations-Zeit-Verläufe bei der monomolekularen Reaktion, vgl. Text

Dies liefert mit der Substitution $x = c_A^0 - c_P$

$$c_P = c_A^0 - c_A^0 e^{-kt} = c_A^0(1 - e^{-kt})$$ Gl. 4.17

Entstehen beim Zerfall mehrere identische Produktteilchen, so ist die rechte Gleichungsseite mit dem zugehörigen stöchiometrischen Faktor zu multiplizieren. Liegt zur Zeit $t = 0$ bereits eine Produktkonzentration c_P^0 vor, ist sie zu addieren.

Die Reaktionsgeschwindigkeitskonstante k der monomolekularen Reaktion erhält man als einen experimentellen Wert aus zeitabhängig bestimmten Daten für die Eduktkonzentration. Wegen Gl. 4.12 gilt

$$\ln c_A = \ln c_A^0 - kt$$ Gl. 4.18

k entspricht dann der Steigung einer Auftragung des natürlichen Logarithmuses von c_A gegen die Zeit. Die Anfangskonzentration c_A^0 muss dazu nicht bekannt sein.

Mit bekannter Reaktionsgeschwindigkeitskonstanten ist der Stand der Reaktion mit Gl. 4.13 bzw. Gl. 4.17 für jede Zeit berechenbar.

Selbstverständlich kann man die vorhergehende Gl. 4.12 anstelle nach der Eduktkonzentration auch nach der Zeit auflösen. Dies liefert sofort

$$t = -\frac{1}{k}\ln\frac{c_A}{c_A^0} = \frac{1}{k}\ln\frac{c_A^0}{c_A}$$ Gl. 4.19

und erlaubt die Berechnung der seit Reaktionsbeginn verflossenen Zeit.

Als **Halbwertszeit** $t_{1/2}$ bezeichnet man diejenige Zeit, welche beim Absinken der Eduktkonzentration c_A auf die Hälfte $c_A^0/2$ der Anfangskonzentration verstrichen ist. Hierfür gilt mit Gl. 4.19

$$t_{1/2} = \frac{1}{k}\ln\frac{c_A^0}{c_A^0/2} = \frac{1}{k}\ln 2 = \frac{0{,}693}{k}$$ Gl. 4.20

Die Halbwertszeiten chemischer Reaktionen allgemein liegen zwischen etwa 10^{-11} s und Zeiten jenseits des Alters des Weltalls.

Die Halbwertszeit der monomolekularen Reaktion hängt damit nicht von der Anfangskonzentration ab. Dies ist eine Folge der Tatsache, dass die Wahrscheinlichkeit des Zerfalls für alle Moleküle einer Spezies gleich ist. In ◘ Abb. 4.1 entspricht die Halbwertszeit dem Schnittpunkt der beiden Kurven.

Die für die monomolekulare chemische Reaktion gefundenen Gesetze gelten sinngemäß auch für den radioaktiven Zerfall. Wir gehen nachstehend kurz darauf ein.

Die Wahrscheinlichkeit des Zerfalls eines instabilen Atomkerns hängt nur von der Natur des Kerns ab, sie ist nach heutigem Wissensstand nicht beeinflussbar. Mit N als Zahl der zum Zerfall fähigen Kerne zur Zeit t und der Proportionalitätskonstanten λ (sog. **Zerfallskonstante**) erhalten wir dann anstelle von Gl. 4.10

$$\frac{dN}{dt} = -\lambda N$$ Gl. 4.21

Da die Zerfallsrate dN/dt direkt gemessen werden kann, ist die Zerfallskonstante aus Gl. 4.21 bei bekanntem N einfach bestimmbar. Die Integration liefert mit N_0 als Zahl der Teilchen zur Startzeit $t = 0$

4.2 · Basiswissen zur Kinetik chemischer Reaktionen

$$N = N_0 e^{-\lambda t} \qquad \text{Gl. 4.22}$$

was vom Verlauf her dem roten Kurvenzug in ◘ Abb. 4.1 entspricht. Für die seit Beginn der Zeitzählung verstrichene Zeit gilt analog zu Gl. 4.19

$$t = \frac{1}{\lambda} \ln \frac{N_0}{N} \qquad \text{Gl. 4.23}$$

und die Halbwertszeit ist

$$t_{1/2} = \frac{0{,}693}{\lambda} \qquad \text{Gl. 4.24}$$

Beispiele für Halbwertszeiten radioaktiver Zerfälle sind $4{,}2 \cdot 10^{-6}$ s für das Poloniumisotop ^{213}Po, 5360 Jahre für das Kohlenstoffisotop ^{14}C, $7 \cdot 10^8$ Jahre für das Uranisotop ^{235}U und $4{,}5 \cdot 10^9$ Jahre für ^{238}U. Es ist daher in Hinblick auf Strahlenbelastung unbedenklich, sich in der Nähe größerer Mengen von reinem Uran-238 aufzuhalten – es wird z. B. als Gegengewicht etwa im Kiel von Rennyachten verwendet. Kurzlebige Isotope können das Material bis zum Glühen erhitzen.

Radiocarbonmethode

Die Anwendung der Gl. 4.23 auf den radioaktiven Zerfall von Kohlenstoff-14 ist die Basis der Altersbestimmung von Proben organischen Materials nach der sog. Radiocarbon-Methode (auch C-14-Methode oder Altersbestimmung nach Libby). Hierbei wird die Tatsache ausgenutzt, dass in der Atmosphäre ein **konstanter Anteil** an ^{14}C (in Form von $^{14}CO_2$) vorhanden ist, somit auch in jeglicher organischer Materie. Ein Gramm aktuellen organischen Kohlenstoffs emittiert pro Minute 12,5 Elektronen (Umwandlung eines Kernneutrons in ein Proton durch Elektronenemission nach $^{14}C \rightarrow {}^{14}N + e^-$; sog. β_0^--Aktivität). Stirbt etwa eine Pflanze ab, so hört der Stoffaustausch mit der Atmosphäre auf und die Zerfallsaktivität (β_0^--Aktivität) klingt mit der genannten Halbwertszeit von 5360 Jahren ab. Das Alter etwa von Leinwand in Pharaonengräbern ist dann entsprechend den Gl. 4.23 und Gl. 4.24

$$t = \frac{1}{\lambda} \ln \frac{\beta_0^-}{\beta^-} = \frac{1}{0{,}693} t_{1/2} \ln \frac{\beta_0^-}{\beta^-}$$

bestimmbar. Es besteht gute Übereinstimmung der Methode mit (im Beispielfall möglichen) geschichtlichen Datierungen. Bei Altersbestimmungen im Bereich >10.000 Jahren wird die Methode allerdings zunehmend ungenauer – man befindet sich dann sinngemäß im rechten (flach verlaufenden) Teil des roten Kurvenzugs in ◘ Abb. 4.1.
^{14}C entsteht in der Atmosphäre mit **konstanter Bildungsrate** durch die Wirkung der Höhenstrahlung:

> 1. Schritt: Herausschlagen von Neutronen aus Kernen von Luftteilchen.
> 2. Schritt: Umwandlung eines Stickstoffkerns ^{14}N durch Einfang eines Neutrons und nachfolgendes Ausstoßen eines Protons in ^{14}C.
>
> In der Erdgeschichte hat sich auf diese Weise Kohlenstoff-14 in der Atmosphäre **so lange angereichert, bis die Zerfallsrate gleich der Bildungsrate wurde** („radioaktives Gleichgewicht", vereinfachte Darstellung).

4.2.1.1.2 Die bimolekulare Reaktion

Ein elementarer Ablauf nach

$$A + B \rightarrow \text{Produkt(e) P} \qquad \text{Gl. 4.25}$$

wird als **bimolekulare Reaktion** bezeichnet. Die beiden **sich vereinigenden Edukt-Teilchen** A und B können dabei Atome oder Moleküle sein.

Beispiel für einen bimolekularen Reaktionsablauf ist die Bildung von Wasserstoff aus den Elementen

$$H + H \rightarrow H_2 \qquad \text{Gl. 4.26}$$

(vgl. hierzu vorab die Hintergrundinformation im Anschluss an Gl. 4.116) oder die Bildung von Iodwasserstoff aus den Elementmolekülen

$$H_2 + I_2 \rightarrow 2HI \qquad \text{Gl. 4.27}$$

Für die Reaktionsgeschwindigkeit (Umsatz in Mol pro Volumen und Zeit, vgl. den Beginn des ▶ Abschn. 4.2.1) muss Proportionalität sowohl zu c_A und c_B angenommen werden – für eine Reaktion müssen schließlich die Teilchen A und B zusammentreffen. Wird die temperaturabhängige Wahrscheinlichkeit, dass es beim Zusammentreffen auch zur Reaktion kommt, wieder durch eine Reaktionsgeschwindigkeitskonstante k beschrieben, so gilt jetzt

$$v_c(t) = v = \frac{dc_A}{dt} = -k(T) c_A c_B \qquad \text{Gl. 4.28}$$

Dies ist die kinetische Gleichung für die bimolekulare Elementarreaktion.

Die Reaktionsgeschwindigkeitskonstante k der bimolekularen Reaktion trägt die SI-Einheit $\text{mol}^{-1}\,\text{m}^3\,\text{s}^{-1}$. In der Praxis ist die Einheit $\text{mol}^{-1}\,\text{l}\,\text{s}^{-1}$ gebräuchlicher.

Gleichung 4.28 ist nicht einfach zu lösen, da diese Differentialgleichung jetzt zwei Variablen ($c_A(t)$ und $c_B(t)$) enthält. Wir wollen daher zunächst einen besonders einfachen Sonderfall diskutieren. Hierzu wählen wir im Experiment gleiche Anfangskonzentrationen der Edukte A und B ($c_A^0 = c_B^0 = c_E^0$). Dann ist zu jedem Zeitpunkt $c_A = c_B = c_E$. Gleichung 4.28 lautet dann

4.2 · Basiswissen zur Kinetik chemischer Reaktionen

$$\frac{dc_E^0}{dt} = -kc_E^2 \qquad \text{Gl. 4.29}$$

Jetzt ist wie folgt zu integrieren

$$\int_{c^0}^{c} \frac{dc_E^0}{c_E^2} = -\int_0^t k\,dt \qquad \text{Gl. 4.30}$$

Das Ergebnis der Integration lautet

$$-\frac{1}{c_E} + \frac{1}{c_E^0} = -kt \qquad \text{Gl. 4.31} \qquad\qquad \int \frac{dx}{x^2} = -\frac{1}{x}$$

Über den Zwischenschritt

$$\frac{1}{c_E} = \frac{1}{c_E^0} + kt \qquad \text{Gl. 4.32}$$

erhält man dann als Konzentrations-Zeit-Gesetz für die bimolekulare Reaktion bei gleichen Anfangskonzentrationen der Edukte

$$c_E = \frac{1}{1/c_E^0 + kt} = \frac{c_E^0}{1 + c_E^0 kt} \qquad \text{Gl. 4.33}$$

Der Konzentrations-Zeit-Verlauf Gl. 4.33 lässt sich am besten im Vergleich zu demjenigen der monomolekularen Reaktion diskutieren, und zwar unter Berücksichtigung der jeweiligen Halbwertszeiten. Letztere erhalten wir für den bimolekularen Fall aus Gl. 4.31 über das Auflösen nach der Zeit

$$t = \frac{1}{kc_E} - \frac{1}{kc_E^0} \qquad \text{Gl. 4.34}$$

zu

$$t_{1/2} = \frac{1}{k(c_E^0/2)} - \frac{1}{kc_E^0} = \frac{1}{kc_E^0} \qquad \text{Gl. 4.35}$$

Die Halbwertszeit der bimolekularen Reaktion steigt damit mit sinkenden Anfangskonzentrationen c^0 der Edukte an. Betrachtet man nach Ablauf einer Halbwertszeit die dann vorhandenen Konzentrationen als einen neuen Startpunkt, so ist die zweite Halbwertszeit (nach welcher die ursprüngliche Ausgangskonzentration geviertelt ist) länger als die erste (doppelt so lang). Für den monomolekularen Fall war die zweite Halbwertszeit gleich der ersten.

Die Verhältnisse beim bimolekularen Fall werden anschaulich, wenn man sich die Chancen für Zusammenstöße der Teilchen A und B (als Vorbedingung für einen Reaktionsablauf) einmal für hohe und einmal für niedrige Teilchendichten überlegt. Eine Berechnung erfolgt für den Fall von Gasreaktionen in ▶ Abschn. 4.3.1.

Für eine grafische Darstellung wählen wir zwecks definierter Vergleichsmöglichkeit eine bimolekulare ($c_A^0 = c_B^0$) und eine monomolekulare Reaktion, deren Reaktionsgeschwindigkeitskonstanten gleiche Zahlenwerte aufweisen und deren erste Halbwertszeiten identisch sind

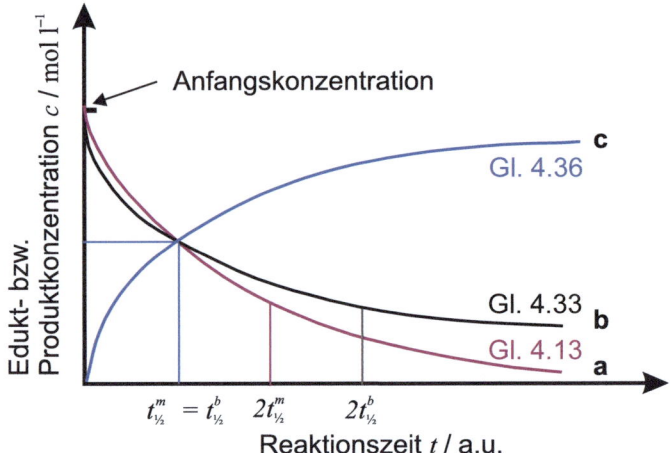

☐ **Abb. 4.2** Konzentrations-Zeit-Verlauf **a** für das Edukt der monomolekularen Reaktion, **b** für ein Edukt der bimolekularen Reaktion bei gleichen Anfangskonzentrationen beider Edukte, **c** für ein Produkt der bimolekularen Reaktion. Die entsprechenden Halbwertszeiten sind mit *m* bzw. *b* indiziert. Vgl. Text

(☐ Abb. 4.2). Letzteres legt die Anfangskonzentrationen auf 1,4 mol l^{-1} fest, wie ein Gleichsetzen der Gl. 4.35 und Gl. 4.20 sofort ergibt.

Ersichtlich ist unter diesen Bedingungen die bimolekulare Reaktion zunächst schneller als die monomolekulare (die zugehörige Kurve fällt schneller ab). Mit absinkenden Konzentrationen kehrt sich dies um. Für den Fall eines Reaktionsbeginns bei den Konzentrationen für $t = t_{1/2}$ wäre die bimolekulare Reaktion von Anfang an langsamer gewesen.

Mit in die Abbildung aufgenommen ist wiederum die zeitliche Zunahme eines Produkts mit dem stöchiometrischen Faktor $\nu_p = 1$ ausgehend von $c_p^0 = 0$. Mit Gl. 4.14 in der Form $c_p = c_E^0 - c_E$ und Gl. 4.33 gilt sofort

$$c_p = c_E^0 - \frac{c_E^0}{1 + c_E^0 kt} = c_E^0 \left(1 - \frac{1}{1 + c_E^0 kt}\right) \qquad \text{Gl. 4.36}$$

Entstehen in einem Reaktionsschritt mehrere identische Produkte, so wird dies wie im Falle der monomolekularen Reaktion berücksichtigt.

Die Integration des Ansatzes

$$\frac{dc_p}{dt} = kc_E^2 \qquad \text{Gl. 4.37}$$

liefert mit $c_E = c_E^0 - c_p$ das gleiche Ergebnis.

Die Reaktionsgeschwindigkeitskonstante k der bei $c_A = c_B = c_E$ ablaufenden bimolekularen Reaktion erhält man bei bekanntem Konzentrations-Zeit-Verlauf nach Gl. 4.31 aus einer Auftragung von $1/c_E$ gegen t.

Die seit **Start der Reaktion** verstrichene Zeit in Abhängigkeit von noch vorhandenen Eduktkonzentrationen und von der Startkonzentration ist aus Gl. 4.34 berechenbar.

4.2 · Basiswissen zur Kinetik chemischer Reaktionen

Ein **Sonderfall** ist bei einer bimolekularen Reaktion mit identischen Edukten gegeben (Faktor $v_A = 2$, $v_B = 0$). Anstelle von Gl. 4.29 erhält man

$$\frac{1}{2}\frac{dc_A^0}{dt} = -kc_A^2 \qquad \text{Gl. 4.38}$$

Im Fall der Reaktion A + A → Produkt(e) sinkt die Konzentration der Spezies A also doppelt so schnell ab wie im Falle A + B → Produkt(e)). Bei der Variablenseparation zieht man diesen Faktor mit auf die rechte Seite und verfährt analog zu den auf Gl. 4.29 folgenden Operationen und erhält letztendlich

$$c_A = \frac{1}{1/c_A^0 + 2kt} = \frac{c_A^0}{1 + 2c_A^0 kt} \qquad \text{Gl. 4.39}$$

In den entwickelten Gleichungen ist also lediglich die Konstante k durch $2k$ zu ersetzen.

Ein weiterer Sonderfall ist ein Ablauf der bimolekularen Reaktion bei Vorliegen eines der Edukte in großem Überschuss. Jetzt bleibt – im Grenzübergang – z. B. c_B bei Reaktionsablauf konstant. In Gl. 4.29 kann dann $kc_B = kc_B^0$ als eine neue Konstante k' definiert werden. Ein Vergleich mit Gl. 4.10 weist aus, dass dann die Gl. 4.11 bis Gl. 4.20 sinngemäß angewendet werden müssen.

Für den Fall ungleicher Startkonzentrationen c_A^0 und c_B^0 der Edukte A und B wird Gl. 4.29 erst integrierbar, wenn die Konzentrationen c_A und c_B über die Stöchiometrie miteinander verknüpft werden. Dies geschieht durch den Fakt, **dass die zur Zeit t bereits umgesetzte Stoffmenge ja in Bezug auf beide Edukte gleich ist**, d. h. es muss gelten

$$c_A^0 - c_A = c_B^0 - c_B \qquad \text{Gl. 4.40}$$

Beide Seiten der Gl. 4.40 werden dementsprechend als **Umsatzvariable** x bezeichnet. Dann gilt

$$c_A = c_A^0 - x \qquad \text{Gl. 4.41}$$

und

$$c_B = c_B^0 - x \qquad \text{Gl. 4.42}$$

Mit c_A^0 als einer Konstanten gilt $\frac{dc_A}{dt} = \frac{d(c_A^0 - x)}{dt} = -\frac{dx}{dt}$. Gleichung 4.28 lautet dann

$$\frac{dx}{dt} = k(c_A^0 - x)(c_B^0 - x) \qquad \text{Gl. 4.43}$$

Gl. 4.43 ist nach Separation der Variablen mit Hilfe einer Partialbruchzerlegung integrierbar (vgl. Lehrbücher der Mathematik). Die Ausführung liefert als Endergebnis

$$\ln\frac{c_A}{c_B} = \ln\frac{c_A^0}{c_B^0} + \left(c_A^0 - c_B^0\right)kt \qquad \text{Gl. 4.44}$$

Das Verfahren versagt, wenn sich die Startkonzentrationen nur wenig oder nicht unterscheiden, da dann die Klammer gegen null geht, d. h. k wird unbestimmt.

Die Geschwindigkeitskonstante ist aus einer Auftragung von $\ln c_A / c_B$ gegen die Zeit zu entnehmen. Mit bekanntem k und den Startkonzentrationen folgt andererseits das Verhältnis von c_A zu c_B zur betrachteten Zeit.

4.2.1.1.3 Die trimolekulare Reaktion

Dritter Typus einer Elementarreaktion ist die trimolekulare Reaktion

$$A + B + C \to \text{Produkt(e) P} \qquad \text{Gl. 4.45}$$

mit A, B und C als Atomen oder Molekülen. Die Behandlung der trimolekularen Reaktion verläuft argumentativ parallel zur Behandlung der bimolekularen Reaktion. Dies erlaubt ein schnelles Vorgehen. Als kinetische Gleichung erhalten wir

$$v = \frac{1}{v_A} \frac{dc_A}{dt} = -k c_A c_B c_C \qquad \text{Gl. 4.46}$$

mit k in $\text{mol}^{-2}\,\text{m}^6\,\text{s}^{-1}$.

Für den Fall gleicher Anfangskonzentrationen $c_A^0 = c_B^0 = c_C^0 = c_E^0$ wird daraus

$$\frac{dc_E}{dt} = -k c_E^3 \qquad \text{Gl. 4.47}$$

Die Integration von $c_E = c_E^0$ bis c_E und von $t = 0$ bis t liefert

$$\int \frac{dx}{x^3} = -\frac{1}{2x^2}$$

$$-\frac{1}{2c_E^2} + \frac{1}{2(c_E^0)^2} = -kt \qquad \text{Gl. 4.48}$$

Mit dem Zwischenschritt

$$\frac{1}{c_E^2} = \frac{1}{(c_E^0)^2} + 2kt \qquad \text{Gl. 4.49}$$

führt dies auf

$$c_E = \frac{c_E^0}{\sqrt{1 + 2(c_E^0)^2 kt}} \qquad \text{Gl. 4.50}$$

Gl. 4.48 nach der Zeit aufgelöst lautet

$$t = \frac{1}{2k c_E^2} - \frac{1}{2k(c_E^0)^2} \qquad \text{Gl. 4.51}$$

Damit erhalten wir als Halbwertszeit der von gleichen Eduktkonzentrationen aus ablaufenden trimolekularen Reaktion

$$t_{1/2} = \frac{1}{2k(c_E^0/2)^2} - \frac{1}{2k(c_E^0)^2} = \frac{3}{2k(c_E^0)^2} \qquad \text{Gl. 4.52}$$

Die Halbwertszeit steigt jetzt mit sinkenden Edukt-Anfangskonzentrationen reziprok zu deren Quadrat an, also gegenüber der bimolekularen Reaktion noch einmal schneller. Die zweite Halbwertszeit ist viermal so lang wie die erste.

Für eine anschauliche Erklärung stelle man in Rechnung, dass die Wahrscheinlichkeit der für die trimolekulare Reaktion erforderlichen

4.2 · Basiswissen zur Kinetik chemischer Reaktionen

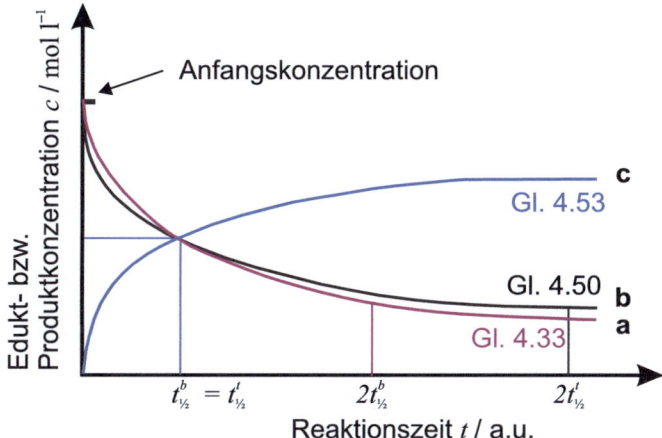

Abb. 4.3 Konzentrations-Zeit-Verlauf für **a** ein Edukt der bimolekularen Reaktion bei gleicher Anfangskonzentration beider Edukte, **b** ein Edukt der trimolekularen Reaktion bei gleichen Anfangskonzentrationen der drei Edukte, **c** ein Produkt der trimolekularen Reaktion. Die entsprechenden Halbwertszeiten sind mit b bzw. t indiziert. Vgl. Text

Dreierstöße mit abnehmender Teilchendichte schneller absinkt als die Zahl der für die bimolekulare Reaktion erforderlichen Zweierstöße.

▪ Abbildung 4.3 vergleicht die Geschwindigkeits-Zeit-Gesetze der trimolekularen und bimolekularen Reaktion nach den Gl. 4.50 und Gl. 4.33 bei gleichen Zahlenwerten für k miteinander (die Startkonzentration ist jetzt durch die Gl. 4.52 und Gl. 4.35 festgelegt).

Die ebenfalls eingetragene Zeitabhängigkeit der Produktkonzentration lautet $\left(c_p^0 = 0\right)$

$$c_p = c_E^0 \left(1 - \frac{1}{\sqrt{1 + 2(c_E^0)^2 kt}}\right) \qquad \text{Gl. 4.53}$$

Die Reaktionsgeschwindigkeitskonstante wird nach Gl. 4.49 durch eine Auftragung von $1/c^2$ gegen t erhalten. Die seit Reaktionsbeginn verstrichene Zeit liefert bereits Gl. 4.51.

Der Sonderfall eines Ablaufs mit identischen Edukten ist auch jetzt gegeben. Die Eduktkonzentration c_A sinkt für den Fall A + A + A → Produkt(e) dreimal schneller ab als für den Fall A + B + C → Produkt(e). Insoweit ist wegen $v_A = 3$ hier k durch $3k$ zu ersetzen (d. h. ab Gl. 4.49 wird nicht $2k$, sondern $6k$ angeschrieben).

Für den Sonderfall des Ablaufs der trimolekularen Reaktion bei großem Überschuss eines Edukts bleibt z. B. c_C bei Reaktionsablauf konstant. Mit $kc_C = kc_C^0 = k'$ liegt anstelle einer Gleichung der Form Gl. 4.46 eine Gleichung entsprechend Gl. 4.28 vor. Es sind also jetzt die Überlegungen und Gleichungen des ▶ Abschn. 4.2.1.1 anzuwenden. Sind gar zwei der Edukte – etwa B und C – im Überschuss vorhanden, gelten mit $kc_B c_C = kc_B^0 c_C^0 = k''$ wieder die Gleichungen analog zu Gl. 4.13 bis Gl. 4.20. Der Fall ungleicher Startkonzentrationen $c_A^0 \neq c_B^0 \neq c_C^0$ ist schwierig zu behandeln und im vorliegenden Rahmen verzichtbar.

Tab. 4.1 Gesetze mono-, bi- und trimolekularer Reaktionen. c_A, c_B und c_C: Eduktkonzentrationen; c_E: gemeinsame Konzentrationen mehrerer Edukte; Index 0: Anfangszustand; k, k' und k'': Reaktionsgeschwindigkeitskonstanten

Bezeichnung der Elementarreaktion und Ablauf	Reaktions-bedingungen	Kinetische Gleichung	Konzentrations-Zeit-Verlauf	Halbwertszeit
monomolekulare Reaktion $A \rightarrow$ Produkt(e)		$\frac{dc_A}{dt} = -kc_A$	$\ln c_A = \ln c_A^0 - kt$ entsprechend $c_A = c_A^0 e^{-kt}$	$\frac{\ln 2}{k}$
bimolekulare Reaktion $A + B \rightarrow$ Produkt(e)	$c_A^0 \neq c_B^0$	$\frac{dc_A}{dt} = -kc_A c_B$	$\ln \frac{c_A}{c_B} = \ln \frac{c_A^0}{c_B^0} + (c_A^0 - c_B^0)kt$	
	$c_A^0 = c_B^0 = c_E^0$	$\frac{dc_E}{dt} = -kc_E^2$	$\frac{1}{c_E} = \frac{1}{c_E^0} + kt$ entsprechend $c_E = \frac{c_E^0}{1 + c_E^0 kt}$	$\frac{1}{kc_E^0}$
	$c_B^0 \gg c_A^0$	$\frac{dc_A}{dt} = -k' c_A$	$\ln c_A = \ln c_A^0 - k't$ entsprechend $c_A = c_A^0 e^{-k't}$	$\frac{\ln 2}{k'}$
trimolekulare Reaktion $A + B + C \rightarrow$ Produkt(e)	$c_A^0 \neq c_B^0 \neq c_C^0$	$\frac{dc_A}{dt} = -kc_A c_B c_C$	nicht behandelt	
	$c_A^0 = c_B^0 = c_C^0 = c_E^0$	$\frac{dc_E}{dt} = -kc_E^3$	$\frac{1}{c_E^2} = \frac{1}{(c_E^0)^2} + 2kt$ entsprechend $c_E = \frac{c_E^0}{\sqrt{1 + 2kt(c_E^0)^2}}$	$\frac{3}{2k(c_E^0)^2}$
	$c_C^0 \gg c_A^0, c_B^0$ $c_A^0 \neq c_B^0$	$\frac{dc_A}{dt} = -k' c_A c_B$	$\ln \frac{c_A}{c_B} = \ln \frac{c_A^0}{c_B^0} + (c_A^0 - c_B^0)k't$	
	$c_C^0 \gg c_A^0, c_B^0$ $c_A^0 = c_B^0 = c_E^0$	$\frac{dc_E}{dt} = -k' c_E^2$	$c_E = \frac{c_E^0}{1 + c_E^0 k't}$ entsprechend $\frac{1}{c_E} = \frac{1}{c_E^0} + k't$	$\frac{1}{k' c_E^0}$
	$c_C^0, c_B^0 \gg c_A^0$	$\frac{dc_A}{dt} = -k'' c_A$	$\ln c_A = \ln c_A^0 - k''t$ entsprechend $c_A = c_A^0 e^{-k''t}$	$\frac{\ln 2}{k''}$

Die wichtigsten für Elementarreaktionen erhaltenen Ergebnisse sind in . Tab. 4.1 zusammengefasst.

Insgesamt ist anzumerken, dass es bisher nur in ausgesprochen wenigen Fällen eindeutig nachgewiesen werden konnte, dass eine Gasphasenreaktion tatsächlich einem trimolekularen Ablauf entspricht. Bei Reaktionen in flüssiger Phase sind trimolekulare Reaktionen eher denkbar (▶ Abschn. 4.3.1.3). Hinter vielen Reaktionen, die

4.2 · Basiswissen zur Kinetik chemischer Reaktionen

im Experiment die o.a. Gegebenheiten erfüllen, steckt tatsächlich ein komplexerer Reaktionsmechanismus aus verschiedenen Schritten. (▶ Abschn. 4.2.1.2.1). Man kann keinesfalls vom experimentellen Vorliegen eines der Konzentrations-Zeit-Gesetze auf das Vorliegen der hier zugeordneten Elementarreaktion schliesen. ◘ Tabelle 4.1 darf daher nur von links nach rechts gelesen werden.

4.2.1.2 Zusammengesetzte Reaktionen

Als zusammengesetzt wurden in ▶ Abschn. 4.1.2 Reaktionen bezeichnet, welche aus mehr als einer Elementarreaktion bestehen. Man wird zunächst an die Bildung von Zwischenprodukten und deren Weiterreaktion denken. Aber auch eine Elementarreaktion, welche eine Rückreaktion aufweist, fällt unter diese Definition. Tatsächlich sind Reaktionsmechanismen mit Teilschritten, in denen per Rückreaktion ein chemisches Gleichgewicht ausgebildet wird, aus dem Spezies weiterreagieren, nicht selten.

4.2.1.2.1 Die Mehrdeutigkeit von Konzentrations-Zeit-Abhängigkeiten, Reaktionsordnungen

Wir betrachten eine monomolekulare Reaktion, deren Produkte weiterreagieren, also Zwischenprodukte sind.

$$A \rightarrow \text{Zwischenprodukte ZP} \rightarrow \text{Produkte P} \qquad \text{Gl. 4.54}$$

Insgesamt liegt dann eine zusammengesetzte Reaktion vor.

Laufen Rückreaktionen weiterhin nicht ab, so gilt für die Reaktionsgeschwindigkeit in Bezug auf das Edukt nach wie vor

$$\frac{dc_A}{dt} = -kc_A \qquad \text{Gl. 4.10}$$

Damit gilt auch ein Konzentrations-Zeit-Verlauf nach Gl. 4.13 bzw. Gl. 4.18 und eine Halbwertszeit $t_{1/2}$ nach Gl. 4.20.

Ist weiter die Abreaktion der Zwischenprodukte schnell gegenüber der einleitenden Reaktion, so ist für ein Produkt P der Stöchiometriezahl eins wiederum vom Zusammenhang $c_p = c_A^0 - c_A$ (bzw. von $dc_p/dt = -dc_A/dt$) auszugehen. Dann gilt auch Gl. 4.17 für den zeitlichen Anstieg der Produktkonzentration.

Die für den Fall einer monomolekularen Elementarreaktion hergeleiteten Gesetze können also auch bei Vorliegen einer zusammengesetzten Reaktion entstehen. Dies bedeutet, dass man beim experimentellen Auffinden einer von der Anfangskonzentration unabhängigen Halbwertszeit, einer linearen Abhängigkeit der logarithmierten Konzentration von der Zeit oder einer von einer Konzentration linear abhängigen Reaktionsgeschwindigkeit (◘ Tab. 4.1) rückwärts keinesfalls auf das Vorliegen der Elementarreaktion schließen kann. Reaktionen, welche dieses kinetische Verhalten im Experiment zeigen, werden vielmehr als **Reaktionen erster Ordnung** bezeichnet.

Selbstverständlich kann man nicht ausschließen, dass beim experimentellen Auffinden einer Kinetik erster Ordnung eine Elementarreaktion vorliegt. Für eine Entscheidung zwischen zusammengesetzter Reaktion und Elementarreaktion sind in jedem Falle weitere Informationen erforderlich. Eine erfolglose Suche nach Zwischenprodukten kann ein Hinweis sein, allerdings können sich Zwischenprodukte einem Nachweis auch durch Kurzlebigkeit entziehen. Wichtig ist vor allem die Berücksichtigung der chemischen Natur von Edukten und Produkten. So kann man sich etwa den Zerfall von H_2 zu 2 H kaum anders als eine Elementarreaktion vorstellen. Über die Natur des Reaktionsschritts ZP → P wurde in Gl. 4.54 keine Aussage getroffen. Treten in diesem Stadium des Reaktionsablaufs weitere Spezies auf, liegt eine insgesamt zusammengesetzte Reaktion auf der Hand.

Die gleiche Argumentation gilt für eine durch eine bimolekulare Reaktion eingeleitete zusammengesetzte Reaktion mit schnellem Folgeschritt

$$A + B \rightarrow \text{Zwischenprodukte ZP} \rightarrow \text{Produkte P} \qquad \text{Gl. 4.55}$$

Das Vorliegen einer zur Anfangskonzentration reziproken Halbwertszeit, eine Linearität zwischen $1/c$ und t oder eine von der Konzentration quadratisch abhängigen Reaktionsgeschwindigkeit (◘ Tab. 4.1) beweist nicht das Vorliegen einer bimolekularen Elementarreaktion, sondern wird einer **Reaktion zweiter Ordnung** zugeschrieben.

Für eine Unterscheidung zwischen elementar und zusammengesetzt sind wiederum weitere Informationen, z. B. zur chemischen Natur der Reaktanden, wichtig. Die Reaktion $H_2 + I_2 \rightarrow$ 2 HI lässt sich z. B. als bimolekularer Ablauf durch einleitende, zu den Moleküllängsachsen parallele, Anlagerung von H_2 an I_2 verstehen. Dabei bilden sich H-I-Bindungen aus und die Bindungen zwischen den Wasserstoffatomen und zwischen den Iodatomen lösen sich. Einen Beweis für einen bimolekularen Verlauf stellt diese Überlegung jedoch keinesfalls dar (ebenfalls denkbar wäre ein Ablauf nach $I_2 \rightarrow$ 2 I, 2 I + $H_2 \rightarrow$ 2 HI).

Für den Fall einer Reaktion nach

$$A + B + C \rightarrow \text{Produkt(e) P} \qquad \text{Gl. 4.45}$$

schließlich kann eine **lineare Abhängigkeit der Reaktionsgeschwindigkeit von allen drei Eduktkonzentrationen (oder zur dritten Potenz einer gemeinsamen Konzentration)** auch dann entstehen, wenn die Teilchen nicht direkt miteinander reagieren, sondern auf Umwegen. Nur eine Möglichkeit hierfür ist der Mechanismus

$$B + C \rightleftharpoons BC$$
$$A + BC \rightarrow ABC \qquad \text{Gl. 4.56}$$

mit ABC als Produkt P und einem zwischen B, C und BC eingestellten Gleichgewicht. Dann ist mit K als Gleichgewichtskonstante

$$c_{BC} = K c_B c_C \qquad \text{Gl. 4.57}$$

und es gilt eine Konzentrationsabhängigkeit wie im Falle der trimolekularen Elementarreaktion

4.2 · Basiswissen zur Kinetik chemischer Reaktionen

$$\frac{dc_A}{dt} = kc_A c_{BC} = kKc_A c_B c_C \qquad \text{Gl. 4.58}$$

Damit ist (bei gleichen Ausgangskonzentrationen) auch eine **Linearität zwischen** $1/c^2$ **und** t **und eine zum Quadrat der Ausgangskonzentration reziproke Halbwertszeit** gegeben. Reaktionen mit diesem experimentellen Verhalten werden als **Reaktionen dritter Ordnung** bezeichnet.

Für eine Entscheidung, ob bei einer als von dritter Ordnung festgestellten Reaktion eine Elementarreaktion oder eine zusammengesetzte Reaktion vorliegt, müssen wiederum weitere Überlegungen herangezogen werden. Grundvoraussetzung für den elementaren Ablauf ist ein gleichzeitiges Zusammentreffen von drei Reaktionspartnern. Ein Zusammentreffen von nur zwei Teilchen besitzt aber generell eine höhere Wahrscheinlichkeit als dasjenige von drei Teilchen (in einem Gas unter Normaldruck differieren die Wahrscheinlichkeiten um etwa den Faktor 1000, vgl. den ▶ Abschn. 4.3.1.3).

Ein direkter Ablauf der Reaktion nach Gl. 4.45 ist daher a priori in Konkurrenz zu einem konsekutiven Prozess zu sehen, und **ein wirklich trimolekular elementar ablaufender Prozess ist als Konsequenz bereits recht unwahrscheinlich**. Ein Beispiel ist die Reaktion von Stickstoffmonoxid mit Sauerstoff

$$NO + NO + O_2 \rightarrow 2NO_2 \qquad \text{Gl. 4.59}$$

Ein Ablauf nach

$$NO + NO \rightleftharpoons N_2O_2$$
$$N_2O_2 + O_2 \rightarrow 2NO_2 \qquad \text{Gl. 4.60}$$

oder

$$NO + O_2 \rightleftharpoons NO_3$$
$$NO_3 + NO \rightarrow 2NO_2 \qquad \text{Gl. 4.61}$$

wäre wahrscheinlicher als ein elementarer Ablauf nach Gl. 4.59.

Nach den vorstehenden Festlegungen ist die Ordnung einer Reaktion als Summe der Exponenten der in den kinetischen Gleichungen (auf der rechten Seite) auftretenden Konzentrationsterme gegeben, wie sie aus dem Experiment folgen. Liegt ein Konzentrationsterm im Überschuss vor, der sich also im Reaktionsverlauf kaum ändert, so wird durch Einfügen dieser Konzentration in die Reaktionsgeschwindigkeitskonstante die Summe der Exponenten jeweils um den Faktor eins erniedrigt. Insoweit wird eine Kinetik zweiter Ordnung auf eine Kinetik von **scheinbar** oder **quasi erster Ordnung**, eine Kinetik dritter Ordnung auf eine Kinetik **quasi zweiter Ordnung** zurückgeführt. Die Rückführung einer Reaktion dritter Ordnung auf eine Reaktion von quasi erster Ordnung erfolgt bei Überschuss von zwei Edukten. Man spricht auch von **Pseudoreaktionsordnungen**.

Zusammenfassend wurde im vorliegenden Abschnitt deutlich gemacht, dass – entgegen einem möglichen ersten Eindruck – das experimentelle Auffinden eines für eine Elementarreaktion berechneten kinetischen Verhaltens keinesfalls auch das Vorliegen einer

Dies ist auch der Grund dafür, weshalb im Anschluss an Gl. 4.45 kein Beispiel gegeben wurde. Ein rein trimolekularer Reaktionsablauf kann nur dann auftreten, wenn sämtliche denkbaren zusammengesetzten Mechanismen gehemmt sind. Für den Fall einer stöchiometrischen Vereinigung von mehr als drei Teilchen ist von vorneherein von einer zusammengesetzten Reaktion auszugehen.

Elementarreaktion bedeutet. Die entsprechenden Beziehungen können vielmehr ebenfalls bei Vorliegen zusammengesetzter Reaktionen auftreten. Als experimentelles Ordnungskriterium wird daher die Reaktionsordnung benutzt.

Abschließend sei betont, dass für die Verifizierung obiger Fakten stets einfache Beispiele herangezogen wurden. Es gibt eine Vielzahl weiterer Möglichkeiten für Reaktionen, auf der einen Seite eine Stöchiometrie nach Spalte eins der ◘ Tab. 4.1 aufzuweisen und ein Verhalten nach den Spalten zwei bis vier zu zeigen, auf der anderen Seite aber aus mehreren Elementarschritten zusammengesetzt zu sein. Gegenüber einem elementaren Ablauf ist dies der häufigere Fall.

4.2.1.2.2 Gebrochene und formale Reaktionsordnungen

Nach dem Durcharbeiten des ▶ Abschn. 4.2.1.2.1 kann noch die Ansicht verbleiben, dass Stöchiometrien nach A → Produkt(e), A + B → Produkt(e) oder A + B + C → Produkt(e) wenigstens stets auf ein experimentelles Verhalten nach erster, zweiter bzw. dritter Ordnung führen. Dies wäre jedoch ein Trugschluss.

Hierfür stellt die bei 673 K ablaufende Bildung von Phosgen

$$CO + Cl_2 \rightarrow COCl_2 \qquad \text{Gl. 4.62}$$

ein Beispiel dar. Experimentell erhält man nicht etwa die kinetische Gleichung

$$v = \frac{dc_{CO}}{dt} = -k c_{CO} c_{Cl_2} \qquad \text{Gl. 4.63}$$

sondern

$$v = \frac{dc_{CO}}{dt} = -k' c_{CO} c_{Cl_2}^{3/2} \qquad \text{Gl. 4.64}$$

Die soeben getroffene Definition der Reaktionsordnung schließt gebrochene Werte nicht aus. Damit liegt ausweislich der Summe der Exponenten ein Verhalten von zweieinhalber Ordnung vor. Eine Erklärung des Verhaltens erfolgt in ▶ Abschn. 4.2.1.3.2. Sie basiert auf der Einführung eines Gleichgewichts für die Chlordissoziation als Startschritt.

Selbst eine Reaktion A → Produkt(e) muss nicht nach einer Kinetik erster Ordnung, sondern kann auch nach einer Kinetik zweiter Ordnung ablaufen (d. h. $dc_A/dt = -kc_A^2$, Behandlung im späteren ▶ Abschn. 4.3.3 zur sog. Lindemann-Theorie und ihren Erweiterungen).

Als Konsequenz sind daher noch experimentelle Reaktionsordnung und formale Reaktionsordnung zu unterscheiden. Hierzu treffen wir für die Reaktionsgeschwindigkeit v_c einer chemischen Reaktion mit den Edukten E_i den Produktansatz

$$v = k(T) \prod_{\text{Edukte } E_i} c_{E_i}^{v_i} \qquad \text{Gl. 4.65}$$

mit den stöchiometrischen Faktoren v_i, wie sie in der stöchiometrischen Gleichung auftreten. Die Summe der Faktoren stellt dann die formale Reaktionsordnung dar.

4.2 · Basiswissen zur Kinetik chemischer Reaktionen

Die Phosgenbildung besitzt damit eine formale Reaktionsordnung zwei gegenüber einer tatsächlichen vom Wert zweieinhalb.

> **Beispiel**
> Die Ionenreaktion
>
> $$IO_3^- + 5I^- + 6H^+ \rightarrow 3I_2 + 3H_2O \qquad \text{Gl. 4.66}$$
>
> weist eine formale Ordnung 12 auf
>
> $$\frac{dc_{IO_3^-}}{dt} = -kc_{IO_3^-}c_{I^-}^5 c_{H^+}^6 \qquad \text{Gl. 4.67}$$
>
> Experimentell erhält man den Wert 5 (vielleicht ein Extrembeispiel)
>
> $$\frac{dc_{IO_3^-}}{dt} = -kc_{IO_3^-}c_{I^-}^2 c_{H^+}^2 \qquad \text{Gl. 4.68}$$

Diesen Punkt abschließend ist der Begriff der Reaktionsordnung noch auf **die Edukte getrennt** (anstatt auf die Reaktion) **anzuwenden**.

Die auf ein Edukt bezogene tatsächliche Reaktionsordnung entspricht dem Exponenten an seinem Konzentrationsterm in der experimentell erhaltenen kinetischen Gleichung. Die entsprechende formale Ordnung entspricht mit Gl. 4.65 dem stöchiometrischen Faktor.

Die auf die Konzentration bezogene Reaktionsordnung für Chlor bei der Phosgenbildung ist also real gleich 3/2, formal gleich eins (Gl. 4.64 und Gl. 4.63). Für das Iodat in der Reaktion nach Gl. 4.66 sind beide Daten identisch (gleich eins), für das Iodid unterschiedlich (2 bzw. 5). Der Hinweis, dass formale Reaktionsordnungen von der gewählten Stöchiometrie abhängen, darf nicht unterbleiben.

4.2.1.2.3 Die Bestimmung von Reaktionsordnungen

Kennt man den zeitlichen Verlauf der Konzentration von Spezies, die an einer Reaktion beteiligt ist, so kann man die Daten in der Form $\ln c_A$, $\ln \frac{c_A}{c_B}, \frac{1}{c}$ oder $\frac{1}{c^2}$ gegen die Zeit auftragen (vgl. hierzu ◘ Tab. 4.1, Spalte 4). Erhält man für eine der Möglichkeiten eine Gerade, so ist die experimentelle Ordnung der Reaktion (nicht die Molekularität, vgl. ▶ Abschn. 4.2.1.2.2) bekannt. Ordnungen und Quasiordnungen sind dabei allerdings nicht unterscheidbar. Die Reaktionsgeschwindigkeitskonstante ist anschließend aus der Steigung m der Geraden erhältlich.

◘ Abbildung 4.4 zeigt dies für eine Reaktion zweiter Ordnung bei unterschiedlichen Ausgangskonzentrationen c_A^0 und c_B^0.

Erhält man nach dieser sog. **Integrationsmethode** (Verwenden der integrierten kinetischen Gleichungen) in keinem Fall eine Gerade, so kann keine Reaktion erster, zweiter oder dritter Ordnung (einschließlich der Quasiordnungen) vorliegen.

Geradzahlige **und** gebrochene Reaktionsordnungen lassen sich nach der differentiellen Methode und nach der Methode der

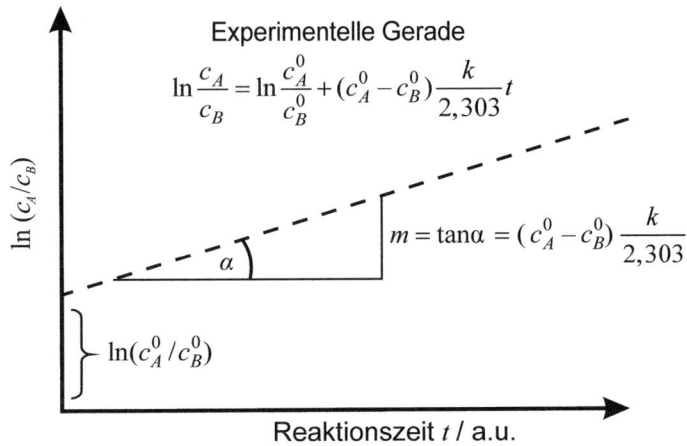

Abb. 4.4 Beispiel für die Linearisierung von Konzentrations-Zeit-Daten anhand einer Reaktion zweiter Ordnung mit $c_A^0 \neq c_B^0$, schematisiert

Anfangsgeschwindigkeiten bestimmen. Bei der **differentiellen Methode** muss der zeitliche Verlauf **aller** Eduktkonzentrationen und **einer** (beliebigen) Produktkonzentration bekannt sein.

Mit c_p als Produktkonzentration und $a, b \ldots$ als auf die einzelnen Edukte $E_1, E_2 \ldots$ bezogenen Reaktionsordnungen gilt

$$\frac{dc_p}{dt} = k\, c_{E_1}^a c_{E_2}^b \ldots \qquad \text{Gl. 4.69}$$

d. h.

$$\frac{dc_p}{dt} \cdot \frac{1}{c_{E_1}^a c_{E_2}^b \ldots} = k \qquad \text{Gl. 4.70}$$

Wir betrachten nunmehr dc_p/dt für eine Reihe verschiedener Zeiten t entsprechend ◘ Abb. 4.5.

Da auch die zu diesen Zeiten gehörenden Eduktkonzentrationen bekannt sind, kann man in Gl. 4.70 die Exponenten $a, b \ldots$ so wählen, dass k zu allen Zeiten den gleichen Wert hat (wie gefordert eine Konstante ist). Damit sind die Ordnung der Reaktion als Summe der Exponenten und die Geschwindigkeitskonstante bekannt.

Die getroffene Darstellung der differentiellen Methode (Gl. 4.70) dient nur dem grundlegenden Verständnis. Für eine konventionelle Auswertung experimenteller Daten kann man in Gl. 4.69 bis auf eine alle Eduktkonzentrationen im Überschuss vorlegen. Dann wird z. B. mit $m = dc_p/dt \approx \Delta c_p/\Delta t$ (wie in ◘ Abb. 4.5 angedeutet)

$$\ln\left(dc_p/dt\right) \approx \ln\left(\Delta c_p/\Delta t\right) = a \ln c_{E_1} + konst. \qquad \text{Gl. 4.71}$$

und man kann zur Bestimmung der jeweils betrachteten experimentellen individuellen Reaktionsordnung eine lineare Regression durchführen [1].

4.2 · Basiswissen zur Kinetik chemischer Reaktionen

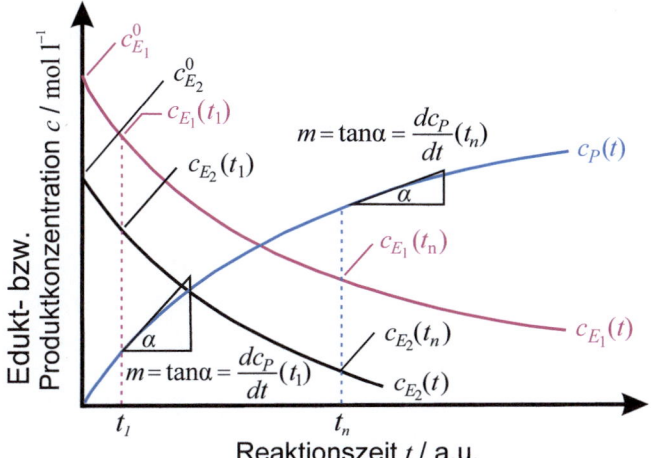

Abb. 4.5 Schaubild zur Bestimmung von Reaktionsordnung und Geschwindigkeitskonstante nach der differentiellen Methode, schematisiert

Für die **Anfangsgeschwindigkeit** einer Reaktion gilt Gl. 4.69:

$$\left.\frac{dc_p}{dt}\right|_{t=0} = k\left(c^0_{E_1}\right)^a \left(c^0_{E_2}\right)^b \dots \qquad \text{Gl. 4.72}$$

Wird jetzt im Experiment die Anfangskonzentration eines der Edukte (z. B. E_1) um einen Faktor β (z. B. $\beta = 2$) verändert, so gilt nunmehr

$$\left.\frac{dc_p}{dt}\right|_{t=0,\beta} = k\beta^a \left(c^0_{E_1}\right)^a \left(c^0_{E_2}\right)^b \dots \qquad \text{Gl. 4.73}$$

Dann ist

$$\left.\frac{dc_p}{dt}\right|_{t=0,\beta} \bigg/ \left.\frac{dc_p}{dt}\right|_{t=0} = \beta^a \qquad \text{Gl. 4.74}$$

Damit ist die auf das Edukt E_1 bezogene Reaktionsordnung a aus Messungen der Reaktionsgeschwindigkeit bekannt. Anschließend wird das Verfahren in Bezug auf E_2 etc. wiederholt. Damit sind Ordnung der Reaktion und Geschwindigkeitskonstante ein weiteres Mal bestimmt.

Die Bestimmung der Reaktionsordnungen ist ein erster Schritt, den Mechanismus einer Reaktion aufzuklären. Reaktionsgeschwindigkeitskonstanten (Bestimmung der erforderlichen zeitabhängigen Konzentrationsdaten siehe ► Abschn. 4.2.4) und Halbwertszeiten sind wertvolle Daten für die Berechnung von Konzentrationen unter Reaktionsbedingungen, auch bei technisch-chemischen Reaktionsabläufen (► Abschn. 4.2.5). Sie sind vielfach in Tabellenwerken niedergelegt. ◘ Tabelle 4.2 gibt eine Auswahl.

Tab. 4.2 Reaktionsgeschwindigkeitskonstanten k für Reaktionen erster und zweiter Ordnung (in s^{-1} bzw. mol^{-1} $l\, s^{-1}$, nach [A32]). Im ersten Fall sind die Halbwertszeiten $t_{1/2}$ mit angegeben

Reaktion	Ablauf	T [K]	k	$t_{1/2}$
Reaktionen erster Ordnung				
$2\, N_2O_5 \rightarrow 4NO_2 + O_2$	in der Gasphase	298	$3{,}38 \cdot 10^{-5}$	5,70 h
$C_2H_6 \rightarrow 2CH_3$	in der Gasphase	973	$5{,}36 \cdot 10^{-4}$	21,6 min
Cyclopropan $\rightarrow$ Propen	in der Gasphase	773	$6{,}71 \cdot 10^{-4}$	17,2 min
$2CH_3N_2CH_3 \rightarrow C_2H_6 + N_2$	in der Gasphase	500	$3{,}4 \cdot 10^{-4}$	34 min
Saccharose $\rightarrow$ Glucose + Fructose	in saurer wässriger Lösung	298	$6{,}0 \cdot 10^{-5}$	3,2 h
Reaktionen zweiter Ordnung				
$2NOBr \rightarrow 2NO + Br_2$	in der Gasphase	283	0,80	
$2NO_2 \rightarrow 2NO + O_2$	in der Gasphase	573	0,54	
$H_2 + I_2 \rightarrow 2HI$	in der Gasphase	673	$2{,}42 \cdot 10^{-2}$	
$2I \rightarrow I_2$	in der Gasphase	296	$7 \cdot 10^9$	
$2I \rightarrow I_2$	in Hexan	323	$1{,}8 \cdot 10^{10}$	
$H^+ + OH^- \rightarrow H_2O$	in Wasser	298	$1{,}35 \cdot 10^{11}$	

4.2.1.3 Beispiele für zusammengesetzte Reaktionen

Als erstes Beispiel werden Reaktionen betrachtet, deren Produkte zu den Ausgangsstoffen zurückreagieren können und so mit dem (den) Edukt (Edukten) ein Gleichgewicht ausbilden (**gleichgewichtseinstellende Reaktionen**, ▶ Abschn. 4.2.1.3.1). Ausgehend von den kinetischen Überlegungen der Hin- und der Rückreaktion wird dabei das Massenwirkungsgesetz reproduziert. Diese Rechnung kann gleichzeitig als Konkretisierung der Bemerkung aus der Einführung zu diesem Buch zum Informationsgehalt von Gleichgewichts- und kinetischen Gesetzen dienen. Im zweiten Beispiel können am Gleichgewicht teilnehmende Produkte weiterreagieren, wie schon in der Einleitung zu ▶ Abschn. 4.2.1.2 angemerkt und auch schon in den Gl. 4.56, Gl. 4.60 sowie Gl. 4.61 formuliert (**Reaktionen mit partiellem Gleichgewicht**, ▶ Abschn. 4.2.1.3.2). Im dritten Beispiel wird anhand einer sog. **Folgereaktion** – sie ist uns vom Prinzip her bereits aus den Gl. 4.53 und Gl. 4.54 bekannt – deutlich, dass bereits in einfachen Fällen von zusammengesetzten Reaktionen ein erheblicher Rechenaufwand zur Gewinnung von Konzentrations-Zeit-Gesetzen erforderlich ist (▶ Abschn. 4.2.1.3.3). Im vierten Beispiel befassen wir uns mit der (heute schon historischen) Aufklärung des Reaktionsmechanismus einer einfachen Kettenreaktion und mit den Eigenschaften von Kettenreaktionen allgemein (▶ Abschn. 4.2.1.3.4). Den Abschluss bilden kurze Schilderungen der Verhältnisse bei Parallel- und Polymerisationsreaktionen (▶ Abschn. 4.2.1.3.5).

4.2.1.3.1 Gleichgewichtseinstellende Reaktionen

Wir betrachten eine monomolekulare Reaktion entsprechend Gl. 4.6, definieren sie als sog. Hinreaktion und indizieren die Geschwindigkeitskonstante mit dem Symbol „→". Gleichung 4.10 für die Reaktionsgeschwindigkeit v lautet dann

$$\vec{v} = \frac{dc_A}{dt} = -\vec{k}c_A \qquad \text{Gl. 4.75}$$

Können die Produkte P (etwa P_1 und P_2) zu A zurückreagieren, so gilt hierfür eine kinetische Gleichung entsprechend Gl. 4.28

$$\overleftarrow{v} = \frac{dc_{P_1}}{dt} = \frac{dc_{P_2}}{dt} = -\overleftarrow{k}c_{P_1}c_{P_2} \qquad \text{Gl. 4.76}$$

mit dem Symbol „←" für diese Rückreaktion.

Sind Hin- und Rückreaktion nach dem Aufbau ausreichender Produktkonzentrationen gleich schnell geworden, so ändern sich die Konzentrationen nicht mehr, ein Gleichgewicht hat sich eingestellt. Hierfür gilt

$$\vec{k}c_A = \overleftarrow{k}c_{P_1}c_{P_2} \qquad \text{Gl. 4.77}$$

oder

$$\frac{\vec{k}}{\overleftarrow{k}} = \frac{c_{P_1}c_{P_2}}{c_A} = K \qquad \text{Gl. 4.78}$$

mit K als Gleichgewichtskonstanten der betrachteten Reaktion. Das Massenwirkungsgesetz wurde reproduziert. Im Vergleich zu seiner thermodynamischen Herleitung haben wir dabei eine wichtige Zusatzerkenntnis gewonnen: Die Gleichgewichtskonstante entspricht dem Verhältnis der Geschwindigkeitskonstanten für die Hin- und die Rückreaktion.

Für den Fall einer bimolekularen Reaktion (Gl. 4.25) als Hinreaktion schreiben wir entsprechend Gl. 4.28

$$\vec{v} = -\vec{k}c_A c_B \qquad \text{Gl. 4.79}$$

Für die Rückreaktion gilt Gl. 4.76, was zu

$$\frac{\vec{k}}{\overleftarrow{k}} = \frac{c_{P_1}c_{P_2}}{c_A c_B} = K \qquad \text{Gl. 4.80}$$

führt. Andere Stöchiometrien für die Rückreaktion (monomolekularer Fall) oder für Hin- und/oder Rückreaktion (bimolekularer Fall) führen ebenfalls auf die aus der Thermodynamik bekannten klassischen, auf Konzentrationen bezogenen Gleichgewichtskonstanten. Geht man von Gl. 4.65 als Geschwindigkeit für die Hinreaktion in Kombination mit einer entsprechenden Formulierung für die Rückreaktion der Produkte P_j mit den stöchiometrischen Faktoren v_{P_j} aus, so erhält man die allgemeine Formel

$$\frac{\vec{k}}{\overleftarrow{k}} = \frac{\prod c_{P_j}^{v_{P_j}}}{\prod c_{E_i}^{v_{E_i}}} = K \qquad \text{Gl. 4.81}$$

Das Verhalten gleichgewichtseinstellender Reaktionen wird punktuell in ▶ Abschn. 4.2.4.4 noch einmal aufgenommen (Bestimmung der Geschwindigkeitskonstanten für die Gleichgewichtseinstellung).

4.2.1.3.2 Reaktionen mit partiellem Gleichgewicht

Stehen Edukte E_i mit ihren Produkten P_j im Gleichgewicht, so kann die Konzentration c_P eines ausgewählten Produkts P entsprechend Gl. 4.81 durch die Gleichgewichtskonstante und alle anderen am Gleichgewicht beteiligten Konzentrationen beschrieben werden. Die stöchiometrischen Faktoren ν_{E_i} und ν_{P_j} sind dabei so zu wählen, dass ν_P gleich eins wird.

Reagiert dann das Produkt P aus dem Gleichgewicht heraus ab, so tritt mit c_P auch die Gleichgewichtskonstante in die kinetische Gleichung für die Abreaktion ein. In jedem Fall darf das Gleichgewicht durch die Weiterreaktion nicht wesentlich gestört werden.

Als Beispiel wählen wir die Bildung von Phosgen nach Gl. 4.62. Da Cl_2 selbst reaktionsträge ist, liegt als Anfangsschritt die Dissoziation von Cl_2 zu zwei Chloratomen nahe (bei erhöhten Temperaturen). Aufgrund deren Tendenz zu rekombinieren, bildet sich ein Gleichgewicht aus:

$$Cl_2 \rightleftarrows 2\, Cl \qquad \text{Gl. 4.82}$$

Mit K_1 als Wurzel aus der zugehörigen Gleichgewichtskonstanten gilt dann

$$c_{Cl} = K_1 c_{Cl_2}^{1/2} \qquad \text{Gl. 4.83}$$

Im nächsten Schritt können Chloratome das CO angreifen, wobei sich COCl bildet. Letzteres muss als instabiles Molekül angesehen werden, sodass sich auch hier ein Gleichgewicht ausbildet.

$$Cl + CO \rightleftarrows COCl \qquad \text{Gl. 4.84}$$

Mit der zugeordneten Gleichgewichtskonstanten K_2 erhalten wir für c_{COCl} bei Einsetzen von Gl. 4.83

$$c_{COCl} = K_2 c_{Cl} c_{CO} = K_2 K_1 c_{Cl_2}^{1/2} c_{CO} \qquad \text{Gl. 4.85}$$

Die Anlagerung eines weiteren Chlormoleküls Cl_2 an COCl kann sodann unter Abspaltung eines Chloratoms zum Produkt führen

$$COCl + Cl_2 \rightarrow COCl_2 + Cl \qquad \text{Gl. 4.86}$$

Dieser Schritt wird als langsamster Teilschritt im Mechanismus der Phosgenbildung angesehen, welcher so die Geschwindigkeit der Gesamtreaktion bestimmt (geschwindigkeitsbestimmender Schritt). Damit lautet die kinetische Gleichung für die Phosgenbildung nach Gl. 4.62

$$\frac{dc_{COCl_2}}{dt} = k\, c_{COCl} c_{Cl_2} = k\, K_1 K_2 c_{CO} c_{Cl_2}^{3/2} \qquad \text{Gl. 4.87}$$

Mit $dc_{COCl_2}/dt = -dc_{CO}/dt$ ist damit Gl. 4.64 reproduziert und der vorgeschlagene Mechanismus wahrscheinlich gemacht. Wirklich? Es gibt zumindest noch einen weiteren Mechanismus, welcher auf eine zu Gl. 4.64 äquivalente Gleichung führt [2]. Die rechnerische Verifizierung einer experimentellen kinetischen Gleichung stellt keinen Beweis für einen angenommenen Mechanismus dar, vielmehr müssen postulierte Zwischenprodukte nach Möglichkeit auch nachgewiesen werden.

4.2.1.3.3 Folgereaktionen

Wir betrachten einen Reaktionsablauf nach

$$\text{Edukt A} \xrightarrow{k_1} \text{Zwischenprodukt ZP} \xrightarrow{k_2} \text{Produkt P} \qquad \text{Gl. 4.88}$$

Die Reaktionen von A nach ZP und von ZP nach P seien jeweils entweder Reaktionen von erster oder von quasi erster Ordnung. k_1 und k_2 seien die zugehörigen Geschwindigkeitskonstanten. Rückreaktionen sollen nicht stattfinden. Die Anfangskonzentration des Edukts A sei c_A^0, Zwischenprodukt und Produkt liegen zu Reaktionsbeginn noch nicht vor.

Dann gilt nach ◘ Tab. 4.1 für die **Abreaktion des Edukts A**

$$\frac{dc_A}{dt} = -k_1 c_A \qquad \text{Gl. 4.89}$$

Mit derselben Geschwindigkeit **entsteht das Zwischenprodukt ZP. Es reagiert jedoch auch weiter**, und zwar mit der Geschwindigkeit $dc_{ZP}/dt = -k_2 c_{ZP}$. Dann ist insgesamt

$$\frac{dc_{ZP}}{dt} = +k_1 c_A - k_2 c_{ZP} \qquad \text{Gl. 4.90}$$

Die **Produktbildungsgeschwindigkeit** schließlich ist

$$\frac{dc_P}{dt} = +k_2 c_{ZP} \qquad \text{Gl. 4.91}$$

Vor einer allgemeingültigen Lösung des durch die Gl. 4.89 bis Gl. 4.91 gegebenen Differentialgleichungssystems behandeln wir die vorgestellte Folgereaktion aus Sicht der Anschauung für die Spezialfälle $k_1 \approx k_2$, $k_1 \gg k_2$ und $k_1 \ll k_2$.

In allen drei Fällen gilt, da Rückreaktionen ausgeschlossen sind, für die Abreaktion des Edukts A nach ◘ Tab. 4.1

$$c_A = c_A^0 e^{-k_1 t} \qquad \text{Gl. 4.92}$$

Wir betrachten als erstes den Fall $k_1 \approx k_2$ (◘ Abb. 4.6a). Mit Beginn der Reaktion steigt c_{ZP} von null ausgehend an. c_{ZP} ist jedoch zunächst noch klein und daher ist $k_1 c_A > k_2 c_{ZP}$. Mit Gl. 4.90 bleibt dc_{ZP}/dt dann positiv, c_{ZP} steigt weiter an. Zu gegebener Zeit wird der Zustand $k_1 c_A = k_2 c_{ZP}$ erreicht, **dann ist dc_{ZP}/dt gleich null**. Im Weiteren überwiegt – c_A sinkt ja weiterhin ab – der Term $k_2 c_{ZP}$, d. h. dc_{ZP}/dt wird negativ. Die Konzentration des Zwischenprodukts hat dann ihr Maximum c_{ZP}^{max} (der genaue Wert wird noch berechnet) durchlaufen und sinkt bis Reaktionsende auf null ab.

Sowie sich Zwischenprodukt gebildet hat, setzt mit Gl. 4.91 auch die Bildung des Produkts P ein. Dessen Bildungsgeschwindigkeit dc_P/dt ist für $c_{ZP} = c_{ZP}^{max}$ am größten, d. h. **die Zunahme der Produktkonzentration weist hier einen Wendepunkt auf.**

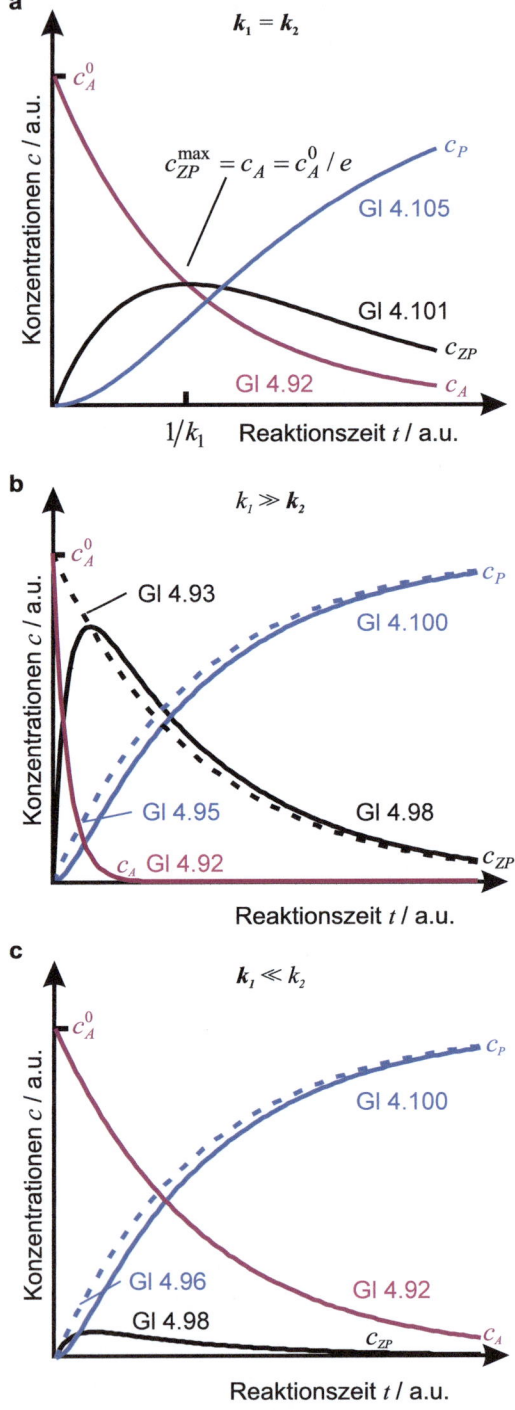

Abb. 4.6 Konzentrations-Zeit-Verläufe für eine aus zwei Reaktionen erster Ordnung mit den Geschwindigkeitskonstanten k_1 und k_2 zusammengesetzte Folgereaktion, vgl. Text. c_A^0: Edukt-Anfangskonzentration, c_{ZP}: Zwischenproduktkonzentration, c_P: Produktkonzentration. c_{ZP}^{max}: maximale Zwischenproduktkonzentration. Die Kurvenzüge wurden entsprechend den in den Abbildungen genannten Gleichungsnummern berechnet und geplottet. Abb. 4.6 wird uns bis zum Ende der Behandlung der Folgereaktionen begleiten. Sie enthält daher auch schon Informationen, welche noch nicht direkt benötigt werden.

Ist $k_1 \gg k_2$ (◘ Abb. 4.6b), so ist die Abreaktion des Edukts nach Gl. 4.92 sehr rasch. Im Grenzfall $k_1 \to \infty$ steigt die Konzentration c_{ZP} sofort auf $c_{ZP} = c_A^0$ an, im realen Fall $k_1 \gg k_2$ auf ein etwas kleineres Maximum kurz nach Reaktionsbeginn – für die langsame Weiterreaktion zum Produkt ist bis dahin nur wenig Zeit gewesen. Anschließend reagiert c_{ZP} für den Fall $k_1 \to \infty$ nach

$$c_{ZP} = c_A^0 e^{-k_2 t} \qquad \text{Gl. 4.93}$$

langsam zum Produkt ab. Im realen Fall ist Gl. 4.93 eine gute Näherung für nicht zu kleine Zeiten t.

Die Produktkonzentration c_P erhalten wir über den Zusammenhang

$$c_P = c_A^0 - c_A - c_{ZP} \qquad \text{Gl. 4.94}$$

welcher in jedem Zeitpunkt gilt. Mit $c_A = 0$ für nicht zu kleine Zeiten t gilt dann mit Gl. 4.93

$$c_P = c_A^0 \left(1 - e^{-k_2 t}\right) \qquad \text{Gl. 4.95}$$

Die Reaktionsgeschwindigkeit zum Produkt ist durch den langsamsten (geschwindigkeitsbestimmenden) Teilschritt gegeben. Zu beachten ist, dass auch jetzt der Anstieg der Produktkonzentration einen Wendepunkt für $c_{ZP} = c_{ZP}^{max}$ durchläuft – Gl. 4.90 gilt schließlich nach wie vor.

In ◘ Abb. 4.6c schließlich ist **der Fall $k_1 \ll k_2$** grafisch dargestellt. Für c_A gilt wiederum Gl. 4.92. Jedes abreagierende Eduktteilchen A liefert dabei ein Zwischenproduktteilchen ZP. Für $k_2 \to \infty$ ist die Lebensdauer dieser Teilchen jedoch unendlich kurz, die Konzentration c_{ZP} bleibt daher stets gleich null. In der Realität **ist dann von sehr kleinen Konzentrationen c_{ZP} zu jedem Zeitpunkt auszugehen.**

c_{ZP} muss allerdings **wiederum direkt zu Beginn der Reaktion** ein Maximum (mit kleinem c_{ZP}^{max}) durchlaufen – das Zwischenprodukt entsteht hier am schnellsten.

Die Produktkonzentration c_P steigt für $k_2 \to \infty$ nach Gl. 4.94 wegen $c_{ZP} = 0$ mit

$$c_P = c_A^0 \left(1 - e^{-k_1 t}\right) \qquad \text{Gl. 4.96}$$

an, was für den Fall $k_2 \gg k_1$ für nicht zu kleine Zeiten t als Näherung zu übernehmen ist. Auch jetzt besteht bei $c_{ZP} = c_{ZP}^{max}$ ein Wendepunkt.

Für eine exakte Lösung des Differentialgleichungssystems ist Gl. 4.92 in Gl. 4.90 einzusetzen.

Wir erhalten nach Umstellung

$$\frac{dc_{ZP}}{dt} + k_2 c_{ZP} = k_1 c_A^0 e^{-k_1 t} \qquad \text{Gl. 4.97}$$

Dies liefert durch Integration

$$c_{ZP} = c_A^0 \frac{k_1}{k_2 - k_1} \left(e^{-k_1 t} - e^{-k_2 t}\right) \qquad \text{Gl. 4.98}$$

> **Mathematischer Hintergrund**
>
> Mit $y = c_{ZP}$, $x = t$, $k_2 = f(x)$ (wenngleich konstant) und $k_1 c_A^0 e^{-kt} = g(x)$ lautet Gl. 4.97
>
> $$\frac{dy}{dx} + f(x)y = g(x)$$
>
> Dies ist die allgemeine Form einer inhomogenen linearen Differentialgleichung erster Ordnung mit der allgemeinen Lösung (vgl. Lehrbücher der Mathematik)
>
> $$y(x) = \left(\int g(x)\, e^{\int f(x)dx} dx + C\right) e^{-\int f(x)dx}$$
>
> Rückeinsetzen liefert mit $\int f(x)dx = \int k_2 dt = k_2 t$
>
> $$c_{ZP} = \left(\int k_1 c_A^0 e^{-k_1 t} e^{k_2 t} dt + C\right) e^{-k_2 t}$$
>
> Das verbliebene Integral hat die Lösung $\int k_1 c_A^0 e^{(k_2-k_1)t} dt = c_A^0 \frac{k_1}{k_2 - k_1} e^{(k_2-k_1)t}$
>
> was man durch Rückdifferenzieren sofort verifiziert. Einsetzen und Ausmultiplizieren liefert nach Kürzen von $e^{k_2 t}$ gegen $e^{-k_2 t}$
>
> $$c_{ZP} = c_A^0 \frac{k_1}{k_2 - k_1} e^{-k_1 t} + C e^{-k_2 t}$$
>
> Mit der Randbedingung $c_{ZP}(t=0) = 0$ erhält man für die Konstante
>
> $$C = -c_A^0 \frac{k_1}{k_2 - k_1}$$
>
> und damit Gl. 4.98.

Die Produktkonzentration c_P erhalten wir über Gl. 4.94:

$$c_P = c_A^0 - c_A^0 e^{-k_1 t} - c_A^0 \frac{k_1}{k_2 - k_1}\left(e^{-k_1 t} - e^{-k_2 t}\right) \qquad \text{Gl. 4.99}$$

Der zweite Term der rechten Seite wird mit $(k_2 - k_1)$ erweitert. Nach Ausmultiplizieren und Ausklammern entsteht die Endformel

$$c_P = c_A^0 \left(1 - \frac{k_2 e^{-k_1 t} - k_1 e^{-k_2 t}}{k_2 - k_1}\right) \qquad \text{Gl. 4.100}$$

Damit sind die exakten Konzentrations-Zeit-Verläufe für Edukt (Gl. 4.92), Zwischenprodukt (Gl. 4.98) und Produkt (Gl. 4.100) in Abhängigkeit von k_1 und k_2 bekannt.

Die zuvor anschaulich gewonnenen Vorstellungen werden durch diese Rechnung bestätigt. Wir wollen die Diskussion wieder mit dem zeitlichen Verlauf der Konzentration des Zwischenprodukts **für den Fall $k_1 \approx k_2$** beginnen, müssen aber feststellen, dass dies anhand von Gl. 4.98

4.2 · Basiswissen zur Kinetik chemischer Reaktionen

schwerfällt. **Für den Fall $k_1 = k_2$** jedoch kann der dann existierende unbestimmte Ausdruck (Klammer und Nenner in Gl. 4.98 werden zu null) durch eine Grenzwertbetrachtung in die Beziehung

$$c_{ZP} = c_A^0 k_1 t e^{-k_1 t} \qquad \text{Gl. 4.101}$$

überführt werden. Dies gibt richtig den in ◘ Abb. 4.6a eingezeichneten Verlauf wieder. Für kleine Zeiten t ist $e^{-k_1 t}$ noch nahe dem Wert eins und c_{ZP} steigt mit $c_A^0 k_1 t$ an. Nach Durchlaufen des Maximums überwiegt dann der exponentielle Abfall.

Mathematischer Hintergrund

Anwendung der Regel von de L'Hospital. Es gilt

$$\lim_{k_2 \to k_1} \frac{f(k_2)}{g(k_2)} = \lim_{k_2 \to k_1} \frac{f'(k_2)}{g'(k_2)}$$

d. h.

$$\lim_{k_2 \to k_1} c_A^0 k_1 \frac{e^{-k_1 t} - e^{-k_2 t}}{k_2 - k_1} = \lim_{k_2 \to k_1} c_A^0 k_1 \frac{t e^{-k_2 t}}{1}$$

was nach Einsetzen von k_1 für k_2 sofort Gl. 4.101 liefert.

Das Maximum selbst erhalten wir nach Differentiation von c_{ZP} nach der Zeit unter Beachtung der Produktregel

$$\frac{dc_{ZP}}{dt} = c_A^0 k_1 \left(e^{-k_1 t} - t k_1 e^{-k_1 t} \right) \qquad \text{Gl. 4.102}$$

was für $dc_{ZP}/dt = 0$ zunächst auf

$$t_{max} = \frac{1}{k_1} \qquad \text{Gl. 4.103}$$

führt. Wird dies in Gl. 4.101 eingesetzt, so erhalten wir für c_{ZP}^{max} sofort

$$c_{ZP}^{max} = \frac{c_A^0}{e} \qquad \text{Gl. 4.104}$$

Wie man Gl. 4.92 für $t = t_{max}$ sofort entnimmt, ist zu dieser Zeit auch $c_A = c_A^0 / e \approx 0{,}37 c_A^0$.

Für die Zunahme der Produktkonzentration c_P erhalten wir jetzt ($k_1 = k_2$) anstelle von Gl. 4.99

$$c_P = c_A^0 - c_A^0 e^{-k_1 t} - c_A^0 k_1 t e^{-k_1 t} \qquad \text{Gl. 4.105}$$

Man kann sich durch Bildung der zweiten zeitlichen Ableitung leicht überzeugen, dass für $t = 1/k_1$ ein Wendepunkt in c_P vorliegt. Die

Produktkonzentration c_P beträgt dann $c_A^0 - c_A^0/e - c_A^0/e \approx 0{,}26\, c_A^0$ (d. h. die drei Kurvenzüge in ◘ Abb. 4.6a schneiden sich keinesfalls im gleichen Punkt!). Für Zeiten $t > 1/k_1$ ist c_{ZP} stets größer als c_A.

Für den Fall $k_1 \gg k_2$ wird die Konzentration c_{ZP} des Zwischenproduktes nach Gl. 4.93 sofort reproduziert, wenn im Nenner des Bruches der Gl. 4.98 k_2 und in der Klammer der Term $e^{-k_1 t}$ vernachlässigt wird. Die Produktkonzentration Gl. 4.95 folgt entsprechend aus Gl. 4.100.

Für die Bestimmung des Maximums der Zwischenproduktkonzentration ist nunmehr Gl. 4.98 nach der Zeit zu differenzieren.

$$\frac{dc_{ZP}}{dt} = c_A^0 \frac{k_1}{k_2 - k_1}\left(-k_1 e^{-k_1 t} + k_2 e^{-k_2 t}\right) \qquad \text{Gl. 4.106}$$

Unter Berücksichtigung von $\ln e^x = x$ ist das Maximum damit für

$$t_{\max} = \frac{\ln k_1 - \ln k_2}{k_1 - k_2} \qquad \text{Gl. 4.107}$$

gegeben. Die Vernachlässigung von $\ln k_2$ gegen $\ln k_1$ im Zähler und von k_2 gegen k_1 im Nenner weist aus, dass $t_{\max}$ umso kleiner wird, je größer k_1 gewählt wird. Im Grenzübergang $k_1 \to \infty$ geht $t_{\max}$ gegen null. Dies entspricht nach dem Gang der Diskussion $c_{ZP}(t=0) = c_A^0$.

Für die Gewinnung der maximalen Zwischenproduktkonzentration ist Gl. 4.107 in Gl. 4.98 einzusetzen. Dies führt nach einer elementaren, aber umständlichen Rechnung auf

$$c_{ZP}^{\max} = c_A^0 \left(\frac{k_2}{k_1}\right)^{\frac{1}{(k_1/k_2)-1}} \qquad \text{Gl. 4.108}$$

Wir belassen es dabei und stellen fest, dass für $k_1 \gg k_2$ die Konzentration $c_{ZP}^{\max}$ wie schon anschaulich erkannt gegen die Edukt-Ausgangskonzentration c_A^0 strebt (der Exponent wird dann zu null).

An dritter Stelle behandeln wir wieder den **Fall $k_1 \ll k_2$**. Die Gl. 4.107 und Gl. 4.108 gelten, da allgemein hergeleitet, auch jetzt. In Gl. 4.108 entspricht die Basis (k_2/k_1) einem großen Zahlenwert, der Exponent $1/(k_1/k_2 - 1)$ ist näherungsweise gleich minus eins. Schon die maximale Zwischenproduktkonzentration ist damit ein kleiner Wert. Sie tritt mit Gl. 4.107 wiederum kurz nach Reaktionsbeginn auf. Im Grenzübergang gehen $c_{ZP}^{\max}$ und $t_{\max}$ gegen null.

Wenn eine Zwischenproduktkonzentration infolge schneller Abreaktion über den gesamten Reaktionsverlauf klein bleibt, so ist von weitgehender Konstanz auszugehen und die Steigung dc_{ZP}/dt ist in guter Näherung gleich null (vgl. ◘ Abb. 4.6c). Die Festlegung $dc_{ZP}/dt = 0$ wird in der chemischen Reaktionskinetik als **Quasistationarität nach Bodenstein** bezeichnet. Die Verwendung dieser Quasistationarität kann die Behandlung kinetischer Ansätze sehr vereinfachen, wie der folgende ▶ Abschn. 4.2.1.3.4 noch zeigt.

4.2 · Basiswissen zur Kinetik chemischer Reaktionen

Für die Produktkonzentration c_P erhalten wir aus Gl. 4.100 unter Vernachlässigung von $e^{-k_2 t}$ gegen $e^{-k_1 t}$ und von k_1 gegen k_2 sofort wieder Gl. 4.96.

Schlussbemerkung. Die Zeit, zu welcher das Maximum der Zwischenproduktkonzentration eintritt, hängt bei der aus Reaktionen erster Ordnung bestehenden zusammengesetzten Reaktion nach Gl. 4.103 bzw. Gl. 4.107 nicht von der Anfangskonzentration des Edukts ab (vgl. auch $t_{1/2} = \ln 2/k$). Ist die Reaktion aus Teilschritten höherer Ordnung zusammengesetzt, gilt dies nicht mehr.

4.2.1.3.4 Kettenreaktionen

Die Natur von Kettenreaktionen wird am einfachsten zugänglich, wenn man je ein Beispiel für eine **unverzweigte** und **verzweigte Kette** diskutiert. Hinzu muss die Behandlung der sog. **Explosionsgrenze** treten.

Das für die unverzweigte Kette gewählte Beispiel beleuchtet gleichzeitig (unter Beachtung der Schlusssätze des ▶ Abschn. 4.2.1.3.2) die Aufklärung eines Reaktionsmechanismus durch passende Interpretation experimentellen Verhaltens.

Die Behandlung der unverzweigten oder linearen Kette erfolgt anhand der Bildung von Bromwasserstoff.

$$H_2 + Br_2 \rightarrow 2\,HBr \qquad \text{Gl. 4.109}$$

Bodenstein und Lind fanden 1906 hierfür im Experiment die folgende kinetische Gleichung

$$\frac{dc_{HBr}}{dt} = \frac{a\,c_{H_2} c_{Br_2}^{1/2}}{1 + b\dfrac{c_{HBr}}{c_{Br_2}}} \qquad \text{Gl. 4.110}$$

a und b sind darin Konstanten. Diese kinetische Gleichung folgt keinem Produktansatz mehr, sodass nur noch eine formale Reaktionsordnung (zwei) angebbar ist.

Eine der Reaktion in Gl. 4.109 chemisch ähnliche Reaktion ist uns bereits in Form der Bildung von **Iodwasserstoff** (Gl. 4.27) entgegengetreten. Diese Reaktion läuft ausweislich von Experimenten nach zweiter Ordnung ab und die experimentell erhaltene kinetische Gleichung lautet

$$\frac{dc_{HI}}{dt} = k\,c_{H_2} c_{I_2} \qquad \text{Gl. 4.111}$$

Ersetzt man in der Reaktion Iod durch Brom, so liegt eine stärkere Bindung vor und ganz offenbar ist dann ein bimolekularer Ablauf nicht mehr möglich. Die Reaktion muss dann mit der Dissoziation von molekularem Brom beginnen und sich so fortsetzen, dass die kinetische Gleichung Gl. 4.110 entsteht. Selbst einander chemisch ähnliche Reaktionen können also völlig verschiedene Kinetiken aufweisen.

Die zu den Teilreaktionen gehörenden kinetischen Gleichungen sind hier und in der Folge jeweils rechts der Reaktionsgleichung in der Form angeschrieben, wie sie anschließend benötigt werden. Beim Zitieren wird insoweit zwischen Reaktionsgleichungen und kinetischen Gleichungen unterschieden.

Christiansen, Herzfeld und Polanyi modellierten die Bromwasserstoffbildung 1920 wie folgt: Als **Startreaktion** wurde (wie soeben nahegelegt) der Zerfall von Br_2 angenommen.

$$Br_2 \xrightarrow{k_1} 2Br\,;\; \frac{1}{2}\frac{dc_{Br}}{dt} = -\frac{dc_{Br_2}}{dt} = k_1 c_{Br_2} \qquad \text{Gl. 4.112}$$

Dabei entstehen aus dem reaktionsträgen molekularen Brom **reaktive Bromradikale**, welche den molekularen Wasserstoff angreifen.

$$Br + H_2 \xrightarrow{k_2} HBr + H\,;\; -\frac{dc_{Br}}{dt} = -\frac{dc_{H_2}}{dt} = \frac{dc_{HBr}}{dt} = \frac{dc_H}{dt} = k_2 c_{Br} c_{H_2}$$

$$\text{Gl. 4.113}$$

Dabei hat sich ein **Produktmolekül**, zum anderen aber auch **ein neues reaktives Teilchen in Form eines Wasserstoffradikals** gebildet. Dieses greift Br_2 an

$$H + Br_2 \xrightarrow{k_3} HBr + Br\,;\; -\frac{dc_H}{dt} = -\frac{dc_{Br_2}}{dt} = \frac{dc_{HBr}}{dt} = \frac{dc_{Br}}{dt} = k_3 c_{Br_2} c_H$$

$$\text{Gl. 4.114}$$

Dies bedeutet neben weiterer Produktbildung die **Rückbildung des in Gl. 4.113 verbrauchten Bromradikals**. Damit kann eine neue Sequenz nach den Gl. 4.113/Gl. 4.114 ablaufen, und so weiter, und so fort. Man spricht von **Kettenfortpflanzung**.

Die einzelnen Sequenzen werden als **Reaktionszyklen** bezeichnet. Sie reihen sich kettenförmig aneinander, was den Namen Kettenreaktion erklärt. Der beschriebene Ablauf ist an das Auftreten zweier unterschiedlicher reaktiver Spezies, der sog. **Kettenträger**, gebunden (hier Brom- und Wasserstoffradikale).

Im vorhandenen Reaktionsgemisch können natürlich noch weitere Prozesse ablaufen, z. B.

$$H + HBr \xrightarrow{k_4} H_2 + Br\,;\; -\frac{dc_H}{dt} = -\frac{dc_{HBr}}{dt} = \frac{dc_{Br}}{dt} = \frac{dc_{H_2}}{dt} = k_4 c_H c_{HBr}$$

$$\text{Gl. 4.115}$$

In dieser Reaktion wird unter Verbrauch eines Kettenträgers bereits gebildetes Produkt wieder vernichtet. Da jedoch auch ein Kettenträger zurückgeliefert wird, erleidet die Kettenreaktion keinen Abbruch, sondern wird lediglich **inhibiert**, da der neu gebildete Kettenträger nicht so reaktiv wie der vernichtete ist!

Ein **Kettenabbruch** ist vielmehr durch die Rekombination von Kettenträgern gegeben, etwa nach

$$2Br + M \xrightarrow{k_5} Br_2 + M\,;\; -\frac{1}{2}\frac{dc_{Br}}{dt} = k_5 c_{Br}^2 \qquad \text{Gl. 4.116}$$

Die im Mittel bis zu einer Abbruchreaktion vorhandene Zyklenzahl wird als **Kettenlänge** bezeichnet. – Das in Gl. 4.116 auftretende Symbol M bedeutet ein beliebiges drittes stoßendes Teilchen, welches die freiwerdende Rekombinationsenergie aufnimmt. Insoweit kommen alle anwesenden Teilchen in Frage, ihre (konstante) Konzentration wird in die Reaktionsgeschwindigkeitskonstante k_5 eingerechnet, die damit druckabhängig ist.

> **Impulserhaltung**
>
> Der Impulserhaltungssatz besagt, dass für ein gegebenes System der Impuls (Produkt aus Masse und Geschwindigkeit) konstant ist. Für den Fall der Vereinigung zweier sich stoßender Teilchen bedeutet dies, dass Geschwindigkeit und Bewegungsrichtung des Schwerpunktes der beiden stoßenden Teilchen einerseits und des gebildeten Teilchens andererseits identisch sein müssen. **Damit kann die mit der Bildung des Moleküls aus den beiden Radikalen verbundene Rekombinationsenergie nicht als zusätzliche Bewegungsenergie des Moleküls frei werden. Sie müsste vielmehr im entstehenden zweiatomigen Molekül als Rotations-Schwingungsenergie gespeichert werden, was die sofortige erneute Trennung bedeutet** (Letzteres gilt nicht für die radikalische Bildung eines vielatomigen Moleküls, z. B. nach $C_6H_5 + Cl \rightarrow C_6H_5Cl$. Dann kann sich die Rekombinationsenergie auf die unterschiedlichen Schwingungsmoden verteilen). Stoßen hingegen drei Teilchen unter Vereinigung zweier der Stoßteilnehmer zusammen, so ist Identität von Geschwindigkeit und Bewegungsrichtung des Systemsschwerpunkts vor und nach dem Stoß auch dann möglich, wenn zusätzliche Bewegungsenergie auftritt (spitzer Stoßwinkel, stumpfer Trennwinkel als ein Beispiel). **Anstelle durch Dreierstoß kann eine Rekombination zweier Atomradikale auch an einer Wand erfolgen, welche die Rekombinationsenergie abführt.** Diese Argumentation gilt natürlich auch für den Ablauf der Reaktion Gl. 4.26.

Mit den Gl. 4.115/Gl. 4.116 sind die weiteren Möglichkeiten für Reaktionen im System natürlich nicht erschöpft. Wie wir sofort sehen werden, kann jedoch die kinetische Gl. 4.110 auf Basis der Reaktionsgleichungen Gl. 4.112 bis Gl. 4.116 verifiziert werden. Weitere Reaktionen (etwa $2H + M \rightarrow H_2 + M$, $Br + HBr \rightarrow Br_2 + H$) haben sehr kleine Geschwindigkeitskonstanten, weswegen sie vernachlässigbar sind.

Zunächst gilt für die Reaktionsgeschwindigkeit dc_{HBr}/dt als Aufsummation von Bildung (kinetische Gleichungen Gl. 4.113/Gl. 4.114) und Vernichtung (kinetische Gleichung Gl. 4.115)

$$\frac{dc_{HBr}}{dt} = k_2 c_{Br} c_{H_2} + k_3 c_{Br_2} c_H - k_4 c_H c_{HBr} \qquad \text{Gl. 4.117}$$

Im Vergleich mit Gl. 4.110 sind darin noch die Konzentrationen c_{Br} und c_H zu ersetzen. Dies geschieht am einfachsten durch Anwendung der im vorhergehenden ▶ Abschn. 4.2.1.3.3 eingeführten Quasistationarität. Die **Konzentration der als Zwischenprodukte** auftretenden Kettenträger ist danach infolge ihrer hohen Reaktivität, d. h. ihrer schnellen

Weiterreaktion, während des ganzen Reaktionsablaufs klein und näherungsweise konstant und es gilt

$$\frac{dc_{Br}}{dt} = \frac{dc_H}{dt} = 0 \qquad \text{Gl. 4.118}$$

Eine Aufsummation der Geschwindigkeiten von Entstehung und Vernichtung der Kettenträger (kinetische Gleichungen Gl. 4.112 bis Gl. 4.116) liefert hierfür

$$2k_1 c_{Br_2} - k_2 c_{Br} c_{H_2} + k_3 c_{Br_2} c_H + k_4 c_H c_{HBr} - 2k_5 c_{Br}^2 =$$
$$k_2 c_{Br} c_{H_2} - k_3 c_{Br_2} c_H - k_4 c_H c_{HBr} = 0 \qquad \text{Gl. 4.119}$$

Es verbleibt

$$2k_1 c_{Br_2} = 2k_5 c_{Br}^2 \qquad \text{Gl. 4.120}$$

d. h.

$$c_{Br} = \left(\frac{k_1}{k_5}\right)^{1/2} c_{Br_2}^{1/2} \qquad \text{Gl. 4.121}$$

Die Konzentration c_H wird durch Auflösen der zweiten Zeile der Gl. 4.119 nach c_H

$$c_H = \frac{k_2 c_{Br} c_{H_2}}{k_3 c_{Br_2} + k_4 c_{HBr}} \qquad \text{Gl. 4.122}$$

und Einsetzen von c_{Br} aus Gl. 4.121 gewonnen

$$c_H = \frac{k_2 \left(\frac{k_1}{k_5}\right)^{1/2} c_{Br_2}^{1/2} c_{H_2}}{k_3 c_{Br_2} + k_4 c_{HBr}} \qquad \text{Gl. 4.123}$$

Nach dem Einsetzen wird $k_2 (k_1/k_5)^{1/2} c_{Br_2}^{1/2} c_{H_2}$ ausgeklammert, die in der Klammer stehenden drei Terme gleichnamig gemacht und durch $k_3 c_{Br_2}$ geteilt.

Einsetzen von Gl. 4.121 und Gl. 4.123 in Gl. 4.117 ergibt Gl. 4.110 mit den empirischen Konstanten $a = 2k_2 (k_1/k_5)^{1/2}$ und $b = k_4/k_3$. Mit den heutigen Mitteln der instrumentellen Mathematik kann man Gl. 4.110 integrieren und erhält $c_{HBr}(t)$.

Kettenreaktionen der hier beschriebenen Art sind in der Gasphase insgesamt recht häufig. Nach einem ähnlichen Mechanismus verläuft die Bildung von HCl (nicht aber die Bildung von HI, vgl. diesen Abschnitt weiter vorn).

Bei der soeben diskutierten **linearen** Kettenreaktion bildet sich bei Verbrauch eines Kettenträgers genau ein neuer Kettenträger. Daneben gibt es **verzweigte** Ketten. Kennzeichen einer Kettenreaktion mit verzweigter Kette ist, ausgehend von einer Startreaktion, die sofortige lawinenartige Zunahme der Kettenträger. Ein bekanntes Beispiel ist die **Knallgasreaktion**.

Bei der Knallgasreaktion

$$H_2 + \frac{1}{2} O_2 \rightarrow H_2O \qquad \text{Gl. 4.124}$$

4.2 · Basiswissen zur Kinetik chemischer Reaktionen

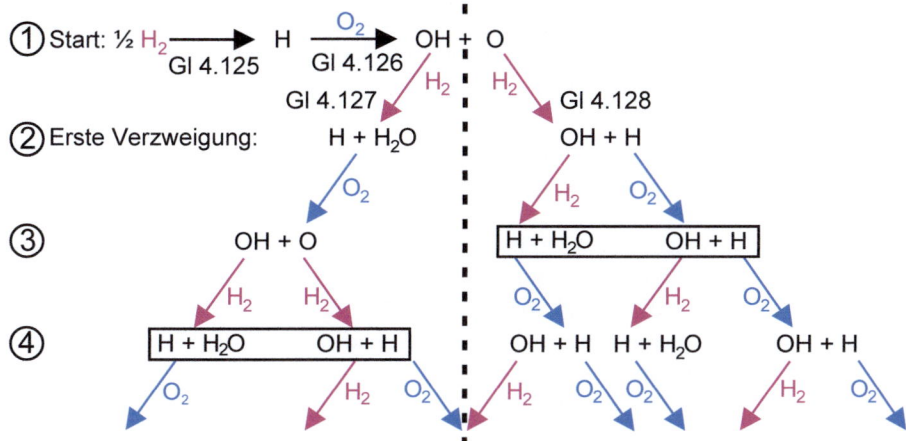

Abb. 4.7 Die Knallgasreaktion als Beispiel für eine verzweigte Kette, vgl. Text

ist die Spaltung von Wasserstoff Startreaktion

$$\frac{1}{2}H_2 \rightarrow H \qquad \text{Gl. 4.125}$$

Die Reaktion **eines Wasserstoffradikals** mit molekularem Sauerstoff liefert **zwei reaktive Teilchen** in Form von OH- und atomaren Sauerstoff-Radikalen

$$H + O_2 \rightarrow OH + O \qquad \text{Gl. 4.126}$$

Anschließend gibt das entstandene OH-Radikal Anlass zur Produktbildung

$$OH + H_2 \rightarrow H_2O + H \qquad \text{Gl. 4.127}$$

wobei ein Wasserstoffradikal zurückgebildet wird (◘ Abb. 4.7, linke Hälfte, erste und zweite Zeile).

Dies würde analog zur Bromwasserstoffbildung einem Reaktionszyklus mit den Kettenträgern H und OH entsprechen. Anders als dort hat sich jedoch ein weiteres reaktives Teilchen (Kettenträger) in Form eines Sauerstoffatoms gebildet, welches für eine Verzweigung der Kette (◘ Abb. 4.7, rechte Hälfte, zweite Zeile) sorgt

$$O + H_2 \rightarrow OH + H \qquad \text{Gl. 4.128}$$

Damit sind in zwei Schritten aus einem Kettenträger deren drei geworden. Weitere Reaktionen entsprechend Gl. 4.126 bis Gl. 4.128 schließen sich an, eine Radikallawine ist gestartet.

Als mögliche Startreaktion wird auch der Prozess

$$H_2 + O_2 \rightarrow 2OH \qquad \text{Gl. 4.129}$$

diskutiert. Dies ändert den Gesamtablauf jedoch nicht (◘ Abb. 4.7, Rahmungen). Selbstverständlich durchläuft die Konzentration der Kettenträger im Zuge der Reaktion ein Maximum.

Als **Inhibition** entsprechend Gl. 4.115 (Produktvernichtung unter Rückbildung eines Kettenträgers) kann jetzt die Reaktion

$$H + H_2O \rightarrow OH + H_2 \qquad \text{Gl. 4.130}$$

ablaufen. Inhibierend wirkt jedoch auch die Reaktion

$$H + O_2 + M \rightarrow HO_2 + M \qquad \text{Gl. 4.131}$$

welche nur als Dreierstoß ablaufen kann. Weil HO_2 ein vergleichsweise reaktionsträges Radikal ist, kann es ggf. ohne weiterzureagieren zur Wand des Reaktionsgefäßes gelangen und dort desaktiviert werden. Geschieht dies, so wurde ein Kettenträger aus dem Reaktionsgeschehen entfernt.

Eine Entfernung von Kettenträgern aus dem Reaktionsgemisch ist auch nach

$$H + H + M \rightarrow H_2 + M \qquad \text{Gl. 4.132}$$

und anderen Reaktionen möglich, in welchen Kettenträger unter Beteiligung eines dritten Teilchens, welches die Energie abführt, zu inaktiven Teilchen umgesetzt werden (Abbruchreaktionen). Anstelle des dritten Teilchens kann auch wiederum die Wand des Reaktionsgefäßes treten.

Der Einfluss von Inhibitions- und Abbruchreaktionen auf die Geschwindigkeit des Reaktionsablaufs wird im Folgenden für unverzweigte und verzweigte Ketten näher diskutiert. Eine wesentliche Rolle spielen hierbei die Begriffe **Explosion und Explosionsgrenze**.

Schon eine unverzweigte Reaktionskette kann recht heftig ablaufen, z. B. im Fall einer Chlorknallgasreaktion. Die genaue Geschwindigkeit hängt naturgemäß von den Geschwindigkeitskonstanten von Start- und Kettenreaktion, vor allem aber auch von der **Wahrscheinlichkeit für Inhibition und Kettenabbruch** ab.

Inhibitions- wie Abbruchreaktionen können häufig nur als Dreierstoß-Reaktion wirksam werden. In Gasen niedrigen Drucks sind Dreierstöße selten, die Wahrscheinlichkeit für das Zusammentreffen dreier Teilchen steigt erst hin zu normalen Drucken deutlich an. Die zugehörigen Reaktionsgeschwindigkeitskonstanten sind daher druckabhängig. Weiter kann eine Wand die Rolle des dritten Stoßpartners übernehmen. Damit ist auch ein Wandeinfluss auf die Kettenreaktion gegeben.

Inhibition

Die Inhibition lässt sich auch durch Zusatz von Stoffen (Inhibitoren) verstärken, welche mit Kettenträgern reaktionsträge Verbindungen eingehen. Im Fall der Chlorknallgasreaktion ist dies z. B. Sauerstoff (Bildung von HO_2 und ClO_2). Schon der Zusatz einiger Zehntel Prozent Sauerstoff nehmen der Chlorknallgasreaktion – sie ist bekanntlich durch Lichteinwirkung infolge Cl_2-Spaltung auslösbar – viel von ihrer Heftigkeit (die Kettenlänge wird um den Faktor 1000 verkürzt).

4.2 · Basiswissen zur Kinetik chemischer Reaktionen

Die o.g. Einflüsse werden bei Reaktionen mit verzweigter Kette besonders deutlich. Sie führen hier zur **Erscheinung der sog. Explosionsgrenzen**.

Unter Explosion versteht man insoweit die ungehinderte Ausbildung der beschriebenen Radikallawine (◘ Abb. 4.7). Ist hingegen die Geschwindigkeit der Inhibitions-/Abbruchreaktionen größer als die der Kettenverzweigungen, so kann sich höchstens eine **stationäre Kettenträgerkonzentration** ausbilden und die Reaktion verläuft in den ruhigeren Bahnen einer **Verbrennung**. Ist sie sehr viel größer, kommt die Reaktion wieder zur Ruhe bzw. kann gar nicht erst starten.

Eine Diskussion nehmen wir anhand der ◘ Abb. 4.8 vor. Sie gilt in der gezeichneten Form nur für die Knallgasreaktion in einem Reaktionsgefäß festgelegter Abmessungen und Wandeigenschaften, die Erläuterungen gelten jedoch allgemein.

Wir beginnen im Gebiet ①, d. h. bei einem Druck von 10^{-3} bar. **Dreierstöße sind hier selten. Die mittlere freie Weglänge der Teilchen ist jedoch noch relativ groß** (ca. 0,1 mm, vgl. ◘ Tab. 2.1). Da bei Weitem nicht jeder Zusammenstoß zwischen zwei Teilchen auch zu einer Reaktion führen muss (vgl. den späteren ▶ Abschn. 4.3.1), ist die

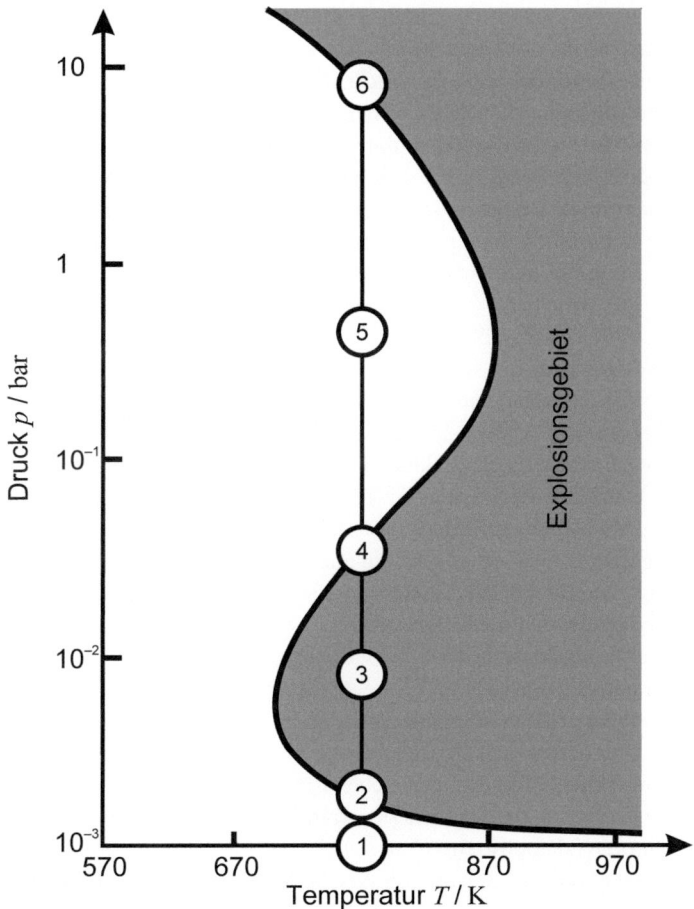

◘ **Abb. 4.8** Zur Erläuterung der Explosionsgrenze (vgl. Text)

Wahrscheinlichkeit hoch, dass Kettenträger zur Wand gelangen und so desaktiviert werden. Eine Explosion ist nicht möglich, wobei diese Aussage ersichtlich auch von der Größe des Reaktionsgefäßes sowie von den Eigenschaften der Innenoberfläche abhängt.

Dies ändert sich bei Druckanstieg. Die mittlere freie Weglänge nimmt dann ab und die Wahrscheinlichkeit für die Vernichtung der Kettenträger „per Wand" sinkt. Im Punkt ② wird für den Fall von Knallgas bei ca. 770 K die Explosionsgrenze erreicht. Im Gebiet ③ reicht das Entstehen eines einzigen Kettenträgers vom Prinzip her aus, um eine Explosion auszulösen. Überschreitet der Druck in einem Experiment also die kritische Grenze, kann die Explosion in Sekundenbruchteilen einsetzen.

Nunmehr nimmt bei weiterem Druckanstieg die Wahrscheinlichkeit für das Auftreten von Dreierstößen, d. h. für Inhibitions- und Abbruchreaktionen, im Reaktionsvolumen selbst zu. Im Punkt ④ – d. h. im Falle der Knallgasreaktion bei ca. 770 K noch unterhalb von 0,1 bar – sind diese Reaktionen so häufig geworden, **dass im Gebiet ⑤ eine Explosion erneut verhindert wird.**

Im Punkt ⑥ schließlich wird wiederum das Druckgebiet einer möglichen Explosion erreicht. „Diese Erscheinung lässt sich nicht mit den Besonderheiten der Kettenreaktion erklären" (Zitat aus [A31]). Die diskutierten Besonderheiten berücksichtigen z. B. nicht, dass sich infolge von Reaktionswärmen die für einen festgelegten Temperaturwert geltenden Geschwindigkeiten ändern können – für exotherme Reaktionen nach oben, wenn die Wärme nicht schnell genug abgeführt wird. Temperatur und Reaktionsgeschwindigkeit steigern sich dann gegenseitig, es kommt zu einer sog. **Wärmeexplosion**. Unter diesen Bedingungen können auch unverzweigte Kettenreaktionen einen explosiven Charakter annehmen (vgl. hierzu auch den ▶ Abschn. 4.2.5.5 zur thermischen Reaktorstabilität).

Weiter wurde her stillschweigend vorausgesetzt, dass ein stöchiometrisches Gemisch der Reaktanden vorliegt. Ist dies nicht der Fall, so wird es bei Überwiegen eines der Reaktionspartner sog. **Zündgrenzen** geben müssen, außerhalb derer sich eine Kettenreaktion nicht entwickeln kann. Für ein Wasserstoff-Luft-Gemisch besteht eine sog. zündfähige Atmosphäre zwischen ca. 4 und 75 Vol. % Wasserstoffanteil.

Diese Daten beziehen sich auf Standardbedingungen und hängen selbstverständlich wieder von Druck, Temperatur, vorhandenen Inhibitoren und von Wandeinflüssen ab.

Der Einfluss von Inhibitoren wird deutlich, wenn man einen Ottomotor betrachtet. In dessen Zylindern läuft eine sich per Flammenfront von Kerze zu Kolben fortpflanzende Verbrennung ab. Unter bestimmten Lastbedingungen (z. B. sich langsam bewegende Kolben) kann die Verbrennung des Benzin-Luftgemisches in eine Explosion übergehen (sog. Klopfen des Motors). Um dies zu verhindern, setzt man dem Treibstoff Inhibitoren („Klopfbremsen") zu – in Form von leicht zu wenig reaktiven Spezies zerfallenden organischen Molekülen, früher Bleitetraethyl.

Der Einfluss einer Wand wird deutlich, wenn man die Situation in einem Bergwerk beleuchtet zu einer Zeit, in welcher Licht nur durch

4.2 · Basiswissen zur Kinetik chemischer Reaktionen

eine Flamme erzeugt werden konnte. Nur die Benutzung von Grubenlampen – in der ein feinmaschiges Drahtnetz die Flamme als „Wand" umhüllt – konnte bei Vorhandensein einer zündfähigen Atmosphäre in der Grube ein Unglück verhindern.

Die Physikalische Chemie von Verbrennungs- und Explosionsvorgängen ist äußerst komplex und die vorstehenden Überlegungen sind daher recht grob.

Die Vorstellung von der Kettenreaktion wurde zum Ende der 1930er-Jahren für die Kernspaltung übernommen. So wird beispielsweise Uran-235 durch ein Neutron in Kernbruchstücke mittlerer Atommasse gespalten, wobei im Mittel wiederum zweieinhalb Neutronen als Kettenträger freigesetzt werden. Im Kernreaktor wird durch Abbruchreaktionen (Neutroneneinfang durch neutronenabsorbierendes Material) für eine stationäre Konzentration an Neutronen gesorgt. Im Kernsprengsatz bildet sich eine Neutronenlawine aus. Dies natürlich nur dann, wenn die mittlere freie Weglänge der Neutronen im hochreinen Uran-235 (Inhibitoren müssen fehlen) kleiner ist als die Geometrie des Materials (Begriffe der „Waffenfähigkeit" und der „Kritschen Masse).

4.2.1.3.5 Abschließende Hinweise und Bemerkungen

Die Kombination unterschiedlicher Elementarreaktionen, Gleichgewichte und gehemmter wie ungehemmter Teilschritte führt auf eine überaus große Zahl von Typen zusammengesetzter Reaktionen.

Die Auswahl der in ▶ Abschn. 4.2.1.3 behandelten Beispiele orientiert sich – neben an den diesen Abschnitt einleitenden Gesichtspunkten – auch an der Wichtigkeit. Darüber lässt sich natürlich streiten, und so sollen ergänzend noch kurz erwähnt werden:

Parallelreaktionen

Wir betrachten eine monomolekulare Reaktion entsprechend Gl. 4.6. Es ist selbstverständlich möglich, dass beim Zerfall der Spezies A nicht nur ein Zerfallsensemble entstehen kann, sondern auch weitere möglich sind. Ebenso können unterschiedliche Umlagerungen möglich sein.

Sind die geschilderten Reaktionsmöglichkeiten gegeben, so laufen diese Reaktionen zueinander parallel ab. Jede der möglichen i monomolekularen Reaktionen besitzt dabei eine individuelle Reaktionsgeschwindigkeitskonstante k_i. Damit gilt für die zeitliche Änderung der Eduktkonzentration von A

$$\frac{dc_A}{dt} = -\left(\sum k_i\right) c_A \qquad \text{Gl. 4.133}$$

Dies kann mit den Überlegungen des ▶ Abschn. 4.2.1.1.1 sofort integriert werden.

$$c_A = c_A^0 e^{-(\sum k_i) t} \qquad \text{Gl. 4.134}$$

Eine Messung von $c_A = c_A(t)$ führt damit – wie zu erwarten – nur auf die Summe der präsenten Geschwindigkeitskonstanten, für den Fall nur zweier Reaktionen auf $(k_1 + k_2)$. Auch die Betrachtung eines Einzelproduktes, etwa P_1 oder P_2, hilft hier nicht weiter. Es würde gelten

$$\frac{dc_{P_1}}{dt} = k_1 c_A = k_1 c_A^0 e^{-(k_1+k_2)t} \qquad \text{Gl. 4.135}$$

bzw.

$$\frac{dc_{P_2}}{dt} = k_2 c_A = k_2 c_A^0 e^{-(k_1+k_2)t} \qquad \text{Gl. 4.136}$$

d. h., auch die Integrationen zu $c_{P_1}(t)$ und $c_{P_2}(t)$ würden beide Konstanten erhalten.

Die Gl. 4.135/Gl. 4.136 legen jedoch auch den Ausweg nahe: Ein Teilen der Gleichungen durcheinander liefert sofort

$$\frac{dc_{P_1}/dt}{dc_{P_2}/dt} = \frac{k_1}{k_2} \qquad \text{Gl. 4.137}$$

Damit ist das Verhältnis der Bildungsgeschwindigkeiten – damit auch das Verhältnis der entstehenden Konzentrationen – zeitlich konstant. Damit liegen Informationen zu Summe **und** Quotient der Reaktionsgeschwindigkeiten vor.

Als Beispiel für die Bildung von Parallelprodukten sei die Nitrierung von Benzoesäure mit im Überschuss vorliegender Salpetersäure (Reaktion von quasi erster Ordnung, vgl. ◘ Tab. 4.1) angeführt: *ortho*-, *meta*- und *para*-Nitrobenzoesäure entstehen stets im gleichen Verhältnis.

Laufen eine monomolekulare und eine bimolekulare Reaktion parallel ab, so bestehen unterschiedliche Konzentrations-Zeit-Beziehungen. Das Verhältnis der Reaktionsgeschwindigkeiten bzw. der entstehenden Konzentrationen wird dann reaktionszeitabhängig.

Polymerisationsreaktionen

Unter Polymerisation verstehen wir den Aufbau von Makromolekülen (Polymere) aus Einzelmolekülen (Monomere). Hierzu gibt es eine ganze Reihe aus kinetischer Sicht unterschiedliche Mechanismen. An dieser Stelle beschränken wir uns auf die Behandlung eines einzigen Falles, der radikalischen Kettenpolymerisation [3].

Er entspricht im Startschritt der Aktivierung einer C=C-Doppelbindung in einem Monomer M (im nachstehenden Beispiel Vinylchlorid, $H_2C=CHCl$) durch Anlagerung eines Radikals R·. Dieses wird mittels eines radikalbildenden Initiators I erzeugt

Beispiel für einen Initiator: Benzoylperoxid, $(C_6H_5COO)_2$, zerfällt in zwei $C_6H_5COO\cdot$-Radikale.

$$I \rightarrow R\cdot + R\cdot \qquad \text{Gl. 4.138}$$

$$R\cdot + H_2C=CHCl \longrightarrow RCH_2-\dot{C}HCl \qquad \text{Gl. 4.139}$$

Das entstandene Monomerradikal lagert ein weiteres Monomer unter Öffnung dessen Doppelbindung an

$$RCH_2-\dot{C}HCl + H_2C=CHCl \longrightarrow RCH_2-CHCl-CH_2-\dot{C}HCl \qquad \text{Gl. 4.140}$$

4.2 · Basiswissen zur Kinetik chemischer Reaktionen

und so weiter und so fort. Im Endeffekt haben wir

$$\text{RCH}_2-\overset{\bullet}{\underset{|}{\text{CH}}}_{\text{Cl}} + n\,\text{H}_2\text{C}=\underset{|}{\text{CH}}_{\text{Cl}} \longrightarrow$$

$$\text{RCH}_2-\underset{|}{\text{CH}}_{\text{Cl}}\left[-\text{CH}_2-\underset{|}{\text{CH}}_{\text{Cl}}-\right]_{n-1}\text{CH}_2-\overset{\bullet}{\underset{|}{\text{CH}}}_{\text{Cl}}$$

Gl. 4.141

Das rechts stehende sog. Makroradikal wird durch eine passende Abbruchreaktion in ein stabiles Makromolekül überführt. Fehlen in der Lösung Verunreinigungen, so kommt ein Abbruch durch Reaktionen zwischen den Radikalen selbst zustande. Als Produkt würde im Beispielfall Polyvinylchlorid erzeugt werden. Ersetzt man das Chlor im Monomer durch z. B. Acetat, so erhielte man Polyvinylacetat.

Für das Wachstum des Polymers können wir entsprechend Gl. 4.140/Gl. 4.141 auch formulieren

$$M_1^\bullet + M \to M_2^\bullet$$
$$M_2^\bullet + M \to M_3^\bullet \text{ etc.}$$

Gl. 4.142

Hieraus erkennt man im Vergleich mit den linken Teilen der Gl. 4.113 und dem sich an diese anschließenden Text, dass – zählt man die radikalische Kettenreaktion zu den unverzweigten Kettenreaktionen – letzterer Begriff etwas erweitert werden muss. Die genaue chemische Natur der Kettenträger darf sich dann von Reaktionszyklus zu Reaktionszyklus ändern.

Die rechnerische Analyse der Reaktionsfolge basiert auf der Annahme, dass sich nach einer Anlaufphase stationäre Verhältnisse einstellen, d. h. die Gesamtkonzentration der Radikale näherungsweise konstant wird (Quasistationarität). Sie liefert für die Reaktionsgeschwindigkeit in Bezug auf das Monomer mit der Konzentration c_M [A32]

$$\frac{dc_M}{dt} = -k(c_I)^{1/2} c_M$$

Gl. 4.143

Die Konzentration c_I des Initiators geht also als Wurzel in die Polymerbildung ein, die Reaktionsordnung insgesamt beträgt 3/2.

In der Konstanten k ist dabei die Reaktionsgeschwindigkeitskonstante der Startreaktion nebst einem zusätzlichen Faktor enthalten, welcher den Bruchteil der Radikale R· erfasst, welche tatsächlich Anlass zu einer Reaktionskette geben. Ebenso enthalten sind die Konstanten für die Abreaktion des Monomers und für die Abbruchreaktionen. Beide werden dabei als unabhängig von den Kettenlängen der reagierenden Radikale angesetzt.

Die Rechnung ergibt außerdem, dass die (mittlere) Kettenlänge (Molmasse) des Polymers umso größer wird, je langsamer die Startreaktion wird. Dies ist auch anschaulich einzusehen. Mit langsamerem Start wird auch die Radikalkonzentration kleiner und die Abbruchreaktion langsamer, eine einmal angefangene Kette hat dann mehr Zeit zum Wachstum.

Die Kettenlänge lässt sich im Gegenzug durch sog. Regler, etwa Thiole, verringern. Ein Beispiel ist Thiophenol C_6H_5SH. Thiole spalten leicht

Wasserstoff ab, welcher sich bereitwillig mit einem freien Makroradikal verbindet, in unserem Polymerisationsbeispiel entsprechend Gl. 4.141.

$$RCH_2-\underset{Cl}{CH}\left[CH_2-\underset{Cl}{CH}\right]_{n-1}CH_2-\underset{Cl}{\dot{C}H} + C_6H_5SH \longrightarrow$$

$$RCH_2-\underset{Cl}{CH}\left[CH_2-\underset{Cl}{CH}\right]_{n-1}CH_2-\underset{Cl}{CH_2} + C_6H_5S\cdot$$

Das verbleibende Radikal kann im Anschluss eine neue Polymerkette anstoßen (sog. Kettenübertragung).

4.2.2 Einfluss der Temperatur auf die Reaktionsgeschwindigkeit

4.2.2.1 Die Entwicklung der Arrhenius-Gleichung

Im späteren ▶ Abschn. 4.2.4 wird behandelt, wie man abreagierende und entstehende Konzentrationen zeitlich verfolgt, auch für den Fall schneller und sehr schneller Reaktionsabläufe. Die bereits in ▶ Abschn. 4.2.1 behandelte Auswertung so erhaltener Daten liefert u. a. die Reaktionsgeschwindigkeitskonstante der untersuchten Reaktion. Führt man die Untersuchung bei unterschiedlichen Temperaturen aus, so erhält man k als experimentelle Temperaturfunktion $k(T)$.

Die erhaltenen Daten lassen sich häufig durch eine Auftragung von $\ln k$ gegen $1/T$ linearisieren. Es ergibt sich entsprechend ◘ Abb. 4.9 eine Gerade mit negativer Steigung (▶ Abschn. 4.3.1.2).

Damit gilt mit dem Achsenabschnitt $\ln A$ und mit B als der Steigung der Geraden

$$\ln k = \ln A - B/T \qquad \text{Gl. 4.144}$$

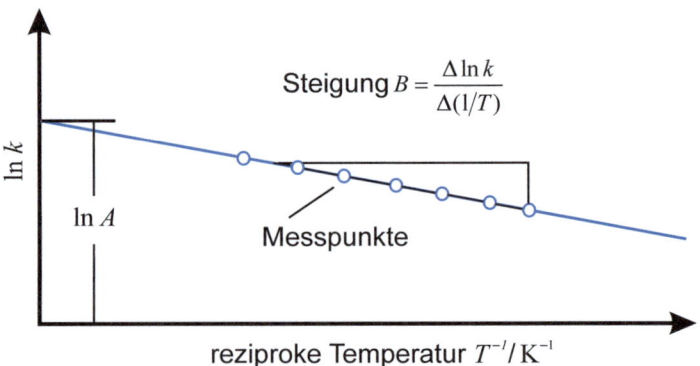

◘ **Abb. 4.9** Ergebnis einer halblogarithmischen Auftragung experimenteller Daten $\ln k$ gegen $1/T$, vgl. Text

4.2 · Basiswissen zur Kinetik chemischer Reaktionen

d. h., es ist

$$k = A e^{-B/T} \qquad \text{Gl. 4.145}$$

Die Reaktionsgeschwindigkeit chemischer Reaktionen steigt somit bei einer Zunahme der Reaktionstemperatur exponentiell an.

Die Konstanten A und B sind zunächst rein experimentelle Größen. A entspricht mit Gl. 4.145 der Reaktionsgeschwindigkeitskonstanten für $T \to \infty$, d. h. der maximal möglichen Geschwindigkeitskonstanten.

Die Bedeutung der Konstanten B erkennen wir, wenn wir uns nähere Gedanken zum Reaktionsablauf machen. Bereits zu Beginn des ▶ Kap. 4 hatten wir festgestellt, dass zum freiwilligen Zerfall fähige Teilchen hierfür energetisch ausreichend angeregt sein müssen. Für den Fall zweier reagierender Teilchen muss im Augenblick ihres Zusammentreffens ausreichend Energie für die Reaktion vorhanden sein. Diese Vorstellungen verallgemeinern wir wie folgt: Aus dem Edukt bzw. den Edukten bildet sich zunächst ein energiereicher Übergangszustand. Nur aus diesem können sich Produkt bzw. Produkte bilden.

In der Diskussion des ▶ Abschn. 4.1.1 wird die Zahl – d. h. auch die Konzentration – der Teilchen, welche für die Bildung des Übergangszustands eine ausreichende Energie besitzen, mit dem Boltzmann'schen Energiesatz und der Maxwell'schen Geschwindigkeitsverteilung in Verbindung gebracht. Dies führt auf die ab 1917 entwickelte Stoßtheorie für Reaktionen in der Gasphase, welche auch heute noch Aktualität besitzt. Später (ab ca. 1930 bis heute) wurde die Vorstellung vom Übergangszustand als einem sog. aktivierten Komplex entwickelt, dessen Struktur diskutiert und dessen Konzentration berechnet werden kann (dabei spielt wieder der Energiesatz eine wichtige Rolle). Heute wird dies auch als *transition state theory* bezeichnet [4].

Näheres erfährt man in ▶ Abschn. 4.3. Im jetzigen ▶ Abschn. 4.2 über Grundlagen der Kinetik chemischer Reaktionen wollen wir uns auf einfache Überlegungen beschränken. Hierzu beschreiben wir den Zusammenhang zwischen Edukt(en) und Übergangszustand durch ein der Produktbildung vorgelagertes sich schnell einstellendes Gleichgewicht mit der Gleichgewichtskonstanten $K_{Gl}^{ÜZ}$, aus welchem sich geschwindigkeitsbestimmend das Produkt/die Produkte bildet/bilden.

Eine Gleichgewichtskonstante K_{Gl} hängt nach der van't Hoff'schen Reaktionsisobare mit der zugehörigen Reaktionsenthalpie zusammen [A1]–[A6], [A30]–[A36]. Im vorliegenden Fall ist mi $\Delta_R H^{ÜZ}$ als Reaktionsenthalpie für die Bildung des Übergangszustands aus den Edukten

$$\left.\frac{\partial \ln K_{Gl}^{ÜZ}}{\partial T}\right|_p = \frac{\Delta_R H^{ÜZ}}{RT^2} \qquad \text{Gl. 4.146}$$

Die Gleichgewichtskonstante ist damit temperaturabhängig. Die Reaktionsgeschwindigkeitskonstante k_P für die Produktbildung aus dem Übergangszustand hingegen setzen wir als temperaturunabhängig an. Dies ist plausibel, denn für die Auflösung/Umlagerung/Neubildung von Bindungen ist eine Mindestenergie erforderlich, und deren Höhe hängt ja nicht von der Systemtemperatur ab. Damit können wir schreiben

Historisch wurde diese Gesetzmäßigkeit erstmals anhand der alkalischen Esterverseifung (▶ Abschn. 4.2.4.2) und der Rohrzuckerinversion näher studiert.

$$\text{Edukt}(e) \underset{}{\overset{K_{Gl}^{ÜZ}(T)}{\rightleftharpoons}} \text{Übergangszustand} \xrightarrow{k_P} \text{Produkt}(e) \qquad \text{Gl. 4.147}$$

Für die Konzentration $c_{ÜZ}$ des Übergangszustands schreiben wir nach dem Massenwirkungsgesetz mit c_{E_i} als Eduktkonzentrationen und ν_i als deren stöchiometrischen Faktoren

$$c_{ÜZ} = K_{Gl}^{ÜZ} \prod c_{E_i}^{\nu_i} \qquad \text{Gl. 4.148}$$

Die kinetische Gleichung für die Bildung eines Produkts P_j aus dem Übergangszustand lautet dann mit c_{P_j} und ν_j als entsprechenden Größen

$$-\frac{dc_{ÜZ}}{dt} = \frac{1}{\nu_j}\frac{dc_{P_j}}{dt} = k_P K_{Gl}^{ÜZ} \prod c_{E_i}^{\nu_i} \qquad \text{Gl. 4.149}$$

Im Experiment erhält man daher eine Geschwindigkeitskonstante

$$k = k_P K_{Gl}^{ÜZ} \qquad \text{Gl. 4.150}$$

Dies in Gl. 4.144 eingesetzt führt auf

$$\ln k_P K_{Gl}^{ÜZ} = \ln k_P + \ln K_{Gl}^{ÜZ} = A - B/T \qquad \text{Gl. 4.151}$$

Zur Einführung der Temperaturabhängigkeit nach Gl. 4.146 wird diese Gleichung nach T differenziert. Mit k_P und A als Konstanten liefert dies

$$\frac{\partial \ln K_{Gl}^{ÜZ}}{\partial T} = \frac{B}{T^2} \qquad \text{Gl. 4.152}$$

Ein Vergleich mit Gl. 4.146 identifiziert dann die Konstante B mit der für die Bildung des Übergangszustands erforderlichen Reaktionsenthalpie $\Delta_R H^{ÜZ}$, geteilt durch die Gaskonstante R.

$\Delta_R H^{ÜZ}$ wird im vorliegenden Zusammenhang sehr prägnant als (experimentelle molare) Aktivierungsenergie E_A bezeichnet. Sie ist notwendigerweise positiv (muss zugeführt werden). Damit lautet Gl. 4.145

$$k = A e^{-E_A/RT} \qquad \text{Gl. 4.153}$$

Diese zentrale Gleichung der chemischen Reaktionskinetik wird nach Svante Arrhenius als Arrhenius-Gleichung bezeichnet.

4.2.2.2 Leistungen
4.2.2.2.1 Quantifizierung der Temperaturabhängigkeit chemischer Reaktionen

Die Konstante A – im Folgenden als präexponentieller Faktor oder Vorfaktor gekennzeichnet – und die Aktivierungsenergie E_A einer chemischen Reaktion sind einer Auftragung temperaturabhängig gemessener

Tab. 4.3 Vorfaktoren A (in s^{-1} bzw. $mol^{-1}\,l\,s^{-1}$) und Aktivierungsenergien E_A (in kJ mol^{-1}) einiger Reaktionen erster und zweiter Ordnung [A32]

Reaktion	A	E_A
Reaktion erster Ordnung		
Cyclopropan → Propen	$1{,}58 \cdot 10^{15}$	272
$CH_3NC \to CH_3CN$	$3{,}98 \cdot 10^{13}$	160
cis-CHD = CHD → *trans*-CHD = CHD	$3{,}16 \cdot 10^{12}$	256
Cyclobutan → $2C_2H_4$	$3{,}98 \cdot 10^{15}$	261
$C_2H_5I \to C_2H_4 + HI$	$2{,}51 \cdot 10^{13}$	209
$C_2H_6 \to 2CH_3$	$2{,}51 \cdot 10^{17}$	384
$2N_2O_5 \to 4NO_2 + O_2$	$4{,}94 \cdot 10^{13}$	103
$N_2O \to N_2 + O$	$7{,}94 \cdot 10^{11}$	250
$C_2H_5 \to C_2H_4 + H$	$1{,}0 \cdot 10^{13}$	167
Reaktion zweiter Ordnung		
$O + N_2 \to NO + N$	$1 \cdot 10^{11}$	315
$OH + H_2 \to H_2O + H$	$8 \cdot 10^{10}$	42
$Cl + H_2 \to HCl + H$	$8 \cdot 10^{10}$	23
$2CH_3 \to C_2H_6$	$2 \cdot 10^{10}$	ca. 0
$NO + Cl_2 \to NOCl + Cl$	$4 \cdot 10^9$	85
$SO + O_2 \to SO_2 + O$	$3 \cdot 10^8$	27
$CH_3 + C_2H_6 \to CH_4 + C_2H_5$	$2 \cdot 10^8$	44
$C_6H_5 + H_2 \to C_6H_6 + H$	$1 \cdot 10^8$	ca. 25

Geschwindigkeitskonstanten entsprechend ◘ Abb. 4.9 als experimentelle Größen zu entnehmen.

Auf diese Art erhaltene Aktivierungsenergien liegen zwischen fast null und mehreren hundert kJ mol^{-1}.

Niedrige Aktivierungsenergien bestehen im Allgemeinen bei Anlagerungsreaktionen (Beispiel: $H + H \to H_2$ oder $2\,CH_3 \to C_2H_6$). Hier müssen die Teilchen lediglich Bindungen **ausbilden**. Höher (Bereich 4 bis 40 kJ mol^{-1}) fallen Aktivierungsenergien aus, wenn Bindungen umgelagert werden (Beispiel: $Cl + H_2 \to HCl + H$; $E_A \cong 23$ kJ mol^{-1}). Hoch liegen die Aktivierungsenergien, falls Bindungen für die Reaktion aufzubrechen sind (Beispiel: $C_2H_6 \to 2CH_3$; $E_A = 384$ kJ mol^{-1}).

Eine nähere Diskussion des Vorfaktors kann erst an späterer Stelle erfolgen. ◘ Tabelle 4.3 enthält eine kurze Zusammenstellung von experimentellen Vorfaktoren und Aktivierungsenergien.

Die Arrhenius-Gleichung Gl. 4.153 führt in Übereinstimmung mit der Anschauung für bestehende hohe Aktivierungsenergie auf eine niedrige, für niedrige Aktivierungsenergie auf eine hohe Reaktionsgeschwindigkeit. (Achtung: Auch der Vorfaktor kann noch Einfluss nehmen). Gleichzeitig wird eine Reaktion mit hoher Aktivierungsenergie durch

Temperaturerhöhung stark beschleunigt. Eine Reaktion mit niedriger Aktivierungsenergie verläuft hingegen nur wenig temperaturabhängig. Im Grenzfall $E_A \to 0$ geht $k \to A$ und ein Temperatureinfluss entfällt.

> **Beispiel**
> Setzt man Aktivierungsenergien im mittleren Bereich (50–100 kJ mol^{-1}) voraus, so berechnet man mit Hilfe der Arrhenius-Gleichung, ausgehend von Normaltemperatur, einen Anstieg der Reaktionsgeschwindigkeitskonstante und damit der Reaktionsgeschwindigkeit um einen Faktor 2 bis 3 für eine Temperaturerhöhung von 10 Kelvin. Zur Verifizierung bilde man das Verhältnis $Ae^{-E_A/R \cdot 293K} / Ae^{-E_A/R \cdot 303K}$ mit E_A von z. B. 75 kJ mol^{-1} und erhält einen Wert von etwa 2,8. Für eine Temperaturerhöhung von 293 auf 373 K bedeutet dies eine Zunahme der Reaktionsgeschwindigkeit um etwa die Faktoren 2^8 bis 3^8, d. h. 256 bis 6561. Erwärmt man also ein Reaktionsgemisch als wässrige Phase in einem Reagenzglas aus Ungeduld mittels einer Bunsenbrenner-Flamme, so kann sich die Reaktion innerhalb von Sekunden um den Faktor 1000 und mehr beschleunigen. Dies legt das Tragen einer Schutzbrille nahe.

4.2.2.2.2 Kinetische Deutung der Reaktionsenthalpie

Am Ende des ▶ Abschn. 4.2.2.1 wurde die Reaktionsenthalpie für die Bildung des Übergangszustands aus dem Edukt (den Edukten) als Aktivierungsenergie E_A gekennzeichnet. **Die Reaktionsenthalpie $\Delta_R H$ der Reaktion von Edukt(en) zu Produkt(en) ist hiervon streng zu unterscheiden.**

Den Zusammenhang zwischen Aktivierungsenergie und Reaktionsenthalpie erkennen wir, wenn wir die **Rückreaktion von Produkt(en) zu Edukt(en)** betrachten. In Umkehrung der zu Gl. 4.153 führenden Gedankenkette stehen das Produkt/die Produkte nunmehr im temperaturabhängigen Gleichgewicht mit dem Übergangszustand und reagieren temperaturunabhängig zum Edukt/zu den Edukten zurück.

Zur Unterscheidung formulieren wir zunächst Gl. 4.147 und Gl. 4.150 für die Hinreaktion („→") neu

$$\text{Edukt}(e) \xrightleftharpoons{\vec{K}_{Gl}^{\ddot{U}Z}(T)} \text{Übergangszustand} \xrightarrow{k_P} \text{Produkt}(e) \qquad \text{Gl. 4.154}$$
$$\vec{k} = \vec{K}_{Gl}^{\ddot{U}Z} k_P$$

Für die jetzt betrachtete Rückreaktion formulieren wir mit („←")

$$\text{Edukt}(e) \xleftarrow{k_E} \text{Übergangszustand} \xrightleftharpoons{\overleftarrow{K}_{Gl}^{\ddot{U}Z}(T)} \text{Produkt}(e) \qquad \text{Gl. 4.155}$$
$$\overleftarrow{k} = \overleftarrow{K}_{Gl}^{\ddot{U}Z} k_E$$

4.2 · Basiswissen zur Kinetik chemischer Reaktionen

Nach Arrhenius gilt dann

$$\vec{k} = \vec{A}e^{-\vec{E}_A/RT} \qquad \text{Gl. 4.156}$$

sowie

$$\overleftarrow{k} = \overleftarrow{A}e^{-\overleftarrow{E}_A/RT} \qquad \text{Gl. 4.157}$$

Bildung der Logarithmen mit anschließendem Differenzieren nach der Temperatur liefert, da die Vorfaktoren Konstanten sind

$$\frac{\partial \ln \vec{k}}{\partial T} = \frac{\vec{E}_A}{RT^2} \qquad \text{Gl. 4.158}$$

und

$$\frac{\partial \ln \overleftarrow{k}}{\partial T} = \frac{\overleftarrow{E}_A}{RT^2} \qquad \text{Gl. 4.159}$$

Damit ist

$$\frac{\partial \ln \vec{k}}{\partial T} - \frac{\partial \ln \overleftarrow{k}}{\partial T} = \frac{\partial \ln(\vec{k}/\overleftarrow{k})}{\partial T} = \frac{\vec{E}_A}{RT^2} - \frac{\overleftarrow{E}_A}{RT^2} \qquad \text{Gl. 4.160}$$

$\vec{k}/\overleftarrow{k}$ ist andererseits identisch mit der Konstanten K_{Gl} für das **Gleichgewicht zwischen Edukten und Produkten** (siehe ▶ Abschn. 4.2.1.3.1), d. h. mit der Reaktionsisobare Gl. 4.146 gilt

$$\frac{\partial \ln K_{Gl}}{\partial T} = \frac{\Delta_R H}{RT^2} = \frac{\vec{E}_A}{RT^2} - \frac{\overleftarrow{E}_A}{RT^2} \qquad \text{Gl. 4.161}$$

Die Reaktionsenthalpie $\Delta_R H$ für die Reaktion von Edukten zu Produkten entspricht damit der Differenz zwischen den Aktivierungsenergien für Hin- und Rückreaktion

$$\Delta_R H = \vec{E}_A - \overleftarrow{E}_A \qquad \text{Gl. 4.162}$$

Für den Fall, dass alle drei Größen getrennt bestimmt werden können, besteht experimentelle Konsistenz.

◘ Abbildung 4.10 fasst dieses Ergebnis in der heute üblichen Darstellung – zeitlicher und örtlicher Ablauf einer Reaktion auf mikroskopischer Ebene entlang der sog. **Reaktionskoordinate** unter Überwindung einer Energieschwelle – zusammen.

Liegt eine zusammengesetzte Reaktion vor, so sind die entwickelten Vorstellungen auf jeden Teilschritt getrennt anzuwenden. ◘ Abbildung 4.11 stellt dies anhand der Folgereaktion Gl. 4.88 dar.

◘ Abbildung 4.11 zeigt eindringlich auf, dass streng zwischen **Übergangszustand** und **Zwischenprodukt zu unterscheiden ist**. Zwischenprodukte befinden sich in einem Energieminimum, Übergangszustände auf einem Energiemaximum. Letztere sind daher entsprechend kurzlebig, d. h. zumeist nur über eine Schwingungsperiode im Molekül existent.

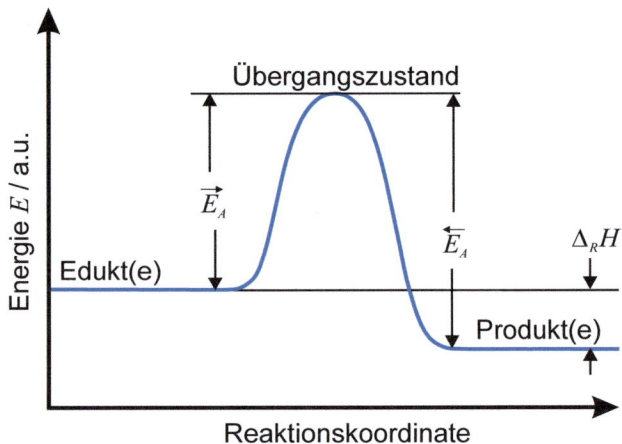

Abb. 4.10 Zusammenhang zwischen Reaktionsenthalpie und Aktivierungsenergien für Hin- und Rückreaktion. Gezeichnet ist der Ablauf einer exothermen Reaktion ($\Delta_R H = \vec{E}_A - \overleftarrow{E}_A < 0$)

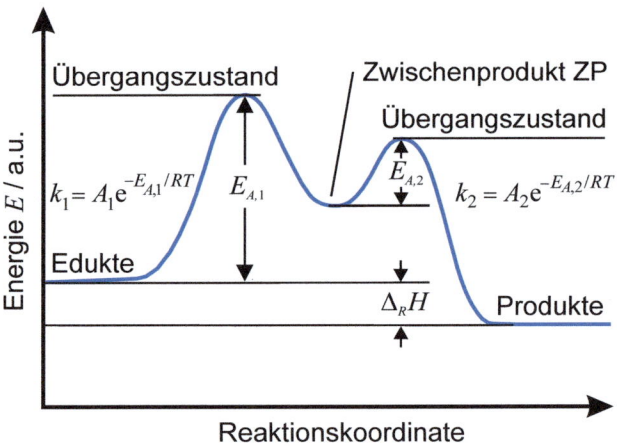

Abb. 4.11 Reaktionsenthalpie und Aktivierungsenergien für eine zusammengesetzte Reaktion. Das Symbol A tritt hier leider in einer Doppelbedeutung auf: Vorfaktor A in der Arrhenius-Gleichung und Index für Aktivierung in E_A

4.2.2.3 Abschließende Hinweise und Bemerkungen

Den ▶ Abschn. 4.2.2.1 einleitend wurde festgestellt, dass sich „häufig die erhaltenen Daten bei Auftragung von $\ln k$ gegen $1/T$ linearisieren lassen".

Dies ist auch durchaus richtig, liegt aber nicht unbedingt an der Tatsache, dass die Temperaturabhängigkeit der Reaktionsgeschwindigkeitskonstanten in allen Fällen der Arrhenius-Gleichung mit einem temperaturunabhängigen Vorfaktor A folgt. Wie weitergehende Überlegungen zeigen, kann der Vorfaktor durchaus ebenfalls noch eine

4.2 · Basiswissen zur Kinetik chemischer Reaktionen

Temperaturabhängigkeit (Proportionalität zu $\sqrt{T}$ oder T, behandelt in späteren Textteilen) zeigen. Es ist vielmehr die Eigenschaft der in ◘ Abb. 4.9 gezeigten halb-logarithmischen Auftragung, auch in solchen Fällen in Richtung einer Linearisierung zu wirken. Dies gilt insbesondere, wenn die Messgröße (die Reaktionsgeschwindigkeitskonstante) nicht über mehrere Dekaden verfolgt werden kann.

Schließlich sei noch angemerkt, dass selbst ein Anstieg der Reaktionsgeschwindigkeit mit steigender Temperatur nicht zwingend ist. Abläufe mit umgekehrten Verhalten sind durchaus theoretisch begründbar, wenn komplexere Reaktionen dahinter verborgen sind.

> Eine doppelt-logarithmische Auftragung – beide Achsen werden logarithmisch unterteilt – macht bald alles zu einer Geraden.

4.2.3 Katalyse

4.2.3.1 Der Katalysebegriff

Unter Katalyse versteht man in der Chemie die Beschleunigung einer Reaktion durch die Anwesenheit eines zusätzlichen Stoffes (Katalysator). Dieser nimmt an der Reaktion teil, geht jedoch unverändert wieder daraus hervor.

Für eine einfache Veranschaulichung wählen wir eine bimolekulare Reaktion

$$A + B \xrightarrow{k} AB \qquad \text{Gl. 4.163}$$

Bei Anwesenheit des Katalysators K sei auch die Reaktionsfolge

$$A + B + K \xrightarrow{k_1} A + BK \xrightarrow{k_2} AB + K \qquad \text{Gl. 4.164}$$

möglich. Sind nun beide Reaktionsgeschwindigkeitskonstanten k_1 und k_2 größer als k, so kann die Bildung des Produkts AB im Falle des katalysierten Mechanismus Gl. 4.164 schneller sein als im Falle Gl. 4.163.

Die Bedingung k_1 und $k_2 > k$ ist erfüllt, wenn – vgl. Gl. 4.153 – die zugehörigen Aktivierungsenergien $E_{A,1}$ und $E_{A,2} < E_A$ sind und wenn die Vorfaktoren der unterschiedlichen Prozesse identisch oder wenigstens nicht allzu verschieden sind. Wir setzen dies im Folgenden voraus und stellen die Verhältnisse in ◘ Abb. 4.12 grafisch dar. ◘ Abbildung 4.12 schließt sich an die ◘ Abb. 4.10 und ◘ Abb. 4.11 an, d. h. benutzt den Begriff des Übergangszustands.

Indizieren wir die unkatalysierte Reaktion mit u und den geschwindigkeitsbestimmenden Schritt der katalysierten Reaktion mit k, so folgt mit vernachlässigtem Einfluss der Vorfaktoren aus der Arrhenius-Gleichung Gl. 4.153 sofort

$$\frac{k_k}{k_u} = e^{(E_{A,u} - E_{A,k})/RT} \qquad \text{Gl. 4.165}$$

Dies bedeutet, dass bereits eine Absenkung der Aktivierungsenergie von z. B. 20 % zu einer sehr erheblichen Beschleunigung der Reaktion führen

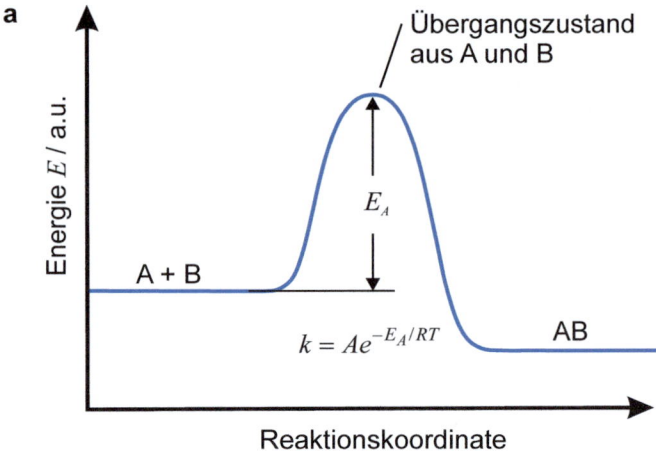

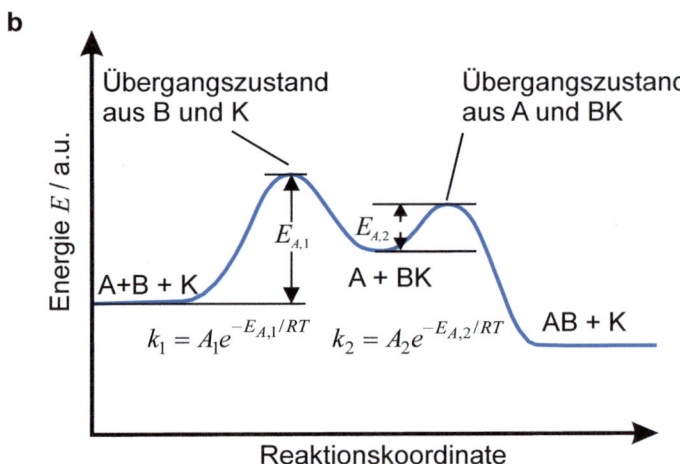

◻ **Abb. 4.12** a Unkatalysierter und b katalysierter Ablauf der Reaktion A + B → AB. $E_{A,1}$ kann statt größer genauso gut kleiner sein als $E_{A,2}$. Das Symbol A tritt hier sogar in einer Drittbedeutung auf

kann. Für z. B. $E_{A,u}$ = 120 kJ mol^{-1} und $E_{A,k}$ = 96 kJ mol^{-1} errechnet man mit einer Reaktionstemperatur von 433 K aus Gl. 4.165 $k_k \cong 10^3 \, k_u$.

Die Gleichgewichtslage der katalysierten Reaktion **ändert sich hingegen nicht.** Man erkennt dies beispielhaft sofort durch Aufstellung der zu den Reaktionen in Gl. 4.163/Gl. 4.164 gehörenden Gleichgewichtskonstanten

$$K_u = \frac{c_{AB}}{c_A c_B} = K_k = \frac{c_{AB} c_K}{c_A c_B c_K} \qquad \text{Gl. 4.166}$$

Ein allgemeiner Beweis ist genauso leicht zu führen. Der Katalysator geht ungeändert aus der Reaktion hervor. Er kann also auch die Freie Reaktionsenthalpie $\Delta_R G$ der betrachteten Reaktion nicht ändern und damit auch nicht die Gleichgewichtskonstante ($\Delta_R G = -RT \ln K$).

Man kann damit auch wie folgt formulieren: Ein Katalysator verändert ein chemisches Gleichgewicht nicht, sorgt jedoch für eine schnellere Einstellung. Katalyse tritt uns in der Chemie in vielfältigen Formen entgegen.

Werden Gasreaktionen oder in flüssiger Phase ablaufende Reaktionen katalysiert, z. B. entsprechend den Gl. 4.163/Gl. 4.164, so sprechen wir von **homogener Katalyse**. Der Katalysator ist selbst ein Gasteilchen oder eine Lösungskomponente.

Im Falle einer **heterogenen Katalyse** ist der Katalysator in Form einer Festkörperoberfläche gegeben. Eduktteilchen werden an dieser Oberfläche adsorbiert, d. h., zwischen ihnen und der Oberfläche werden bindende Kräfte wirksam, was auch die Bindungsstrukturen des Edukts verändert und so die für die Reaktion erforderliche Aktivierungsenergie erniedrigen kann. Gleichung 4.164 und ◘ Abb. 4.12 gelten weiterhin, wenn man unter BK den adsorbierten Zustand von B versteht.

> **Beispiel**
> Als ein Beispiel kann die Oxidation von Kohlenstoffmonoxid durch molekularen Sauerstoff an Platin im Abgaskatalysator dienen. Durch die Adsorption des Monoxids wird die C-O-Bindung geschwächt und so die für den Angriff des Sauerstoffs erforderliche Aktivierungsenergie erniedrigt, d. h. die Reaktion beschleunigt. Die Schwächung der Kohlenstoff-Sauerstoff-Bindung bis hin zur Trennung der Atome auf einer Katalysatoroberfläche lässt sich mit modernen Methoden (Rastertunnelmikroskop) als Video sichtbar machen.

Aus dem Bereich der Biochemie schließlich kennen wir die **Reaktionsbeschleunigung** oder ggf. -ermöglichung **durch Enzyme** (▶ Abschn. 4.2.3.4).

Vor einer näheren Behandlung der einzelnen Fälle sei noch auf den **Begriff der *selektiven Katalyse*** eingegangen.

Hierunter versteht man den Wechsel des überwiegend erzeugten Produkts (Hauptprodukt) bei Wechsel der Natur des Katalysators. ◘ Tabelle 4.4 gibt dies für den Fall der sog. Fischer-Tropsch-Synthese (heterogen-katalytische Umsetzung von CO mit H_2) wieder.

Dies steht keinesfalls im Widerspruch zur Aussage des katalytisch unbeeinflussten Gleichgewichts. Ausgehend von bestimmten Edukten können aus Sicht der Thermodynamik ggf. unterschiedliche Produkte erreicht werden, d. h. unterschiedliche Gleichgewichte bestehen. Bei der katalytischen Reaktionslenkung kommt es zunächst darauf an, einen Katalysator zu finden, welcher die Aktivierungsenergie für gerade die zum gewünschten Produkt (Gleichgewicht) führende Reaktion möglichst weit absenkt, nicht aber diejenige für unerwünschte Konkurrenzreaktionen. Zum anderen kommt es darauf an, die Einstellung

Tab. 4.4 Hauptprodukte der Fischer-Tropsch-Synthese in Abhängigkeit vom Katalysatormaterial. Nach [A31]

Katalysator	Hauptprodukt(e)
Cobalt, Zinkoxid	Methan
Nickel	Gasförmige und flüssige gesättigte Kohlenwasserstoffe
Ruthenium	Feste gesättigte Kohlenwasserstoffe
Eisen	Ungesättigte Kohlenwasserstoffe
Thoriumoxid	Verzweigte Kohlenwasserstoffe
Zinkoxid, Chrom(III)-oxid, Kupfer, Mangandioxid	Methanol und höhere (auch verzweigte) Alkohole

der unerwünschten Gleichgewichte nicht abzuwarten, sondern das gewünschte Produkt vorher auszuschleusen.

4.2.3.2 Homogene Katalyse

Wie bereits erwähnt, kann für den Fall einer homogenen Katalyse der Katalysator als Bestandteil eines Reaktionsgemisches in der Gasphase oder in der flüssigen Phase vorliegen. In beiden Fällen kann man zuallermeist davon ausgehen, dass die Verhältnisse komplizierter sind als in Gl. 4.164 bzw. ◘ Abb. 4.12 dargelegt (wo ja lediglich zwei bimolekulare Teilschritte angeführt werden). Hierauf gehen wir nachstehend punktuell ein.

Als Beispiel einer Gasphasenreaktion betrachten wir die Zersetzung einer organischen Spezies E zu P_1 und P_2. Eine C-C-Bindung soll gespalten werden. Dies bedarf jedoch einer recht hohen Aktivierungsenergie. Diese kann gesenkt werden, beispielsweise durch die Zugabe von Ioddampf, da die I-I-Bindung eine geringere Bindungsenergie aufweist und die entstehenden Iodradikale sehr reaktiv sind.

Dann lassen sich die folgenden Teilschritte postulieren:
- Ioddissoziation $\quad I_2 \rightarrow 2I$
- Iodanlagerung $\quad E + I \rightarrow EI$
- Öffnung z. B. einer der Anlagerung benachbarten C-C-Bindung $\quad EI \rightarrow P_1I + P_2$
- Iodabspaltung $\quad P_1I \rightarrow P_1 + I$
- Iodrekombination $\quad 2I \rightarrow I_2$
- Stabilisierung von P_1 und P_2, gegebenenfalls auch durch Aufnahme weiterer Reaktanden

Dies ist nur ein möglicher Reaktionsmechanismus.

In flüssiger Phase (wässriger Lösung) kommt die Bildung reaktionsfähiger Zwischenverbindungen durch Protonierung recht häufig vor. Für den Fall einer Reaktion von formal zweiter Ordnung $E_1 + E_2 \rightarrow$ Produkt(e) P postulieren wir dann mit der Brønsted-Säure HA als Protonendonator

4.2 · Basiswissen zur Kinetik chemischer Reaktionen

$$E_1 + HA \xrightarrow{k_1} E_1H^+ + A^- \qquad \text{Gl. 4.167}$$

$$E_1H^+ + E_2 \xrightarrow{k_2} \text{Produkt(e) P} + H^+ \qquad \text{Gl. 4.168}$$

$$H^+ + A^- \xrightarrow{k_3} HA \qquad \text{Gl. 4.169}$$

Betrachten wir den Fall, dass k_1 sehr viel kleiner als k_2 ist (d. h. langsame Protonierung), so bleibt die Konzentration von E_1H^+ stets sehr klein, d. h. $dc_{E_1H^+}/dt = k_1 c_{E_1} c_{HA} - k_2 c_{E_1H^+} c_{E_2} \cong 0$. Dies bedeutet

$$c_{E_1H^+} = \frac{k_1}{k_2} \cdot \frac{c_{E_1} c_{HA}}{c_{E_2}} \qquad \text{Gl. 4.170}$$

Mit $dc_P/dt = k_2 c_{E_1H^+} c_{E_2}$ erhalten wir daraus

$$\frac{dc_P}{dt} = k_1 c_{E_1} c_{HA} \qquad \text{Gl. 4.171}$$

Der erste Schritt bestimmt damit die Produktbildungsgeschwindigkeit, d. h. die Reaktionsgeschwindigkeit ist proportional zur Konzentration des Protonendonators (**allgemeine Säurekatalyse**).

Ist dagegen $k_1 \gg k_2$, so wird die Konzentration von E_1H^+ groß und es bildet sich ein Lösungsgleichgewicht aus

$$E_1H^+ + H_2O \rightleftharpoons E_1 + H_3O^+ \qquad \text{Gl. 4.172}$$

Aus diesem Gleichgewicht reagiert E_1H^+ langsam ab, dies liefert für die Produktbildung

$$\frac{dc_P}{dt} = k_2 c_{E_1H^+} c_{E_2} \qquad \text{Gl. 4.173}$$

$c_{E_1H^+}$ können wir nunmehr aus Gl. 4.172 über das Massenwirkungsgesetz gewinnen

$$c_{E_1H^+} = \frac{c_{E_1} c_{H_3O^+}}{c_{H_2O} K_{Gl}} \qquad \text{Gl. 4.174}$$

und in Gl. 4.173 einsetzen. Dies liefert

$$\frac{dc_P}{dt} = k_2 \frac{c_{E_1} c_{H_3O^+}}{c_{H_2O} K_{Gl}} c_{E_2} \qquad \text{Gl. 4.175}$$

oder wegen Konstanz der Lösungsmittelkonzentration

$$\frac{dc_P}{dt} = k_2' c_{E_1} c_{E_2} c_{H_3O^+} \qquad \text{Gl. 4.176}$$

Die Reaktionsgeschwindigkeit ist jetzt vom pH-Wert abhängig (**spezifische Säurekatalyse**).

Ein Beispiel für eine spezifische Säurekatalyse ist die sog. Inversion des Rohrzuckers in wässriger Lösung zu D-Glucose und D-Fructose

$$C_{12}H_{22}O_{11} + H_2O \xrightarrow{H^+} C_6H_{12}O_6 + C_6H_{12}O_6$$
Saccharose D-Glucose D-Fructose

Gl. 4.177

Hierin stellt Saccharose das Edukt E_1 dar, Wasser das Edukt E_2. Man kann natürlich nicht davon ausgehen, dass der Schritt in Gl. 4.168 als Elementarreaktion abläuft. Als Protonendonatoren kommen verdünnte Mineralsäuren zum Einsatz. Die Reaktion lässt sich im technischen Maßstab auch enzymatisch führen (▶ Abschn. 4.2.3.4).

Ganz entsprechend kennen wir die allgemeine und die spezifische Basenkatalyse: Von einem Edukt EH wird durch die Wirkung eines Protonenakzeptors B ein Proton in rascher Reaktion abstrahiert

$$EH + B \rightarrow E^- + BH^+$$

Gl. 4.178

Die Spezies E^- reagiert unter verminderten Ansprüchen an die Aktivierungsenergie weiter, Schlussstein ist die Wiederaufnahme des Protons durch ein negativ geladenes Produkt.

Die beschriebenen Effekte sind auch als **Säure-Basen-Katalyse** bekannt. Wasser ist amphoter, d. h. kann sowohl als Protonendonator als auch -akzeptor dienen. Hierin kann man den Grund dafür erblicken, dass insbesondere in Wasser als Lösungsmittel eine große Vielzahl von Reaktionen recht schnell abläuft.

Diesen Punkt abschließend sei noch die sog. Autokatalyse gestreift. Hierunter verstehen wir eine Reaktion, deren Geschwindigkeit durch ein Reaktionsprodukt katalytisch gesteigert wird.

In der kinetischen Gleichung für die Produktbildung muss dann neben den Eduktkonzentrationen auch die Konzentration dieses Produkts auftreten.

Zu Beginn der Reaktion sind die Eduktkonzentrationen groß und die Produktkonzentrationen klein. Letzteres gilt dann auch für die noch unkatalysierte Reaktionsgeschwindigkeit. Mit wachsender Reaktionszeit sinken die Eduktkonzentrationen zunächst langsam ab und die Produktkonzentration steigt steil an, verbunden mit durch die Autokatalyse schneller werdender Reaktion. Schließlich überwiegt die Abnahme der Eduktkonzentration die Zunahme der Produktkonzentration, die Reaktionsgeschwindigkeit hat dann ein Maximum durchlaufen und sinkt wieder ab.

4.2.3.3 Heterogene Katalyse

Das Wesen der heterogenen Katalyse wurde bereits in ▶ Abschn. 4.2.3.1 aufgezeigt. Danach läuft die Reaktion über adsorbierte Spezies ab. Die Behandlung der heterogenen Katalyse **muss daher mit einigen Überlegungen zur Adsorption beginnen**.

4.2.3.3.1 Adsorption

Die Bausteine eines Festkörpers unterliegen in seinem Inneren Wechselwirkungen nach allen Seiten. Dies ist an der Oberfläche nicht der Fall. Oberflächenbausteine sind bindungsmäßig insoweit nicht abgesättigt und vermögen aus der angrenzenden Phase (Gasphase oder flüssige Phase) Fremdteilchen zu binden – zu adsorbieren. Wir reden hier von Oberflächenplätzen. Zunächst soll die Gasphase betrachtet werden.

◘ Abbildung 4.13 stellt dies bildlich dar und legt gleichzeitig die Begriffe Adsorption, Desorption, Adsorbens und Adsorptiv fest.

Adsorption wird insbesondere dort schnell ablaufen, wo Oberflächenbausteine nach mehreren Seiten nicht abgesättigt sind (z. B. kristallografische Wachstumskanten, Gitterfehler u. a.m., unterer Teil der ◘ Abb. 4.13). Große Teilchen werden – da Wechselwirkungen mit mehreren Oberflächenplätzen möglich sind – im Allgemeinen leichter adsorbiert als kleinere Teilchen.

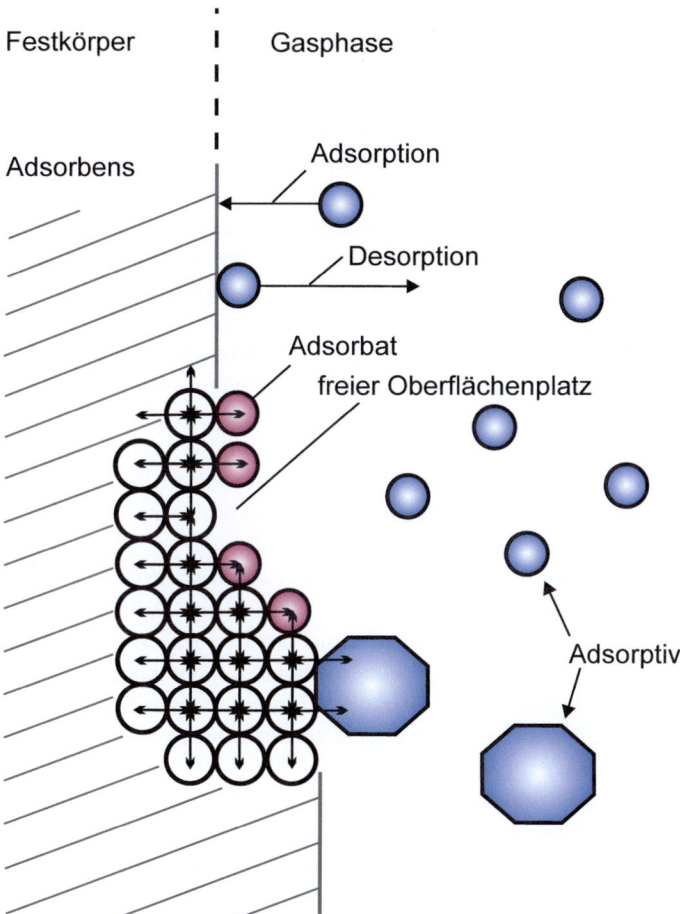

◘ **Abb. 4.13** Schaubild zur Adsorption aus der Gasphase

Als erstes haben wir **Physisorption** und **Chemisorption** zu unterscheiden.

Physisorption wird durch (vergleichsweise schwache) physikalische Kräfte (Dipol-Dipol-Wechselwirkungen, quantenmechanische Austauschkräfte (Van-der-Waals-Kräfte), im Falle von geladenen Teilchen auch elektrostatische Wechselwirkungen) ausgelöst. Die Adsorptionsenthalpie ΔH_{ad} liegt dann im Bereich bis -50 kJ mol^{-1}.

> **Vorzeichen**
>
> Die Freie Adsorptionsenthalpie $\Delta G_{ad} = \Delta H_{ad} - T\Delta S_{ad}$ sei die Differenz $G_{Adsorbat} - G_{Adsorptiv}$ der Freien Enthalpien je eines Mols Adsorbat und Adsorptiv. ΔH_{ad} und ΔS_{ad} sind als Adsorptionsenthalpie und -entropie ganz entsprechend definiert. ΔG_{ad} **muss negativ sein**, damit die Adsorption freiwillig abläuft. ΔS_{ad} ist negativ, da der Ordnungszustand in der Adsorbatschicht größer ist als im ungeordneten Adsorptiv. ΔH_{ad} **muss dann negativ sein** und vom Betrag her den Term $T\Delta S_{ad}$ überwiegen.

Aufgrund der relativ großen Reichweite physikalischer Kräfte können sich gegebenenfalls mehrere Adsorptionsschichten übereinander ausbilden. – Der Betrag von 50 kJ mol^{-1} liegt im Bereich der molaren Verdampfungsenthalpien von Flüssigkeiten. Wir können daher in Analogie zum Verdampfungsvorgang ein Desorbieren vieler Physisorptionsschichten bereits bei Temperaturen wenig oberhalb von Zimmertemperaturen annehmen.

Chemisorption wird durch die Ausbildung chemischer Wechselwirkungen (kovalente Bindungen, auch Ausbildung von π-Komplexen) zwischen Oberflächen-Bausteinen und Adsorptivteilchen verursacht (nachweisbar durch Infrarotspektroskopie, bei der eine Änderung der Schwingungswellenzahlen im Molekül bei Adsorption beobachtet werden kann). Demzufolge kann die Adsorptionsenthalpie ΔH_{ad} bis zu -500 kJ mol^{-1} betragen.

Die geringe Reichweite der Kräfte beschränkt die Chemisorption auf die Ausbildung nur einer Schicht (Monoschicht, hierauf können allerdings noch Physisorptionsschichten aufwachsen). Chemisorptionsschichten sind auch bei höheren Temperaturen stabil. Für ein vollständiges sogenanntes Ausheizen der früher viel verwendeten Vakuumapparaturen aus Glas ist z. B. dunkle Rotglut erforderlich. Bei modernen Apparaturen aus Edelstahl reichen 200 °C.

Der **Grad der Adsorption** nimmt, wie soeben plausibel gemacht, mit steigender Temperatur infolge verstärkter Desorption ab. Demgegenüber wird steigender Druck des zu adsorbierenden Gases infolge höheren Teilchenangebots für verstärkte Adsorption sorgen.

Dies wird durch den sog. **Bedeckungsgrad** θ als zentraler Größe der Beschreibung von Adsorptionsvorgängen quantifiziert. Er repräsentiert den mit Adsorbat belegten Anteil der Oberfläche.

4.2 · Basiswissen zur Kinetik chemischer Reaktionen

$$\theta = \frac{\text{mit Adsorbat besetzte Oberflächenplätze}}{\text{vorhandene Oberflächenplätze}} \qquad \text{Gl. 4.179}$$

$\theta = 1$ entspricht damit einer völlig mit Adsorbat belegten, $\theta = 0$ einer völlig freien Oberfläche. Der Anteil der freien Oberfläche ist dementsprechend durch

$$\frac{\text{vorhandene Oberflächenplätze minus besetzte Plätze}}{\text{vorhandene Oberflächenplätze}} = 1 - \theta$$

Gl. 4.180

gegeben.

Definieren wir weiter b_s als **Oberflächenmolalität** des Adsorbats (Stoffmenge Adsorbat pro Masse Adsorbens, Index s für surface), so ist

$$\theta = \frac{b_s}{b_{s,\max}} \qquad \text{Gl. 4.181}$$

mit $b_{s,\max}$ als maximal möglicher Oberflächenmolalität. Diese muss allerdings als temperaturabhängig angesehen werden. Die Definitionen Gl. 4.179 und Gl. 4.181 sind daher nur dann kompatibel, wenn man den Term „vorhandene Oberflächenplätze" im Sinne von „bei der Temperatur T belegbare Oberflächenplätze" versteht.

Bei der Adsorption aus der Gasphase ist die Oberflächenmolalität für ein Adsorbat recht einfach erhältlich.

Hierzu kann man das zu adsorbierende Gas unter dem Druck p_1 in ein Volumen V_1 einschließen. Das Volumen V_1 ist mit einem **evakuierten** Volumen V_2 verbunden, in welchem sich eine bestimmte Menge Adsorbens befindet. Nunmehr werden beide Volumina miteinander verbunden. **Die Stoffmenge n_1 des Gases in der Gasphase** wird dann infolge Adsorption um den adsorbierten Anteil n_{ad} auf den Wert n_2 verringert. Für n_{ad} erhalten wir nach dem idealen Gasgesetz, wenn p_2 der Druck nach erfolgter Adsorption ist, sofort

$$n_{ad} = n_1 - n_2 = \frac{p_1 V_1}{RT} - \frac{p_2(V_1 + V_2)}{RT} \qquad \text{Gl. 4.182}$$

Die Oberflächenmolalität b_s entsteht daraus nach Division durch die Masse des verwendeten Adsorbens. Eine direkte Bestimmung von b_s ist möglich, wenn man wie oben verfährt, das Adsorbens jedoch in die Schale einer empfindlichen Federwaage gibt. **Beide recht einfach zu verstehende Bestimmungsverfahren liefern zunächst b_s als Funktion von p und T** (weitere Bestimmungsmethoden siehe [A30]–[A33]). Sieht man für die zugrunde liegenden Experimente ausreichend Zeit vor, so ist vom Bestehen **eines Adsorptions-Desorptions-Gleichgewichts** auszugehen und man **erhält Gleichgewichts-Oberflächenmolalitäten b_s^0**. Ein typischer Verlauf für $b_s^0(p, T)$ ist mit ◘ Abb. 4.14 gegeben.

Danach entspricht der Verlauf der Gleichgewichts-Oberflächenmolalität mit ansteigendem Druck für T = konst. auf den ersten Blick einer Wurzelfunktion $y = Ax^B$ mit $0 < B < 1$. Dementsprechend formulierten

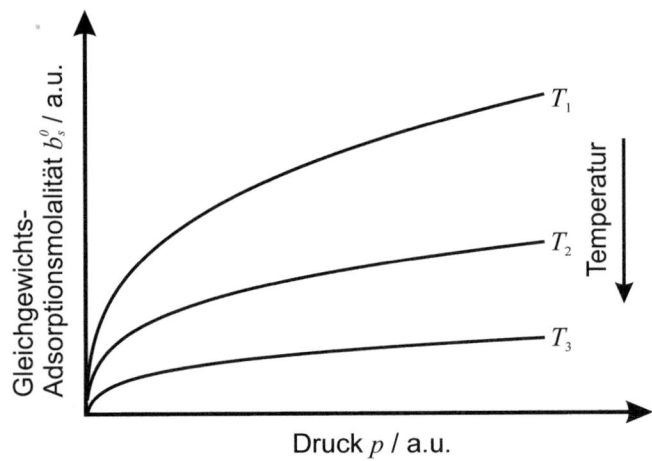

Abb. 4.14 Schematisiertes Beispiel für die Abhängigkeit der Adsorption eines Gases an einem Feststoff von Druck und Temperatur ($T_1 < T_2 < T_3$), vgl. Text

Ostwald und Freundlich die noch heute als **Freundlich-Isotherme** bezeichnete Gleichung

$$b_s^0 = Ap^B \qquad \text{Gl. 4.183}$$

mit den experimentellen Konstanten $A(T)$ und $B(T)$. Die Konstante B liegt – dem Wurzelverlauf entsprechend – zwischen 0,2 und 0,8. Die Freundlich-Isotherme gibt insbesondere den Anfangsverlauf von Experimenten bereits recht gut wieder, sowohl für Physi- als auch Chemisorption.

In der Folge wurden eine Vielzahl von Versuchen bekannt, Adsorptionsisothermen aus passenden Annahmen zu berechnen. Wir müssen uns hier auf die viel verwendeten Langmuir- und BET (Brunner, Emmet und Teller)-Isothermen beschränken.

Die **Langmuir-Isotherme** wird unter folgenden Annahmen hergeleitet:
- Es liegt eine glatte Oberfläche einheitlicher Zusammensetzung vor.
- Es bildet sich maximal eine Adsorptions-Monoschicht aus.
- Zwischen adsorbierten Teilchen bestehen keine Wechselwirkungen.

Die zeitliche Änderung des Bedeckungsgrads bei Adsorption kann man als proportional zum Druck p und zum noch verbleibenden freien Anteil der Oberfläche ansehen. Mit k_{ad} als Proportionalitätskonstante (Adsorptionsgeschwindigkeitskonstante) gilt also für die Adsorptionsgeschwindigkeit v_{ad}

$$v_{ad} = \frac{d\theta}{dt} = k_{ad}p(1-\theta) \qquad \text{Gl. 4.184}$$

Für die Desorption formulieren wir ganz entsprechend

$$v_{des} = \frac{d\theta}{dt} = k_{des}\theta \qquad \text{Gl. 4.185}$$

4.2 · Basiswissen zur Kinetik chemischer Reaktionen

Entfällt die dritte Annahme – es treten Wechselwirkungen zwischen adsorbierten Teilchen auf – so werden k_{ad} und k_{des} von θ abhängig. Im **Adsorptions-Desorptions-Gleichgewicht** ist $v_{ad} = v_{des}$, d. h. mit θ_0 als Gleichgewichtswert gilt

$$k_{ad}p(1-\theta_0) = k_{des}\theta_0 \qquad \text{Gl. 4.186}$$

Nach Umformen erhält man daraus

$$k_{ad}p = \theta_0(k_{des} + k_{ad}p) \qquad \text{Gl. 4.187}$$

d. h.

$$\theta_0 = \frac{k_{ad}p}{k_{des} + k_{ad}p} \qquad \text{Gl. 4.188}$$

Mit $\beta = k_{ad}/k_{des}$ als sogenanntem Adsorptionskoeffizienten folgt sodann die Langmuir-Isotherme

$$\theta_0 = \frac{\beta p}{1 + \beta p} \qquad \text{Gl. 4.189}$$

Hier kann β in Analogie zu Gl. 4.80 auch als Gleichgewichtskonstante des Adsorptionsprozesses angesehen werden. In Übereinstimmung mit der Anschauung erhalten wir für großen Druck p einen Bedeckungsgrad nahe 1 und für $p \to 0$ geht auch $\theta_0 \to 0$. Für kleines p steigt zudem θ_0 linear an.

Den für eine numerische Beschreibung erforderlichen Adsorptionskoeffizienten β erhalten wir über eine Linearisierung der Gl. 4.189. Zweckmäßigerweise wird vorher θ_0 durch $b_s^0/b_{s,\max}$ ersetzt (auf das Gleichgewicht bezogene Gl. 4.181). Dann gilt

$$b_s^0 = b_{s,\max} \frac{\beta p}{1 + \beta p} \qquad \text{Gl. 4.190}$$

oder

$$\frac{p}{b_s^0} = \frac{1 + \beta p}{\beta b_{s,\max}} = \frac{1}{\beta b_{s,\max}} + \frac{p}{b_{s,\max}} \qquad \text{Gl. 4.191}$$

Eine Auftragung der Messdaten p und b_s^0 in der Form p/b_s^0 gegen p liefert damit sowohl den erforderlichen Koeffizienten als auch die maximal mögliche Adsorptionsmolalität.

Der hier diskutierte Bedeckungsgrad θ_0 ist nach dem Gang der Überlegungen ein Gleichgewichtswert. In ausreichendem Abstand vom Gleichgewicht – d. h. in nicht zu großem Zeitabstand vom Beginn der Adsorption – können wir $d\theta/dt$ als allein durch die Adsorption bestimmt annehmen

$$\frac{d\theta}{dt} = k_{ad}p(1-\theta) \qquad \text{Gl. 4.192}$$

Trennung der Variablen liefert

$$\frac{d\theta}{1-\theta} = k_{ad}p\,dt \qquad \text{Gl. 4.193}$$

Daraus wird durch Integration von 0 bis θ und 0 bis t

$$\int_0^\theta \frac{d\theta}{1-\theta} = -\ln(1-\theta) = k_{ad} p \int_0^t dt = k_{ad} p t \qquad \text{Gl. 4.194}$$

oder

$$\theta = 1 - e^{-k_{ad} p t} \qquad \text{Gl. 4.195}$$

Der Bedeckungsgrad steigt damit im diskutierten Bereich zeitlich nach demselben mathematischen Gesetz an, wie die Produktkonzentration einer Reaktion erster Ordnung oder quasi erster Ordnung (vgl. ◘ Tab. 4.1) – tatsächlich kann man die adsorbierte Spezies ja auch als ein Produkt auffassen und zu Beginn der Adsorption liegen die Oberflächenplätze im Überschuss vor. Für den Fall, dass **zeitabhängige Daten** für θ zur Verfügung stehen, ist die Adsorptionsgeschwindigkeitskonstante über Gl. 4.195 erhältlich.

Die **BET-Isotherme** wird auf Basis des Vorliegens mehrerer Physisorptionsschichten gewonnen. Ihre Herleitung ist recht umständlich [A32]. Das Endergebnis lautet in linearisierter Form

$$\frac{p}{(p_0-p)b_s^0} = \frac{1}{D b_{s,\max}} + \frac{(D-1)p}{D b_{s,\max} p_0} \qquad \text{Gl. 4.196}$$

Hierin ist D eine temperaturabhängige individuelle Konstante und p_0 der (bekannte) Dampfdruck der reinen flüssigen Phase des Adsorptivs bei den gewählten p,T-Werten (übereinanderliegende Schichten adsorbierten Gases kann man als Oberflächenkondensat verstehen). Ein Auftragen der linken Gleichungsseite gegen p liefert D und wiederum $b_{s,\max}$.

Die heterogene Katalyse läuft über adsorbierte Teilchen ab, und insoweit ist die Kenntnis der Oberfläche des als Katalysator benutzten, vielfach porösen Festkörpers von Interesse. Als vorletzten Punkt des laufenden Abschnitts behandeln wir daher noch die **Bestimmung von spezifischen Oberflächen** O_{spez}.

$b_{s,\max}$ stellt (als Messgröße) die Stoffmenge Adsorbat dar, welche einer Monoschicht auf der Oberfläche einer definierten Masse Adsorbens entspricht. Sei A der Platzbedarf eines Adsorbatteilchens auf der Oberfläche, so ist $A \cdot N_A$ der Platzbedarf eines Mols. Dann gilt sofort

$$O_{spez} = A N_A b_{s,\max} \qquad \text{Gl. 4.197}$$

(Einheit: m^2 kg^{-1}) Für eine Abschätzung des Platzbedarfs A nehmen wir an, dass die räumliche Dichte in der Adsorbat-Monoschicht auf der Oberfläche der räumlichen Dichte einer Monoschicht in der entsprechenden Flüssigkeit gleichkommt.

Flüssiger Wasserstoff hat z. B. eine Dichte von 70 g l^{-1}, d. h., ein Liter enthält 35 mol. Damit sind in 28 ml etwa $6 \cdot 10^{23}$ Teilchen enthalten. Das Volumen eines Teilchens ist dann rund $50 \cdot 10^{-24}$ cm^3. Dies führt – Würfelform angenommen – auf eine Kantenlänge von $3{,}7 \cdot 10^{-8}$ cm,

4.2 · Basiswissen zur Kinetik chemischer Reaktionen

was einem Platzbedarf von $13 \cdot 10^{-16}$ cm^2 oder 0,13 nm^2 (die in diesem Zusammenhang übliche Einheit) entspricht. Für N$_2$ erhält man A = 0,162, für Argon 0,166 und für Krypton 0,210 nm^2.

(Einheit: m^{2}kg^{-1}) Für eine Ausführung der Oberflächenbestimmung werden zumeist letztere Gase für die Bestimmung von b_s^0 verwendet, eine Auswertung in Bezug auf $b_{s,\max}$ erfolgt mit Hilfe der BET-Isotherme (**BET-Methode, BET-Oberfläche**).

Poröse Materialien können spezifische Oberflächen von mehr als 1000 m^2 g^{-1} aufweisen, etwa im Fall von Aktivkohle. Dann können mehr als 10 mmol Adsorbat ($6 \cdot 10^{21}$ Teilchen) pro Gramm Adsorbens gebunden werden. – Die gemessene Oberfläche hängt stets ein wenig von der für die Messung benutzten Gasart ab (Ungenauigkeiten im Platzbedarf und genauem Ausbilden einer Monoschicht). – Bei sehr engporigem Material können Ungenauigkeiten durch Kapillarkondensation (siehe hierzu [A6]) entstehen.

Der letzte Punkt geht kurz auf die Adsorption an fest-flüssig-Grenzflächen ein. Hier können Freundlich- und Langmuir-Isothermen Anwendung finden, natürlich unter Verwendung von Konzentrations- anstelle von Drucktermen. Als ein Beispiel sei die Untersuchung der Adsorption von Phenol aus schwefelsaurer Lösung an Platin genannt [5]. Als Methoden zur Bestimmung von Bedeckungsgraden kommen u. a. elektrochemische Methoden [A23] und die Quarzmikrowaage in Frage. Bei Letzterer wird die Frequenz eines mit einem Adsorbens beschichteten Schwingquarzes durch die Masse des darauf befindlichen Adsorbats verändert.

Die BET-Isotherme Gl. 4.196 scheint für den Fall einer fest-flüssigen Grenzfläche zur Beschreibung von Adsorbtionsvorgängen weniger geeignet, schon weil darin der Dampfdruck des reinen Adsorptivs eine Rolle spielt.

4.2.3.3.2 Heterogene Mechanismen

Im Folgenden bezeichnen wir einen Oberflächenplatz mit dem Symbol $*$. Dann können wir analog zur monomolekularen Reaktion

$$A \xrightarrow{k} \text{Produkt(e) P} \qquad \text{Gl. 4.1}$$

den folgenden **heterogenen Mechanismus** formulieren

$$A + * \underset{k_{A,des}}{\overset{k_{A,ad}}{\rightleftarrows}} \overset{A}{\underset{*}{|}} \underset{k_{P-A}}{\overset{k_{A-P}}{\rightleftarrows}} \overset{P}{\underset{*}{|}} \underset{k_{P,ad}}{\overset{k_{P,des}}{\rightleftarrows}} P + * \qquad \text{Gl. 4.198}$$

Alle Teilschritte sind zunächst als umkehrbar angesetzt. Die getroffenen Indizierungen erklären sich selbst.

In Analogie zur bimolekularen Reaktion

$$A + B \xrightarrow{k} \text{Produkte (P)} \qquad \text{Gl. 4.25}$$

können wir schreiben

$$A + B + 2* \rightleftarrows \overset{A}{\underset{*}{|}} + \overset{B}{\underset{*}{|}} \rightleftarrows \overset{P}{\underset{*\ *}{\wedge}} \rightleftarrows P + 2* \qquad \text{Gl. 4.199}$$

Dieser Ablauf impliziert, dass die Edukte A und B auf benachbarten Oberflächenplätzen adsorbiert sind. Dies ist nicht erforderlich, wenn die Spezies A aus der Gasphase heraus mit der adsorbierten Spezies B reagiert.

$$A + B + * \rightleftharpoons A + \overset{B}{\underset{*}{|}} \rightleftharpoons \overset{P}{\underset{*}{|}} \rightleftharpoons P + * \qquad \text{Gl. 4.200}$$

Der Mechanismus Gl. 4.198 ist nach Langmuir-Hinshelwood, der Mechanismus Gl. 4.200 nach Eley-Rideal benannt. Unterscheidungskriterien zwischen beiden Mechanismen lassen sich aus einer analytischen Behandlung gewinnen.

Im vorliegenden Rahmen werden wir den Mechanismus Gl. 4.198 als ein exemplarisches Beispiel näher behandeln. Hierzu treffen wir die folgenden Voraussetzungen:

— Der der Adsorption des Edukts A vorgelagerte Transportschritt (Antransport durch konvektive Diffusion) erfolge schnell. Der Druck des Edukts wird konstant gehalten.
— Das desorbierende Produkt P wird schnell abtransportiert (schnelle konvektive Abdiffusion).

> Schnelle Transportschritte erreicht man durch eine Strömung entlang der Katalysatoroberfläche, vgl. die Bemerkungen zur konvektiven Diffusion in ▶ Abschn. 2.2.1.3.

Dann läuft die Reaktion stationär und fern vom Gleichgewicht ab. Stationarität bedeutet, dass die Bedeckungsgrade θ_A und θ_P des Katalysators mit dem Edukt A und dem Produkt P konstant sind. Fern vom Gleichgewicht bedeutet, dass der Druck des Produkts P klein bleibt und somit die Rückreaktion von P zu A–∗ vernachlässigt werden kann.

Damit können wir für die Prozessgeschwindigkeit v insgesamt schreiben

$$v = v(p_A, k_{A,ad}, k_{A,des}, \theta_A, k_{A-P}, \theta_P, k_{P,des}) \qquad \text{Gl. 4.201}$$

Für eine Ausführung können wir die folgenden Zusammenhänge benutzen:

— Die Adsorptionsgeschwindigkeit $v_{A,ad}$ des Edukts A muss proportional zum Druck p_A und proportional zum unbelegten Anteil der Oberfläche $1 - \theta_A - \theta_P$ sein, d. h.

$$v_{A,ad} = k_{A,ad} p_A (1 - \theta_A - \theta_P) \qquad \text{Gl. 4.202}$$

— Die zugehörige Desorptionsgeschwindigkeit ist proportional zum mit dem Edukt belegten Oberflächenanteil

$$v_{A,des} = k_{A,des} \theta_A \qquad \text{Gl. 4.203}$$

— Die Geschwindigkeit v_{A-P} für die Bildung des Produkts ist ebenfalls proportional zu θ_A

$$v_{A-P} = k_{A-P} \theta_A \qquad \text{Gl. 4.204}$$

4.2 · Basiswissen zur Kinetik chemischer Reaktionen

— In einem stationären Zustand muss folgende Bilanz gelten

$$v_{A,ad} = v_{A,des} + v_{A-P} \qquad \text{Gl. 4.205}$$

— Die Desorptionsgeschwindigkeit $v_{P,des}$ für das Produkt lautet

$$v_{P,des} = k_{P,des}\theta_P \qquad \text{Gl. 4.206}$$

— Schließlich muss die Prozessgeschwindigkeit v, da die Rückreaktion von P nach A–∗ ja ausgeschlossen wurde, identisch mit v_{A-P} und $v_{P,des}$ sein (d. h., alles mit der Geschwindigkeit v_{A-P} gebildete Produkt wird durch Desorption auch freigesetzt)

$$v = v_{A-P} = v_{P,des} \qquad \text{Gl. 4.207}$$

Die Gl. 4.205 und Gl. 4.207 können nur gelten, falls die auftretenden Geschwindigkeiten alle die gleiche Einheit tragen, z. B. Teilchen pro Zeit und Fläche oder Mol pro Zeit und Fläche. Dies ist durch jeweils passende Definition der Geschwindigkeitskonstanten erreichbar. Da numerische Rechnungen hier nicht beabsichtigt sind, brauchen wir dies nicht näher auszuführen.

Mit Hilfe der Zusammenhänge Gl. 4.202 bis Gl. 4.207 können wir die Bedeckungsgrade θ_A und θ_P aus der Funktion Gl. 4.201 eliminieren, d. h. die Funktion

$$v = v\left(p_A, k_{A,ad}, k_{A,des}, k_{A-P}, k_{P,des}\right) \qquad \text{Gl. 4.208}$$

gewinnen.

Wir erhalten hierfür

$$v = \frac{k_{A,ad}k_{P,des}p_A}{\left(\dfrac{k_{P,des}}{k_{A-P}}+1\right)k_{A,ad}p_A + \left(\dfrac{k_{A,des}}{k_{A-P}}+1\right)k_{P,des}} \qquad \text{Gl. 4.209}$$

Mathematischer Hintergrund

Gleichung 4.205 lautet bei Einsetzen der Gl. 4.202 bis Gl. 4.204 nach Umstellung

$$k_{A,ad}p_A(1-\theta_A-\theta_P) - k_{A,des}\theta_A - k_{A-P}\theta_A = 0$$

Hierin können wir θ_A durch $(k_{P,des}/k_{A-P})\theta_P$ ersetzen (folgt aus Gl. 4.204, Gl. 4.206 und Gl. 4.207). Dies liefert nach Ausmultiplizieren

$$k_{A,ad}p_A - k_{A,ad}p_A\frac{k_{P,des}}{k_{A-P}}\theta_P - k_{A,ad}p_A\theta_P - k_{A,des}\frac{k_{P,des}}{k_{A-P}}\theta_P$$

$$-k_{A-P}\frac{k_{P,des}}{k_{A-P}}\theta_P = 0$$

> Kürzen im letzten Term, Ausklammern von und Auflösen nach θ_p ergibt
>
> $$\theta_P = \frac{k_{A,ad}p_A}{k_{A,ad}p_A\dfrac{k_{P,des}}{k_{A-P}} + k_{A,ad}p_A + k_{A,des}\dfrac{k_{P,des}}{k_{A-P}} + k_{P,des}}$$
>
> Hieraus erhalten wir mit Gl. 4.207 und Gl. 4.206 unter Ausklammern von $k_{A,ad}p_A$ einerseits und $k_{p,des}$ andererseits sofort die Endgleichung Gl. 4.209.

Bei ausreichend großem Druck wird der zweite Term im Nenner der Gl. 4.209 vernachlässigbar. Dies liefert

$$v = \frac{k_{P,des}}{\left(k_{P,des}/k_{A-P}\right)+1} = \frac{k_{P,des}k_{A-P}}{k_{P,des}+k_{A-P}} \qquad \text{Gl. 4.210}$$

Die Reaktionsgeschwindigkeit wird dann unabhängig vom Druck des Edukts.

Reaktionen, welche dieses Verhalten zeigen, werden auch als Reaktionen nullter Ordnung bezeichnet.

Bei schnellem Desorptionsprozess kann im Nenner der Gl. 4.210 die eigentliche Reaktionsgeschwindigkeitskonstante k_{A-P} vernachlässigt werden. Dies liefert für die Reaktionsgeschwindigkeit die alleinige Abhängigkeit $v = v(k_{A-P})$, der Gesamtprozess ist reaktionsbestimmt. Bei schneller Umwandlung des Edukts A in das Produkt (die Produkte) P erhält man ganz entsprechend $v = v(k_{P,des})$, der Prozess ist desorptionsbestimmt.

Die Unabhängigkeit der Reaktionsgeschwindigkeit vom Druck des Edukts bei hohen Werten lässt sich durch Ausbildung einer maximal möglichen Belegung des Katalysators mit dem Edukt (z. B. θ_A nahe 1) anschaulich erklären. Eine Erhöhung des Druckes vermag dann den Prozess nicht mehr zu beschleunigen.

Wählen wir umgekehrt einen hinreichend kleinen Druck des Edukts, so erhalten wir durch Vernachlässigung des ersten Nennerterms der Gl. 4.209

$$v = \frac{k_{A,ad}p_A}{\left(k_{A,des}/k_{A-P}\right)+1} = \frac{k_{A,ad}k_{A-P}}{k_{A,des}+k_{A-P}}p_A \qquad \text{Gl. 4.211}$$

Die Prozessgeschwindigkeit ist nunmehr proportional zum Druck.

Auch hier kann man ganz wie im vorhergehenden Fall zwischen reaktionsbestimmtem und desorptionsbestimmtem Prozess unterscheiden.

◘ Abbildung 4.15 stellt die Abhängigkeit der Prozessgeschwindigkeit vom Druck des Edukts grafisch dar.

4.2 · Basiswissen zur Kinetik chemischer Reaktionen

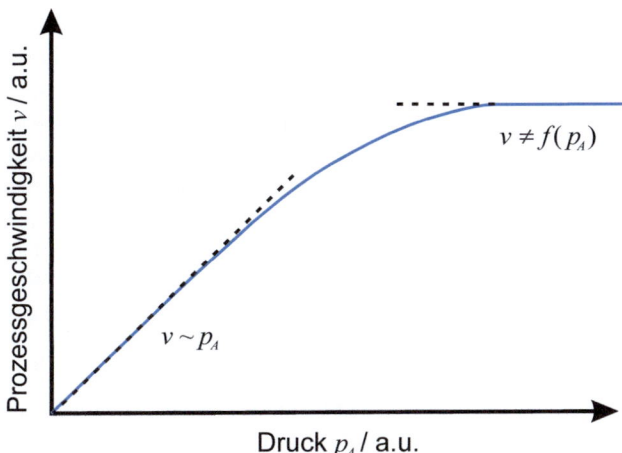

◘ **Abb. 4.15** Abhängigkeit der Geschwindigkeit eines heterogenen katalysierten Prozesses A → P (Gl. 4.198) vom Druck des Edukts A

Der beschriebene heterogene Mechanismus läuft nach Voraussetzung stationär bei konstantem Eduktdruck ab. Der Produktdruck muss stets so klein gehalten werden, dass eine Rückreaktion vernachlässigt werden kann. Dies bedeutet, dass das Edukt kontinuierlich zugeführt und ein Edukt-Produkt-Gemisch kontinuierlich abgezogen wird. Diese Art der Reaktionsführung ist in der chemischen Produktionstechnik üblich (vgl. hierzu auch den späteren ▶ Abschn. 4.2.5).

4.2.3.3.3 Katalysatoren für heterogene Prozesse

In diesem Abschnitt werden die folgenden Fragestellungen beantwortet
— Welche Grundeigenschaften sollte ein Katalysator für heterogene Prozesse aufweisen?
— Wie kann man möglichst wirkungsvolle Katalysatoren herstellen?

Als **Grundeigenschaft eines heterogenen Katalysators** – im technischen Sprachgebrauch als „Kontakt" bezeichnet – ist zunächst zu fordern, dass sich zwischen Oberflächenplätzen und Eduktteilchen ausreichend starke Wechselwirkungen ausbilden, um die Bindungsverhältnisse in letzterem im Sinne einer Erniedrigung der Aktivierungsenergie zu verändern. Dies bedeutet im Allgemeinen, dass chemisorptive Bindungen erforderlich sind.

Eine Erniedrigung der Aktivierungsenergie allein reicht aus technischer Sicht für eine erfolgreiche Prozessführung allerdings nicht aus. Das Edukt muss auch schnell, d. h. mit großer Adsorptionsgeschwindigkeitskonstanten adsorbiert werden, hohe Bedeckungsgrade ausbilden und das Produkt muss schnell desorbieren. Nur so erreicht der Gesamtprozess hohe Geschwindigkeiten.

Für den Fall starker Wechselwirkung zwischen Kontakt und Substrat können wir ausreichend schnelle Adsorption voraussetzen. Ein

Beispiel ist die Hydrierung von Kohlenwasserstoffen mittels Wasserstoffgas. Optimale Aktivierung des H_2-Moleküls ist durch Bildung von Wasserstoffradikalen unter dem Einfluss des Kontakts gegeben. Hierzu reichen etwa die adsorptiven Bindungen an der Oberfläche von Metallen der Platingruppe aus, einhergehend mit Gleichgewichtsbedeckungsgraden nahe eins. Platin gilt daher als ein ausgezeichneter Hydrierkontakt, wie beispielsweise beim sog. Plat(in)forming (Hydrierung höher siedender Erdölfraktionen zu Ottokraftstoffkomponenten). Materialien wie Quecksilber oder Blei bilden hingegen mangels geeigneter Wechselwirkungen kaum Bedeckungsgrade in Bezug auf Wasserstoff aus und sind daher für Hydrierzwecke völlig ungeeignet.

Wie oben angemerkt, erfordern heterogene katalytische Prozesse auch schnelle Desorption des Produkts. Die von den Oberflächenplätzen ausgehenden Bindungskräfte dürfen daher nicht zu stark sein. Dann können gebildete Produktteilchen die Oberfläche gegebenenfalls nur schwer verlassen und der Gesamtvorgang wird trotz möglicherweise guter Katalyse (starker Erniedrigung der Aktivierungsenergie) wieder zu langsam. Im Extremfall kann die Oberfläche nach erster Produktbildung für den weiteren Umsatz blockiert („vergiftet") werden. Eine Vergiftung kann auch durch Verunreinigungen in den Stoffströmen erfolgen. So wirkt Kohlenstoffmonoxid bei Normaltemperatur infolge starker Adsorption vielfach als ein Katalysatorgift, z. B. an Platin.

Man kann die vorstehende Diskussion auch aus Sicht der Adsorptionsenthalpie ΔH_{ad} führen. ΔH_{ad} steigt vom Betrage her mit der Stärke der Adsorption. Es verwundert daher nicht, wenn gerade Kontakte, welche eher mittlere Adsorptionsenthalpien liefern, für schnelle katalytische Prozesse sorgen.

Einem technischen Reaktor wird man pro Zeiteinheit umso mehr Produkt entnehmen können, je größer die beaufschlagte Katalysatoroberfläche ist. Damit bieten sich poröse Materialien als **besonders wirkungsvoll** an. Man kann z. B. Raney-Metall verwenden oder den Katalysator auf die Oberfläche porösen Trägermaterials (etwa aus Kohlenstoff) aufbringen. Im letzteren Fall wird ggf. nur wenig eigentlicher Katalysator erforderlich, dies kann selbst die Verwendung teurer Platinmetalle wirtschaftlich machen.

Diese Zubereitungen weisen gegenüber einer einfachen polykristallinen Oberfläche auch bereits den Vorteil auf, dass die Flächendichte bindungsmäßig nicht abgesättigter Oberflächenbausteine (bevorzugte Plätze für Adsorption, vgl. ◘ Abb. 4.13 und den zugehörigen Text) angestiegen ist. Zu diesem Ziel führt auch die Verwendung von Metalllegierungen. Hierzu kann man annehmen, dass durch Wechselwirkungen zwischen den verschiedenartigen Atomen an den Phasengrenzlinien eine Lockerung des Gitterverbandes eintritt, wodurch neue sog. **aktive Zentren** gebildet werden. Relativ selten wird eine Abschwächung der katalytischen Wirkung durch die Mischung beobachtet. Die Verwendung sog. Mischkatalysatoren ist daher eher Regel als Ausnahme. Liegt eine Komponente in der Mischung im Unterschuss vor, so spricht man von einem Promotor.

Zumeist sog. Raney-Nickel: aus gemahlener Nickel-Aluminium-Legierung („Raney-Legierung") werden die Aluminiumanteile durch heiße Kalilauge herausgelöst. Auf gleiche Weise lassen sich auch andere Raney-Metalle herstellen. Derartige Zubereitungen sind häufig pyrophor. (Die Zündtemperatur wird durch gierige Adsorption von Luftsauerstoff überschritten, daher Vorsicht beim Trocknen!)

Mischkatalysatoren können auch noch auf andere Art eine heterogene Reaktion beschleunigen. Liegt z. B. ein Mechanismus nach Gl. 4.199 vor, so kann es vorkommen, dass die Spezies A nur an einem, die Spezies B nur an einem anderen Metall adsorbiert. Dann kann eine entsprechende Legierung benachbarte Adsorptionszentren zur Verfügung stellen (Bifunktionalität).

Als Katalysatoren für die heterogene Katalyse kommen keinesfalls nur Metalle in Frage. Oxide, Carbide, Sulfate u. a.m. können ebenfalls katalytische Aktivitäten aufweisen.

Oxidische Katalysatoren stellt man vielfach durch Fällung aus **verdünnten Salzlösungen** her, und zwar unter Bedingungen, bei denen die Keimbildungsgeschwindigkeit groß gegenüber der Kristallwachstumsgeschwindigkeit ist. So entstehen feinkristalline Strukturen mit hoher Dichte an aktiven Zentren. Die Trocknung der Niederschläge hat dann, damit Aggregatbildungen vermieden werden, bei möglichst tiefen Temperaturen zu erfolgen. So verliert etwa entsprechend hergestelltes Nickeloxid für den Fall einer Trocknung bei 1000 °C gegenüber 400 °C für die H_2O_2-Zersetzung 90 % seiner katalytischen Wirkung.

Katalysatoren treten uns jedoch auch noch ganz anders entgegen, z. B. in Form sog. Zeolithe. Dies sind kristalline Alumosilikate mit käfigförmigen Strukturen, welche u. a. eine Säurekatalyse (▶ Abschn. 4.2.3.2) bewirken können. Die Außenfläche des Käfigs kann man blockieren, und die Käfigöffnungen von der Größe her variieren. Dann wird eine sog. **formselektive Katalyse** möglich: Beispielsweise kann eine geradkettige Spezies in den Käfig eintreten und umgesetzt werden, nicht aber ihr verzweigtes Isomer.

Das Auffinden für einen gewünschten Prozess passender Katalysatoren war über lange Zeit reine Empirie. So sollen beispielsweise in Bezug auf das Haber-Bosch-Verfahren 200 000 Zubereitungen überprüft worden sein, bevor man zu den heute üblichen haselnußgroßen Pellets feinkristallinen Eisens mit Kalium-, Calcium- und Aluminiumoxiden als Promotoren gelangt ist. Inzwischen wird das Gebiet der Katalyse mehr und mehr auch theoretisch durchdrungen (die katalytische Wirkung der Platinmetalle wird z. B. durch die unbesetzten Zustände der zweitäußersten Elektronenschale erklärt, welche Elektronen aus dem Substrat aufnehmen, Elektronen-Transfer-Katalyse). Vor allem aber erweitern heute oberflächenspektroskopische Verfahren sowie Rastertunnel- und Kraftmikroskop das Wissen durch Direktbeobachtung der Vorgänge auf der Katalysatoroberfläche. G. Ertl wurde für seine sehr grundlegenden Untersuchungen zum Verständnis der Elementarreaktionen in der Ammoniaksynthese 2007 mit dem Nobelpreis ausgezeichnet.

4.2.3.3.4 Mikroheterogene Katalyse

Man kann einen Katalysator in einer Lösung auch fein verteilen, bis herab zu einer kolloidalen Lösung. **In diesem Fall macht auch für den Katalysator eine Konzentrationsangabe Sinn** (sog. mikroheterogene Katalyse).

Im Folgenden beziehen wir uns auf das Reaktionsschema Gl. 4.198 und bezeichnen mit c_* die Konzentration des Katalysators (ob damit die Konzentration der Oberflächenplätze oder der Katalysatorpartikel gemeint ist, kann offen bleiben). Entsprechend sei c_{A-*} die Konzentration des an den Katalysator gebundenen Edukts und $c_* - c_{A-*}$ die Konzentration des nicht mit Edukt belegten Katalysators. Dann gilt für die Bildung der gebundenen Spezies A–* aus A und * eine Kinetik zweiter Ordnung, d. h.

$$\frac{dc_{A-*}}{dt} = k_{A,ad} c_A (c_* - c_{A-*})$$

Gl. 4.212

Für die Vernichtung der Spezies A–* muss gelten

$$\frac{dc_{A-*}}{dt} = -k_{A,des} c_{A-*} - k_{A-P} c_{A-*}$$

Gl. 4.213

Im stationären Fall sind Bildung und Vernichtung gleich schnell, d. h. betragsgleich (identische Annahme wie in Gl. 4.205). Unter Ausklammern von c_{A-*} in Gl. 4.213 liefert dies

$$\frac{c_A (c_* - c_{A-*})}{c_{A-*}} = \frac{k_{A,des} + k_{A-P}}{k_{A,ad}}$$

Gl. 4.214

Mit der rechten Seite zu einer neuen Konstanten K (anders als in der vorhergehenden Rechnung jetzt von c, nicht von p abhängig) zusammengefasst ist dann

$$K c_{A-*} = c_A c_* - c_A c_{A-*}$$

Gl. 4.215

Daraus folgt für die Konzentration des an den Katalysator gebundenen Edukts

$$c_{A-*} = \frac{c_A c_*}{c_A + K}$$

Gl. 4.216

und für die Prozessgeschwindigkeit gilt (identische Annahme wie in Gl. 4.207)

$$v = \frac{dc_P}{dt} = k_{A-P} c_{A-*} = k_{A-P} \frac{c_A c_*}{c_A + K}$$

Gl. 4.217

Die Prozessgeschwindigkeit ist damit proportional zur eingewogenen Katalysatorkonzentration c_*. Aus Gl. 4.217 liest man für große Eduktkonzentrationen c_A wiederum $v \neq f(c_A)$ ab, für kleines c_A gilt $v \sim c_A c_*$.
◘ Abbildung 4.15 wird reproduziert.

Für den Fall, dass die Eduktkonzentration nicht konstant gehalten (das Edukt nicht nachgeführt) wird, stellt Gl. 4.217 die Prozess-Anfangsgeschwindigkeit dar. Durch Messung der Anfangsgeschwindigkeiten bei verschiedenen Konzentrationen c_A sind über Gl. 4.217 die (eigentliche) Reaktionsgeschwindigkeitskonstante k_{A-P} und die Konstante K erhältlich.

4.2.3.4 Enzymatische Katalyse

Ein weiterer wichtiger Bereich der Katalyse ist die Beschleunigung chemischer Prozesse in Folge der Erniedrigung der Aktivierungsenergie durch **Enzyme (enzymatische Katalyse)** [6]. Enzymatische Vorgänge sind vor allem in der Biochemie zu Hause, wir folgen insoweit auch dem dortigen speziellen Sprachgebrauch.

Enzyme sind meist hochmolekulare Eiweißstoffe (Molmassen bis ca. 10^6 Da, Teilchendurchmesser bis ca. 100 nm), welche von der lebenden Zelle synthetisiert werden. Sie sind im lebenden Organismus ubiquitär, d. h., ohne ihre Wirkung ist Leben (in der uns gewohnten Form) nicht möglich. Grob die Hälfte allen Zelleiweißes besteht aus Enzymen, die üblicherweise mit der Endung „-ase" bezeichnet werden.

Aufgrund seiner räumlichen Struktur besitzt ein Enzym einen Bereich, der ein Substrat selektiv binden kann, das sog. **aktive Zentrum**. Dieses aktive Zentrum, das nur einen kleinen Teil des Enzyms ausmacht, hat eine dreidimensionale, häufig höhlen- oder spaltartige Struktur (daher alternativ auch als Bindungstasche bezeichnet), die durch die umgebenden Aminosäuren bedingt ist. Darin werden Substrate durch schwache Wechselwirkungen (ionische Wechselwirkungen, Wasserstoffbrückenbindungen, Van-der-Waals-Kräfte) festgehalten, kovalente Bindung findet in der Regel nicht statt. Nur passgenaue Substrate können nun den **Enzym-Substrat-Komplex** (ES-Komplex) ausbilden und dort vom Enzym zum Produkt umgesetzt werden. Wesentliches Element der enzymatischen Katalyse ist also die Tatsache, dass ein bestimmtes Enzym hochselektiv meist nur die Umsetzung eines bestimmten **Substrats** oder eines Reaktionstyps katalysiert.

Substrat: Stoff oder Stoffklasse, die von einem Enzym umgesetzt wird.

Während man früher zur Erklärung dieser Selektivität von einem **Schlüssel-Schloss-Prinzip** (◘ Abb. 4.16 linker Teil) sprach, also dem genauen Passen eines Substrats in die Bindungstasche eines aktiven Zentrums, wird inzwischen der strukturellen Flexibilität eines Enzyms

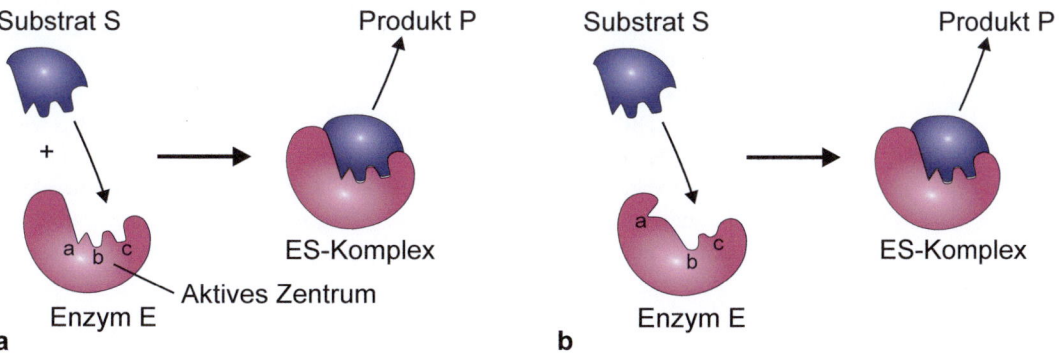

◘ **Abb. 4.16** Modelle der Bildung eines Enzym-Substrat-Komplexes ES. **a** Schlüssel-Schloss-Prinzip, **b** Induced-Fit-Modell. *a, b, c* Wechselwirkungsstellen im aktiven Zentrum. Nach [6]

Rechnung getragen. Im **Induced-Fit-Modell** kann das aktive Zentrum seine Konformation nach Bindung eines Substrats ändern, die Bindungstasche passt sich optimal dem Substrat an (◘ Abb. 4.16 rechter Teil). Diesen Konformationsänderungen sind natürliche Grenzen gesetzt, da sie die hohe Substratspezifität eines Enzyms herabsetzen können.

Man stelle sich also die vereinfachte Reaktion eines Enzyms E mit einem Substrat S wie folgt in zwei Teilschritten vor [7]:

$$E + S \underset{k_{-1}}{\overset{k_1}{\rightleftharpoons}} ES \xrightarrow{k_{cat}} P + E \qquad \text{Gl. 4.218}$$

Im ersten Schritt wird ein Enzym-Substrat-Komplex ES mit der Geschwindigkeitskonstanten k_1 gebildet, Diffusionseinflüsse können hierbei vernachlässigt werden. Die Rückreaktion von ES zu E und S besitzt die Geschwindigkeitskonstante k_{-1}, während die eigentliche Produktbildung und -abspaltung mit der Geschwindigkeitskonstanten k_{cat} verläuft. Das Enzym E steht danach für weitere Umsetzungen wieder zur Verfügung. Eine Rückreaktion von Produkt P mit dem Enzym E zu ES wird ausgeschlossen. Die allgemeine Reaktion in Gl. 4.218 entspricht daher einem Sonderfall einer Folgereaktion (▶ Abschn. 4.2.1.3.3), nämlich einer Reaktion mit vorgelagertem Gleichgewicht (siehe auch Gl. 4.147).

Beim ersten Schritt der Reaktion nach Gl. 4.218 (Bildung des ES-Komplexes) handelt es sich formal um eine Reaktion zweiter Ordnung (▶ Abschn. 4.2.1.2), für den Fall, dass das Substrat in großem Überschuss vorliegt (bei Enzymreaktionen in physiologischen Systemen zumeist der Fall), um eine Reaktion quasi erster Ordnung.

Für die eigentliche Produktbildung aus ES erhält man im Experiment zunächst eine Kinetik erster Ordnung, für den Fall hoher Substratkonzentrationen wird eine Kinetik nullter Ordnung beobachtet, d. h., eine Steigerung dieser Konzentration erhöht die Reaktionsgeschwindigkeit nicht mehr (▶ Abschn. 4.2.1.2.1). Dieses Verhalten wird nachfolgend erklärt.

Hierzu machen wir folgende (aus der experimentellen Erfahrung begründete) Annahme: Enzyme sind in der Regel in der Lage, für eine konstante Konzentration an Enzym-Substrat-Komplex auf der (langsamen) Zeitskala der Produktbildung zu sorgen: ES wird genauso rasch nachgebildet, wie es abreagiert.

Diesen Zustand nennt man in der Biochemie Fließgleichgewicht („steady state" oder Quasistationarität): $dc_{ES}/dt = 0$. Diese Annahme ist Voraussetzung, um die Differentialgleichungen von Enzymreaktionen zu vereinfachen und eine Lösung angeben zu können.

Für die Geschwindigkeit der Produktbildung können wir schreiben

$$v = \frac{dc_P}{dt} = k_{cat} c_{ES} \qquad \text{Gl. 4.219}$$

und für die zeitliche Änderung der Konzentration des Enzym-Substrat-Komplexes gilt

4.2 · Basiswissen zur Kinetik chemischer Reaktionen

$$\frac{dc_{ES}}{dt} = k_1 c_E c_S - k_{-1} c_{ES} - k_{cat} c_{ES} \qquad \text{Gl. 4.220}$$

Wie bereits erwähnt ist aufgrund der Quasistationarität die zeitliche Änderung null, daher lässt sich Gl. 4.220 umstellen zu

$$k_1 c_E c_S = (k_{-1} + k_{cat}) c_{ES} \qquad \text{Gl. 4.221}$$

und weiter zu

$$\frac{c_E c_S}{c_{ES}} = \frac{k_{-1} + k_{cat}}{k_1} = K_M \qquad \text{Gl. 4.222}$$

Der zweite Quotient in Gl. 4.222 wird zur sog. **Michaelis-Konstanten** K_M zusammengefasst, die die Einheit einer Konzentration besitzt. Die Enzymkonzentration $c_E = c_{E,0} - c_{ES}$ als Differenz zwischen der ursprünglichen Enzymkonzentration und der Konzentration des ES-Komplexes lässt sich in diese Gleichung einsetzen

$$\frac{(c_{E,0} - c_{ES}) c_S}{c_{ES}} = K_M \qquad \text{Gl. 4.223}$$

und umgestellt nach c_{ES} gilt

$$c_{ES} = \frac{c_{E,0} c_S}{K_M + c_S} \qquad \text{Gl. 4.224}$$

oder mit Gl. 4.219 wird

$$v = k_{cat} \frac{c_{E,0} c_S}{K_M + c_S} = k_{cat} c_{E,0} \frac{c_S}{K_M + c_S} \qquad \text{Gl. 4.225}$$

Gl. 4.225 lässt sich leicht in Gl. 4.217 für die mikroheterogene Katalyse umrechnen.

Die Maximalgeschwindigkeit v_{max} der Enzymreaktion ist erreicht, wenn alle Enzyme mit Substrat belegt sind, also $c_{ES} = c_{E,0}$

$$v_{max} = k_{cat} c_{E,0} \qquad \text{Gl. 4.226}$$

$$v = v_{max} \frac{c_S}{K_M + c_S} \qquad \text{Gl. 4.227}$$

Gleichung 4.227 wird nach den Entwicklern des Modells **Michaelis-Menten-Gleichung** genannt. Eine schematische Auftragung von im Labor erhaltenen Daten ist in ◘ Abb. 4.17 gezeigt.

Anhand von Gl. 4.227 können wir zunächst die zuvor gemachten Aussagen über die vorliegende Kinetik verifizieren und die Bedeutung der Michaelis-Konstanten K_M diskutieren. In diesem Zusammenhang soll noch einmal auf den Modellcharakter dieser Überlegungen hingewiesen werden.

Zunächst betrachten wir eine Situation, in der wenig Substrat in Lösung vorliegt, also $K_M \gg c_S$. Damit wird aus Gl. 4.227 $v = (v_{max} / K_M) c_S$, die Reaktionsgeschwindigkeit ist also direkt proportional zur Substratkonzentration. Dies entspricht dem linearen Anstieg

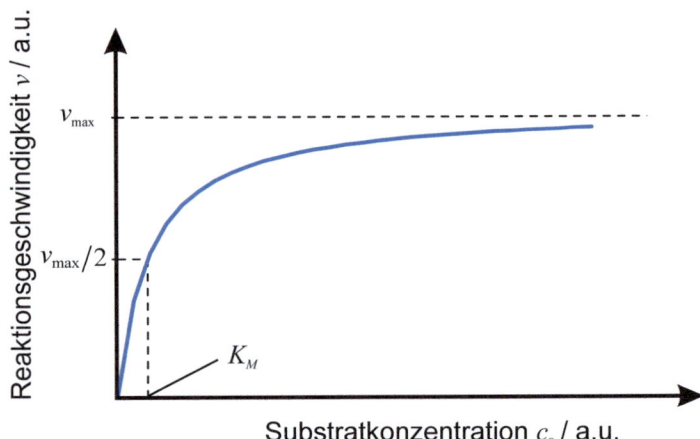

Abb. 4.17 Michaelis-Menten-Plot: Abhängigkeit der Geschwindigkeit einer Enzymreaktion von der Substrakonzentration. Zur Lage von K_M vgl. Text. Nach [6]

von v im linken Teil der ◘ Abb. 4.17, es liegt experimentell eine Reaktion erster Ordnung vor.

Im umgekehrten Fall, also einer Sättigungskinetik bei hohen Substratkonzentrationen ($K_M \ll c_S$, diese Situation ist zumeist unter physiologischen Bedingungen gegeben) kann Gl. 4.227 zu $v = v_{max}$ vereinfacht werden. Damit ist die maximal mögliche Geschwindigkeit erreicht, da alle Enzyme mit Substrat belegt sind; die Reaktion ist unabhängig von c_S und somit nullter Ordnung (oberer Teil des Kurvenzugs in ◘ Abb. 4.17).

Der Sonderfall, aus dem die Bedeutung von K_M sichtbar wird, ist $v = v_{max}/2$. Bei diesem Wert wird mit Gl. 4.227 $K_M = c_S$, d. h., K_M **entspricht der Substratkonzentration, bei der die halbmaximale Reaktionsgeschwindigkeit erreicht** wird. K_M ist daher eine charakteristische Kenngröße für eine bestimmte enzymatische Reaktion, deren Wert allerdings durch äußere Faktoren wie Temperatur, pH-Wert oder der vorliegenden Ionenstärke (Gl. 4.325) beeinflusst wird. Ebenso ergeben sich bei Verwendung desselben Enzyms für denselben enzymatischen Reaktionstyp für unterschiedliche Substrate unterschiedliche K_M-Werte.

Weitere Informationen über die Bedeutung von K_M können wir der Gl. 4.222 in Verbindung mit der für Enzymreaktionen häufig anzutreffenden Beobachtung $k_{cat} < k_{-1}$ (die Produktbildung und –abspaltung ist verglichen mit der Rückreaktion von ES zu E und S die langsamere Reaktion und damit geschwindigkeitsbestimmend) entnehmen. Lassen wir $k_{cat} \ll k_{-1}$ werden, so vereinfacht sich Gl. 4.222 zu $K_M = k_{-1}/k_1$. Die Michaelis-Konstante entspricht hier also der Gleichgewichtskonstanten für Bildung und Zerfall von ES und ist daher ein Maß für dessen Stabilität. Große Werte der Geschwindigkeitskonstanten k_{-1}, d. h. geringe Stabilität von ES, führt zu einem hohen K_M-Wert. Es werden also hohe Substratkonzentrationen benötigt, um eine nennenswerte enzymatische Katalyse zu beobachten. Dies wird in der Enzymkinetik auch als niedrige **Affinität** eines Enzyms zu seinem Substrat bezeichnet.

4.2 · Basiswissen zur Kinetik chemischer Reaktionen

Umgekehrt führt eine große Stabilität von ES (kleines k_{-1}) zu einem kleinen K_M-Wert und damit zu einer hohen Affinität.

Neben der Affinität eines Enzyms zu einem bestimmten Substrat ist die **Enzymaktivität** ein weiteres bedeutendes Charakteristikum. Die aussagekräftigste Größe zur Beschreibung der Aktivität eines Enzyms ist die sog. molare Aktivität (auch **Wechselzahl** oder *turnover number* genannt). Sie bezeichnet die Zahl der Substratmoleküle, die bei vollständiger Sättigung eines Enzyms pro Sekunde umgeschlagen wird. Diese bewegt sich zwischen etwa $0{,}5$ s^{-1} und $6 \cdot 10^5$ s^{-1}, im letzteren Beispiel entspricht dies einer Umsetzung etwa alle $2 \cdot 10^{-6}$ s.

Sofern eine Extrapolation auf v_{max} in einem Michaelis-Menten-Plot (◘ Abb. 4.17) zuverlässig möglich ist, kann auch K_M direkt daraus bestimmt werden. Da dies in der Regel nicht der Fall ist – die Reaktionsgeschwindigkeit nähert sich nur asymptotisch dem Grenzwert an – kann man auf eine linearisierte, doppelt-reziproke Darstellung der Gl. 4.227 zurückgreifen:

$$\frac{1}{v} = \frac{K_M + c_S}{v_{max} c_S} = \frac{1}{v_{max}} + \frac{K_M}{v_{max}} \frac{1}{c_S} \qquad \text{Gl. 4.228}$$

(Durch Gleichnamigmachen zu verifizieren) Durch Auftragen von $1/v$ gegen $1/c_S$ (Lineweaver-Burk-Diagramm, ◘ Abb. 4.18) erhält man $1/v_{max}$ als Achsenabschnitt und anschließend K_M aus der Steigung. K_M kann auch aus dem Fusspunkt der Geraden ($1/v = 0$) auf der $1/c_S$-Achse entnommen werden.

Neben dem eben dargestellten Verfahren gibt es eine Reihe weiterer Linearisierungsverfahren (beispielsweise das Eadie-Hofstee- oder das Hanes-Woolf-Diagramm), auf die aber hier nicht weiter eingegangen werden soll [8]. Heutzutage werden ohnehin fast ausschließlich computerbasierte nichtlineare Regressionsmethoden zur Bestimmung von v_{max} und K_M verwendet.

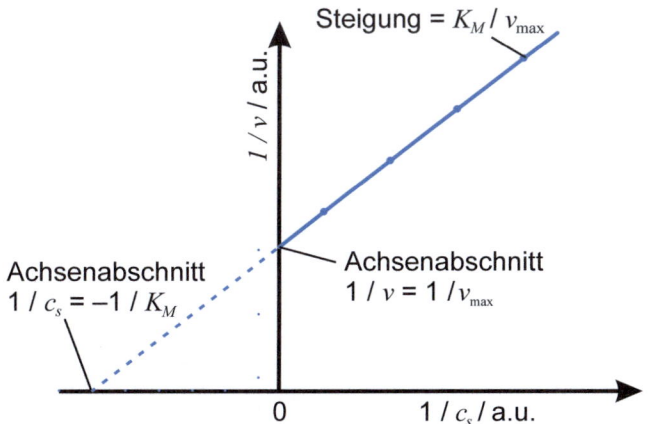

◘ **Abb. 4.18** Lineweaver-Burk-Diagramm zur experimentellen Bestimmung der Michaelis-Konstanten. Nach [6]

Dieser Abschnitt wäre nicht komplett, würde nicht auf Möglichkeiten zur Beeinflussung der katalytischen Aktivität durch chemische Eingriffe in das Enzymkatalyse-System eingegangen werden.

Durch Binden meist kleiner chemischer Stoffe oder funktioneller Gruppen an das Enzym kann dessen Aktivität stark beeinflusst werden. Je nach Wirkungsweise unterscheidet man Aktivatoren und Inhibitoren. Vor allem die **Enzymhemmung** und damit die Kontrolle über eine bestimmte Enzymreaktion ist für viele Therapien und die dabei eingesetzten Medikamente von entscheidender Bedeutung. Aber auch die Regulation von Stoffwechselvorgängen wird durch Inhibition ermöglicht. Dabei unterscheidet man zunächst zwischen **reversibler** und **irreversibler Hemmung**. Letztere wird auch als Inaktivierung bezeichnet und führt zum dauerhaften Verlust von Enzymaktivität beispielsweise durch kovalente Bindung eines Inhibitors an eine funktionelle Gruppe eines Enzyms. So inaktiviert z. B. Acetylsalicylsäure das Enzym Cyclooxygenase (dient der Steuerung des Entzündungsgeschehens) oder Penicillin die bakterielle Transpeptidase (verantwortlich für die Neusynthese der Zellwand von Bakterien), aber auch Schwermetallionen oder Nervengifte führen zu nicht mehr rückgängig machbaren Modifikationen an Enzymen.

Bei der reversiblen Enzymhemmung bindet ein Inhibitor umkehrbar an das Enzym und senkt somit dessen Aktivität bzw. die Geschwindigkeit der Umsetzung zum Produkt für die Zeit seiner Anwesenheit.

Vereinfacht unterscheidet man weiter zwischen mehreren Mechanismen. Diese werden anhand des in ◘ Abb. 4.19 dargestellten Schemas erläutert.

Bei der **kompetitiven Hemmung** konkurriert der Inhibitor I mit dem Substrat um die Bindungsstelle im aktiven Zentrum des Enzyms. Er blockiert die Bindung des Substrats durch Bildung eines Enzym-Inhibitor-Komplexes (EI-Komplex, entsprechend der Reaktion mit der Geschwindigkeitskonstanten k_2), wird dabei aber nicht umgesetzt. Dadurch entsteht ein Gleichgewicht zwischen Enzym, ES und EI. Die Katalysegeschwindigkeit ist aufgrund der geringeren Zahl an möglichen ES-Komplexen

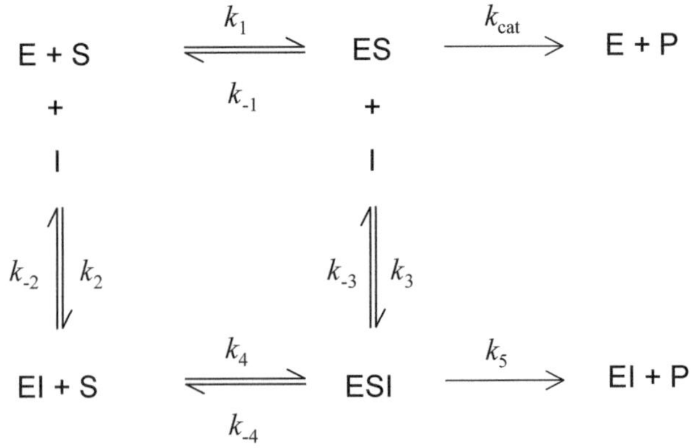

$$E + S \underset{k_{-1}}{\overset{k_1}{\rightleftharpoons}} ES \overset{k_{cat}}{\longrightarrow} E + P$$

$$+ \qquad \qquad +$$
$$I \qquad \qquad I$$

$$k_{-2} \updownarrow k_2 \qquad k_{-3} \updownarrow k_3$$

$$EI + S \underset{k_{-4}}{\overset{k_4}{\rightleftharpoons}} ESI \overset{k_5}{\longrightarrow} EI + P$$

◘ **Abb. 4.19** Mechanismen der Enzymhemmung, vgl. Text. I: Inhibitor. Nach [6, 7]

verringert. Bei der kompetitiven Hemmung kann die Wirkung des Inhibitors durch Erhöhung der Substratkonzentration wieder reduziert werden, da sowohl S als auch I um das Enzym konkurrieren.

Unkompetitive Hemmung liegt vor, wenn der Inhibitor erst mit dem Enzym-Substrat-Komplex wechselwirken kann (Bildung eines ESI-Komplexes mit der Geschwindigkeitskonstanten k_3). Dies kann beispielsweise der Fall sein, wenn die Bindungsstelle für den Inhibitor erst durch die Bildung des ES-Komplexes entsteht. Findet keine Reaktion zum Produkt aus dem ESI-Komplex heraus statt (k_5), ist somit die Produktbildung insgesamt reduziert. Eine Erhöhung der Substratkonzentration hat hier keinen Einfluss auf die Hemmung.

Bei der **nichtkompetitiven Hemmung** kann der Inhibitor sowohl an das Enzym (Bildung eines EI-Komplexes mit k_2) als auch an den Enzym-Substrat-Komplex (Bildung eines ESI-Komplexes mit k_3) binden. Dies ist dann möglich wenn der Inhibitor an einer anderen Stelle als das Substrat an das Enzym bindet. Obwohl hier die Fähigkeit zur Substratbindung durch das Enzym (genauer den Enzym-Inhibitor-Komplex, k_4) nicht eingeschränkt ist, wird bei der nichtkompetitiven Hemmung durch die Ausbildung eines weniger aktiven Enzym-Substrat-Inhibitor-Komplexes die Menge an funktionsfähigem ES-Komplex reduziert. Ähnlich wie bei der unkompetitiven Hemmung kann durch Erhöhung der Substratkonzentration die Hemmung nicht aufgehoben werden.

Die verschiedenen Inhibierungstypen lassen sich z. B. durch vergleichende Auftragung von mit und ohne Inhibierung gewonnener experimenteller Daten in Lineweaver-Burk-Diagrammen eindeutig unterscheiden (nicht jedoch in Michaelis-Menten-Plots).

Schlussbemerkungen

Enzyme können sowohl homogene (beispielsweise die Spaltung von Amylose in Maltose durch das Enzym Amylase) als auch heterogene Reaktionen katalysieren (die Dehydrierung von Succinat zu Fumarat durch Succinat-Dehydrogenase findet auf einer Membranoberfläche statt). Sie entfalten ihre katalytische Wirkung auch außerhalb der lebenden Zelle, etwa in Form von Filtraten. Die Wirksamkeit kann dann selbst bei Verdünnungen von $1 : 10^7$ noch gegeben sein. So können Enzyme auch in enzymatisch-katalytischen Produktionsprozessen eingesetzt werden. Diese gewinnen zunehmend an Bedeutung in Agro-, Lebensmittel- und Pharmazeutischer Chemie. Die vermutlich wichtigste technische Anwendung von Enzymen ist die Hydrolyse von Stärke durch Enzyme wie α-Amylase und Glucoamylase. Sie werden verbreitet eingesetzt in stärkeverarbeitender Industrie und in der Textilindustrie, aber auch zur Herstellung von Brauerei- und Brennereiprodukten (beim Bierbrauen ist vor allem das Maischen, d. h. das Abspalten und abschließende Herauslösen von Malzinhaltstoffen, ein wichtiger Vorgang). Daneben spielen Peptidasen zur Hydrolyse von Eiweißen eine wichtige Rolle in Waschmittelproduktion, der Käse- und Backwarenherstellung sowie der Lederverarbeitung.

> **Beispiel**
> Der Begriff der enzymatischen Katalyse ist einer breiteren Öffentlichkeit bekannt geworden durch die Möglichkeit, mit Hilfe eines wärmefesten Enzyms (bis 92 °C, ursprünglich aus in Geysiren lebenden Organismen gewonnen) *in vitro* aus einem einzigen DNA-Strang so viel identisches genetisches Material zu gewinnen, dass eine Genanalyse möglich wird (und so gegebenenfalls eine Personenidentifikation). Diese Reaktion wird als Polymerase-Kettenreaktion („polymerase chain reaction", PCR) bezeichnet. Beim Begriff Kettenreaktion darf man nicht an einen Ablauf wie in ▶ Abschn. 4.2.1.3.4 beschrieben denken, sondern vielmehr das exponentielle Vervielfältigen einer einzelnen Kopie einer DNA-Sequenz. Neben dem Erstellen eines sog. genetischen Fingerabdrucks wird das Verfahren vor allem zur Erkennung von Erbkrankheiten eingesetzt.

4.2.4 Experimentelle Methoden der chemischen Kinetik in Beispielen

4.2.4.1 Allgemeines

Zur Bestimmung von Reaktionsordnungen und Reaktionsgeschwindigkeitskonstanten müssen ganz allgemein die Konzentrationen eines oder mehrerer Reaktanden zeitlich verfolgt werden (▶ Abschn. 4.2.1.2).

Eine solche Messung enthält zwei Vorgänge, welche selbst eine endliche Zeit benötigen können:
- die Herstellung des Reaktionsgemisches,
- die Konzentrationsbestimmung.

Der zweite Punkt ist seit Langem kein Problem mehr. Waren in früherer Zeit Proben zu ziehen und quantitativ zu analysieren, stehen heute eine Vielzahl von Möglichkeiten für eine Online-Bestimmung zur Verfügung. Zu nennen sind z. B. die Messung der elektrolytischen Leitfähigkeit (falls sich in der Reaktion ionale Konzentrationen ändern), des pH-Wertes (bei entsprechender Änderung), von Elektrodenpotential, Druck (bei Gasreaktionen), Extinktion, Brechungsindex, Dielektrizitätskonstante sowie die Verwendung spektroskopischer Verfahren aller Art. Eine in der Konzentration zu verfolgende Spezies kann das Messsignal gegebenenfalls auch selbst liefern – in Form von Strahlungsemission.

Das Problem „wie berechnet man die Konzentration aus dem erhaltenen Messsignal" ist jeweils individuell zu lösen. Der folgende ▶ Abschn. 4.2.4.2 enthält ein Beispiel.

Die für die Herstellung des Reaktionssystems benötigte Zeit sollte die erste Halbwertszeit der ablaufenden Reaktion nicht überschreiten – sonst befindet man sich bei der eigentlichen Messung bereits

4.2 · Basiswissen zur Kinetik chemischer Reaktionen

im flachen Teil des Konzentrations-Zeit-Verlaufs (vgl. ◘ Abb. 4.1 bis ◘ Abb. 4.3) und die Messung wird ungenau.

Dies bedeutet, dass bei **langsamen Reaktionen** (Halbwertszeiten im Sekundenbereich und größer) das Reaktionssystem durch einfaches Zusammenfügen von Komponenten hergestellt werden kann. Für den Fall **schnellerer Reaktionen** (Halbwertszeiten noch oberhalb von ca. 10^{-3} Sekunden) sind spezielle Mischverfahren erforderlich. Bei **schnellen Reaktionen** (Halbwertszeiten unterhalb von 10^{-3} s) wird das reaktive Gemisch von vorneherein als eine homogene Phase hergestellt. Für alle drei Möglichkeiten werden in den ▶ Abschn. 4.2.4.2, ▶ Abschn. 4.2.4.3, ▶ Abschn. 4.2.4.4, ▶ Abschn. 4.2.4.5 Beispiele gegeben, welche gleichzeitig die historische Entwicklung widerspiegeln.

Es sei daran erinnert, dass die Reaktionsgeschwindigkeit (und damit die Halbwertszeit) durch Temperaturänderungen stark beeinflusst werden kann (siehe ▶ Abschn. 4.2.2). Dies erweitert die experimentellen Möglichkeiten.

4.2.4.2 Langsame Reaktionen: Becherglas und Stoppuhr

Zu diesem Punkt behandeln wir die alkalische Verseifung von Essigsäureethylester zu Ethanol und Acetat in wässriger Lösung

$$CH_3COOC_2H_5 + (K^+ + OH^-) \xrightarrow{k} C_2H_5OH + (K^+ + CH_3COO^-)$$

Gl. 4.229

als ein historisches Beispiel.

In der Reaktion werden OH^--Ionen durch Acetationen ersetzt. Letztere besitzen eine deutlich kleinere elektrolytische Leitfähigkeit als die OH^--Ionen (siehe ▶ Abschn. 3.4). **Der Reaktionsfortschritt kann damit durch die Messung der spezifischen Leitfähigkeit κ** (Leitfähigkeit eines Würfels elektrolytischer Lösung von 1 cm Kantenlänge) **verfolgt werden.**

Für die spezifische Leitfähigkeit gilt nach den Gl. 3.32 und Gl. 3.35

$$\kappa = \Lambda_{eq} n_e c \qquad \text{Gl. 4.230}$$

Hierin waren Λ_{eq} die sog. Äquivalentleitfähigkeit (d. h. der Leitfähigkeitsbeitrag je eines Äquivalents Anionen und Kationen eines vollständig dissoziierenden Elektrolyten) und n_e die zugehörige Äquivalentzahl (Zahl der bei Dissoziation pro Elektrolytmolekül freigesetzten positiven oder negativen Ladungen).

Λ_{eq} **ist aus den Ionenäquivalentleitfähigkeiten λ der Ionen des betrachteten Elektrolyten additiv zusammengesetzt.** Damit kann man auch die spezifische Leitfähigkeit aufspalten. Wir erweitern dies und setzen die spezifische Leifähigkeit aus den Beiträgen aller im System vorhandenen Ionensorten i nach Maßgabe der vorhandenen Konzentrationen zusammen.

$$\kappa = \sum_i \kappa_i = \sum_i \lambda_i n_{e,i} c_i \qquad \text{Gl. 4.231}$$

Sei c_0 die in der Reaktionsgleichung Gl. 4.229 vorgelegte Konzentration an Kalilauge, so gilt für die Einzelanteile der spezifischen Leitfähigkeit aufgrund der Stöchiometrie unmittelbar

$$\kappa_{K^+} = c_0 \lambda_{K^+}$$
$$\kappa_{OH^-} = (c_0 - c_{CH_3COO^-}) \lambda_{OH^-}$$
$$\kappa_{CH_3COO^-} = c_{CH_3COO^-} \lambda_{CH_3COO^-}$$

Gl. 4.232

Aufaddieren liefert

$$\kappa = c_0(\lambda_{K^+} + \lambda_{OH^-}) + c_{CH_3COO^-}(\lambda_{CH_3COO^-} - \lambda_{OH^-})$$

Gl. 4.233

Der erste Term der rechten Seite entspricht der zu Beginn der Reaktion vorhandenen spezifischen Leitfähigkeit κ_0. Damit gilt

$$c_{CH_3COO^-} = \frac{\kappa_0 - \kappa}{\lambda_{OH^-} - \lambda_{CH_3COO^-}}$$

Gl. 4.234

Für die sich anschließende kinetische Rechnung nehmen wir als Arbeitshypothese an, dass eine Reaktion von zweiter Ordnung vorliegt. Dann gilt für die Produktkonzentration – gleiche Ausgangskonzentrationen c_0 für die Edukte vorausgesetzt – die Gl. 4.36, d. h.

$$c_P = \frac{(\kappa_0 - \kappa)}{\lambda_{OH^-} - \lambda_{CH_3COO^-}} = c_0\left(1 - \frac{1}{1 + c_0 kt}\right)$$

Gl. 4.235

Dies lässt sich mit der Abkürzung $\left(\lambda_{OH^-} - \lambda_{CH_3COO^-}\right) = A$ und den Zwischenschritten

$$\frac{\kappa_0 - \kappa}{A} = \frac{c_0 + (c_0)^2 kt - c_0}{1 + c_0 kt} \quad \text{sowie} \quad \frac{1}{\kappa_0 - \kappa} = \frac{1 + c_0 kt}{A(c_0)^2 kt}$$

Gl. 4.236

in die Form

$$\frac{1}{\kappa_0 - \kappa} = \frac{1}{Ac_0} + \frac{1}{A(c_0)^2 kt}$$

Gl. 4.237

bringen.

Eine Auftragung von Messdaten $\kappa(t)$ in der durch Gl. 4.237 gegebenen Form gegen $1/t$ liefert eine Gerade, d. h., es liegt tatsächlich eine Reaktion zweiter Ordnung vor. Der Achsenabschnitt liefert die Konstante A, die Reaktionsgeschwindigkeitskonstante wird anschließend aus der Steigung der Geraden errechnet. k liegt bei 0,111 mol^{-1} s^{-1} [9]. Die Halbwertszeit liegt damit für den Fall $c_0 = 10^{-2}$ mol l^{-1} bei $t_{1/2} = 1/kc_0$ ≈ 15 Minuten. Temperaturabhängig durchgeführte Messungen führen auf eine Aktivierungsenergie von 47 kJ mol^{-1} [10].

Die Konstante A muss unbedingt dem Experiment entnommen werden. Man kann keinesfalls Daten aus ◘ Tab. 3.7 benutzen, da sich diese auf eine unendliche Verdünnung beziehen.

Im Experiment wird man die Anfangsleitfähigkeit κ_0 getrennt (ohne Anwesenheit des Esters) bestimmen. Die Reaktionsmischung kann durch Zusammenfügen der Komponenten in einem Becherglas und schnelles Umrühren hergestellt werden. Die dafür benötigte Zeit von einigen Sekunden stört das Experiment nicht. Dies gilt nicht mehr, wenn hohe Anfangskonzentrationen benutzt werden! Dann wird auch eine Zeitmessung mit einer Stoppuhr problematisch. Auch darf man das Reaktionsgefäß beim Mischen nicht für längere Zeit in der Hand halten – die Temperatur würde steigen.

4.2.4.3 Schnellere Reaktionen: Mischkammerverfahren

Fluide vermischen sich sehr schnell, wenn sie **unter hohem Druck durch Düsen in eine Mischkammer** gelangen, vgl. das Einspritzverfahren bei Verbrennungsmotoren. Für kinetische Studien lässt man die so erzeugte Reaktionsmischung aus der Mischkammer in ein Rohr übertreten. Hier bildet sich eine stationäre Strömung aus (◘ Abb. 4.20).

Im Strömungsrohr ist beim Erreichen einer konkreten Stelle der Entfernung x von der Mischkammer für den Reaktionsablauf stets die gleiche Zeit verstrichen. Mit $\bar{v}$ als (leicht zugänglicher mittlerer) Strömungsgeschwindigkeit gilt $t = x / \bar{v}$. Die zeitliche Konzentrationsabhängigkeit ist damit in eine Ortsabhängigkeit transformiert. Sie kann in aller Ruhe durch eine entlang des Rohres verschiebbare Messeinrichtung untersucht werden. In ◘ Abb. 4.20 ist als Beispiel eine spektroskopische Untersuchung angedeutet.

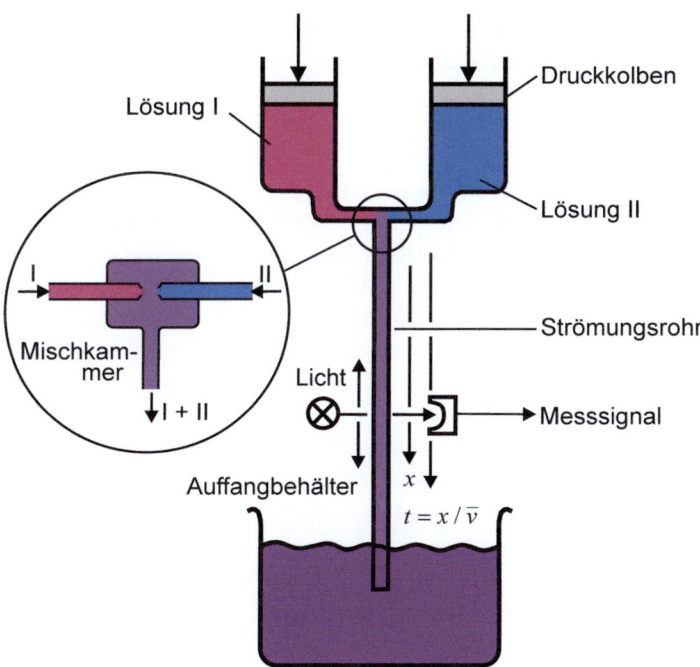

◘ **Abb. 4.20** Schaubild zum Mischkammerverfahren, vgl. Text

Das Mischkammerverfahren wird für Reaktionen mit 10^{-1} s $> t_{1/2}$ $> 10^{-3}$ s benutzt. – Eine Variante ist das sog. **Stopped-Flow-Verfahren**. Hierbei werden die Druckkolben (vgl. ◘ Abb. 4.20) plötzlich angehalten. Die Strömung kommt dann sofort zur Ruhe und das Messsignal wird zeitabhängig. Dieses Verfahren wird heute vor allem im Bereich biochemischer Reaktionen angewendet. Eine weitere Variante wird in ▶ Abschn. 4.2.5.3 beschrieben.

4.2.4.4 Schnelle Reaktionen I: Chemische Relaxation

Die Temperatur- und Druckabhängigkeit der Gleichgewichtskonstanten einer chemischen Reaktion wird in jedem Lehrbuch der Thermodynamik oder der Physikalischen Chemie ausführlich beschrieben [A1]–[A6], [A30]–[A36]. Für eine Reaktionsenthalpie in üblicher Höhe und eine Änderung der Temperatur (im normalen Temperaturbereich) um $\Delta T = 10$ K resultiert eine etwa 10%ige Änderung der Gleichgewichtskonstanten. Gleiches gilt danach bei passender Differenz der Molvolumina von Produkten und Edukten (molares Reaktionsvolumen $\Delta_R V_m$) für einen Drucksprung Δp um 100 bar.

Diese Gegebenheiten bieten die Möglichkeit, Reaktionsgemische im Bereich von 10^{-5} s herzustellen, wenn die Temperatur oder der Druck eines im Gleichgewichtszustand befindlichen chemischen Systems sprunghaft geändert wird. Dann liegt ein reaktives Gemisch vor, welches dem durch die neue Gleichgewichtskonstante vorgegebenen neuen Gleichgewichtszustand zustrebt (sog. chemische Relaxation).

Eine Berechnung der chemischen Relaxation sei für den Fall der gleichgewichtseinstellenden Reaktion

$$A \underset{\overleftarrow{k}}{\overset{\vec{k}}{\rightleftharpoons}} B + C \qquad \text{Gl. 4.238}$$

vorgenommen. c_A sei die Konzentration des Eduktes zu beliebiger Zeit, c_A^0 seine Konzentration zu Beginn der Einstellung des **ersten** Gleichgewichts (Startgleichgewicht). **Die Konzentration der Produkte sei mit** $c_B = c_C = c_P$ bezeichnet. Weitere für die Rechnung erforderliche Größen und Bezeichnungen werden anhand der ◘ Abb. 4.21 eingeführt.

In ◘ Abb. 4.21a ist der im Experiment vorgegebene Temperatur- bzw. Drucksprung von einem Startwert (Index S) auf einen Neuwert (Index N) dargestellt ($t = 0$).

In ◘ Abb. 4.21b ist vorausgesetzt, dass die durchgeführte Parameteränderung das Gleichgewicht zu den Produkten verschiebt. Beginnend mit $t = 0$ steigt die Produktkonzentration c_P von ihrem Startwert c_P^S (beim Startgleichgewicht) auf den Neuwert c_P^N (Neugleichgewicht) an. Die Differenz zwischen c_P^N und der jeweils vorhandenen Konzentration c_P wird mit Δc_P bezeichnet.

$$\Delta c_P = c_P^N - c_P \qquad \text{Gl. 4.239}$$

4.2 · Basiswissen zur Kinetik chemischer Reaktionen

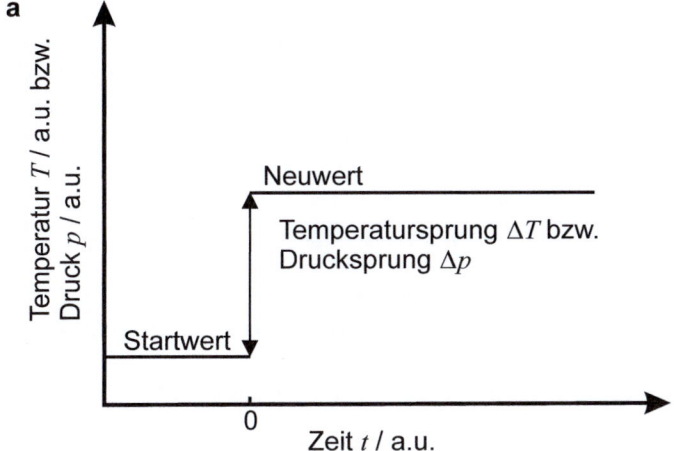

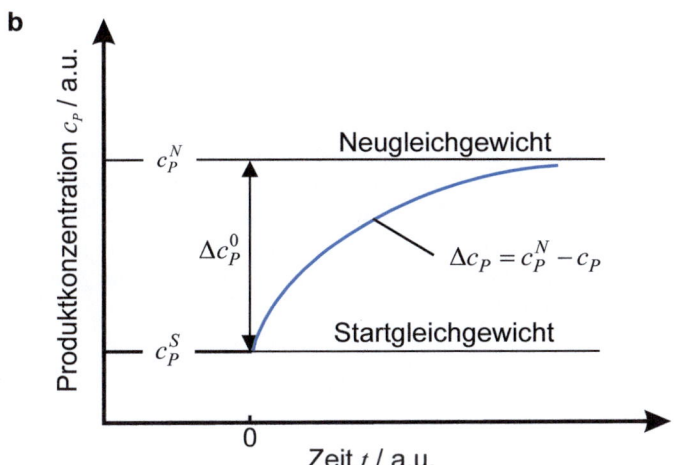

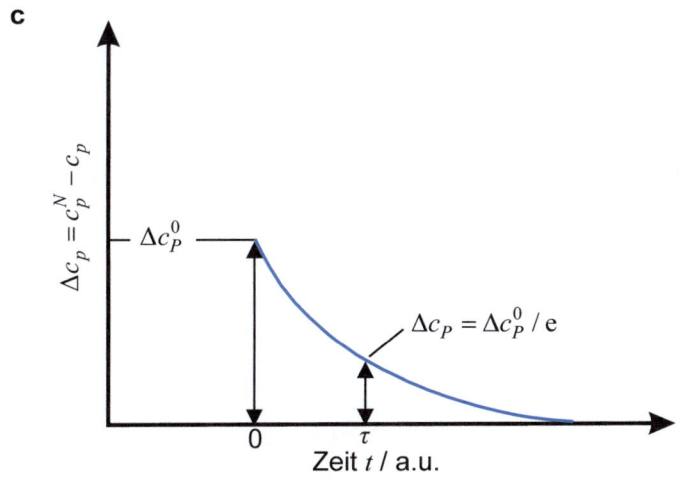

Abb. 4.21 Festlegungen zum Verfahren der chemischen Relaxation, vgl. Text

Für $t = 0$ ist $\Delta c_P = c_P^N - c_P^S = \Delta c_P^0$.

In ◘ Abb. 4.21c schließlich ist der zeitliche Verlauf der soeben definierten Konzentrationsdifferenz Δc_P dargestellt. Δc_P wird zu null, wenn das Neugleichgewicht erreicht ist. Die bis zum Erreichen der Bedingung $\Delta c_P = \Delta c_P^0 / e$ verstrichene Zeit bezeichnen wir als **Relaxationszeit** τ. Die Gewinnung eines Ausdrucks $\tau\left(\vec{k}, \overleftarrow{k}\right)$ stellt das Ziel der Rechnung dar.

Die **Produktbildungsgeschwindigkeit** lautet mit $c_A = c_A^0 - c_P$ und $c_P = c_B = c_C$

$$\frac{dc_B}{dt} = \frac{dc_C}{dt} = \frac{dc_P}{dt} = \vec{k} c_A - \overleftarrow{k} c_B c_C = \vec{k}\left(c_A^0 - c_P\right) - \overleftarrow{k} c_P^2 \quad \text{Gl. 4.240}$$

Die Produktkonzentration c_P ersetzen wir aus Gl. 4.239

$$\frac{d\left(c_P^N - \Delta c_P\right)}{dt} = \vec{k}\left(c_A^0 - c_P^N + \Delta c_P\right) - \overleftarrow{k}(c_P^N - \Delta c_P)^2 \quad \text{Gl. 4.241}$$

Dies bedeutet mit c_P^N als einer Konstanten

$$-\frac{d\Delta c_P}{dt} = \underline{\vec{k} c_A^0 - \overleftarrow{k} c_P^N} + \vec{k}\Delta c_P - \overleftarrow{k}\left(c_P^N\right)^2 + 2\overleftarrow{k} c_P^N \Delta c_P - \overleftarrow{k}\left(\Delta c_P\right)^2 \quad \text{Gl. 4.242}$$

Da die Auslenkung aus dem Gleichgewicht klein gehalten wird, ist Δc_P klein und $(\Delta c_P)^2 \ll \Delta c_P$. Der letzte Term von Gl. 4.242 kann daher vernachlässigt werden. Ein Vergleich der unterstrichenen Terme mit Gl. 4.240 zeigt auf, dass sie mit $c_P = c_P^N$ die Produktbildungsgeschwindigkeit im neuen Gleichgewicht darstellen, also insgesamt gleich null sind. Es verbleibt

$$-\frac{d\Delta c_P}{dt} = \vec{k}\Delta c_P + 2\overleftarrow{k} c_P^N \Delta c_P \quad \text{Gl. 4.243}$$

d. h.

$$\frac{d\Delta c_P}{\Delta c_P} = -\left(\vec{k} + 2\overleftarrow{k} c_P^N\right) dt \quad \text{Gl. 4.244}$$

Die Integration mit der Randbedingung $\Delta c_P = \Delta c_P^0$ für $t = 0$ liefert

$$\Delta c_P = \Delta c_P^0 \, e^{-\left(\vec{k} + 2\overleftarrow{k} c_P^N\right)t} \quad \text{Gl. 4.245}$$

Bei Erreichen der Relaxationszeit ist der Exponent gleich minus eins, d. h., wir erhalten sofort

$$\tau = \frac{1}{\vec{k} + 2\overleftarrow{k} c_P^N} \quad \text{Gl. 4.246}$$

Die Bestimmung der Relaxationszeit einerseits und die Kenntnis der Gleichgewichtskonstanten $K = \vec{k} / \overleftarrow{k}$ andererseits führt dann auf eine Berechnung der Geschwindigkeitskonstanten für den hier betrachteten Reaktionstyp (die Produktkonzentration c_P^N im neuen Gleichgewicht ist in Ruhe bestimmbar). Auf die Berechnung weiterer Reaktionstypen ist

4.2 · Basiswissen zur Kinetik chemischer Reaktionen

hier zu verzichten. – Eine plötzliche Erhöhung der Systemtemperatur kann man mittels Stromimpuls (Joule'sche Wärme), Mikrowellenimpuls oder durch einen Laserimpuls erreichen. – Im Falle eines Drucksprungs ist der plötzliche Übergang von hohem zu niedrigem Druck leichter zu realisieren als umgekehrt. Man braucht dazu lediglich das Gesamtsystem mit z. B. 100 bar Gasdruck zu beaufschlagen und sticht dann eine Metallmembran passender Dicke an. Der Druck im Gefäß fällt dann in etwa 10^{-6} s auf den Außendruck ab (hierbei tritt allerdings infolge adiabatischer Expansion ein Temperatureffekt auf). – M. Eigen hat für seine Arbeiten auf dem Gebiet der chemischen Relaxation 1967 den Nobelpreis erhalten. Er hat im Übrigen zunächst die Verschiebung des Dissoziationsgleichgewichts schwacher Säuren in Richtung stärkerer Dissoziation durch das sprunghafte Anlegen eines elektrischen Feldes untersucht. Heute wird die chemische Relaxation kaum noch eingesetzt, da die Experimente aufwändig sind.

Sog. Dissoziations-Feldeffekt. Die Bindung zwischen Säureanion und Proton wird im Feld gestreckt und damit gelockert. Hierzu sind Feldstärken von 10^6 bis 10^8 V cm^{-1} erforderlich, d. h., im Experiment benötigt man bei dünnen Schichten einige 100 kV.

4.2.4.5 Schnelle Reaktionen II: Blitzlichtphotolyse und Femtosekundenmethode

Das Grundprinzip der Blitzlichtphotolyse ist in ◘ Abb. 4.22 dargestellt.

Zur Zeit $t = 0$ wird ein intensives Blitzlicht ausgelöst (nicht unbedingt sichtbares Licht), welches einen z. B. 10^{-5} s kurzen sog. Photolyseblitz in einen Reaktionsraum schickt. Dort wird durch photochemische Reaktionen momentan eine Konzentration reaktiver Spezies aufgebaut.

Ihre Abreaktion wird mit Hilfe eines elektronisch etwas zeitverzögert ausgelösten zweiten sog. Spektroblitzes verfolgt, welcher den Reaktionsraum ebenfalls durchquert. Er kann z. B. aus Licht einer bestimmten Frequenz bestehen, welche von den photochemisch erzeugten Teilchen (oder von mit diesen reagierenden Spezies oder von gebildeten Produkten) nach Maßgabe ihrer Konzentration absorbiert wird.

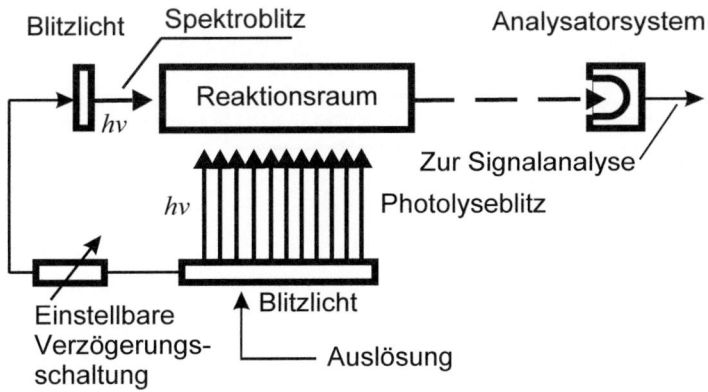

◘ **Abb. 4.22** Grundprinzip der Blitzlichtphotolyse, vgl. Text

Eine andere Möglichkeit ist die Verwendung weißen Lichts (Licht mit breitem Frequenzbereich), welches nach dem Durchgang durch den Reaktionsraum Absorptionslinien aufweist. Die Stärke der Absorption wird in beiden Fällen von einem Analysatorsystem gemessen und passend ausgewertet (Signalanalyse). Durch aufeinanderfolgende Experimente mit wachsender Zeitverzögerung für den Spektroblitz ist so die für kinetische Rechnungen erforderliche zeitabhängige Konzentration der reagierenden Teilchen erhältlich.

Der Photolyseblitz kann durch einen Puls von Korpuskeln (z. B. Elektronen) ersetzt werden. Dann spricht man von Pulsradiolyse.

Das beschriebene Verfahren stammt aus dem Jahre 1949, der geschilderte Stand entspricht dem Anfang der 60er-Jahre des vergangenen Jahrhunderts. Danach wurde die Zeitauflösung der Methode mittels Lasertechnik um nicht weniger als neun Zehnerpotenzen bis in den Femtosekunden-Bereich verbessert (es wurden Laserimpulse von weniger als 50 Femtosekunden – $50 \cdot 10^{-15}$ s – machbar). Heute ist man in der Lage, sogar Pulse im Attosekundenbereich herzustellen.

Natürlich kann man unter diesen Gegebenheiten die für den Spektroblitz erforderliche Zeitverzögerung nicht mehr durch eine elektronische Schaltung bewirken. Der Ausweg ist in ◘ Abb. 4.23 dargestellt.

Danach trifft der Laserimpuls zunächst auf einen schräggestellten halbdurchlässigen Spiegel I und wird somit geteilt. Im Schemabild wird der erste Teil nach links reflektiert, vom ortsfesten Spiegel II reflektiert, durchquert den Spiegel I, tritt in den Reaktionsraum ein und erzeugt hier die reaktive Spezies („Photoblitz", schwarze Pfeile). Der zweite Teil wird durch einen verschiebbaren Spiegel III auf den Spiegel I reflektiert, welcher ihn ebenfalls in den Reaktionsraum schickt („Spektroblitz", blaue Pfeile).

Die Zeitverzögerung des Spektroblitzes gegenüber dem Photolyseblitz ist dann durch den Laufzeitunterschied des Lichts (der Spektroblitz muss durch passende Wahl der Abstände den größeren Weg

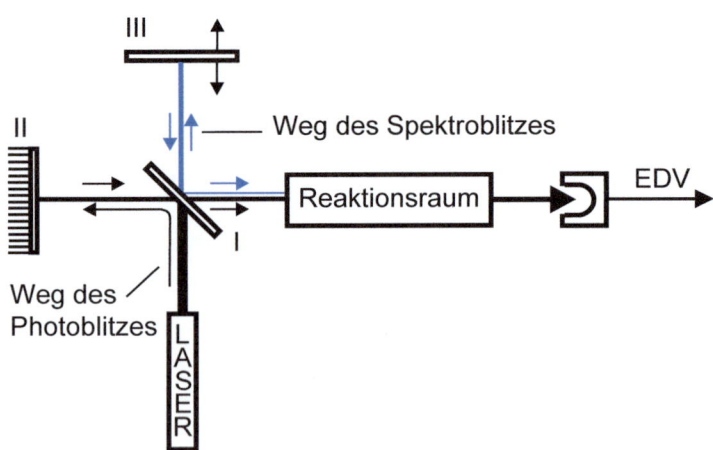

◘ **Abb. 4.23** Heutige Form der Blitzlichtphotolyse auf Basis der Lasertechnik, vgl. Text. I stellt einen halbdurchlässigen Spiegel zur Strahlteilung, II einen ortsfesten und III einen beweglichen Spiegel dar

zurücklegen) gegeben und kann durch eine Verschiebung des Spiegels III variiert werden.

Der in ◘ Abb. 4.23 gezeigte experimentelle Aufbau zeigt lediglich das Prinzip der gezielten Zeitverzögerung des Abfragesignals (Spektroblitz). Im vorliegenden Falle hat der Spektroblitz die gleiche Frequenz wie der Photolyseblitz, er kann, durch zusätzliche Optiken in der Intensität geschwächt, das durch den Photoblitz veränderte System abfragen (sog. Pump-Probe-Experiment).

Im Allgemeinen sind jedoch weit kompliziertere experimentelle Aufbauten gefragt, sie hängen stark von der Art der untersuchten Reaktion oder Prozesses und der Phase zusammen. So kann man den Spektroblitz z. B. einer Frequenzverdopplung unterwerfen (SHG, second harmonic generation) oder es werden nichtlineare optische Eigenschaften von bestimmten Kristallen oder Glasfasern dafür genutzt, den schmalbandigen Abfragepuls (die typische Bandbreite eines Femtosekundepulses liegt in Abhängigkeit seiner Pulsdauer zwischen 15 und 50 nm) in einen Weißlichtblitz zu konvertieren, der dann für die UV/VIS-Spektroskopie im Reaktionsraum verwendet werden kann. Photolyse- und Spektroblitz können aber auch räumlich getrennt erzeugt werden.

Damit können auch schnellste chemische Reaktionen, etwa die ersten Schritte der Photosynthese, einer Untersuchung zugänglich gemacht werden. Selbst die Bewegungen von Elektronen (Elektronendynamik) in einem Molekül, die viel schneller als die Kernbewegungen sind, kann erfasst werden.

Die geschilderten Experimente lassen sich auch auf Festkörper (z. B. kohärente Gitterschwingungen in Halbleiterkristallen) und auf Phasengrenzen anwenden. Durch den Einsatz von ortsabhängigen Sonden im Reaktionsraum (beispielsweise eines Rasterkraftmikroskops unter Verwendung einer optischen Glasfaser als Sonde) kann die räumliche und zeitliche Ausbreitung einer Reaktion untersucht werden. Einen weiteren Einblick in die Thematik insbesondere in Bezug auf Oberflächen und Schnittstellen gibt unter anderem [11].

4.2.5 Technische Reaktionsführungen

Der ▶ Abschn. 4.2.5 verfolgt den Zweck, einen ersten Einblick in die etwas andere Sichtweise der Technischen Chemie zu geben. Dabei kann es nicht ausbleiben, dass jeweils nur einfache Beispiele herangezogen werden und dass die verwendete Symbolik nicht derjenigen der Technischen Chemie entspricht [A16]–[A19].

4.2.5.1 Allgemeines

Im Laboratorium ausgeführte chemische Reaktionen erfolgen aus Sicht der Technischen Chemie zumeist im sog. Satzbetrieb (auch Chargenbetrieb, engl. „batch-wise"): Edukte werden in einem Reaktionsgefäß zusammengegeben und die Reaktion wird abgewartet.

Reaktionen im Satzbetrieb weisen im Allgemeinen eine niedrige Raum-Zeit-Ausbeute (Stoffproduktion bezogen auf das Volumen des Reaktionsgefäßes und auf die Zeit) auf und führen so zumeist zu hohen Produktionskosten. Für chemische Produktionsverfahren ist daher der sog. Fließbetrieb üblich: Edukte („Einsatzstoffe") werden kontinuierlich in ein Reaktionsgefäß („Reaktor") eingespeist, die gebildeten Produkte werden kontinuierlich entnommen (● Abb. 4.24). Dann werden Raum-Zeit-Ausbeuten von 10^3 kg l^{-1} h^{-1} und höher möglich.

Der Reaktor ist damit ein offenes System und die zeitliche Änderung dn_k/dt der Stoffmenge eines k-ten Reaktionsteilnehmers im Reaktionsvolumen V_R ist prinzipiell aus zwei Anteilen zusammengesetzt. Zur bisher ausschließlich behandelten Änderung infolge chemischer Reaktionen tritt eine Änderung nach Maßgabe von Zufluss und Entnahme hinzu.

Der Anteil chemischer Reaktionen an der Stoffmengenänderung sei mit $\left(dn_k/dt\right)_{chem}$ bezeichnet. Den Einfluss von Zufluss und Entnahme auf die Stoffmenge des k-ten Stoffes im Reaktor können wir als Differenz der zugehörigen Stoffmengenströme zwischen Einlauf und Auslauf angeben. Sei dV_{ein}/dt der in den Reaktor einlaufende Volumenstrom, $c_{k,ein}$ die Konzentration der betrachteten Komponente darin und seien dV_{aus}/dt und $c_{k,aus}$ die entsprechenden auslaufenden Größen, so gilt

$$\frac{dn_k}{dt} = \left(\frac{dn_k}{dt}\right)_{chem} + \left(\frac{dV_{ein}}{dt}c_{k,ein} - \frac{dV_{aus}}{dt}c_{k,aus}\right) \qquad \text{Gl. 4.247}$$

Diese sog. Bilanzgleichung kann in technischen Prozessen recht kompliziert ausfallen. Man bedenke hierzu, dass z. B.
- der betrachtete Stoff in unterschiedlichen Reaktionen gebildet oder verbraucht werden kann.
- ein- und auslaufende Volumenströme differieren können (z. B. wenn Produkte und Edukte unterschiedliche Molvolumina aufweisen).
- mit dem Reaktionsablauf Phasenübergänge verbunden sein können.

Wir schließen diese Komplikationen aus, behandeln nur sog. **raumbeständige Reaktionen** und setzen voraus, dass im Reaktor nur eine einzige Reaktion abläuft. Dann gilt mit $dV_{ein}/dt = dV_{aus}/dt = dV/dt$

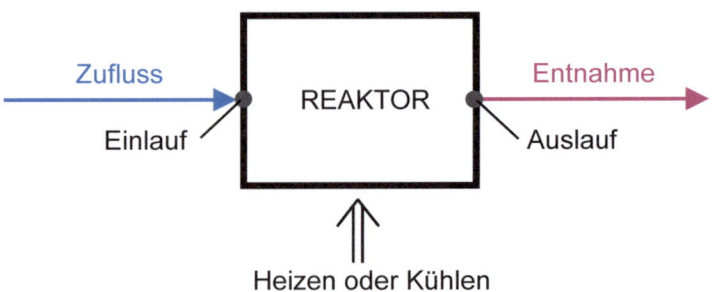

● **Abb. 4.24** Chemischer Reaktor im Fließbetrieb

4.2 · Basiswissen zur Kinetik chemischer Reaktionen

$$\frac{dn_k}{dt} = \left(\frac{dn_k}{dt}\right)_{chem} + \frac{dV}{dt}\left(c_{k,ein} - c_{k,aus}\right) \qquad \text{Gl. 4.248}$$

Die ◘ Abb. 4.24 stellt nur einen Ausschnitt aus einem chemisch-technischen Gesamtvorgang dar. Es fehlt die Darstellung dem Reaktor vor- und/oder nachgeschalteter Teilvorgänge wie etwa Verdampfen, Kondensieren, Extrahieren u. a. m., auch verbunden mit Heizen und Kühlen (also Wärmetransport) und Pumpen (also Strömungen) [A17].

4.2.5.2 Der kontinuierliche Rührkesselreaktor

Als Rührkessel bezeichnet man einen Reaktor nach ◘ Abb. 4.24, in welchem infolge ausreichend starker Rührung **an allen Stellen des Reaktionsgemisches gleiche Konzentrations- und Temperaturverhältnisse** herrschen.

Ganz offenbar ist unter diesen Bedingungen auch die Konzentration $c_{k,\,aus}$ zu jedem Zeitpunkt identisch mit der Konzentration c_k im Reaktionsvolumen V_R (◘ Abb. 4.25).

In Gl. 4.248 kann infolge einheitlicher Konzentrationen jetzt anstelle der Stoffmenge n_k die Konzentration c_k eingeführt werden.

$$\frac{dc_k}{dt} = \left(\frac{dc_k}{dt}\right)_{chem} + \frac{dV}{dt} \cdot \frac{c_{k,ein} - c_k}{V_R} \qquad \text{Gl. 4.249}$$

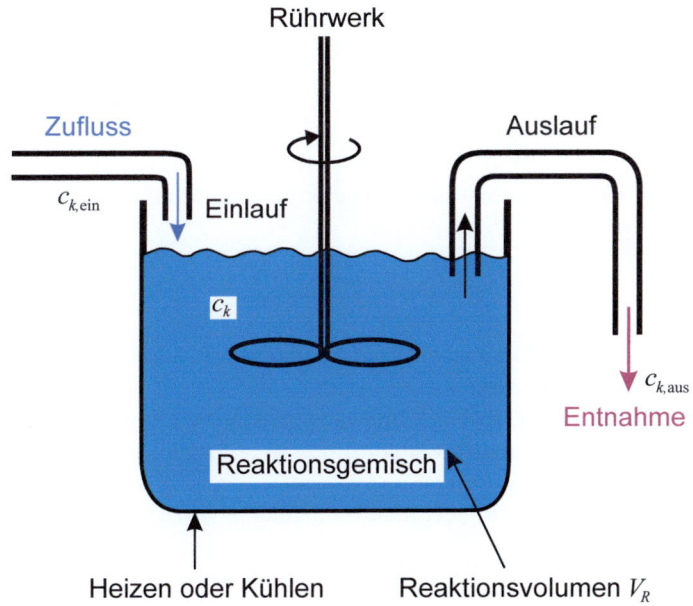

◘ **Abb. 4.25** Prinzipbild zum Rührkesselreaktor, vgl. Text

Als zu betrachtenden k-ten Stoff wählen wir ein Edukt, welches in einer Reaktion quasi erster Ordnung mit einem im Überschuss vorliegenden Lösungsmittel abreagiert.

Zu Beginn des Reaktorbetriebs (beim „Anfahren") sei die Konzentration c – der Index k ist jetzt entbehrlich – dieses Edukts im Reaktionsvolumen noch gleich null (der Volumenstrom dV/dt bestehe bis zu diesem Zeitpunkt lediglich aus dem Lösungsmittel, welches den Reaktor bereits gefüllt hat). Dann werde das Edukt zudosiert, sodass seine Konzentration im Einlaufstutzen c_{ein} beträgt. Im Reaktor steigt die Konzentration anschließend solange an, bis Abreaktion und Entnahme den Zufluss des Edukts egalisieren.

Die stationäre Eduktkonzentration im Reaktor c_{stat} ist leicht zu berechnen. Da die Reaktionsgeschwindigkeit im Reaktor überall gleich ist, kann einfach die kinetische Gleichung für die Reaktion von quasi erster Ordnung (vgl. ◘ Tab. 4.1)

$$\left(\frac{dc_k}{dt}\right)_{chem} = -k'c \qquad \text{Gl. 4.250}$$

in Gl. 4.249 eingesetzt werden. Dies liefert

$$\frac{dc}{dt} = \frac{dV}{dt} \cdot \frac{c_{ein} - c}{V_R} - k'c \qquad \text{Gl. 4.251}$$

Mit der Verweilzeit $\tau = V_R(dV/dt)$ wird daraus

$$\frac{dc}{dt} = \frac{c_{ein} - c}{\tau} - k'c = \frac{c_{ein}}{\tau} - \left(\frac{1}{\tau} + k'\right)c \qquad \text{Gl. 4.252}$$

Im stationären Fall $c = c_{stat}$ ist $dc/dt = 0$. Also gilt für die stationäre Eduktkonzentration im Reaktor und die verbliebene Eduktkonzentration im Auslauf als Funktion von c_{ein} und τ

$$c_{stat} = \frac{c_{ein}}{\tau\left(\frac{1}{\tau} + k'\right)} = \frac{c_{ein}}{1 + k'\tau} \qquad \text{Gl. 4.253}$$

> Die Verweilzeit τ entspricht der Zeit, in welcher das Reaktionsvolumen V_R mit dem Volumenstrom dV/dt leerlaufen würde, falls ein Zufluss unterbleibt.

Damit ist auch die stationäre Produktkonzentration c_P im Auslauf gegeben.

$$c_P = c_{ein} - c_{stat} = c_{ein}\left(1 - \frac{1}{1 + k'\tau}\right) \qquad \text{Gl. 4.254}$$

Hieraus kann mit bekanntem dV/dt die Raum-Zeit-Ausbeute des Reaktors berechnet werden.

Wünscht man zusätzlich Informationen über die Evolutionsphase (Zeit zwischen Beginn des Anfahrprozesses und stationär gewordenen Konzentrationen in Reaktor und Auslauf), so muss Gl. 4.252 integriert werden. Dies liefert mit der Randbedingung $c(t = 0) = 0$

$$c = c_{ein}\frac{1}{1 + k'\tau}\left(1 - e^{-\frac{(1 + k'\tau)t}{\tau}}\right) \qquad \text{Gl. 4.255}$$

4.2 · Basiswissen zur Kinetik chemischer Reaktionen

Aus Gl. 4.255 erhält man zunächst für $t \to \infty$ ebenfalls den stationären Fall entsprechend den Gl. 4.253/Gl. 4.254.

Die Auflösung der Gl. 4.255 nach der Zeit erfolgt unter Benutzung von Gl. 4.253 über den Zwischenschritt

$$e^{-\frac{(1+k'\tau)t}{\tau}} = \frac{c_{stat} - c}{c_{stat}} \qquad \text{Gl. 4.256}$$

und liefert

$$t = -\frac{\tau}{1+k'\tau} \ln \frac{c_{stat} - c}{c_{stat}} \qquad \text{Gl. 4.257}$$

Aus dieser Gleichung kann man diejenige Zeit berechnen, zu welcher die Konzentrationen in Reaktor und Auslauf sich bis auf eine vorgebbare Differenz der Stationarität genähert haben. Diese Kenntnis wird wichtig, falls z. B. eine Weiterverarbeitung des Austrags auf das Einhalten bestimmter Konzentrationen angewiesen ist. Der bis zum berechneten Zeitpunkt angefallene Austrag wird dann verworfen („ausgeschleust").

4.2.5.3 Der Rohrreaktor

Der Rohrreaktor ist uns vom Prinzip her bereits in Form des beim Mischkammerverfahren verwendeten Strömungsrohres entgegengetreten. Die Edukte werden in ein Rohr eingespeist und reagieren während des Weiterströmens ab (vgl. hierzu ▶ Abschn. 4.2.4.3, insbesondere ◘ Abb. 4.20).

Anders als beim Rührkessel liegen im Rohrreaktor also örtlich unterschiedliche Konzentrationen vor. Die Einführung der Konzentration anstelle der Stoffmenge ist in Gl. 4.248 dann nur möglich, wenn wir ein differentielles (kreisscheibenförmiges) Reaktionsvolumen dV_R betrachten (◘ Abb. 4.26).

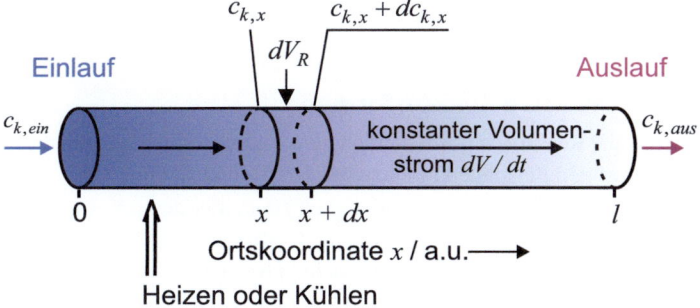

◘ **Abb. 4.26** Zur Berechnung eines Rohrreaktors. Die sich von Ein- zu Auslauf verringernde Färbung symbolisiert die Abnahme der Eduktkonzentration entlang der Ortskoordinate

Mit den in der Abbildung getroffenen Bezeichnungen lautet Gl. 4.249 für das betrachtete Reaktionsvolumen-Element

$$\left.\frac{dc_k}{dt}\right|_x = \left(\left.\frac{dc_k}{dt}\right|_x\right)_{chem} + \frac{dV}{dt}\frac{c_{k,x}-(c_{k,x}+dc_{k,x})}{dV_R} \qquad \text{Gl. 4.258}$$

Mit c als Eduktkonzentration einer Reaktion von quasi erster Ordnung wird daraus im stationären Fall $dc/dt = 0$

$$0 = -k'c_x - \frac{dV}{dt}\frac{dc_x}{dV_R} \qquad \text{Gl. 4.259}$$

Dies gilt für alle x, d. h., wir besitzen die Differentialgleichung

$$\frac{dc}{c} = -\frac{k'}{dV/dt}dV_R \qquad \text{Gl. 4.260}$$

Zu integrieren ist von c_{ein} bis c_{aus} und von $V_R = 0$ bis V_R. Dies liefert

$$\ln\frac{c_{aus}}{c_{ein}} = -k'\frac{V_R}{dV/dt} \qquad \text{Gl. 4.261}$$

Mit der schon zuvor benutzten Verweilzeit $\tau = V_R(dV/dt)$ folgt daraus durch Entlogarithmieren für die im Auslauf verbliebene Eduktkonzentration

$$c_{aus} = c_{ein}e^{-k'\tau} \qquad \text{Gl. 4.262}$$

Die Produktkonzentration c_P im Auslauf ist dann als Differenz der Eduktkonzentrationen von Einlauf und Auslauf erhältlich

$$c_P = c_{ein}\left(1 - e^{-k'\tau}\right) \qquad \text{Gl. 4.263}$$

Eine grafische Darstellung dieser Gleichungen entspricht ◘ Abb. 4.1, wenn dort die Zeit durch die Verweilzeit τ ersetzt wird. – Gibt man c_P, c_{ein} und k' vor, so gewinnt man Information über erforderliche Verweilzeiten und damit über erforderliche Volumenströme/Reaktionsvolumina. Umgekehrt lassen sich Geschwindigkeitskonstanten über die experimentelle Bestimmung von Konzentrationen und Verweilzeiten ermitteln (sog. Strömungsmethode).

4.2.5.4 Weitere Reaktorformen

Chemische Reaktoren können auch ganz anders aufgebaut sein als in den bisherigen Beispielen beschrieben [A16]–[A19].

Soll z. B. ein Gas mit einer Flüssigkeit oder einer deren Komponenten technisch reagieren, so ist eine sog. Gasblasen-Säule sinnvoll: Das Gas wird von unten in eine (zylindrische) Flüssigkeitssäule eingespeist und perlt nach oben, wird dabei gelöst und reagiert. Die Flüssigkeit wird im Gegenstrom nach unten geführt und das Reaktionsprodukt so ausgetragen.

4.2 · Basiswissen zur Kinetik chemischer Reaktionen

Für den Fall der Durchführung einer heterogenen Katalyse kann man die Reaktanden etwa durch eine Schüttung von Katalysatorkörnern oder Pellets strömen lassen.

Aber auch dies sind nur Beispiele für Basiskonstruktionen. Andere Reaktorkonstruktionen können sehr viel komplizierter ausfallen. Auch hierfür ein Beispiel: Die elektrochemisch gepulste Siebbodenkolonne. In ihr laufen gleichzeitig chemische und elektrochemische (▶ Kap. 5) Prozesse ab. Unter anderem wurde sie zur Trennung der Uran- und Plutoniumanteile abgebrannter Kernbrennstäbe im sog. Purex-Verfahren entwickelt [A23].

4.2.5.5 Thermische Reaktorstabilität

Wir betrachten einen Reaktor, in welchem eine exotherme Reaktion abläuft.

Die Reaktionsgeschwindigkeit im Kessel wird nach Maßgabe der Arrhenius-Gleichung (Gl. 4.153) bei steigender Reaktortemperatur T exponentiell ansteigen. Gleiches gilt dann auch für die zeitliche Produktion der Reaktionswärme Q^R im Kessel.

$$\frac{dQ^R}{dt} \sim e^{-1/T} \qquad \text{Gl. 4.264}$$

Auch der zeitliche Abtransport von Wärme – sei es durch die Reaktorwand zur Außenluft oder durch die Wandung einer im Reaktor angeordneten Kühlschlange – steigt mit der Reaktortemperatur an. Mit Q^{AB} als abgeführter Wärme gilt hierfür nach Maßgabe der Gleichung für den Wärmedurchgang (Gl. 3.19) eine Proportionalität zur Differenz von Reaktortemperatur T und Temperatur des Kühlmediums T_0 sowie zur Wärmeaustauschfläche A

$$\frac{dQ^{AB}}{dt} \sim A(T - T_0) \qquad \text{Gl. 4.265}$$

◘ Abbildung 4.27 stellt dies grafisch für den Fall dar, dass sich beide Abhängigkeiten zweimal schneiden.

Liegt die Temperatur unter diesen Bedingungen unterhalb des als T_A (Arbeitstemperatur) bezeichneten Wertes, so ist die Wärmeproduktion größer als die Abfuhr und die Temperatur steigt so lange an, bis im Punkt T_A Äquivalenz von Produktion und Abfuhr erreicht ist.

Befindet sich der Reaktor auf einer Temperatur oberhalb von T_A, aber noch unterhalb einer kritischen Temperatur T_{krit}, so überwiegt der Wärmetransport. Die Temperatur des Reaktors muss dann sinken, bis wiederum T_A erreicht wird.

Der Reaktor ist in diesen Fällen temperaturstabil. Dies gilt nicht mehr, wenn die Temperatur, z. B. infolge einer Störung, den kritischen Wert T_{krit} überschreitet. Die Temperatur wird dann unkontrolliert ansteigen.

Arbeitstemperatur und Stabilitätsbereich lassen sich durch Wahl der Temperatur des Kühlmittels und der Größe der Wärmeaustauschfläche

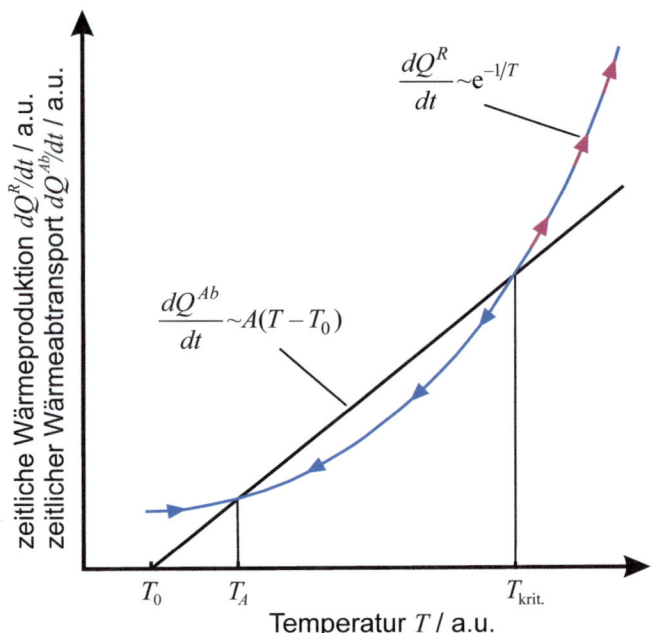

Abb. 4.27 Schaubild zur thermischen Reaktorstabilität, vgl. Text

beeinflussen. Schlechte Wärmeabfuhr – z. B. bei Ausfall der Kühlung – kann eine bestehende Stabilität schnell aufheben.

4.3 Theorien zur Reaktionsgeschwindigkeit

Emprisch wurde von Arrhenius gefunden, dass die Geschwindigkeitskonstante k exponentiell mit der Temperatur T wächst, wie mit Gl. 4.145 beschrieben

$$k = A e^{-B/T} \qquad \text{Gl. 4.145}$$

Die Konstante B kann durch thermodynamische Überlegungen als eine (durch die Gaskonstante R geteilte) sog. Aktivierungsenergie E_A identifiziert werden (vgl. ▶ Abschn. 4.2.2.1). Damit erhalten wir die sog. Arrhenius-Gleichung

$$k = A e^{-E_A/RT} \qquad \text{Gl. 4.153}$$

Die Konstante A (der Vorfaktor) stellt dann die maximal mögliche Reaktionsgeschwindigkeitskonstante k für $T \to \infty$ oder $E_A \to 0$ dar. Tatsächlich ist k kleiner sowie abhängig davon, über wie viel mittlere thermische Energie das System im Verhältnis zur Aktivierungsenergie verfügt. A und E_A sind nach wie vor empirische Konstanten.

Die nunmehr zu behandelnden Theorien haben die Berechnung von Vorfaktor und Aktivierungsenergie aus den individuellen Daten

4.3 · Theorien zur Reaktionsgeschwindigkeit

der Reaktion (vor allem den Moleküldaten) zum Ziel. Aus Gründen der Anschaulichkeit werden zunächst Theorien zu bimolekularen Reaktionen diskutiert.

4.3.1 Die Stoßtheorie

Die Stoßtheorie – nach einem ihrer Urheber W. C. Lewis (nicht zu verwechseln mit G. N. Lewis, der den Säure- und Basenbegriff prägte) auch als Lewis-Theorie bekannt – stammt aus dem Jahre 1917. Sie bezieht sich auf Reaktionen in der Gasphase. Als Übergangszustand wird der im Augenblick des Zusammentreffens unterschiedlicher Eduktteilchen entstehende Stoßkomplex betrachtet. Wurde einem Stoßkomplex (durch die kinetische Energie der stoßenden Teilchen) ausreichend Energie zugeführt, so können sich Bindungen im Sinne einer Produktbildung öffnen, umlagern oder neu bilden. Reicht die Energie hierfür nicht aus, so fliegen die Stoßpartner wieder auseinander.

Für den zeitlichen Reaktionsablauf ist dann die jeweilige Zahl der (aus Sicht einer Produktbildung) erfolgreichen Stoßvorgänge pro Zeit- und Volumeneinheit maßgeblich. Wird dieser Ausdruck durch die Avogadro-Zahl geteilt, so liegt eine Stoffmengenänderung pro Zeit und Volumen vor. Der neue Ausdruck entspricht dann der Reaktionsgeschwindigkeit $v = dc/dt$ der betrachteten Reaktion.

4.3.1.1 Ausführung für bimolekulare Gasreaktionen
Bimolekulare Reaktionen

$$A + B \rightarrow Produkt(e)\ P \qquad \text{Gl. 4.25}$$

besitzen eine Reaktionsgeschwindigkeit v entsprechend Gl. 4.24

$$v = \frac{dc_A}{dt} = -kc_A c_B \qquad \text{Gl. 4.28}$$

Dieser Ausdruck ist nach obigen Überlegungen identisch mit der durch N_A **geteilten Zahl der erfolgreichen Stöße** zwischen den Gasteilchen A und B pro Zeit- und Volumeneinheit. Mit der Stoßzahl Z_{AB}

$$Z_{AB} = \frac{\text{Gesamtzahl aller Stöße zwischen A und B}}{\text{Zeit- und Volumeneinheit}} \qquad \text{Gl. 4.266}$$

können wir dann schreiben

$$v = -\frac{Z_{AB}}{N_A} \cdot \text{prozentualer Anteil erfolgreicher Stöße} \qquad \text{Gl. 4.267}$$

Ein Gleichsetzen von Gl. 4.28 mit Gl. 4.267 liefert dann die Reaktionsgeschwindigkeitskonstante k der bimolekularen Gasreaktion.

In erster Näherung wollen wir die Teilchen als harte Kugeln betrachten, d. h. langreichweitige Wechselwirkungen (z. B. Van-der-Waals- oder Coulomb-Wechselwirkungen) vernachlässigen. Ebenso wollen wir vernachlässigen, dass die Teilchen bei sehr hohen Energien einen nur sehr kurzlebigen Stoßkomplex bilden und es damit nicht zu einer effizienten Umwandlung der kinetischen Energie der stoßenden Teilchen in Kernbewegungen der Atome im Komplex gegeneinander und somit zu Bindungsbrüchen kommt. Der Stoßquerschnitt σ (vgl. Gl. 2.1) sei also insgesamt unabhängig von der kinetischen Energie der Teilchen.

Die Stoßzahl Z_{AB} erhalten wir dann unmittelbar im Anschluss an die bereits in ▶ Abschn. 2.1.1 errechnete Stoßzahl Z_A für die Stöße **eines Teilchens A** mit den Teilchen B pro Zeiteinheit (Gl. 2.7). In diese Gleichung ist jetzt $\sigma = \sigma_0 = \pi(r_A + r_B)^2$ einzusetzen (vgl. ◘ Abb. 2.4 und den sich anschließenden Text)

$$Z_A = \sigma_0 {}^1n_B \bar{u}_A \sqrt{1 + \frac{m_A}{m_B}} \qquad \text{Gl. 4.268}$$

Zur weiteren Erinnerung: ${}^1n_B$ war die räumliche Dichte der Teilchen B, $\bar{u}_A$ die mittlere Geschwindigkeit der Teilchen A nach Gl. 7.51 und m_A und m_B waren die Teilchenmassen. Die Stoßzahl Z_{AB} entsteht dann aus Gl. 4.268 durch Multiplikation mit der räumlichen Dichte der Teilchen A

$$Z_{AB} = \sigma_0 {}^1n_A {}^1n_B \sqrt{\frac{8k_BT}{\pi m_A}} \sqrt{1 + \frac{m_A}{m_B}} \qquad \text{Gl. 4.269}$$

Dies lässt sich in

$$Z_{AB} = \sigma_0 {}^1n_A {}^1n_B \sqrt{\frac{8k_BT}{\pi}\left(\frac{m_A + m_B}{m_A m_B}\right)} \qquad \text{Gl. 4.270}$$

umrechnen. Der zweite Bruch unter der Klammer stellt im Übrigen den Kehrwert der reduzierten Masse $\mu_{AB} = m_A \cdot m_B / (m_A + m_B)$ nach Gl. 7.102 dar. Die Verwendung dieses Symbols ist auch im vorliegenden Zusammenhang üblich.

Beispiel

Für eine überschlägige Berechnung der Stoßzahlen Z_A und Z_{AB} nach Gl. 4.268 bzw. Gl. 4.269 betrachten wir ein äquimolares Gemisch von Gasen A und B mittlerer und vergleichbarer Molmasse bei Standardbedingungen. Dann können wir σ_0 mit $0{,}4 \cdot 10^{-18}$ m^2 abschätzen (siehe ▶ Abschn. 2.1.1). Die Teilchendichten liegen bei $0{,}12 \cdot 10^{26}$ m^{-3} ($p_A = p_B \cong 0{,}5$ bar). $\bar{u}_A \cong \bar{u}_B$ beträgt nach ◘ Tab. 7.1 rund $4{,}5 \cdot 10^2$ m s^{-1}. Die Wurzel aus $(1 + m_A/m_B)$ ist gleich der Wurzel aus zwei. Damit erhalten wir zunächst für die Stoßzahl Z_A **eines** Eduktteilchens A mit **den** Eduktteilchen B den ungefähren Wert 10^{10} s^{-1}, d. h., das betrachtete Teilchen erfährt etwa alle 10^{-10} s einen Stoß (also alle 100 Picosekunden).

> Für die Zahl Z_{AB} aller Stöße zwischen den Eduktteilchen A und B muss noch einmal mit der Teilchendichte multipliziert werden. Dies führt auf eine Stoßzahl von ca. 10^{35} pro s und m³. Die gleiche Rechnung ausgeführt für den Hochvakuum-Bereich (10^{-9} bar) führt auf $Z_A \cong 10$ und $Z_{AB} \cong 10^{11}\,s^{-1}$.

Die Gl. 4.270 enthält nur eine Abhängigkeit von der Wurzel der Temperatur, spiegelt die experimentelle Abhängigkeit in der Arrhenius-Gleichung also noch nicht wider. Diese kommt erst durch die Berechnung des prozentualen Anteils erfolgreicher Stöße zustande.

Der Begriff eines erfolgreichen Stoßes ist mit einer ausreichenden kinetischen Energie der Stoßpartner verknüpft. Da alle Teilchen gleichberechtigt sind, also zeitlich gleich viele Stöße erfahren, können wir den prozentualen Anteil erfolgreicher Stöße dann als prozentualen Anteil derjenigen Teilchen ansehen, welche eine kinetische Energie $\varepsilon = (m/2)u^2$ oberhalb eines erforderlichen Schwellenwertes $\varepsilon_s = (m/2)u_s^2$ besitzen. Dieser Prozentsatz ist aus der Maxwell'schen Geschwindigkeitsverteilung durch Berechnung der Zahl $N_{u>u_s}$ derjenigen Teilchen einer Gesamtheit N, welche eine Geschwindigkeit u oberhalb der erforderlichen Schwellengeschwindigkeit u_s haben, erhältlich (vgl. hierzu ▶ Abschn. 7.2).

Da stark streifende Stöße nicht in der Lage sein werden, die erforderliche Energie auf den Stoßkomplex zu übertragen, lassen wir in dieser Überlegung allerdings nur Stöße solcher Teilchen zu, welche sich in der gleichen Ebene bewegen, müssen also Gl. 7.60 benutzen.

$$\frac{N_{u>u_s}}{N} = e^{-\frac{mu_s^2}{2k_BT}} = e^{-\frac{\varepsilon_s}{k_BT}} \qquad \text{Gl. 4.271}$$

Damit ist auch der prozentuale Anteil erfolgreicher Stöße gegeben. Wir können jetzt Gl. 4.267 unter Beachtung der Gl. 4.270 und Gl. 4.271 in Gl. 4.28 einsetzen. Dies liefert für die Reaktionsgeschwindigkeitskonstante k unmittelbar

$$k = \frac{Z_{AB}}{N_A c_A c_B} \cdot \frac{N_{u>u_s}}{N} = \frac{1}{N_A c_A c_B}\sigma_0 {}^1n_A {}^1n_B \sqrt{\frac{8k_BT}{\pi\mu_{AB}}} e^{-\varepsilon_s/k_BT} \qquad \text{Gl. 4.272}$$

Mit $c = {}^1n/N_A$, $E_s = \varepsilon_s \cdot N_A$ als molarer Schwellenenergie und $R = k_B \cdot N_A$ wird daraus

$$k = N_A \sigma_0 \sqrt{\frac{8k_BT}{\pi\mu_{AB}}} e^{-E_s/RT} \qquad \text{Gl. 4.273}$$

Ein Vergleich mit der Arrhenius-Gleichung Gl. 4.153 identifiziert den Vorfaktor A mit

$$A = \frac{Z_{AB}}{N_A c_A c_B} = N_A \sigma_0 \sqrt{\frac{8k_BT}{\pi\mu_{AB}}} \qquad \text{Gl. 4.274}$$

Der Vorfaktor ist damit als Funktion der Radien (über σ_0) und Massen (über μ) der Eduktteilchen **berechenbar geworden**. Eine Berechnung des exponentiellen Terms ist allerdings nach wie vor nicht gegeben. Eine Abgrenzung zwischen E_S (Schwellenenergie) und E_A (Arrhenius'sche Aktivierungsenergie) findet im ▶ Abschn. 4.3.1.2 statt.

Für den Fall einer Reaktion zwischen gleichen Edukten nach A + A → A_2 muss bereits Gl. 4.269 modifiziert werden. Es ist dann $\sigma_0 = 4\pi r^2$ und $^1n_A \, ^1n_B$ wird zu $^1n^2$. Vor allem aber muss ein Faktor ½ in die Gleichung eingeführt werden, um eine Doppelzählung der Stöße zu vermeiden. Damit ist

$$Z_{AA} = 2\pi r^2 \, ^1n^2 \sqrt{\frac{16 k_B T}{\pi m_A}}$$ Gl. 4.275

und k wird in der Folge zu

$$k = 8 N_A r^2 \sqrt{\frac{k_B T}{\pi m_A}} e^{-E_S/RT}$$ Gl. 4.276

4.3.1.2 Leistungen und Erweiterungen

Um die Leistungsfähigkeit der entwickelten Theorie beurteilen zu können, muss der Vorfaktor konkret berechnet und mit experimentellen Daten verglichen werden.

Dies gelingt am schnellsten, wenn wir das Beispiel des ▶ Abschn. 4.3.1.1 fortführen. Dann können wir die bereits berechnete Stoßzahl $Z_{AB} \cong 10^{35}$ m^{-3} s^{-1} in den linken Teil der Gl. 4.274 einsetzen. Dies führt mit der zugrunde liegenden Teilchendichte von $^1n_A = {}^1n_B = 0{,}12 \cdot 10^{26}$ m^{-3}, also $c_A = c_B = 0{,}12 \cdot 10^{26}$ m^{-3} / $6{,}022 \cdot 10^{23}$ mol^{-1} = $2 \cdot 10^1$ mol m^{-3} sofort auf $A \cong 4 \cdot 10^8$ mol^{-1} m^3 s^{-1} oder 10^{11} mol^{-1} Ls^{-1}.

Wie ein Blick auf ◘ Tab. 4.3 zeigt, stimmt der so berechnete Wert innerhalb einer Größenordnung mit experimentell für bimolekulare Gasreaktionen 1. Ordnung zwischen **einfachen Teilchen** erhaltenen Daten überein.

Für den Fall von Reaktionen zwischen komplizierter gebauten Teilchen ist die Übereinstimmung schlecht. Sie ist auch nicht besser zu erwarten, da die zugrunde liegende Modellierung von kugelförmigen Teilchen des Radius r und der Masse m ausgeht, deren kinetische Energie für die Schaffung des Übergangszustandes sorgt. In der Realität können auch Rotations- und Schwingungsenergien Beiträge zur Aktivierung leisten, und die Teilchen weisen individuelle Formen auf. Außerdem kann – auch unter Voraussetzung identischer Stoßenergien – während des Stoßes die Orientierung der Teilchen zueinander über Produktbildung oder nicht entscheiden.

Die ◘ Abb. 4.28 stellt dies grafisch dar.

Der Effekt kann durch einen sogenannten **sterischen Faktor** p beschrieben werden, welcher multiplikativ zum Vorfaktor hinzutritt. Dann ist

$$k = pA \, e^{-E_S/RT}$$ Gl. 4.277

4.3 · Theorien zur Reaktionsgeschwindigkeit

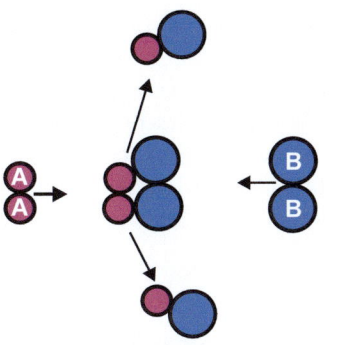

Im Stoßkomplex bilden sich Bindungen zwischen A und B aus, die Bindungen in A_2 und B_2 werden geschwächt. Der Komplex zerfällt in zwei Teilchen AB.

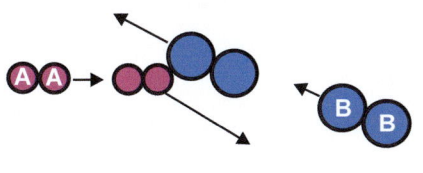

Die Bindungen in A_2 und B_2 werden nur wenig beeinflusst. Eine Reaktion findet nicht statt.

Abb. 4.28 Zur Einführung eines sterischen Faktors

Der sterische Faktor ist in diesem Sinne eine experimentelle (allenfalls abschätzbare) Größe kleiner oder sehr viel kleiner als 1.

Ausnahmen bestätigen die Regel. Wird z. B. schon während der Annäherung zweier Teilchen zwischen ihnen ein Elektron ausgetauscht (Tunneleffekt, vgl. ▶ Abschn. 7.4), so entsteht zwischen den entstandenen Ionen eine anziehende Kraft. Dies führt analog ◻ Abb. 2.4 zu einer Vergrößerung des Stoßquerschnitts in Gl. 4.274 gegenüber σ_0, was zu $p > 1$ führen kann.

Abschließend sei darauf hingewiesen, dass der nach der Stoßtheorie erhaltene Vorfaktor eine leichte Temperaturabhängigkeit aufweist. Sie tritt uns als (über die mittlere Geschwindigkeit $\bar{u}$ eingebrachte) Wurzelabhängigkeit entgegen, wie es experimentell tatsächlich für größere Temperaturintervalle gegeben ist. Eine Auftragung von $\ln k(T)$ gegen $1/T$ entsprechend ◻ Abb. 4.9 ergibt damit in der Realität eine Tangentengleichung für einen bestimmten Temperaturwert, und aus der Auftragung bestimmte Daten für A und E_A – ▶ Abschn. 4.2.2.2.1 – gelten nur für diesen Temperaturwert. Für genügend kleine **Temperaturbereiche** verläuft die Funktion jedoch nahezu linear.

Weiterhin ist zu beachten, dass die Schwellenenergie E_S von der Aktivierungsenergie nach Arrhenius zu unterscheiden ist. E_S ist eine bestimmte feste Energie, die im konkreten Zusammenhang mit der Bindungsenergie einer zu brechenden Molekülbindung steht. E_A dagegen ist eine empirische Größe, die mit einer über alle energetischen Zustände gemittelten Geschwindigkeitskonstanten $k(T)$ verknüpft ist.

Schließlich darf nicht verschwiegen werden, dass die hier gegebene Einführung der Exponentialfunktion durch Gl. 4.271 alleine der

Anschaulichkeit dient. In weitergehenden Theorien wird der Stoßquerschnitt σ als eine energieabhängige Größe beschrieben, zunächst mit $\sigma = 0$ für $\varepsilon < \varepsilon_S$ und $\sigma = \sigma_0$ mit $\varepsilon > \varepsilon_S$. Im Weiteren wird dann $\sigma = \sigma(\varepsilon)$ modelliert (exponentieller Anstieg, Maxwell'sche Geschwindigkeitsverteilung, s. ▶ Abschn. 7.1). Auch eine Modellierung im Bereich hoher Energien (Wiederabfall von σ) ist möglich. Im Bereich dieser Modellierung würde das Festhalten an einem energieunabhängigen σ_0 bedeuten, dass jeglicher Stoß erfolgreich wäre.

4.3.1.3 Anwendung auf trimolekulare Gasreaktionen und auf Reaktionen in Lösungen

Nach Trautz und Bodenstein lassen sich die Überlegungen des ▶ Abschn. 4.3.1.1 ohne Weiteres auf eine Reaktion

$$A + B + C \rightarrow \text{Produkt(e)} \qquad \text{Gl. 4.45}$$

übertragen. Die zugehörige Reaktionsgeschwindigkeit lautet

$$v = \frac{dc_A}{dt} = -k\, c_A c_B c_C \qquad \text{Gl. 4.46}$$

Anstelle von Gl. 4.267 schreiben wir mit Z_{ABC} als Zahl der Dreierstöße pro Zeit- und Volumeneinheit jetzt

$$v = -\frac{Z_{ABC}}{N_A} e^{-E_s/RT} \qquad \text{Gl. 4.278}$$

wobei der Ausdruck für den prozentualen Anteil erfolgreicher Stöße entsprechend Gl. 4.271 direkt übernommen wurde. Für $E_s \to 0$ geht $k \to A$, d. h., wir erhalten aus den Gl. 4.46 und Gl. 4.278

$$A = \frac{Z_{ABC}}{N_A c_A c_B c_C} = \frac{Z_{ABC} N_A^2}{{}^1n_A{}^1n_B{}^1n_C} \qquad \text{Gl. 4.279}$$

Die noch fehlende Berechnung von Z_{ABC} sei nur global geschildert. Sie geht davon aus, dass die Kontaktzeit eines aus zwei Partnern bestehenden Stoßkomplexes mit der ungefähren Dauer einer Molekülschwingung, also mit 10^{-13} s, abgeschätzt werden kann. In dieser Zeit muss also ein dritter Partner hinzutreten, um in ablaufende Wechselwirkungen miteinbezogen werden zu können. In 10^{-13} s legt ein Teilchen in Abhängigkeit von seiner mittleren Geschwindigkeit eine mittlere Wegstrecke δ zurück (für $u = 1000$ m s^{-1} – leichtes Teilchen bei Normaltemperatur, vgl. ◘ Tab. 7.1 – wäre $\delta = 10^{-8}$ cm). Dies erlaubt eine Berechnung der Stoßzahl Z_{ABC} durch Klärung der Frage, wie häufig sich drei Teilchen gleichzeitig innerhalb eines Stoßvolumens vom Radius δ aufhalten. Man erhält

$$Z_{ABC} = 8(r_A + r_B)^2 (r_B + r_C)^2$$

$$\delta (2p^3 k_B T)^{1/2} \left(\frac{1}{\mu_{AB}^{1/2}} + \frac{1}{\mu_{BC}^{1/2}} \right) {}^1n_A {}^1n_B {}^1n_C \qquad \text{Gl. 4.280}$$

μ_{AB} und μ_{BC} sind darin die reduzierten Massen der Teilchen A und B bzw. B und C (Gl. 7.102).

Danach sind Dreierstöße unter Normalbedingungen um den Faktor 1000 seltener als Zweierstöße. Einsetzen von Gl. 4.280 in Gl. 4.279 führt allerdings auf Vorfaktoren A, welche gegenüber experimentellen Daten um einige Potenzen zu groß ausfallen. Man erhält

In Lösungen wird das Aufeinandertreffen von Eduktteilchen durch im Überschuss vorliegende Lösungsmittelmoleküle behindert. Haben sich Eduktteilchen jedoch erst einmal getroffen, so sind sie anschließend von Lösungsmittelteilchen umgeben. Dies gibt infolge von Reflexionen – dabei kann Energie aufgenommen werden – Anlass zu erneuten, schnell aufeinanderfolgenden Zusammenstößen (sog. Käfigeffekt). Reaktionen in Lösungen können daher durchaus gleich schnell ablaufen wie in der Gasphase.

Ist die Aktivierungsenergie der betrachteten Reaktion klein, so wird mit hoher Wahrscheinlichkeit bereits der erste Stoß im Käfig im Sinne einer Produktbildung erfolgreich sein. Dann wird die Bewegung der Eduktteilchen durch das Lösungsmittel geschwindigkeitsbestimmend. Es liegt im Gegensatz zum vorhergehenden Fall der kinetisch kontrollierten Reaktion eine diffusionskontrollierte Reaktion vor. Derartige Reaktionen zeigen die Temperaturabhängigkeit des Diffusionskoeffizienten D (in wässriger Lösung ein Geschwindigkeitszuwachs von 2 bis 3 % pro Kelvin).

Eine rechnerische Behandlung [A14] geht von k als Geschwindigkeitskonstanten der chemischen Reaktion und k_{Diff} als derjenigen der Diffusion aus und definiert eine gemittelte, sog. effektive Konstante k_{eff}

$$\frac{1}{k_{eff}} = \frac{1}{k} + \frac{1}{k_{Diff}} \qquad \text{Gl. 4.281}$$

In der obigen Situation wäre $k > k_{Diff}$, dann misst man nur $k_{eff} \approx k_{Diff}$, d. h., man stellt hauptsächlich die Geschwindigkeit der Diffusion fest, die nichts mit der Reaktion zu tun hat. Dies wird vielfach bei Reaktionen in Lösungen nicht beachtet. Bei radialsymmetrischer Diffusion und bei Reaktion ungeladener Teilchen ist $k_{Diff} = 4\pi D r_0$ mit r_0 als Radius des Lösungsmittelkäfigs. In grober Näherung kann D über die Stokes-Einstein-Beziehung ersetzt werden, in welcher der Diffusionskoeffizient mit der experimentell leichter ermittelbaren Viskosität η der Lösung verknüpft ist. Man erhält so nach einigem Rechnen

$$k_{eff} = \frac{8}{3} \frac{k_B T}{\eta} \qquad \text{Gl. 4.282}$$

4.3.1.4 Die Stoßtheorie aus heutiger Sicht

Als eine etwas andere Art der Stoßtheorie tritt uns heute die sog. **Chemische Dynamik** entgegen. Zusammenstöße und ihre Ergebnisse werden als Computer-Simulation ausgeführt.

Eine Vielzahl derartiger Rechnungen unter Variation der Startbedingungen (Geschwindigkeiten, räumliche Orientierungen,

Rotations- und Schwingungszustände der Stoßpartner, Stoßwinkel) kann dann bei Aufsummation die Reaktionsgeschwindigkeit widerspiegeln. Hierfür ist es erforderlich, die Startbedingungen zufallsbedingt aus einem durch Geschwindigkeitsverteilung und Energieverteilung bestimmten Gesamtvorrat auszuwählen.

Ein zugehöriger experimenteller Ansatz ist durch **die Methode der gekreuzten Molekularstrahlen** gegeben. Hierbei werden zunächst Strahlen aus Edukten jeweils einheitlicher Geschwindigkeit erzeugt (zur Herstellung vgl. ▶ Abschn. 7.2.5). Eine gewünschte räumliche Orientierung der Teilchen ist gegebenenfalls durch elektrische Felder einstellbar. Einstrahlen von Laserlicht kann zu definierten Schwingungszuständen der Teilchen führen. Die Strahlen werden sodann unter Variation des Stoßwinkels aufeinander gerichtet und die entstehenden Produkte analysiert.

Damit wird z. B. der Anteil (in Bezug auf die Produktbildung) erfolgreicher Stöße in Abhängigkeit von den genannten Parametern zugänglich und kann mit Rechnungen verglichen werden.

4.3.2 Die Theorie des aktivierten Komplexes

Die Anfänge der Theorie des aktivierten Komplexes stammen aus den dreißiger Jahren des vergangenen Jahrhunderts und sind u. a. mit den Namen Peker, Wigner, Evans, Polanyi, Glasstone, Laidler, Eyring, London und Morse verbunden. Sie greift die ursprüngliche Vorstellung eines temperaturabhängigen Gleichgewichts zwischen Edukten und einem Übergangszustand (vgl. ▶ Abschn. 4.2.2.1) wieder auf. **Jetzt wird die zugehörige Gleichgewichtskonstante jedoch** nicht nur (wie bei Arrhenius) in die Rechnung eingeführt, sondern **berechnet**.

Mit bekannter Gleichgewichtskonstante folgt dann die Konzentration des nunmehr als aktivierter Komplex bezeichneten Übergangszustands. Mit passenden Annahmen über seinen Zerfall zu den Produkten ist dann auch die Geschwindigkeit der Reaktion von Edukten zu Produkten bekannt. Die resultierende Geschwindigkeitskonstante wird damit komplett berechenbar. Sie hat wiederum die Form einer Exponentialfunktion mit Vorfaktor.

Eine zentrale Rolle in diesem Abschnitt spielen der Begriff „Zustandssumme" und ihre Berechnung. Lesern, denen diese Dinge bisher fremd geblieben sind, finden im ▶ Abschn. 7.3 Hilfe.

4.3.2.1 Die Herleitung der Eyring-Gleichung anhand bimolekularer Gasreaktionen

Als Beispiel behandeln wir eine bimolekulare Reaktion mit der Reaktionsgeschwindigkeitskonstanten k

$$A + BC \xrightarrow{k} \text{Produkt(e) P} \qquad \text{Gl. 4.283}$$

4.3 · Theorien zur Reaktionsgeschwindigkeit

und legen fest, dass die Eduktteilchen im Gleichgewicht mit einem energetisch angehobenen, kurzlebigen aktivierten Komplex $X^{\neq} = ABC^{\neq}$ stehen, von welchem die Produktbildung ausgeht.

$$A + BC \underset{}{\overset{K^{\neq}}{\rightleftharpoons}} ABC^{\neq} \rightarrow \text{Produkt(e) P} \qquad \text{Gl. 4.284}$$

Die Berechnung der Gleichgewichtskonstanten $K^{\neq}$ für die Bildung des Komplexes aus den Edukten stellt dabei die erste Aufgabe dar.

Hierfür billigen wir dem Komplex trotz seiner Kurzlebigkeit Moleküleigenschaften zu. Dann können wir ihm auch eine Zustandssumme $Q_{ABC^{\neq}}$ zuordnen (siehe hierzu ▶ Abschn. 7.3). Die für die Berechnung der Zustandssumme erforderlichen Daten (Masse, Trägheitsmomente, Schwingungsfrequenzen) des Komplexes können wir unter Berücksichtigung der Natur der Edukte angeben oder abschätzen. Die Zustandssummen Q_A und Q_{BC} der Edukte bereiten keine Probleme. Dann können wir Gl. 7.147 sinngemäß übernehmen.

$$K_c^{\neq} = \frac{c_{ABC^{\neq}}}{c_A c_B} = \frac{RT}{p_0} \cdot \frac{Z_{NA} Q_{ABC^{\neq}}}{Q_A Q_{BC}} e^{-\Delta_R U_0^{\neq}/RT} \qquad \text{Gl. 4.285}$$

$\Delta_R U_0^{\neq}$ ist dann die für die Bildung des Komplexes bei 0 K erforderliche molare Reaktionsenergie, p_0 ist der Standarddruck und Z_{NA} der Zahlenwert der Avogadro-Konstanten N_A. Der Index 0 der inneren Energie kann sich auch auf die vollständige Besetzung des energetisch niedrigsten Niveaus beziehen, dies wird aber vollständig nur bei 0 K erreicht, daher wird auf die Unterscheidung verzichtet.

Im Weiteren stellen wir uns vor, dass sich eine der Bindungen im aktivierten Komplex lockert und schließlich im Sinne einer Produktbildung löst. Die zur Schwingung um diese Bindung gehörende besondere Zustandssumme Q_{schw} ist multiplikativer Anteil der vollständigen Zustandssumme $Q_{ABC^{\neq}}$ (Gl. 7.113 und Gl. 7.128). Sie kann also aus $Q_{ABC^{\neq}}$ herausgezogen werden, $Q_{ABC^{\neq}} = Q'_{ABC^{\neq}} \cdot Q_{schw}$. Mit Gl. 7.127 gilt dann anstelle von Gl. 4.285

$$K_c^{\neq} = \frac{c_{ABC^{\neq}}}{c_A c_{BC}} = \frac{RT}{p_0} \frac{Z_{NA} Q'_{ABC^{\neq}} \left(1 - e^{-h\nu/k_B T}\right)^{-1}}{Q_A Q_{BC}} e^{-\Delta_R U_0^{\neq}/RT} \qquad \text{Gl. 4.286}$$

ν ist darin die Frequenz der betrachteten Schwingung. Diese ist **im Augenblick der Produktbildung** – einer geschwächten Bindung entsprechend – klein geworden. Gleichung 4.286 geht dann über in

$$K_c^{\neq} = \frac{c_{ABC^{\neq}}}{c_A c_{BC}} = \frac{RT}{p_0} \frac{Z_{NA} Q'_{ABC^{\neq}}}{Q_A Q_{BC}} \frac{k_B T}{h\nu} e^{-\Delta_R U_0^{\neq}/RT} \qquad \text{Gl. 4.287}$$

Damit haben wir den aktivierten Komplex noch in dem Sinne konkretisiert, dass derjenige Zustand erfasst wird, in welchem die Bildung des Produkts/der Produkte unumkehrbar wird (eine Rückreaktion zu den Edukten unmöglich geworden ist).

$X^{\neq}$ (sprich X-Degga) ist die allgemeine Bezeichnung für den aktivierten Komplex, der hier aus den Teilchen A, B und C besteht.

Z_{NA} wird in ▶ Abschn. 7.3.1 eingeführt, um die molaren Zustandssummen einheitslos zu formulieren. Nur so erhält man auf beiden Seiten der Gl. 4.285 die gleichen Einheiten.

$e^{-x} = 1 - x$ für kleine x.

Schließlich können wir Gl. 4.287 noch nach der Konzentration des Komplexes auflösen

$$c_{ABC^{\neq}} = c_A c_{BC} \frac{RT}{p_0} \frac{Z_{NA} Q'_{ABC^{\neq}}}{Q_A Q_{BC}} \frac{k_B T}{h\nu} e^{-\Delta_R U_0^{\neq}/RT} \qquad \text{Gl. 4.288}$$

Die im Augenblick des Zerfalls des Komplexes bestehende Schwingungsfrequenz ν (Zerfallsfrequenz) entspricht der Geschwindigkeit, mit welcher eine Produktspezies P aus dem Komplex entsteht. Betrachten wir dieses als geschwindigkeitsbestimmend für den Gesamtprozess, so ist die Reaktionsgeschwindigkeit der bimolekularen Reaktion gleich dem Produkt aus Konzentration des aktivierten Komplexes und Zerfallsfrequenz

Für genau diesen Zustand des aktivierten Komplexes wird auch die Bezeichnung Übergangszustand in einem gegenüber diesem Text engeren Wortsinn verwendet. Das englische Wort hierfür ist *transition state*, und die Theorie des aktivierten Komplexes ist insoweit auch als *transition state theory* bekannt und soll heute auch so bezeichnet werden.

$$v = \frac{dc_p}{dt} = k c_A c_{BC} = c_{ABC^{\neq}} \nu \qquad \text{Gl. 4.289}$$

Man beachte: Das v auf den linken Gleichungsseite ist die Reaktionsgeschwindigkeit, rechts symbolisiert ν die Zerfallsfrequenz (vgl. auch die Schlussbemerkung im Symbolverzeichnis)

Unter der Prämisse, dass der Zerfall des Komplexes seine Gleichgewichtskonzentration nicht beeinflusst, erhalten wir aus direktem Vergleich von Gl. 4.289 mit Gl. 4.288 unter Eliminierung der (ja unbekannten) Zerfallsfrequenz die Reaktionsgeschwindigkeitskonstante k

$$k = \frac{k_B T}{h} \frac{RT}{p_0} \frac{Z_{NA} Q'_{ABC^{\neq}}}{Q_A Q_{BC}} e^{-\Delta_R U_0^{\neq}/RT} \qquad \text{Gl. 4.290}$$

Der Faktor $k_B T/h$ hat die Einheit einer Frequenz (s^{-1}), RT/p_0 stellt das Molvolumen (z. B. in l mol^{-1}) dar. Die Reaktionsgeschwindigkeitskonstante der bimolekularen Reaktion trägt dann korrekt die Einheit mol^{-1} l s^{-1} (vgl. ▶ Abschn. 4.2.1.1.2). Gleichung 4.290 wird auch als **Eyring-Gleichung** bezeichnet. Die fett gesetzten Passagen sind auch als Eyring'sche Postulate bekannt.

Wie die Arrhenius-Gleichung Gl. 4.153 setzt sich Gl. 4.290 aus einem Vorfaktor und einem exponentiellen Term zusammen, in welchem $\Delta_R U_0^{\neq}$ an die Stelle von E_A tritt. Der Vorfaktor wird als Frequenzfaktor bezeichnet. Eine hier nicht aufgeführte Berechnung seiner Temperaturabhängigkeit – auch die Zustandssummen hängen von der Temperatur ab, vgl. ▶ Abschn. 7.3.1 – führt auf die bereits aus der Stoßtheorie für bimolekulare Reaktionen erhaltene Form $A = A(\sqrt{T})$.

4.3.2.2 Leistungen und Erweiterungen
4.3.2.2.1 Die Berechnung des Frequenzfaktors
Für die Berechnung des Vorfaktors (Frequenzfaktors)

$$A = \frac{k_B T}{h} \frac{RT}{p_0} \frac{Z_{NA} Q'_{ABC^{\neq}}}{Q_A Q_{BC}} \qquad \text{Gl. 4.291}$$

ist die Kenntnis der Zustandssummen von Edukten und aktiviertem Komplex erforderlich. Wir erhalten diese aus den Massen, Trägheitsmomenten und Schwingungen dieser Teilchen (siehe auch ▶ Abschn. 7.3).

Für die Edukte stellt die Beschaffung dieser Daten kein Problem dar. Für den Fall des Komplexes müssen zunächst die Zahl der Rotations- und Schwingungsfreiheitsgrade aus der für ihn vermuteten Struktur festgelegt werden. Die zugehörigen Trägheitsmomente und Schwingungsfrequenzen werden anschließend abgeschätzt.

Die Übereinstimmung so errechneter Vorfaktoren mit experimentellen Daten kann ausgezeichnet sein. So errechnet man für die Reaktion von Wasserstoffatomen mit molekularem Brom zu HBr und Br (Gl. 4.114) unter Annahme eines linearen Komplexes [H-Br-Br]$^{\neq}$ (also Existenz von zwei Rotations- und vier Schwingungsfreiheitsgraden, vgl. etwa [A6], [A32]) den Wert $A \cong 10^{11}$ mol^{-1} l s^{-1}. Das Experiment ergibt $A = 1{,}3 \cdot 10^{11}$ mol^{-1} l s^{-1}.

Auch für Reaktionen zwischen komplizierter gebauten Edukten liefert die Theorie des aktivierten Komplexes die Vorfaktoren richtig, d. h. herab bis in den Wertebereich 10^6 mol^{-1} l s^{-1}. Eventuelle Differenzen werden mit einem Transmissionsfaktor κ erfasst.

> Bei Ausführung derartiger Rechnungen muss man sehr auf die getroffenen Notationen achten. Zustandssummen können in unterschiedlichen Werken durchaus unterschiedlich definiert sein.

$$k = \kappa \frac{k_B T}{h} \frac{RT}{p_0} \frac{Z_{NA} Q'_{ABC^{\neq}}}{Q_A Q_{BC}} e^{-\Delta_R U_0^{\neq}/RT} \qquad \text{Gl. 4.292}$$

Für den Fall der Rekombination von Atomen weicht κ stark vom Wert eins ab und nimmt sehr kleine Werte an (vgl. die Diskussion der Kettenabbruch-Reaktionen in ▶ Abschn. 4.2.1.3.4). Es erfolgt keine Transmission über den aktivierten Komplex zum zweiatomigen Molekül, sondern eine Rückreaktion zu den Edukten).

Die Theorie des aktivierten Komplexes ist somit im Hinblick auf die Berechnung des Vorfaktors der klassischen Stoßtheorie (vgl. ▶ Abschn. 4.3.1.2) weit überlegen. Dies ist ganz klar Folge der Tatsache, dass jetzt nicht nur Masse und Geschwindigkeit der reagierenden Teilchen, sondern auch deren genauer Aufbau Berücksichtigung gefunden haben.

4.3.2.2.2 Die Reaktionsenergie

Für eine Totalberechnung der Reaktionsgeschwindigkeitskonstante k muss noch $\Delta_R U_0^{\neq}$ bekannt sein. $\Delta_R U_0^{\neq}$ war nach dem Gang der Überlegungen (vgl. ▶ Abschn. 4.3.2.1 und ▶ Abschn. 7.3.4.3) die für die Bildung des aktivierten Komplexes aus den Edukten erforderliche molare Reaktionsenergie, und zwar bei $T = 0$ K. Im Folgenden soll eine stark vereinfachende Darstellung der Reaktionsenergie unter Verzicht auf Rechnungen gegeben werden.

Die Reaktionsenergie wird in einem ersten vereinfachten Ansatz als Differenz der potentiellen Energien der Atome der Eduktteilchen untereinander einerseits und der Atome des aktivierten Komplexes untereinander andererseits mit Hilfe der Quantenmechanik berechnet [12]. Als Variablen dienen dabei die Kernabstände d. Dies ist in ◘ Abb. 4.29 für

$$\Delta_R U_0^{\neq} = E_{\text{pot}}(\text{Komplex}) - E_{\text{pot}}(\text{Edukte})$$

a $\quad E_{\text{pot}} = E_{\text{pot}}(d_{AB}, d_{BC}, d_{AC})$

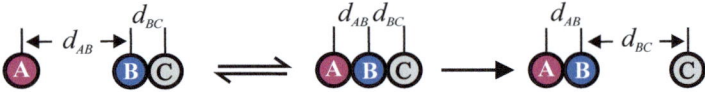

b $\quad E_{\text{pot}} = E_{\text{pot}}(d_{AB}, d_{BC})$

Abb. 4.29 Modellvorstellung zur Berechnung von $\Delta_R U_0^{\neq}$. **a** gewinkelter aktivierter Komplex, **b** linearer Komplex, vgl. Text

den Fall einer Reaktion Gl. 4.284 unter Einschluss der Produktbildung (Produkte AB und C) dargestellt.

Für den Fall einfacher Austauschreaktionen wie etwa $D + H_2 \rightarrow HD + H$ weist die Rechnung zunächst aus, dass die geringste Reaktionsenergie dann benötigt wird, wenn der aktivierte Komplex linear ist. Nimmt man weiter (wie Abb. 4.29b dargestellt) auch eine lineare Annäherung der Edukte bei Bildung des Komplexes an, so kommt man mit nur zwei Kernabständen, etwa d_{AB} und d_{BC}, als Variablen aus. Dies wiederum erlaubt eine **Darstellung der potentiellen Energie E_{pot} als Funktion der Kernabstände in der Zeichenebene** analog zur Darstellung der Höhenlinien in einer Landkarte. Die Abb. 4.30, im Folgetext erläutert, führt dies aus.

 Abbildung 4.30a zeigt zunächst den Verlauf der potentiellen Energie des Eduktmoleküls BC mit dem Kernabstand d_{BC}. Die niedrigstmögliche Energie entspricht dem Gleichgewichtsabstand d_{BC}^0. Die Energie steigt sowohl bei Kernabstandsverkleinerung als auch -vergrößerung an (Überwindung abstoßender bzw. anziehender Kräfte).

Wir beginnen in Abb. 4.30b die weitere Diskussion **mit der Geraden I**, welche die **Verhältnisse bei einem großen Abstand d_{AB}** der Edukte A und BC beschreibt. Der Punkt ① kennzeichnet dabei wieder den Abstand d_{BC}^0 der Kerne des Edukts BC, d. h. das Energieminimum für das Eduktmolekül. Die sich links wie rechts anschließenden Punkte ⊖ und ⊕ entsprechen den mit Abstandsverkleinerung/Vergrößerung verbundenen wachsenden Energien. Der Beitrag der Wechselwirkungen zwischen den beiden Eduktteilchen A und BC spielt noch keine Rolle, d. h., die eingezeichneten Punkte entsprechen auch der Energie des Gesamtsystems A + BC.

Die Gerade II entspricht mit sinkendem Abstand d_{AB} der Edukte A und BC einer Annäherung an die Bildung des aktivierten Komplexes. Punkt ② entspricht ebenfalls noch dem Abstand d_{BC}^0 der Kerne B und C des Edukts BC, also dem Energieminimum **für diese Spezies**.

4.3 · Theorien zur Reaktionsgeschwindigkeit

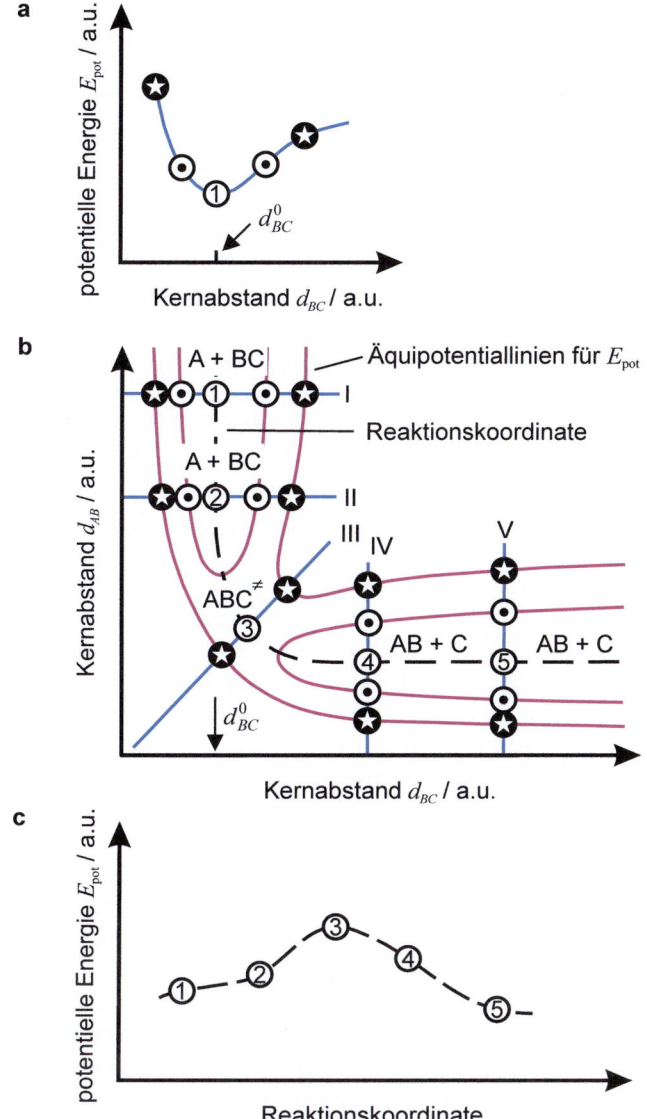

Abb. 4.30 Schaubild zur Berechnung der Reaktionsenergie $\Delta_R U_0^{\neq}$

Jetzt trägt aber auch schon die Wechselwirkung zwischen den Eduktteilchen A und BC zur Energie des Systems bei. Die Annäherung von A an BC erhöht die **potentielle Energie des Systems**, d. h., es herrschen abstoßende Wechselwirkungen zwischen den Teilchen A und BC und Punkt ② liegt energetisch oberhalb des Punktes ①. **Die Punkte ⊙ und ✪ auf der Geraden II beschreiben die gleichen Energien wie im Falle der Geraden I.** Zur Erreichung dieser Energien ist jetzt wegen der insgesamt höheren Energie eine etwas geringere Abstandsänderung zwischen den Kernen B und C erforderlich. Die Punkte ⊙ einerseits und ✪ andererseits sind mit **Äquipotentiallinien untereinander** verbunden.

Der Anstieg der potentiellen Energie setzt sich in dem Maße fort, wie sich die beiden Edukte einander annähern. Schließlich kommt es zur Ausbildung des aktivierten Komplexes ABC$^{\neq}$. Punkt ③ **der Geraden III** entspricht dabei der niedrigsten Energie, welche seine Bildung ermöglicht. Die beiden Punkte ✪ auf dieser Geraden liegen energetisch höher (komprimierter bzw. expandierter Komplex).

Ist die Produktbildung zu AB und C erfolgt, so entfernen sich diese Teilchen voneinander. Dies liefert die energetischen Verhältnisse entlang der Geraden IV und V analog zur vorhergehenden Diskussion. Die zu Punkt ⑤ gehörende potentielle Energie kann höher oder tiefer liegen als die zum Punkt ① gehörende.

Im Vergleich mit der Höhenliniendarstellung einer Landkarte durchläuft die Energie des Systems ausgehend von Punkt ① eine ansteigende Talsohle, überquert bei ③ einen Sattelpunkt und fällt in Richtung auf Punkt ⑤ wieder eine Talsohle hinab. Dieser energetische Weg verläuft entlang der sog. **Reaktionskoordinate** (vgl. hierzu ▶ Abschn. 4.2.2.2.2), welche in ◘ Abb. 4.30b als gestrichelte Linie dargestellt ist. Die Auftragung der jeweiligen Energie über diese Koordinate führt dann auf eine Darstellung analog zu ◘ Abb. 4.10 (◘ Abb. 4.30c).

Gelingt es, die dreidimensionale Fläche der ◘ Abb. 4.30 für konkrete Fälle zu berechnen, so ist auch die zugrundeliegende Reaktionsenergie $\Delta_R U_0^{\neq}$ bekannt. In den dreißiger Jahren durchgeführte Berechnungen erbrachten selbst für einfachste Fälle im Vergleich zu experimentell bestimmten Aktivierungsenergien Abweichungen von 50 % und mehr. Da $\Delta_R U_0^{\neq}$ zudem als Exponent in Gl. 4.279 auftritt, war auf diese Art die Geschwindigkeitskonstante nicht einmal auf eine Größenordnung genau vorherberechenbar.

Eine genaue Totalberechnung von Reaktionsgeschwindigkeitskonstanten ist insoweit auch heute noch schwierig, wenngleich die Modelle der theoretischen Chemie gegenüber dem hier benutzten Einfachstmodell vielfach verbessert wurden.

Die moderne theoretische Chemie vermag im Übrigen die Wechselwirkungen von bis zu mehreren tausend Teilchen zu erfassen. Dies macht Rechnungen auch für Reaktionen zwischen schon recht großen Molekülen möglich. Die Energieflächen sind dann vieldimensional (sog. Energiehyperflächen, bereits bei der Verwendung von drei Abstandsparametern von vierter Dimension). Heute ist es im Übrigen möglich, durch Femtosekundenspektroskopie (▶ Abschn. 4.2.4.5) den aktivierten Komplex für einfache Fälle auch in seiner Struktur zu erfassen.

Abschließender Hinweis: An einer späteren Stelle wird im ▶ Abschn. 4.3.4.2 über den Einfluss makroskopischer Einflüsse auf die Reaktionsgeschwindigkeit berichtet. Zur Sprache kommen die Einflüsse des Lösemittels, von Zusatzelektrolyten und vom Druck bei Reaktionen in flüssiger Phase. Ein weiterer Punkt ist durch den Einfluss von Substituenten gegeben.

In diesem Sinne – zumindest mit etwas Chuzpe – stellen sich auch Wasserstoff, Deuterium, Tritium sowie alle Spezies, von denen es mindestens zwei Isotope gibt (z. B. O^{16} und O^{18}), als unterschiedliche Substituenten dar, die gegeneinander ausgetauscht werden können. Dies

4.3 · Theorien zur Reaktionsgeschwindigkeit

führt auf den sogenannten **kinetischen Isotopeneffekt**. Er lässt sich im Anschluss an ◘ Abb. 4.30 besonders leicht entwickeln.

Hierzu betrachten wir als Beispiel A als eine passende reaktive Spezies, B ist ein organischer Rest und C ein Wasserstoff- bzw. Deuteriumatom. Nach Bildung des aktivierten Komplexes $ABH^{\neq}$ bzw. $ABD^{\neq}$ erfolgt der Zerfall zu AB und $1/2\, H_2$ bzw. $1/2\, D_2$.

Bei Austausch der Isotope ändert sich die Lage des Sattelpunkts ③ nicht. Als Begründung führen wir an, dass eine C-H- und C-D-Schwingung im aktivierten Komplex – der ja unmittelbar zerfällt, ▶ Abschn. 4.3.2.1 – in beiden Fällen eine so geringe Kraftkonstante besitzt, dass sie keinen nennenswerten Beitrag zur Nullpunktsenergie liefert. $U_0^{\neq}$ ist also konstant.

Anders U_0^{BH} bzw. U_0^{BD}: Diese Größen enthalten als Anteil die Nullpunktsenergien $1/2\, h\nu$ der Streckschwingungen C-H bzw. C-D. Die Schwingungsfrequenz ν ist dabei nach Gl. 7.107 unseres „Hilfsabschnitts" ▶ Abschn. 7.3.3.1, in welchem Energieterme nach Maßgabe der Schrödinger-Gleichung berechnet werden, reziprok proportional zur Wurzel aus der Teilchenmasse m. Der Fall Wasserstoffatom liefert also in U_0^{BH} einen größeren Beitrag als der Fall Deuterium in U_0^{BD}, d. h., mit $\Delta_R U_0^{\neq} = U_0^{\neq} - (U_0^A + U_0^{BH})$ bzw. $\Delta_R U_0^{\neq} = U_0^{\neq} - (U_0^A + U_0^{BD})$ ist $\Delta_R U_0^{\neq}$ **in Gl. 4.292 im ersten Fall kleiner als im zweiten**. Für die Gültigkeit dieser Überlegung müssen noch die beiden Forderungen erfüllt sein, dass sich durch den Austausch von H gegen D weder die Deformationsschwingungen im Edukt noch im Komplex ändern, anderfalls müssten auch die daraus resultierenden Energieänderungen berücksichtigt werden.

Auch der in Gl. 4.292 enthaltene Zustandssummenterm ändert sich bei Isotopenaustausch, jedoch nur wenig, $Q'_{ABH^{\neq}}$ und $Q'_{ABD^{\neq}}$ enthalten die diskutierten Streckschwingungen nicht mehr, vgl. ▶ Abschn. 4.3.2.1. Q_{BH} und Q_{BD} werden wegen des größeren organischen Restteilchens keinen wesentlichen Unterschied zeigen. Damit ist die Geschwindigkeitskonstante für den Fall der Wasserstoffabspaltung k_H größer als diejenige für die Deuteriumsabspaltung k_D. Im Experiment erhält man für den sog. primären kinetischen Isotopeneffekt (welcher hier beschrieben wurde, die Isotope sind direkt an der Reaktion beteiligt) in einfachen Fällen $k_H/k_D \approx 7$, eine detaillierte Rechnung liefert den Wert 9 (bei Normaltemperatur, es sei an $k \sim e^{-\Delta_R U_0^{\neq}/RT}$ erinnert). Man könnte Trinkwasser also nicht durch D_2O ersetzen – die resultierende Biochemie wäre zu langsam. Im Falle des Austausches schwererer Isotope wird der Effekt geringer.

Wird ein Isotopenaustausch an einer Stelle eines Moleküls ausgeführt, welche **nicht** direkt an der Reaktion beteiligt ist, spricht man von einem sekundären Isotopeneffekt. Dann bestimmt der Zustandssummenterm weitgehend das Geschehen und der Effekt bleibt gering.

> Bei einer genaueren Diskussion wäre die Teilchenmasse m durch die reduzierte Masse μ zu ersetzen, vgl. ▶ Abschn. 7.3.3.1. Das organische Restteilchen hat jedoch eine erheblich größere Masse als H oder D, d. h. μ wird zu m (Gl. 7.102).

4.3.2.3 Anwendung auf trimolekulare Gasreaktionen und auf Reaktionen in Lösungen

Legt man der Diskussion eine trimolekulare Reaktion zugrunde

$$A + B + C \xrightleftharpoons{K^{\neq}} ABC \rightarrow \text{Produkt(e)} \qquad \text{Gl. 4.293}$$

so erhält man nach Gl. 7.149

$$K_c^{\neq} = \frac{c_{ABC^{\neq}}}{c_A c_B c_C} = \frac{R^2 T^2}{p_0^2} \frac{Z_{NA}^2 Q_{ABC^{\neq}}}{Q_A Q_B Q_C} e^{-\Delta_R U_0^{\neq}/RT} \qquad \text{Gl. 4.294}$$

und in der Folge

$$k = \frac{k_B T}{h} \frac{R^2 T^2}{p_0^2} \frac{Z_{NA}^2 Q'_{ABC^{\neq}}}{Q_A Q_B Q_C} e^{-\Delta_R U_0^{\neq}/RT} \qquad \text{Gl. 4.295}$$

mit k in der Einheit mol^2 L^{-2} s^{-1}.

Der Unterschied zur Gl. 4.290 für bimolekulare Reaktionen liegt im Auftreten einer weiteren vollständigen Zustandssumme **im Nenner** des Frequenzfaktors. Dies hat vor allem Folgen für seine Temperaturabhängigkeit. Die zusätzliche Zustandssumme steigt (wie alle Zustandssummen) mit der Temperatur an. Dies liefert anstelle von $A = A(\sqrt{T})$ im Falle der bimolekularen Reaktion jetzt $A = A(T^{-n})$. n ist dabei eine für die betrachtete trimolekulare Reaktion individuelle Größe.

Im Falle kleiner Aktivierungsenergien kann der Vorfaktor für die Temperaturabhängigkeit der Reaktionsgeschwindigkeitskonstante bestimmend werden. Dies bedeutet die Möglichkeit, dass eine chemische Reaktion sich im Ausnahmefall mit steigender Temperatur auch verlangsamen kann.

Die Vorstellungen von Bildung und Zerfall eines aktivierten Komplexes sind von der Umgebung, in welcher dies geschieht, unabhängig. Wir können seine Theorie daher auch auf in der Lösungsphase ablaufende Reaktionen anwenden. Wie in ▶ Abschn. 7.3.3.2 erwähnt, sind Zahlenwerte für Zustandssummen und Reaktionsenergien wegen der vielfältigen und komplexen Wechselwirkungen der Teilchen untereinander und mit dem Lösungsmittel jedoch unzugänglich. Eine weitere Diskussion von Reaktionen in der Lösungsphase erübrigt sich daher an dieser Stelle, wir kommen in ▶ Abschn. 4.3.4 darauf zurück.

4.3.3 Die Lindemann-Theorie des monomolekularen Zerfalls

Als monomolekulare Reaktion hatten wir in ▶ Abschn. 4.2.1.1.1 den direkten Zerfall eines zwei- oder mehratomigen Moleküls oder dessen Umlagerung charakterisiert.

$$A \rightarrow \text{Produkte P} \qquad \text{Gl. 4.6}$$

Die zugehörige Reaktionsgeschwindigkeit für diese Kinetik erster Ordnung lautete

$$v = \frac{dc_A}{dt} = -k c_A \qquad \text{Gl. 4.10}$$

4.3 · Theorien zur Reaktionsgeschwindigkeit

Damit der Zerfall/die Umlagerung eintritt, muss dem Edukt A so viel Energie zugeführt werden, dass es instabil wird. Dies legt in Analogie zu Stoßtheorie und Theorie des aktivierten Komplexes die Entstehung eines energiereichen aktivierten Zustands A* durch den Stoß des Teilchens A mit einem Stoßpartner M nahe. M kann dabei entweder ein weiteres Eduktmolekül A sein oder auch aus einem anwesenden Fremdgas (Puffergas) stammen. Der Stoßpartner verliert dabei an Energie.

$$A + M \rightarrow A^* + M \qquad \text{Gl. 4.296}$$

Anschließend läuft die monomolekulare Reaktion ab

$$A^* \rightarrow \text{Produkt(e) P} \qquad \text{Gl. 4.297}$$

Erklärungsbedürftig bleibt allerdings, warum dann nicht die zu einer Reaktion

$$A + M \rightarrow \text{Produkt}(e)P + M \qquad \text{Gl. 4.298}$$

gehörende Kinetik zweiter Ordnung

$$v = \frac{dc_A}{dt} = -kc_A c_M \qquad \text{Gl. 4.299}$$

beobachtet wird, sondern tatsächlich eine Kinetik erster Ordnung besteht. Noch mehr Erklärungsbedarf entsteht durch das experimentelle Faktum, dass monomolekulare Gasreaktionen, welche etwa bei Normaldruck eine Kinetik erster Ordnung aufweisen, bei kleinen Drucken plötzlich durchaus einer Kinetik zweiter Ordnung folgen können.

Als historische Reminiszenz sei angemerkt, dass zunächst die Bildung des aktivierten Übergangskomplexes infolge Absorption von den Wänden des Reaktionsgefäßes abgestrahlter Infrarotstrahlung diskutiert wurde [13]. Abgesehen davon, dass ein experimenteller Beweis nicht geführt werden konnte (die Natur der Wandoberfläche – schwarz oder verspiegelt, vgl. ▶ Abschn. 2.2.2.4 – müsste Einfluss nehmen), würde dies den Übergang zu einer Kinetik zweiter Ordnung bei kleinen Drücken überhaupt nicht erklären können.

> Die Lindemann-Theorie ist älter als die des aktivierten Komplexes. Aus diesem Grund wird die Bezeichnung A* hier beibehalten, zumal A* und $A^{\neq}$ nicht exakt dasselbe darstellen.

4.3.3.1 Die Lindemann-Theorie

F. A. Lindemann konnte 1922 zeigen, dass eine Stoßaktivierung entsprechend Gl. 4.296 durchaus zu einer Kinetik erster Ordnung führen kann, und erklärte auch den Übergang zu einer Kinetik zweiter Ordnung bei kleinen Drucken.

Zentrale Überlegung war dabei, dass das durch einen Stoß aktivierte Teilchen A* nicht nur Produkte bilden, sondern durch einen erneuten Stoß auch wieder deaktiviert werden kann

$$A^* + M \rightarrow A + M \qquad \text{Gl. 4.300}$$

Ist – wie bei höheren Drucken aufgrund der Vielzahl von Stößen zu erwarten – für ein gebildetes A* die Wahrscheinlichkeit der Deaktivierung sehr viel größer als die der Reaktion zum/zu den Produkt(en), so wird sich eine zu c_A proportionale Konzentration c_{A^*} ausbilden. Der Zerfallsprozess nach Gl. 4.297 ist dann geschwindigkeitsbestimmend und es liegt eine Kinetik erster Ordnung vor. Tritt umgekehrt bei kleinen Drucken der Zerfall/die Umlagerung der Spezies A* ein, bevor noch die Chance für einen deaktivierenden Zweitstoß besteht, so ist die Bildung von A* nach Gl. 4.296 geschwindigkeitsbestimmend und es besteht die Kinetik zweiter Ordnung nach Gl. 4.298/Gl. 4.299 – zur Stoßhäufigkeit in Abhängigkeit von der Teilchendichte vgl. z. B. Gl. 4.275.

Für eine Rechnung ordnen wir der Aktivierungsreaktion Gl. 4.296 die Reaktionsgeschwindigkeitskonstante k_a zu, der Deaktivierungsreaktion Gl. 4.300 die Konstante k_{dea}. Die Produktbildung nach Gl. 4.297 erfolge mit der Konstanten k_p.

Dann ist die Geschwindigkeit v_a der Aktivierung

$$v_a = \left.\frac{dc_{A^*}}{dt}\right|_a = k_a c_A c_M \qquad \text{Gl. 4.301}$$

Die Deaktivierungsgeschwindigkeit v_{dea} lautet

$$v_{dea} = -\left.\frac{dc_{A^*}}{dt}\right|_{dea} = k_{dea} c_M c_{A^*} \qquad \text{Gl. 4.302}$$

und die Geschwindigkeit v_p für die Produktbildung ist

$$v_p = -\left.\frac{dc_{A^*}}{dt}\right|_p = k_p c_{A^*} \qquad \text{Gl. 4.303}$$

Treffen sich ein aktiviertes Teilchen und ein Teilchen normaler Energie, so ist die Wahrscheinlichkeit eines Energieausgleichs groß. Praktisch jeder dieser Stöße wird somit eine Deaktivierung bewirken. Für den Aktivierungsvorgang gilt dies nicht (eine Akkumulierung der Energie beim Stoß zweier Teilchen in einem davon ist weniger wahrscheinlich). Damit bleibt die Konzentration c_{A^*} stets klein (vgl. ▶ Abschn. 4.2.1.3.3).

In der Folge können wir daher als Stationaritätsbedingung $\frac{dc_{A^*}}{dt} \cong 0$ formulieren, d. h., mit den Gl. 4.301 bis Gl. 4.303 gilt

$$\frac{dc_{A^*}}{dt} = k_a c_A c_M - k_{dea} c_M c_{A^*} - k_p c_{A^*} = 0 \qquad \text{Gl. 4.304}$$

Eine Auflösung nach c_{A^*} liefert unmittelbar

$$c_{A^*} = \frac{k_a c_A c_M}{k_{dea} c_M + k_p} \qquad \text{Gl. 4.305}$$

Für die Produktbildungsgeschwindigkeit v_p gilt dann entsprechend Gl. 4.303

$$v_p = k_p c_{A^*} = \frac{k_p k_a c_A c_M}{k_{dea} c_M + k_p} \qquad \text{Gl. 4.306}$$

4.3 · Theorien zur Reaktionsgeschwindigkeit

Ist jetzt c_M hinreichend groß, so ist $k_{dea}\, c_M \gg k_p$ und letztere Größe kann vernachlässigt werden. Dies liefert

$$v_p = \frac{k_p k_a}{k_{dea}} c_A = k_\infty c_A \qquad \text{Gl. 4.307}$$

Für hohen Druck (Grenzübergang $p \to \infty$) besteht also nach dieser Modellierung in der Tat eine Kinetik erster Ordnung mit k_∞ als experimentell zu beobachtender Reaktionsgeschwindigkeitskonstante für den monomolekularen Zerfall.

Sind der **Druck** und damit c_M **klein**, so wird umgekehrt $k_{dea}\, c_M \ll k_p$, d. h., es liegt in der Tat die im Experiment dann zu beobachtende Kinetik zweiter Ordnung vor.

$$v_p = k_a c_A c_M \qquad \text{Gl. 4.308}$$

Es sei daran erinnert, dass M sowohl ein Eduktteilchen als auch ein Fremdteilchen sein kann. Liegen Letztere nicht vor, so ist im zuletzt angesprochenen Fall eine Rückkehr zur Kinetik erster Ordnung gegebenenfalls durch den Zusatz eines Inertgases möglich, welches die Stoßzahlen erhöht und den eigentlichen Zerfallsprozess wieder geschwindigkeitsbestimmend werden lässt.

4.3.3.2 Leistungen und Erweiterungen

Die Lindemann-Theorie erklärte zunächst die bei monomolekularen Gasreaktionen auftretenden experimentellen Gegebenheiten.

In der Folge wurden die in Gl. 4.306 auftretenden Konstanten theoretisch gedeutet und die erhaltenen Daten mit experimentellen Ergebnissen verglichen.

Im Falle der **Deaktivierungsreaktion** Gl. 4.300 hatten wir jeden Stoßvorgang als in diesem Sinne erfolgreich angesetzt, d. h., die zugehörige Aktivierungsenergie ist null. Die Konstante k_{dea} kann dann als Vorfaktor der bimolekularen Reaktion mit Hilfe der Stoßtheorie oder der Theorie des aktivierten Komplexes berechnet werden (▶ Abschn. 4.3.1, ▶ Abschn. 4.3.2).

Für die Reaktionsgeschwindigkeitskonstante k_p der **monomolekularen Produktbildung** (Gl. 4.297) setzen wir als erste Näherung den Wert $10^{13}\, s^{-1}$ an, entsprechend der Schwingungsfrequenz der sich lösenden Bindung (der energiereiche Übergangszustand überlebt das erste Auseinanderschwingen nicht).

Der Vorfaktor der **Geschwindigkeitskonstanten k_a der Aktivierungsreaktion** Gl. 4.296 kann ebenfalls nach den vorhandenen Theorien berechnet werden. Die zugehörige Aktivierungsenergie schätzt man ab.

Setzt man diese Daten jetzt in die Gl. 4.306 ein, so erhält man allerdings in den meisten Fällen gegenüber dem Experiment deutlich (bis zu mehreren Größenordnungen) zu kleine Reaktionsgeschwindigkeiten.

Eine Reihe von Theorieerweiterungen behebt dieses Manko:
- C. Hinshelwood korrigierte k_a 1927 noch auf Basis der Stoßtheorie, indem er mittels einer statistischen Rechnung den Beitrag der Molekülschwingungen zur Aktivierungsenergie berücksichtigte. Die Zahl der im Sinne einer Aktivierung erfolgreichen Stöße wird so erhöht und es wird bereits eine brauchbare Übereinstimmung mit dem Experiment erzielt. Insoweit wird anstelle der Bezeichnung „Lindemann-Theorie" oftmals auch die Bezeichnung „Lindemann-Hinshelwood-Mechanismus" verwendet.
- Weitere Modifikationen wurde von Rice, Ramsperger und Kassel vorgeschlagen (RRK-Theorie). Sie berücksichtigten, dass in einem aktivierten Teilchen die Energie auf viele Freiheitsgrade verteilt sein kann, für einen Bindungsbruch aber auf eine passende Schwingung konzentriert sein muss. Dies bedeutet, dass der Zerfall verzögert wird, d. h., k_p wird kleiner als 10^{13} s^{-1}. Damit wird die Übereinstimmung mit dem Experiment noch einmal verbessert.
- Rice, Ramsperger und Kassel und Marcus berücksichtigen später zusätzlich den Einfluss von Rotationsenergien (RRKM-Theorie).
- Slater schließlich entwickelte Vorstellungen über den Ablauf der Vereinigung der Energie in nur einer Schwingung. Danach ist ein freier Fluss der Energie von Freiheitsgrad zu Freiheitsgrad nur eingeschränkt möglich. Der Bindungsbruch findet nach Slater vielmehr dann statt, wenn durch passende **Überlagerung von Schwingungen** im aktivierten Molekül eine Bindung überdehnt wird.

4.3.4 Theoretische Deutung empirischer Einflüsse auf die Reaktionsgeschwindigkeit

Unter empirischen Einflüssen auf die Reaktionsgeschwindigkeit verstehen wir den Einfluss makroskopischer Größen, wie etwa der Druck oder die Natur eines Lösungsmittels. Wir müssen für eine Diskussion also als Erstes eine Möglichkeit finden, die Theorie der Reaktionsgeschwindigkeitskonstanten in klassischen thermodynamischen Größen zu formulieren.

4.3.4.1 Die thermodynamische Formulierung der Theorie des aktivierten Komplexes

Der Term $\dfrac{Z_{NA} Q'_{ABC^{\neq}}}{Q_A Q_{BC}} e^{-\Delta_R U_0^{\neq}/RT}$ aus der Eyring-Gleichung Gl. 4.290

entspricht nach Gl. 7.144/Gl. 7.145 einer auf die Partialdrücke bezogenen Gleichgewichtskonstanten für die Bildung eines zerfallenden Komplexes aus den Edukten. Die Zustandssumme $Q'_{ABC^{\neq}}$ enthält dabei den

4.3 · Theorien zur Reaktionsgeschwindigkeit

Beitrag eines Schwingungsfreiheitsgrades des Komplexes nicht mehr. Mit $K'^{\neq}_p$ als der betrachteten Gleichgewichtskonstanten und der van't Hoff'schen Reaktionsisotherme in der Form

$$K'^{\neq}_p = e^{-\Delta_R G^{\neq}/RT} \qquad \text{Gl. 4.309}$$

können wir dann nach Eyring schreiben

$$k = \frac{k_B T}{h} \frac{RT}{p_0} K'^{\neq}_p = \frac{k_B T}{h} \frac{RT}{p_0} e^{-\Delta_R G^{\neq}/RT} \qquad \text{Gl. 4.310}$$

$\Delta_R G^{\neq}$ ist dabei aus den Freien Enthalpien der gasförmigen Partner zusammengesetzt ($\Delta_R G^{\neq} = G_{ABC^{\neq}} - (G_A + G_{BC})$) und muss sich streng genommen auf einen im Zerfall befindlichen aktivierten Komplex beziehen. Diese Gleichung überführt die Theorie des aktivierten Komplexes aus der statistischen Betrachtung in die Betrachtung aus Sicht der Thermodynamik. Sie gilt nach dem Gang der Überlegungen für eine **bimolekulare Gasreaktion**.

Mit $\Delta_R H^{\neq} = H_{ABC^{\neq}} - (H_A + H_{BC})$ und $\Delta_R S^{\neq} = S_{ABC^{\neq}} - (S_A + S_{BC})$ als Aktivierungsenthalpie und **Aktivierungsentropie** (sog. Aktivierungsparameter) schreiben wir mit dem Satz von Gibbs-Helmholtz

$$k = \frac{k_B T}{h} \frac{RT}{p_0} e^{-\Delta_R H^{\neq}/RT} e^{\Delta_R S^{\neq}/R} \qquad \text{Gl. 4.311}$$

Weitere **Aktivierungsparameter** sind uns schon aus der allgemein gültigen Arrhenius-Gleichung

$$k = A\, e^{-E_A/RT} \qquad \text{Gl. 4.153}$$

in Form der Aktivierungsenergie E_A als rein experimenteller Größe und aus der Stoßtheorie

$$k = N_A \sigma_0 \sqrt{\frac{8 k_B T}{\pi \mu_{AB}}} e^{-E_s/RT} \qquad \text{Gl. 4.273}$$

in Form von E_s als Schwellenenergie für die bimolekulare Gasreaktion bekannt.

Wir betrachten nunmehr alle drei Geschwindigkeitskonstanten als zu ein- und derselben Reaktion gehörig. Logarithmische Differentation nach der Temperatur liefert dann

$$\frac{\partial \ln k}{\partial T} = \frac{2}{T} + \frac{\Delta_R H^{\neq}}{RT^2} = \frac{E_A}{RT^2} = \frac{1}{2T} + \frac{E_s}{RT^2} \qquad \text{Gl. 4.312}$$

Mathematischer Hintergrund

Der erste Teil der Gleichung entsteht über $\ln k = \ln(k_B R/h p_0) + \ln T^2 - \Delta_R H^{\neq}/RT + \Delta_R S^{\neq}/R$ mit $\Delta_R H^{\neq}$ und $\Delta_R S^{\neq}$ als in 1. Näherung temperaturunabhängig und $\partial \ln T^2/\partial T = 2/T$ sowie $\partial(1/T)/\partial T = -1/T^2$. Für den letzten Teil benötigt man die Identität $\partial \ln \sqrt{T}/\partial T = \partial(1/2 \ln T/\partial T) = 1/2T$.

Damit gilt

$$\Delta_R H^{\neq} = E_A - 2RT = E_s - \frac{3}{2}RT$$

$$E_A = \Delta_R H^{\neq} + 2RT = E_s + \frac{1}{2}RT \qquad \text{Gl. 4.313}$$

$$E_s = E_A - \frac{1}{2}RT = \Delta_R H^{\neq} + \frac{3}{2}RT$$

Die Aktivierungsenergie E_A folgt aus dem Experiment (vgl. ▶ Abschn. 4.2.2.1). **Damit sind auch die Schwellenenergie E_s und die Aktivierungsenthalpie $\Delta_R H^{\neq}$ experimentell bestimmbare Größen geworden.** Sie erweisen sich als nicht allzu sehr unterschiedlich ($RT \cong$ 2,5 kJ mol^{-1} für $T =$ 300 K).

Gleichzeitig ist auch die Aktivierungsentropie $\Delta_R S^{\neq}$ experimentell zugänglich geworden. Wir erkennen dies bei Ersetzen von $\Delta_R H^{\neq}$ durch $E_A - 2RT$ in Gl. 4.311 und **nachfolgendem Vergleich mit der Arrhenius-Gleichung** Gl. 4.153. Dies liefert zunächst

$$k = \frac{k_B T}{h} \frac{RT}{p_0} e^{\Delta_R S^{\neq}/R} e^{-(E_A - 2RT)/RT} \qquad \text{Gl. 4.314}$$

d. h.

$$k = e^2 \frac{k_B T}{h} \frac{RT}{p_0} e^{\Delta_R S^{\neq}/R} e^{-E_A/RT} \qquad \text{Gl. 4.315}$$

und damit

$$A = e^2 \frac{k_B T}{h} \frac{RT}{p_0} e^{\Delta_R S^{\neq}/R} \qquad \text{Gl. 4.316}$$

Der Vorfaktor (Frequenzfaktor) A kann damit durch die Aktivierungsentropie $\Delta_R S^{\neq}$ ausgedrückt werden und umgekehrt $\Delta_R S^{\neq}$ durch A.

Im Normalfall ist $\Delta_R S^{\neq}$ negativ. Dies liegt an der Tatsache, dass beim Zusammentreten der Edukte zum Komplex translatorische Freiheitsgrade verlorengehen. Die Zustandssumme des Komplexes ist dann kleiner als die aufaddierten Zustandssummen der Edukte, und gleiches gilt für die Entropien. Treten mehratomige Teilchen zum Komplex zusammen, so tritt zusätzlich ein Verlust an Rotationsfreiheitsgraden auf. Dies führt zu sich weiter negativierenden $\Delta_R S^{\neq}$ und senkt den Vorfaktor gegenüber Reaktionen zwischen einfacher gebauten Teilchen. In der klassischen Stoßtheorie wurde dies durch den sterischen Faktor berücksichtigt, der insoweit ebenfalls durch die Reaktionsentropie ausgedrückt werden kann (je größer der Betrag von $\Delta_R S^{\neq}$, umso kleiner wird der sterische Faktor).

Weniger Freiheitsgrade

Bei einer bimolekularen Reaktion sinkt die Zahl der Translationsfreiheitsgrade in jedem Fall um die Zahl drei. Bildet sich ein

4.3 · Theorien zur Reaktionsgeschwindigkeit

> linearer Komplex aus einem Atom und einem zweiatomigen Molekül, so bleibt die Zahl der Rotationsfreiheitsgrade gleich. Bei zwei gewinkelten dreiatomigen Molekülen als Edukten ist der maximale Verlust von drei Rotationsfreiheitsgraden erreicht.

Die **trimolekulare Gasreaktion** lässt sich entsprechend diskutieren.

Bereits in ▶ Abschn. 4.3.2.3 wurde angemerkt, dass die Theorie des aktivierten Komplexes prinzipiell auch auf **Reaktionen in der Lösungsphase** anwendbar ist.

Wir können daher in diesem Falle ebenfalls eine molare Freie Aktivierungsenthalpie $\Delta_R G^{\neq}$ sowie eine Gleichgewichtskonstante $K_c^{\neq}$ für die Bildung des Komplexes aus den Edukten definieren.

Damit entsteht auch jetzt für die Geschwindigkeitskonstante eine Beziehung der Form der Gl. 4.310, nunmehr aber unter Benutzung der Gleichgewichtskonstanten $K_c^{\neq}$. Wir schreiben hierfür

$$k = \frac{k_B T}{h} \alpha K_c^{\neq} = \frac{k_B T}{h} \alpha e^{-\Delta_R G^{\neq}/RT} \qquad \text{Gl. 4.317}$$

mit α als einem nicht näher ausgeführten Faktor, welcher von der Molekularität der betrachteten Reaktion einerseits und von der Formulierung der Zustandssummen andererseits abhängt und die korrekte Einheit der Geschwindigkeitskonstanten sicherstellen muss.

4.3.4.2 Anwendungen
4.3.4.2.1 Der Einfluss des Lösungsmittels

In eine Lösung überführte Teilchen lagern, vor allem wenn die Teilchen stark polar oder gar elektrisch geladen sind, Lösungsmittelteilchen an. Damit bildet sich eine sog. Solvathülle aus (vgl. ▶ Abschn. 3.4.3), und diesem Vorgang können wir eine Freie Solvatationsenergie ΔG_{solv} zuordnen.

ΔG_{solv} ist negativ (freiwilliger Vorgang) und wird umso negativer, je polarer wiederum das Lösungsmittel selbst ist. Kennzahl für die Polarität des Lösungsmittels ist dabei das Dipolmoment seiner Teilchen, und dieses wiederum ist direkt mit seiner Dielektrizitätskonstanten ε verbunden: je größer ε, umso negativer fällt ΔG_{solv} für die betrachtete Spezies aus.

> Eine genauere Diskussion müsste auch den gegenläufigen Einfluss der Entropie erfassen (Ordnungszustand nimmt bei Solvatisierung zu).

Für eine Diskussion des Einflusses des Lösungsmittels auf die Reaktionsgeschwindigkeit spalten wir jetzt in Gl. 4.317 $\Delta_R G^{\neq}$ in zwei Anteile $\Delta_R G_g^{\neq}$ (ohne Beachtung der Solvatation, z. B. auf die Gasphase bezogen) und $\Delta_R G_{solv}^{\neq}$ (Differenz der Freien Solvatationsenthalpie von Komplex und Edukten) auf.

Den Anteil $e^{-\Delta_R G_g^{\neq}/RT}$ in Gl. 4.317 fassen wir mit $k_B T \alpha / h$ zu einer Konstanten zusammen. Dann gilt

$$k = konst \; e^{-\Delta_R G_{solv}^{\neq}/RT} \qquad \text{Gl. 4.318}$$

Für $\Delta_R G_{solv}^{\neq}$ gilt

◻ **Tab. 4.5** Die Reaktionsgeschwindigkeitskonstante der Menschutkin-Reaktion in Gl. 4.320 in Abhängigkeit vom verwendeten Lösungsmittel (ε: relative Dielektrizitätskonstante) bei 373 K [14].

Lösungsmittel	ε	k (mol^{-1} l s^{-1})
Hexan	1,9	$0,5 \cdot 10^5$
Benzol	2,2	$40,8 \cdot 10^5$
Chlorbenzol	5,6	$138 \cdot 10^5$
Methanol	34	$340 \cdot 10^5$
Aceton	21	$422 \cdot 10^5$

$$\Delta_R G^{\neq}_{solv} = \Delta G_{solv, ABC^{\neq}} - \left(\Delta G_{solv,A} + \Delta G_{solv,BC} \right) \quad \text{Gl. 4.319}$$

Liegt nun der Fall vor, dass $\Delta G_{solv,ABC^{\neq}}$ aufgrund stark polaren Charakters des Komplexes recht negativ ist und die entsprechenden Größen für die Edukte aufgrund geringer Polarität weniger negativ sind, so ist $\Delta_R G^{\neq}_{solv}$ negativ. Gleichung 4.318 weist dann einen Anstieg der Reaktionsgeschwindigkeitskonstanten k mit der Dielektrizitätskonstanten ε des Lösungsmittels aus.

Ein Beispiel für dieses Verhalten ist die sog. Menschutkin-Reaktion

$$(C_2H_5)_3N + C_2H_5I \longrightarrow \quad \text{Gl. 4.320}$$

$$\left[(C_2H_5)_3N \cdots \underset{H \; H}{\overset{CH_3}{C}} \cdots I \right]^{\ddagger} \longrightarrow (C_2H_5)_4N^+ + I^-$$

◻ Tabelle 4.5 enthält die zugehörigen experimentellen Daten.

Da das Lösungsmittel aus der Reaktion unverändert hervorgeht, kann man den Effekt auch unter dem Katalysebegriff subsummieren. Die Solvatation schwächt die Bindungen im Komplex und sein Zerfall wird schneller.

4.3.4.2.2 Der Einfluss eines Zusatzelektrolyten

Wechselwirkungen zwischen den Teilchen einer Mischphase aufgrund weitreichender Kräfte – z. B. elektrostatische Wechselwirkungen im Falle von Ionen – werden bei der Formulierung von Gleichgewichtskonstanten **durch konzentrationsabhängige Aktivitätskoeffizienten** f erfasst. So gilt für ein Gleichgewicht $A + BC \rightleftharpoons ABC$ als Zusammenhang zwischen der auf Aktivitäten bezogenen, thermodynamischen Gleichgewichtskonstante K_a und der hier verwendeten klassischen, auf Konzentrationen bezogenen Gleichgewichtskonstanten K_c [A1]–[A6], [A23], [A30]–[A36]:

4.3 · Theorien zur Reaktionsgeschwindigkeit

$$K_a = K_c \frac{f_{ABC}}{f_A f_{BC}}$$ Gl. 4.321

Sind alle Aktivitätskoeffizienten gleich eins – wie etwa im Falle von Ionen bei unendlicher Verdünnung – so ist $K_a = K_c$.

Mit Gl. 4.317 können wir daher im Falle einer bimolekularen Abfolge für die Bildung des aktivierten Komplexes schreiben

$$k = \frac{k_B T}{h} \alpha \, K_a^{\neq} \frac{f_A f_{BC}}{f_{ABC^{\neq}}}$$ Gl. 4.322

und mit $k_B T \alpha K_a^{\neq} / h = k_0$ wird

$$k = k_0 \frac{f_A f_{BC}}{f_{ABC^{\neq}}}$$ Gl. 4.323

Die Geschwindigkeitskonstante k hängt damit auch von Konzentrationen ab, hat also genau genommen den Charakter einer Konstanten verloren.

Die konzentrationsabhängigen Aktivitätskoeffizienten werden im Allgemeinen aus experimentellen Daten ermittelt, für den Fall von gelösten Ionen lassen sie sich jedoch aufgrund der vergleichsweise einfachen elektrischen Wechselwirkungen berechnen. Hierfür gilt nach Debye und Hückel bei Wasser als Lösungsmittel [A23]

$$\lg f(c) = -0{,}5091 z^2 \sqrt{I}$$ Gl. 4.324

z ist dabei die Ladung der betrachteten Ionensorte und I ist die sog. Ionenstärke

$$I = \frac{1}{2} \sum c_i z_i^2$$ Gl. 4.325

Während das Symbol c in Gl. 4.324 der Konzentration der betrachteten Ionensorte entsprach, ist in Gl. 4.325 über alle in Lösung vorliegenden Ionensorten zu summieren, **also auch über solche, die an einer betrachteten Reaktion gar nicht teilnehmen** (aber mit den betrachteten Ionen wechselwirken).

Ein Einsetzen der Gl. 4.324 in Gl. 4.323 muss damit auf eine **Voraussage** führen, wie sich die Reaktionsgeschwindigkeitskonstante von Reaktionen, an welchen Ionen beteiligt sind, durch Zugabe sog. fremdioniger Zusätze (**Zusatzelektrolyt**) ändert.

Wir nehmen dies vor und erhalten

$$\begin{aligned}\lg k &= \lg k_0 + \lg f_A + \lg f_{BC} - \lg f_{ABC^{\neq}} \\ &= \lg k_0 + \left(-z_A^2 - z_{BC}^2 + z_{ABC^{\neq}}^2\right) 0{,}5091 \sqrt{I}\end{aligned}$$ Gl. 4.326

Die Ladung des aktivierten Komplexes $z_{ABC^{\neq}}$ muss den aufaddierten Ladungen $z_A + z_{BC}$ der Edukte entsprechen, d. h.

$$z^2_{ABC^{\neq}} = (z_A + z_{BC})^2 = z_A^2 + 2z_A z_{BC} + z_{BC}^2 \quad \text{Gl. 4.327}$$

Gleichung 4.326 geht damit über in

$$\lg k = \lg k_0 + 1{,}02\, z_A z_{BC} \sqrt{I} \quad \text{Gl. 4.328}$$

oder

$$\lg \frac{k}{k_0} = 1{,}02\, z_A z_{BC} \sqrt{I} \quad \text{Gl. 4.329}$$

(Formeln von **Brønstrup-Bjerrum**).

Nach Gl. 4.328/Gl. 4.329) entstehen bei einer Auftragung von $\lg k$ bzw. $\lg(k/k_0)$ gegen $\sqrt{I}$ Geraden, deren Steigungen vom Ladungstypus der Edukte abhängig sind.

— Sind die Edukte A und BC gleichnamig geladen
   (Beispiel: Esterverseifung von N-Nitroethylcarbamat
   $NO_2NCOOC_2H_5^- + OH^- \rightarrow N_2O + CO_3^{2-} + C_2H_5OH$), so liegt die Steigung $1{,}02\, z_A z_{BC}$ vor (im Beispiel +1,02). Die Reaktionsgeschwindigkeitskonstante steigt dann mit einem Fremdionenzusatz nach Maßgabe der Wurzel aus der Ionenstärke an.
— Sind die Edukte ungleichnamig geladen (Beispiel:
   $[Co(NH_3)_5 Br]^{2+} + OH^- \rightarrow [Co(NH_3)_5 OH]^{2+} + Br^-$), so erhält man eine negative Steigung (im Beispiel $1{,}02(+2)(-1) = -2{,}04$). Die Reaktionsgeschwindigkeitskonstante sinkt mit $\sqrt{I}$ ab.
— Trägt ein Reaktionspartner keine Ladung, so bleibt die Ionenstärke ohne Belang.

Diese Voraussagen finden anhand der angeführten und einer Vielzahl weiterer Beispiele im Rahmen der Gültigkeit der Gl. 4.324 (gilt exakt nur für kleine Ionenstärken) eine glänzende Bestätigung. Die getroffenen Feststellungen weisen im Übrigen aus, dass im Falle von Ionenreaktionen für eine Vergleichbarkeit von kinetischen Daten stets Experimente bei konstanter Ionenstärke erforderlich sind.

4.3.4.2.3 Die Druckabhängigkeit der Geschwindigkeitskonstanten

Auch die Abhängigkeit der Geschwindigkeitskonstanten vom hydrostatischen Druck p ist in der Gl. 4.317 enthalten, denn die Freie Enthalpie ist nicht nur Funktion der Temperatur, sondern auch des Druckes. Allgemein gilt hierfür die sog. Gibbs'sche Fundamentalgleichung (hier auf molare Größen bezogen).

$$dG = -S dT + V_m dp \quad \text{Gl. 4.330}$$

Im Vergleich mit dem totalen Differential von G

$$dG = \left.\frac{\partial G}{\partial T}\right|_p dT + \left.\frac{\partial G}{\partial p}\right|_T dp \quad \text{Gl. 4.331}$$

wird

$$\left.\frac{\partial G}{\partial p}\right|_T = V_m \quad \text{Gl. 4.332}$$

4.3 · Theorien zur Reaktionsgeschwindigkeit

Im vorliegenden Fall ist dann

$$\left.\frac{\partial \Delta G^{R\neq}}{\partial p}\right|_T = \Delta V_m^{\neq} \qquad \text{Gl. 4.333}$$

$\Delta V_m^{\neq}$ stellt darin nach dem Gang der Überlegungen die Differenz der Molvolumina von aktiviertem Komplex und Edukten dar (sog. Aktivierungsvolumen).

Differenzieren wir nunmehr die zuvor logarithmierte Gl. 4.317 nach p, so wird

$$\left.\frac{\partial \ln k}{\partial p}\right|_T = \frac{\partial}{\partial p}\left(\ln\frac{k_B T \alpha}{h} - \frac{\Delta_R G^{\neq}}{RT}\right) = -\frac{\Delta V_m^{\neq}}{RT} \qquad \text{Gl. 4.334}$$

Ist also das Molvolumen des Komplexes kleiner als das (aufsummierte) der Edukte, so steigt die Reaktionsgeschwindigkeitskonstante mit dem Druck an, im umgekehrten Fall sinkt sie ab.

Das Aktivierungsvolumen kann in einfacher Weise einer Auftragung von (experimentellen Daten für) $\ln k$ gegen p nach Gl. 4.334 gewonnen werden. In [A14] werden einige diesbezügliche Daten für die Hydrolyse einfacher organischer Verbindungen, z. B. $CH_3CO_2CH_3$, mitgeteilt. Danach werden Steigerungen bis in den Druckbereich von 10^8 Pa, d. h. 10^3 bar, benötigt, um merkliche Erhöhungen (z. B. um den Faktor 2) der Reaktionsgeschwindigkeit zu messen. Die Aktivierungsvolumina liegen dann im Bereich von -10 ml mol^{-1}.

4.3.4.2.4 Der Einfluss von Substituenten

Wir betrachten die alkalischen Verseifungen in *para*-Stellung unterschiedlich substituierter Benzoesäureethylester

$$X-C_6H_4-CO-O-C_2H_5 + NaOH \xrightarrow{k_x} X-C_6H_4-CO-O-Na + C_2H_5OH \qquad \text{Gl. 4.335}$$

X = NO_2, CH_3, Cl, OCH_3 u.a.m.

Die k_x seien dabei die Geschwindigkeitskonstanten der Reaktionen im Falle der Substituenten X. Gleichzeitig betrachten wir die Dissoziationsgleichgewichte ebenso substituierter Benzoesäuren mit den Gleichgewichtskonstanten K_x.

$$X-C_6H_4-COOH \xrightleftharpoons{K_x} X-C_6H_4-COO^- + H^+ \qquad \text{Gl. 4.336}$$

Dabei stellt sich heraus, dass, ordnet man die **logarithmierten** k_x-Werte auf der Ordinate und die **logarithmierten** K_x-Daten auf der Abzisse an, die Schnittpunkte der zu gleichem X gehörigen Lote auf einer Geraden liegen, d. h.

$$\lg k_x = \rho \lg K_x + C \qquad \text{Gl. 4.337}$$

Dabei ist ρ die Steigung und C der Achsenabschnitt).

Auch die Daten für die Reaktion bzw. das Gleichgewicht des unsubstituierten Edukts liegen auf dieser Geraden. Bezeichnen wir diese mit k_0 bzw. K_0, so gilt

$$\lg k_0 = \rho \lg K_0 + C \qquad \text{Gl. 4.338}$$

Subtraktion liefert

$$\lg \frac{k_x}{k_0} = \rho \lg \frac{K_x}{K_0} \qquad \text{Gl. 4.339}$$

Mit $\lg(K_x/K_0) = \sigma_x$ folgt daraus

$$\lg \frac{k_x}{k_0} = \rho \sigma_x \qquad \text{Gl. 4.340}$$

oder

$$\lg k_x = \lg k_0 + \rho \sigma_x \qquad \text{Gl. 4.341}$$

Dies ist die sog. **Hammett-Gleichung** [15].

Die Konstante ρ hängt von der Art der betrachteten Reaktion ab – ändert sich also, wenn man den Benzoesäureethylester nicht verseift, sondern an der O-C$_2$H$_5$-Bindung anderweitig umsetzt. Die Konstante trägt daher den Namen **Reaktionskonstante**. Sie ändert sich ebenfalls mit der Temperatur und dem Lösungsmittel.

Die Größe σ_x ist im Prinzip unabhängig von der Art der Reaktion, sie spiegelt den Einfluss des Substituenten X relativ zur fehlenden Substitution wider. Sie wird als **Substituentenkonstante** (auch Hammett'sche Substituentenkonstante) bezeichnet. Elektronenziehende Substituenten (z. B. Cl) schwächen die Bindung am betrachteten Reaktionszentrum, d. h., K_x ist größer als K_0 und daher $\sigma_x > 1$. Für elektronenschiebende Substituenten (z. B. CH$_3$) wird $\sigma_x < 0$.

Die Gl. 4.340/Gl. 4.341 gelten sinngemäß auch für den Fall einer Substitution in *meta*-Stellung. Sie gelten ebenfalls für viele andere *m*- und *p*-substituierte Benzolderivate und wurden unter anderem auf α-ständig substituierte aliphatische Verbindungen übertragen (sog. Taft-Gleichungen).

Lineare Freie Enthalpie-Beziehung

Schreiben wir Gl. 4.317 unter Einführung von x als Index für den betrachteten Substituenten und *"Vers"* für die Verseifung in der Form

$$\Delta_R G^{\neq}_{x,Vers} = -RT \ln k_x + konst.$$

und beachten für die Dissoziationsreaktion (Index *"Diss"*) die Reaktionsisotherme in der Form

$$\Delta_R G^{\neq}_{x,Diss} = -RT \ln K_x + konst.$$

4.3 · Theorien zur Reaktionsgeschwindigkeit

> so können wir im Vergleich mit Gl. 4.337 auch auf eine lineare Beziehung zwischen den Freien Aktivierungsenthalpien der Verseifung und den Reaktionsenthalpien für das Dissoziationsgleichgewicht bei Durchlaufen einer Substitutionsreihe schließen. Die Hammet-Gleichung und verwandte Gleichungen werden daher als Lineare Freie Enthalpie-(LFE-)Beziehungen gekennzeichnet (Angelsächsisch: **L**inear **F**ree **E**nergy **R**elationship, LFER). Die Freie Enthalpie wird dort als Gibbs Free Energy bezeichnet, ein Quell ständiger Verwechslungen).

Reaktions- und Substituentenkonstanten finden sich in großer Zahl tabelliert. Dies macht den Wert der Hammett-Gleichung in der organischen Chemie aus. Es lassen sich recht genaue Voraussagen über Reaktionsgeschwindigkeiten noch nicht untersuchter Reaktionen treffen: σ_x ist als $\lg(K_x/K_0)$ sehr viel einfacher und genauer zu bestimmen als k_x.

Wir belassen es bei dieser vereinfachten Darstellung und verweisen für weitere Studien auf „Reaktionsmechanismen der Organischen Chemie"; dieses Buch widmet dem Thema ein eigenes Kapitel [16].

4.3.5 Abschließende Hinweise und Bemerkungen, Marcus-Theorie

Der ▶ Abschn. 4.3 weist auf der einen Seite die Erfolge der Theorien chemischer Reaktionen aus – und stellt bei kritischer Sichtung auch klar, dass z. T. recht willkürliche Annahmen getroffen werden, welche ihre Berechtigung eigentlich erst durch die gewonnenen Ergebnisse erfahren: Plötzlich entstehen doch wieder einfach zu handhabende und leicht überprüfbare Regeln. Er weist ebenfalls aus, dass eine in sich geschlossene Theorie chemischer Reaktionen noch fehlt (ein Hinweis auf die mögliche Rolle von Tunnelprozessen im Ablauf chemischer Reaktionen findet sich in ▶ Abschn. 7.4).

Die wohl erfolgreichste Theorie – die des aktivierten Komplexes – enthält in nachvollziehbarer Weise auch Elemente der klassischen Thermodynamik. Je negativer **die Freie Enthalpie $\Delta_R G^{\neq}$ für die Bildung des aktivierten Komplexes aus den Edukten ausfällt,** umso höher wird die Konzentration des Komplexes, von welchem die Produktbildung ausgeht.

Es gibt jedoch auch Reaktionen, bei denen die Reaktionsgeschwindigkeitskonstante k von der **Freien Reaktionsenthalpie $\Delta_R G$ der Reaktion** selbst, d. h. von der Lage des Gleichgewichtes zwischen Edukt(en) und Produkt(en) abhängt. Zudem läuft die Abhängigkeit jeglicher „chemischer Intuition" zuwider: k durchläuft mit sich negativierendem $\Delta_R G$ ein Maximum.

Ein Beispiel hierfür ist die intramolekulare Umlagerung negativer Ladung zwischen den Substituenten des Radikalanions eines bifunktionalen Steroids (als Spacer) in 2-Methyltetrahydrofuran bei 296 K (◘ Abb. 4.31).

◘ Abbildung 4.32 zeigt den experimentellen Verlauf von *k* in Abhängigkeit von $\Delta_R G$, wenn die Akzeptorgruppe variiert wird.

Das in ◘ Abb. 4.32 dokumentierte Verhalten wurde bereits 1956 von R. A. Marcus [18] (Nobelpreis 1992) in der nach ihm benannten Theorie in Lösung ablaufender Elektronentransferreaktionen vorhergesagt.

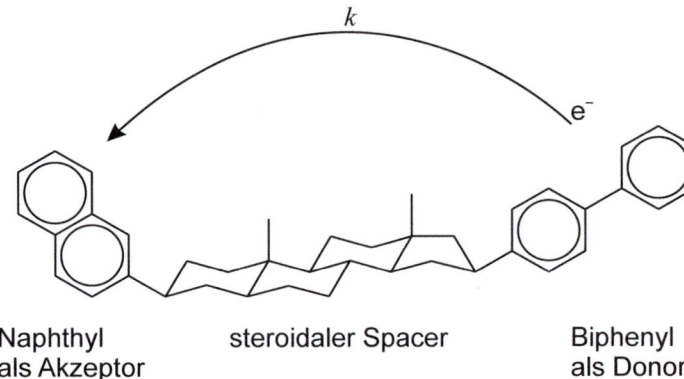

◘ **Abb. 4.31** Beispiel für eine intramolekulare Elektronenübertragungsreaktion mit einer von $\Delta_R G$ abhängigen Geschwindigkeitskonstanten. Nach [17]

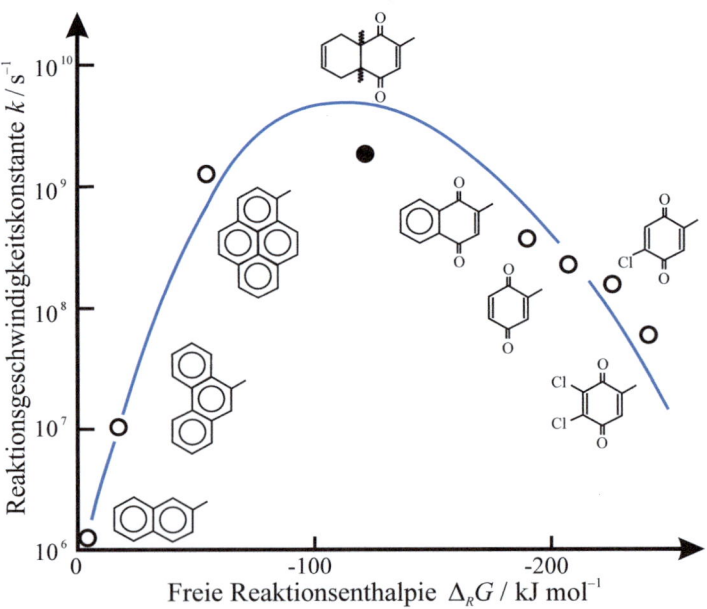

◘ **Abb. 4.32** Abhängigkeit der Reaktionsgeschwindigkeitskonstante von der Freien Reaktionsenthalpie für das in ◘ Abb. 4.31 gezeigte System. Der ausgefüllte Kreis stellt das Maximum von *k* bei Verwendung von Hexahydronaphtochinon-2-yl als Akzeptorgruppe dar. Nach [17]

4.3 · Theorien zur Reaktionsgeschwindigkeit

Die Marcus-Theorie ist bis jetzt noch kaum in die deutschsprachige physikalisch-chemische Lehrbuchliteratur aufgenommen worden (eine Ausnahme bildet [A14]). Im Rahmen abschließender Hinweise und Bemerkungen zur Kinetik chemischer Reaktionen kann hier nur über Ergebnisse und Grundansatz der Theorie berichtet werden. Insbesondere wird auch auf eine Diskussion der in der Theorie enthaltenen sog. Kreuzbeziehung [19] verzichtet.

Zur Marcus-Theorie gewinnt man am einfachsten Zugang, wenn eine in Wasser als Lösungsmittel ablaufende Redoxreaktion, z. B.

$$Fe^{2+} + Mn^{3+} \xrightarrow{k} Fe^{3+} + Mn^{2+} \qquad \text{Gl. 4.342}$$

betrachtet wird. Dabei werden keine Bindungen geknüpft oder gelöst und es fehlen entsprechende Aktivierungsenergien bzw. Freie Aktivierungsenthalpien. Stattdessen treten Veränderungen in der unmittelbaren Umgebung der Ionen auf, denn wir müssen die Reaktion als Reaktion zwischen Aquakomplexen verstehen:

$$\left[Fe(H_2O)_6\right]^{2+} + \left[Mn(H_2O)_6\right]^{3+} \xrightarrow{k}$$
$$\left[Fe(H_2O)_6\right]^{3+} + \left[Mn(H_2O)_6\right]^{2+} \qquad \text{Gl. 4.343}$$

Die H_2O-Moleküle dieser Hexaquakomplexe stellen dabei die sog. *innere Hydrathülle* der Ionen dar (vgl. ▸ Abschn. 3.4.2.2 und ▸ Abschn. 3.4.2.3, die Zahl sechs stammt aus röntgenspektroskopischen Daten). Sie sind von einer *äußeren Hydrathülle* (mehr oder minder geordnetes Kontinuum von H_2O-Dipolen) umgeben.

Das **Eduktsystem** (man stelle sich je ein eng benachbartes zweiwertiges Eisen- und dreiwertiges Mangan-Kation vor) ist im energetischen Minimum, wenn die Teilchen in den Hydrathüllen ihre **Gleichgewichtslagen** (Gleichgewichtsabstände) gegenüber den Kationen einnehmen. Dies ist gleichzeitig die wahrscheinlichste Konfiguration. Man muss jedoch annehmen, dass in den Hüllen Fluktuationen in Bezug auf Lage und Orientierung der H_2O-Moleküle bestehen (Wärmebewegung, Stoßvorgänge). Gleich ob dies zu größeren oder kleineren Abständen zum jeweiligen Zentralion führt, **ist der energetische Zustand des Systems angehoben** (Überwindung anziehender bzw. abstoßender Kräfte).

Man kann sich nun vorstellen, dass es eine durch die Fluktuationen bewirkte System-Konfiguration gibt, bei welcher der Austausch des Elektrons die Systemenergie nicht ändert. Marcus postulierte, dass der Elektronenübergang (d. h. die Reaktion) bei genau dieser Konfiguration erfolgt. **Sie übernimmt insoweit die Rolle eines aktivierten Komplexes.** Der Elektronenübergang selbst erfolgt durch einen Tunnelprozess (vgl. ▸ Abschn. 7.4), und die Hülle bleibt während dieses schnellen Prozesses praktisch in Ruhe (Letzteres entspricht dem Franck-Condon-Prinzip).

Nach dem Elektronenübergang wird das nunmehrige Produktsystem einem neuen energetischen Minimum (als wahrscheinlichstem Zustand) zustreben. Neu deshalb, weil die Gleichgewichtsabstände in den Solvathüllen individuelle Größen sind (abhängig von Ladung und Größe des nackten Ions sowie von der Natur des Solvens). Man spricht auch von einer Reorganisation der Solvathüllen in Bezug auf die umgeladenen Kationen.

Die Durchrechnung dieser Modellierung durch Marcus führte unter anderem auf eine Gleichung der Form

$$k = A e^{-\Delta_R G^{\neq}/RT}$$

Gl. 4.344

Hierin ist A ein von der Reaktionsordnung (z. B. bimolekulare Reaktion entsprechend Gl. 4.343 oder monomolekulare Umlagerung entsprechend ◘ Abb. 4.31) abhängiger Faktor. Für $\Delta_R G^{\neq}$ gilt in Vereinfachung

$$\Delta_R G^{\neq} = \frac{\lambda}{4}\left(1 + \frac{\Delta_R G}{\lambda}\right)^2$$

Gl. 4.345

Die von Marcus als Reorganisationsterm bezeichnete Größe λ konnte als Funktion der Radien der (solvatisierten) Ionen, dem Abstand der Reaktanden bei Reaktionsablauf, den dielektrischen Eigenschaften des Solvens, der übertragenen Ladung und den Kraftkonstanten für die Wechselwirkungen zwischen den Reaktanden berechnet werden [19].

> » I was able … to find the G for the transition state. That G was then introduced into transition state theory and the reaction rate calculated.

Betrachtet man nunmehr eine Reihe von Reaktionen mit identischem λ (was für die der ◘ Abb. 4.32 zugrunde liegenden Reaktionen zumindest näherungsweise zutreffen dürfte), so erkennt man aus Gl. 4.345 sofort, dass für $\Delta_R G = -\lambda$ der Exponent in Gl. 4.344 zu null wird. In allen anderen Fällen ist $\Delta_R G^{\neq}$ aufgrund des in Gl. 4.345 enthaltenen Quadrates positiv, d. h. k durchläuft für $\Delta_R G = -\lambda$ ein Maximum. Werden die Reaktionsgeschwindigkeiten für die der ◘ Abb. 4.32 zugrunde liegenden Reaktionen berechnet, so ergibt sich eine recht brauchbare Übereinstimmung mit dem dargestellten experimentellen Verlauf.

Der Bereich abfallender Reaktionsgeschwindigkeitskonstanten mit sich weiter negativierendem $\Delta_R G$ wird als „Marcus-inverser Bereich" gekennzeichnet. Er wurde auch für eine Reihe weiterer Elektronenübertragungsreaktionen nachgewiesen. Unterschiedlich schnelle Elektronentransferreaktionen spielen u. a. eine wichtige Rolle bei der Photosynthese.

Literatur

[1] Vgl. Lehrbucher der Mathematik (z. B. Zachmann, H.G., Jungel, A.: Mathematik fur Chemiker. Wiley-VCH, Weinheim (2007)), insbesondere der Wahrscheinlichkeitsrechnung
[2] Dohse, H., Frankenburger, W.: Die experimentelle Methodik auf dem Gebiet der Reaktionskinetik von Gasen. Z. Angew. Chem. 44, 605 (1931)

Literatur

[3] Fur weitere Mechanismen (ionische Kettenpolymerisationen, koordinative Kettenpolymerisationen, schrittweise Polymerisationen) vgl. etwa Cowie, J.M.G.: Chemie und Physik der synthetischen Polymere. Vieweg, Braunschweig (1997) und Braun, D., Cherdron, H., Rehahn, M., Ritter, H., Voit, B.: Polymer Synthesis: Theory and Practice. Springer Verlag, Berlin, Heidelberg (2005), Schilderungen aus stofflicher Sicht findet man in Beyer, H., Walter, W., Francke, W.: Lehrbuch der Organischen Chemie, S. Hirzel Verlag, Stuttgart (2004)

[4] Laidler, K.J., A glossary of terms used in chemical kinetics, including reaction dynamics (IUPAC Recommendations 1996). Pure Appl. Chem. 68, 149–192 (1996)

[5] Janoske, G., Hamann, C.H.: Untersuchungen zur Adsorptionskinetik von Phenolen. Ber. Bunsenges. Phys. Chem. 95, 1187 (1991)

[6] Berg, J.M., Tymoczko, J.L., Stryer, L., Biochemie, 7. Aufl. Springer-Verlag, Berlin, Heidelberg (2013)

[7] Bisswanger, H.: Enzyme: Struktur, Kinetik und Anwendungen. Wiley-VCH Verlag, Weinheim (2015)

[8] Bisswanger, H.: Enzymkinetik: Theorie und Methoden, 3. Aufl. Wiley-VCH Verlag, Weinheim (2000)

[9] Holze, R.: Experimental Electrochemistry. Wiley-VCH, Weinheim (2009)

[10] Experimentelle Ergebnisse aus Fortgeschrittenpraktikum Physikalische Chemie. Universitat Oldenburg

[11] Bordo, V.G., Rubahn, H.-G.: Optics and Spectroscopy at Surface and Interfaces. Wiley-VCH, Weinheim (2005)

[12] London, F.: Quantum mechanical interpretation of the process of activation. Z. Elektrochemie. 35, 552–555 (1929)

[13] Perrin, J.: Matière et lumière: Essai de synthèse de la mécanique chimique. Ann. d. Phys. 11, 1 (1919)

[14] Menschutkin, N.: Z. Physik. Chem. 5, 589 (1890)

[15] Hammett, L.P.: The effect of structure upon the reactions of organic compounds. Benzene derivatives. J. Am. Chem. Soc. 59, 96–103 (1937)

[16] Sykes, P.: Reaktionsmechanismen der Organischen Chemie, 8. Aufl. VCH Taschentext, VCH Verlagsgesellschaft, Weinheim (1986)

[17] Miller, J.R., Calcaterra, L.T., Closs, G.L.: Intramolecular long-distance electron transfer in radical anions. The effects of free energy and solvent on the reaction rates. J. Am. Chem. Soc. 106, 3047 (1984)

[18] Marcus, R.A.: On the theory of oxidation-reduction reactions involving electron transfer. I. J. Chem. Phys. 24, 966 (1956)

[19] Marcus, R.A.: Electron transfer reactions in chemistry. Theory and experiment. Rev. Mod. Phys. 65, 599–610 (1993)

Elektrochemische Reaktionen

5.1 Einführung

In einem heutigen Lehrbuchtext zur Kinetik darf ein Exkurs (lt. Duden „kurze Erörterung im Rahmen einer wissenschaftlichen Abhandlung") zum Gebiet der Elektrochemie nicht fehlen [1].

> „Große Hoffnungen ruhen auf der Elektrochemie. Einige Zeit lang unbeachtet, steht dieses Fachgebiet derzeit im Rampenlicht. [...] Durch Forschungs- und Entwicklungsarbeiten im Bereich der Brennstoffzellen, insbesondere aber durch die in den letzten Jahren stark wachsenden Aktivitäten im Bereich der Batterieforschung, wird den Arbeiten der Elektrochemiker wieder höchste Aufmerksamkeit entgegengebracht. Elektrochemiker haben weit mehr Forschungsinteressen als allein die Energieforschung. Ihr Know-how ist auch in den Lebenswissenschaften gefragt, so dient die Elektrochemie u. a. der medizinischen Forschung bis hin zum biomedizinischen Engineering, das im chirurgisch-orthopädischen Bereich eine Rolle spielt."

5.1.1 Thermodynamik und Kinetik in der Elektrochemie

Wir betrachten eine elektrochemische Zelle nach ◘ Abb. 5.1. Zwei Platinelektroden (Elektronenleiter) tauchen in wässrige HCl (Ionenleiter) ein, sie werden mit Wasserstoff bzw. mit Chlor bespült, d. h., in der von der Elektrode „gesehenen" wässrigen Phase ist H_2 und Cl_2 gelöst.

Aus thermodynamischer Sicht ist das Gleichgewichtssystem schnell beschrieben. An den Elektroden stellen sich die elektrochemischen Gleichgewichte

$$H_2 \rightleftharpoons 2H^+ + 2e^- \qquad \text{Gl. 5.1}$$

und

$$Cl_2 + 2e^- \rightleftharpoons 2Cl^- \qquad \text{Gl. 5.2}$$

ein, verbunden mit den Gleichgewichtspotentialen $\varphi_0^{H_2/H^+}$ und $\varphi_0^{Cl_2/Cl^-}$.

Zur Erinnerung: Gleichgewichtspotentiale hängen nach Maßgabe der **Nernst'schen Gleichung** von den Konzentrationen (genauer: den Aktivitäten) der das Gleichgewicht einstellenden Spezies in der Lösung ab. Hier beziehen sich diese auf den gelösten Wasserstoff und die Protonen bzw. das gelöste Chlor und die Chloridionen. Allgemein treten in der Nernst'schen Gleichung die o.a. Terme in Bezug auf die beteiligten oxidierten und reduzierten Spezies auf [A1]–[A6], [A20]–[A24], [A30]–[A35].

An dieser Stelle werden nur die wesentlichen Tatsachen der Gleichgewichtselektrochemie referiert, wie sie dem Leser dieses Buches schon bekannt sein werden.

5.1 · Einführung

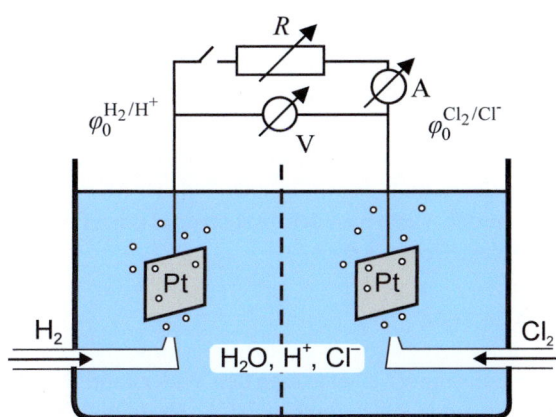

Abb. 5.1 Elektrochemische Zelle, vgl. Text

Die Potentialdifferenz $E_0 = \varphi_0^{Cl_2/Cl^-} - \varphi_0^{H_2/H^+}$ (Ruheklemmenspannung) zwischen beiden Elektroden erhält man aus der Freien Reaktionsenthalpie $\Delta_R G$ der sog. Zellreaktion

$$H_2 + Cl_2 \rightarrow 2H^+ + 2Cl^- \qquad \text{Gl. 5.3}$$

über die Formel

$$\Delta_R G = -nFE_0 \qquad \text{Gl. 5.4}$$

n ist darin die Zahl der an den Elektroden im Elementarschritt umgesetzten Elektronen, hier gleich zwei, und F die Faraday-Konstante.

Für den Fall von Standardbedingungen schreiben wir entsprechend mit E_{00} als Standard-Ruheklemmenspannung, $\varphi_{00}^{Cl_2/Cl^-}$ bzw. $\varphi_{00}^{H_2/H^+}$ als Standard-Gleichgewichtspotentialen und mit $\Delta_R G^\ominus$ als Freier Standard-Reaktionsthalpie $\Delta_R G^\ominus = -nFE_{00}$ anstelle von Gl. 5.4. $\Delta_R G^\ominus$ ist im vorliegenden Fall gleich -262 kJ mol^{-1} und E_{00} daher 1,36 V. Mit der Definition $\varphi_{00}^{H_2/H^+} = 0$ (Wasserstoff-Normalelektrode NHE, „normal hydrogen electrode") ist dann auch $\varphi_{00}^{Cl_2/Cl^-}$ gleich + 1,36 V NHE.

Mit negativer Freier Reaktionsenthalpie läuft die Reaktion Gl. 5.3 bei Verbinden der Elektroden über einen Widerstand R freiwillig ab, es liegt ein galvanisches Element mit den Elektrodenreaktionen

$$H_2 \rightarrow 2H^+ + 2e^- \qquad \text{Gl. 5.5}$$

und

$$Cl_2 + 2e^- \rightarrow 2Cl^- \qquad \text{Gl. 5.6}$$

vor. Maximal wird die elektrische Arbeit $-nFE_0$ gewonnen (für den reversiblen Fall eines Stromflusses $I \rightarrow 0$), real die elektrische Arbeit $-nFE_{Kl}$ mit einer Klemmenspannung $E_{Kl} < E_0$.

Die zu Gl. 5.3 umgekehrte Reaktion

$$2H^+ + 2Cl^- \rightarrow H_2 + Cl_2 \qquad \text{Gl. 5.7}$$

weist im Standardfall eine Freie Reaktionsenthalpie von +262 kJ mol^{-1} auf. Sie kann damit nicht freiwillig ablaufen. Der Ablauf kann jedoch erzwungen werden, wenn man dem System den Freien Enthalpiebetrag in Form der elektrischen Arbeit

$$nFE_Z = \Delta_R G \qquad \text{Gl. 5.8}$$

zuführt. Im Experiment ersetze man den Widerstand R in ◘ Abb. 5.1 durch eine passende Spannungsquelle. E_Z ist die sog. Zersetzungsspannung, welche hierfür minimal (im reversiblen Fall $I \rightarrow 0$) erforderlich ist. Sie ist zahlenwertmäßig gleich E_0 (bzw. E_{00} im Standardfall). Real ist eine Klemmenspannung $E_{Kl} > E_Z$ erforderlich. Dann laufen die Elektrodenreaktionen

$$2H^+ + 2e^- \rightarrow H_2 \qquad \text{Gl. 5.9}$$

und

$$2Cl^- \rightarrow Cl_2 + 2e^- \qquad \text{Gl. 5.10}$$

ab. Dies stellt den Ablauf einer Elektrolyse dar (HCl-Elektrolyse, vgl. ▶ Abschn. 5.3.3). E_{Kl} wird dann auch als Zellspannung (auch Elektrolysespannung) U_Z bezeichnet.

Wenden wir nunmehr die kinetische Sichtweise an.

Die elektrochemischen Gleichgewichte der Gl. 5.1/Gl. 5.2, beobachtbar bei offenem äußeren Stromkreis, müssen wie chemische Gleichgewichte dem **gleich schnellen Ablauf zweier entgegengesetzt gerichteter Prozesse entsprechen**. Im Falle der Wasserstoffelektrode sind dies die Prozesse der Gl. 5.5 und Gl. 5.9.

Im Falle des Prozesses der Gl. 5.5 treten aus dem Wasserstoff freigesetzte Elektronen in die Elektrode über, im Falle des Prozesses der Gl. 5.9 nehmen die Protonen aus der Elektrode Elektronen auf. Beides entspricht einem elektrischen Strom durch die Phasengrenze Elektronenleiter – Ionenleiter, wenngleich ein äußerer Stromkreis nicht besteht, d. h. der äußere Strom I gleich null ist. Wir schreiben insoweit

$$I = \vec{I}_0 + \overleftarrow{I}_0 = 0 \qquad \text{Gl. 5.11}$$

mit $\vec{I}_0$ und $\overleftarrow{I}_0$ als sog. Austauschströmen. **Die Austauschströme treten an die Stelle der Hin- und Rückreaktion im chemischen Gleichgewicht** (vgl. hierzu ▶ Abschn. 4.2.1.3.1).

Selbstverständlich gilt die gleiche Überlegung für die Chlorelektrode ganz analog.

5.1 · Einführung

> **Beispiel**
> Die Existenz von Austauschströmen – wir werden sie in ▶ Abschn. 5.2 noch zu berechnen lernen – ist mit einem sehr einfachen Experiment direkt nachweisbar. Taucht ein Silberblech in eine Lösung seiner Kationen ein, so bestehen die Teilreaktionen
>
> $$Ag \rightarrow Ag^+ + e^- \qquad \text{Gl. 5.12}$$
>
> und
>
> $$Ag^+ + e^- \rightarrow Ag \qquad \text{Gl. 5.13}$$
>
> Fügt man nunmehr der Lösung etwas radioaktives Silber (in Form von z. B. $^{108}AgNO_3$) bei, so ist dieses nach kurzer Zeit auch im Blech nachweisbar.

Nunmehr wird der Schalter im äußeren Leiterkreis (◘ Abb. 5.1) geschlossen. Dann fließen Elektronen von der negativen Elektrode (Wasserstoffelektrode) über den Widerstand R zur positiven Elektrode (Chlorelektrode) ab.

Dies bedeutet, dass das Potential der Wasserstoffelektrode gegenüber dem vorherigen Zustand positiviert worden ist. Elektronen können dann leichter zur Elektrode übertreten. Der Oxidationsprozess $H_2 \rightarrow 2H^+ + 2e^-$ wird so beschleunigt. Ein Austritt von Elektronen wird erschwert, der Prozess $2H^+ + 2e^- \rightarrow H_2$ wird verlangsamt. Diese einfache Sicht der Dinge wird in ▶ Abschn. 5.2 rechnerisch bestätigt.

Auch jetzt bestehen also an der Elektrode zwei einander entgegen gerichtete Ströme. Den kleineren verlangsamten können wir jedoch an dieser Stelle vernachlässigen. Der dann an der Wasserstoffelektrode ablaufende Prozess entspricht einem **Netto-Übertritt von Elektronen aus Komponenten (hier gelöster Wasserstoff) der Lösungsphase in die Elektrode. Dies ist die Definition einer Anode.** Der ablaufende Prozess ist eine anodische Oxidation. Der zugehörige äußere Strom I wird positiv gezählt. Das zugehörige Elektrodenpotential $\varphi(I)$ ist positiver als das Gleichgewichtspotential φ_0.

An der Chlorelektrode hingegen wird das Potential durch die zufließenden Elektronen negativiert und so der Reduktionsprozess $Cl_2 + 2e^- \rightarrow 2Cl^-$ beschleunigt. Die Rückreaktion $2Cl^- \rightarrow Cl_2 + 2e^-$ wird zurückgedrängt. Damit **tritt negative Ladung in die Lösungsphase ein. Dies ist die Definition einer Kathode.** An dieser läuft eine kathodische Reduktion ab, der zugehörige Strom wird negativ gezählt. Das zugehörige Elektrodenpotential $\varphi(I)$ liegt negativer als das Gleichgewichtspotential φ_0.

Positivierung der Wasserstoffelektrode wie Negativierung der Chlorelektrode werden umso größer ausfallen, je höher der im äußeren Leiterkreis fließende elektrische Strom ist (je kleiner man den Widerstand R wählt). Dies und die zuvor getroffenen Definitionen sind in ◘ Abb. 5.2a grafisch zusammengefasst. Hierbei sind in dieser und den folgenden Abbildungen Kurvenzüge mit anodischen Strömen rot und solche mit kathodischen Strömen blau dargestellt.

Der Verlauf der Beziehungen zwischen Strom I und Potential $\varphi(I)$ ist für jede Elektrodenreaktion individuell und hier nur aus Gründen der Übersichtlichkeit als lineare Abhängigkeit dargestellt. Wir nennen die Beziehungen allgemein **Strom-Spannungs-Kurven einer Elektrode**.

Ebenso, wie die Differenz der Gleichgewichtspotentiale die Ruheklemmenspannung liefert, ergibt die Differenz der Potentiale unter Stromfluss die Klemmenspannung E_{KL} (in die ◘ Abb. 5.2 mit eingetragen). Sind die Strom-Spannungs-Kurven beider Elektroden bekannt, lässt sich die zugehörige **Strom-Spannungs-Kurve $E_{KI}(I)$ des galvanischen Elements** leicht konstruieren (experimentelles Beispiel in ▶ Abschn. 5.3.1).

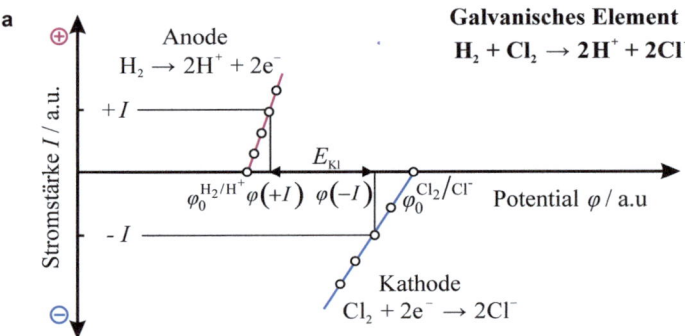

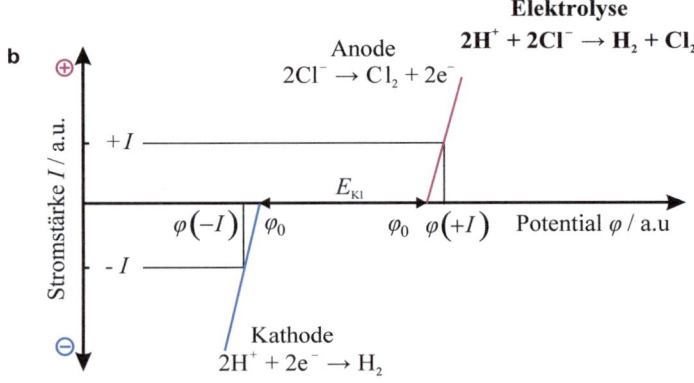

◘ **Abb. 5.2** Strom-Spannungs-Kurven. **a** Galvanisches Element, **b** Elektrolyse, vgl. Text

Ersetzen wir in ◘ Abb. 5.1 den Widerstand R wiederum durch eine Gleichspannungsquelle und verbinden deren negativen Pol mit der Wasserstoffelektrode, so können wir dort eine Negativierung des Potentials erzeugen. Die Chlorelektrode wird ganz entsprechend positiviert. Dem Gang der vorhergehenden Überlegungen folgend entsteht dann ◘ Abb. 5.2b.

Die ◘ Abb. 5.2 stellt auch insgesamt klar, dass die häufig zu findende Gleichsetzung der negativen Elektrode einer elektrochemischen Zelle (Oberbegriff zu galvanischem Element und Elektrolysezelle) mit dem Begriff der Kathode („negative Ladung tritt in den Ionenleiter ein") nur für die Elektrolysezelle gilt.

Eigentlich müsste es Strom-Potential-Kurve heißen. Der englische Begriff lautet „potential", im Deutschen hat sich aber der Begriff Spannung eingebürgert. Dementsprechendes gilt auch für den Begriff Überspannung (englisch „overpotential", wird im Folgeabschnitt eingeführt).

5.1.2 Mess-, Bezugs- und Gegenelektrode, Überspannung, potentiostatische Messanordnung

Elektrochemische Fragestellungen treten uns stets im Doppelpack entgegen.

So kann man ein elektrochemisches Gleichgewicht nur gegenüber einem zweiten solchen Gleichgewicht messen oder berechnen. Als Ausweg zum Studium einzelner Gleichgewichte wurde ein für alle Gleichgewichte gemeinsamer Bezugspunkt – die Wasserstoffnormalelektrode NHE – geschaffen (in ▶ Abschn. 5.1.1 bereits benutzt).

Für den Fall des Studiums galvanischer Elemente oder von Elektrolysevorgängen tritt das Problem erneut auf. Es sind ja stets die Vorgänge an zwei Elektroden miteinander verknüpft. Außerdem erlaubt eine Messanordnung nach ◘ Abb. 5.1 nur die Messung der Spannung zwischen den Elektroden und des Stromes durch die Elektroden der elektrochemischen Zelle – also **der Strom-Spannungs-Kurve von galvanischem Element bzw. Elektrolysezelle**. Eine Gewinnung der **individuellen Strom-Spannungs-Kurven** an Anode und Kathode ist so nicht möglich.

Ein Ausweg ist durch die Anordnung einer dritten Elektrode in der elektrochemischen Zelle der ◘ Abb. 5.1 gegeben. Diese sog. **Bezugselektrode** wird durch ein hochohmiges Messinstrument an die zu untersuchende stromdurchflossene Elektrode angekoppelt, d. h., ihr Ruhepotential φ_0^B wird von der Höhe des durch die Zelle fließenden Stroms nicht beeinflusst.

Jetzt können wir das Potential der betrachteten Elektrode – im Folgenden stets als **Arbeitselektrode** oder **Messelektrode** bezeichnet – ohne und mit Stromdurchgang gegen die Bezugselektrode leicht bestimmen. ◘ Abbildung 5.3 führt dies anhand der Wasserstoffelektrode aus, wobei beide sog. Äste der Strom-Spannungs-Kurve aus ◘ Abb. 5.2 vereinigt wurden.

Eine Messung der Potentialdifferenz zwischen Arbeits- und Bezugselektrode liefert bei offenem Stromkreis der elektrochemischen Zelle

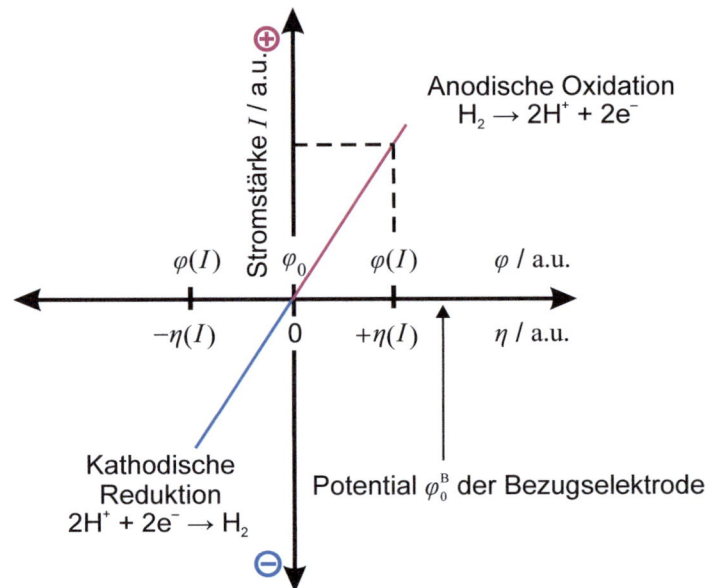

Abb. 5.3 Zur Messung des Potentials $\varphi(I)$ einer stromdurchflossenen Elektrode und zur Definition der Überspannung η, vgl. Text

zunächst das Gleichgewichtspotential φ_0 der Arbeitselektrode gegenüber dem des Bezugssystems. Die gleiche Messung bei Stromfluss liefert $\varphi(I)$ gegenüber dem Potential des Bezugssystems. Letzteren Wert können wir als eine Abweichung des Potentials der Arbeitselektrode von ihrem Gleichgewichtspotential charakterisieren und gelangen so zur Definition der Überspannung η

$$\eta(I) = \varphi(I) - \varphi_0 \qquad \text{Gl. 5.14}$$

Ersichtlich korrespondieren so positive Überspannungen mit positiven Strömen und negative mit negativen Strömen. Im Gleichgewicht ist η naturgemäß gleich null. η ist die zentrale Größe sowohl bei der theoretischen wie experimentellen Untersuchung von Elektrodenprozessen. Die Überspannung, nicht das Potential selbst, stellt die treibende Kraft für den Ablauf der elektrochemischen Reaktion dar.

Ganz ersichtlich spielt bei der Bestimmung von Überspannungen an einer Elektrode die Art der verwendeten Bezugselektrode keinerlei Rolle, man muss nicht einmal ihr Ruhepotential kennen. Dies gilt ebenfalls für die zweite stromdurchflossene Elektrode der elektrochemischen Zelle. Es ist völlig unerheblich, welcher Prozess dort abläuft, man spricht insoweit einfach von einer **Gegenelektrode**.

In der Praxis heutiger Messungen gibt man der Arbeitselektrode ein Potential vor („prägt es auf") und bestimmt den resultierenden Strom.

Ein solches Aufprägen ist mittels eines sog. **elektronischen Potentiostaten** leicht möglich. Diese Schaltung stellt die Basis einer

5.1 · Einführung

Vielzahl von Untersuchungsmethoden für Elektrodenreaktionen dar. Da in diesem Abriss kein Platz für eine eingehende Schilderung elektrochemischer Messverfahren ist (eine Übersicht findet sich in ▶ Abschn. 5.4.2), seien wenigstens Arbeitsprinzip und Möglichkeiten des Potentiostaten anhand von ◘ Abb. 5.4 als ein Teil elektrochemischen Grundwissens ausgeführt.

◘ Abbildung 5.4b zeigt zunächst eine im Labor häufig benutzte elektrochemische Zelle aus Glas. Die Messelektrode M wird durch ein Metallblech dargestellt, z. B. aus Platin. Die Bezugselektrode B kann

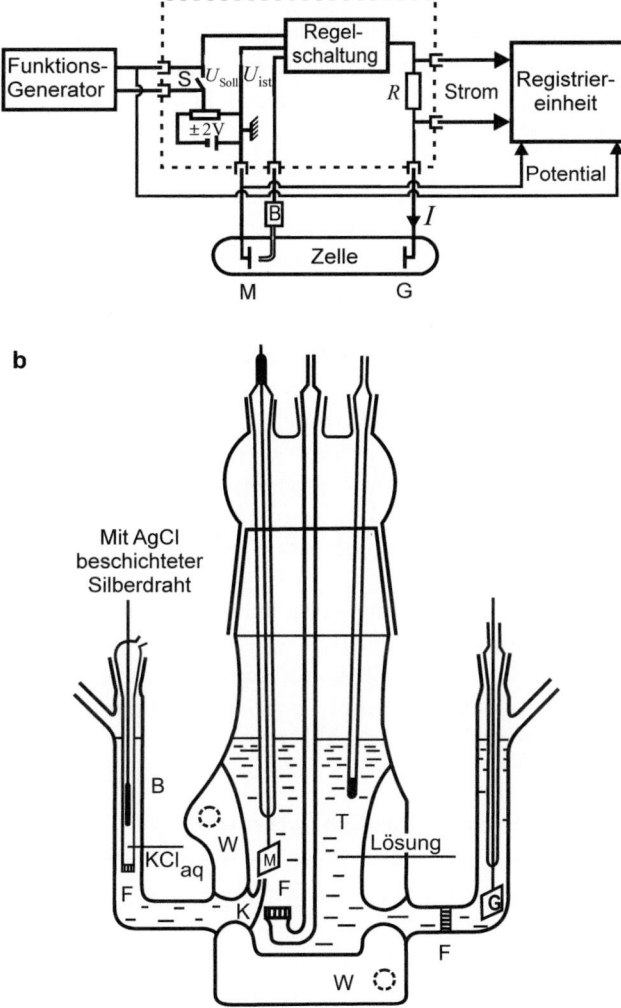

◘ **Abb. 5.4** Grundprinzip eines elektronischen Potentiostaten und Beispiel für eine Messzelle. **a** Regelschaltung, **b** elektrochemische Zelle, vgl. Text. Diese Abbildung wurde mit freundlicher Genehmigung des Wiley-VCH-Verlags, Weinheim, dem unter [A23] zitierten Werk entnommen

z. B. durch eine Silber-Silberchlorid-Elektrode dargestellt werden. Diese besteht aus einem mit Silberchlorid beschichteten Silberdraht, der in eine KCl-Lösung eintaucht. Bei Verwendung von wässriger 0,1 N KCl-Lösung weist sie ein Gleichgewichtspotential von +0,29 V NHE auf [A23]. Die Bezugseletrode B ist durch eine Fritte F vom Raum der Messelektrode getrennt – unterschiedliche Lösungen sollen sich nicht durchmischen. K ist die sog. Haber-Luggin-Kapillare, welche bis dicht vor die Messelektrode führt. Dadurch wird vermieden, dass ein Fehler (sog. iR-Fehler) durch Mitmessen eines Teils des Spannungsabfalls in der Lösung zwischen stromdurchflossener Messelektrode und Gegenelektrode G entsteht. Letztere ist ebenfalls durch eine Fritte vom Raum der Messelektrode getrennt. Eine weitere Fritte unter der Messelektrode dient gegebenenfalls der Spülung mit einem Gas. Thermometer T und Wassermantel W (zur Thermostatierung) vervollständigen die Anordnung. Nicht mit eingezeichnet ist ein Rührer. Eine solche Laborzelle ist typischerweise ca. 20 cm groß.

> Eine Spülung ist ggf. auch bei Untersuchung von Elektrodenreaktionen erforderlich, an denen keine Gase beteiligt sind. Gelöster Sauerstoff wirkt oftmals störend und muss durch Spülung mit einem Inertgas (N_2, Ar) entfernt werden.

Für eine Funktionsbeschreibung des Potentiostaten denken wir uns den Funktionsgenerator zunächst abgeklemmt, der Schalter S sei geschlossen (◘ Abb. 5.4a). Mittels der regelbaren 2-Volt-Gleichspannungsquelle wird der Regelschaltung eine Sollspannung U_{Soll} aufgegeben. Die Schaltung vergleicht U_{Soll} mit der zwischen Messelektrode und Bezugselektrode bestehenden Spannung U_{Ist}. Besteht ein Unterschied, so gleicht die Regelschaltung mit Einstellzeiten bis herab zu 10^{-5} s die Istspannung der vorgegebenen Sollspannung an, indem ein passender Strom durch die Zelle geschickt wird.

> Die Regelschaltung besteht im Wesentlichen aus einem Differenzbildner mit nachgeschaltetem (gegengekoppelten) Leistungsverstärker.

Das auf die Bezugselektrode B bezogene Potential $\varphi(I)$ der Messelektrode entspricht damit stets dem vorgegebenen Sollspannungswert, der Strom I wird am Widerstand R abgegriffen. Das für die Bestimmung der Überspannung noch erforderliche Gleichgewichtspotential kann man vorher messen.

Schaltet man den Funktionsgenerator zu, so kann man der Messelektrode aufgrund der schnellen Einstellzeiten der Regelschaltung praktisch beliebige zeitliche Potentialprogramme aufprägen und das Antwortsignal – den zeitlichen Stromverlauf – studieren (potentiodynamische Methode, siehe auch [A23]).

5.2 Elektrodencharakteristiken

▶ Abschnitt 5.2 entwickelt die Strom-Überspannungs-Beziehungen (Elektrodencharakteristiken) für Elektrodenprozesse unter verschiedenen experimentellen Bedingungen. Hierzu betrachten wir weiterhin die Wasserstoffelektrode in saurer Lösung als Beispiel. Die gewonnenen Ergebnisse werden anschließend verallgemeinert.

Als Erstes lösen wir die bisher als Elementarschritt gesehene anodische Oxidation des Wasserstoffs (Gl. 5.5) weiter auf (◘ Tab. 5.1).

5.2 · Elektrodencharakteristiken

Tab. 5.1 Elementarschritte der anodischen Wasserstoffoxidation an Elektrodenoberflächen

Gl. 5.15	Lösen des Wasserstoffgases		$H_2 \rightarrow H_{2,aq}$
	Transport aus dem Lösungsinneren zur Elektrodenoberfläche		
Gl. 5.16	Adsorption		$H_{2,aq} \rightarrow H_{2,ad}$
Gl. 5.17	Dissoziation		$H_{2,ad} \rightarrow 2H_{ad}$
Gl. 5.18	Elektronenübergang		$H_{ad} \rightarrow H_{ad}^+ + e^-$
	Desorption		$H_{ad}^+ \rightarrow H^+$
Gl. 5.19	Hydratation		$H^+ + H_2O \rightarrow H_3O^+$
	Transport der gebildeten Ionen von der Oberfläche in das Lösungsinnere		

Jeder einzelne dieser Teilschritte kann prinzipiell langsamster (geschwindigkeitsbestimmender) Schritt der Gesamtsequenz sein, wobei der Hydratationsschritt von Natur aus schnell ist.

In den beiden folgenden ▶ Abschn. 5.2.1 und ▶ Abschn. 5.2.2 werden zwei besondere Strom-Überspannungs-Beziehungen beschrieben. Zunächst wird der Elektronenübergang als geschwindigkeitsbestimmend angenommen, danach der Antransport der umzusetzenden Spezies aus dem Lösungsinneren zur Elektrode. Weitere mögliche geschwindigkeitsbestimmende Schritte werden in ▶ Abschn. 5.2.3 zusammengefasst behandelt.

5.2.1 Die Durchtrittscharakteristik (Butler-Volmer-Gleichung)

In diesem Abschnitt betrachten wir den für eine elektrochemische Reaktion charakteristischen **Elektronentransfer** am Beispiel der Wasserstoffelektrode

$$H_{ad} \rightarrow H^+ + e^- \qquad \text{Gl. 5.18}$$

als geschwindigkeitsbestimmenden („gehemmten") Teilschritt der Wasserstoffoxidation.

Alle anderen Schritte seien demgegenüber schnell („ungehemmt"). Dies ist im vorliegenden Experiment ohne Weiteres erreichbar durch
- Verwendung einer großen Stoffaustauschfläche zur Aufsättigung der Lösung (Phasengrenze Gas/Flüssigkeit),
- stark gerührte Lösung (schneller Stofftransport),
- Verwendung eines Elektrodenmaterials, an welchem Wasserstoff schnell adsorbiert und dissoziiert (u. a. an Platin, z. B. nicht an Gold).

In der Elektrochemie auch als Elektronendurchtritt, Durchtrittsschritt oder Durchtrittsreaktion durch die Phasengrenze Elektrode/Lösung bezeichnet

Der Prozess in Gl. 5.18 stellt den **„monomolekularen Zerfall"** eines Wasserstoffatoms zu einem Proton und einem Elektron dar. Als Reaktionsgeschwindigkeit v definieren wir in diesem Falle die Größe

$$v = \frac{1}{A}\frac{dn_{H_{ad}}}{dt} \qquad \text{Gl. 5.20}$$

d. h. die pro Zeit- und Flächeneinheit an der Elektrode umgesetzten Mole $n_{H_{ad}}$ adsorbierten atomaren Wasserstoffs. Diese Reaktionsgeschwindigkeit muss proportional zur **Oberflächenkonzentration** $c_{H_{ad}}$ des adsorbierten atomaren Wasserstoffs sein. $c_{H_{ad}}$ entspricht der Gleichgewichtsoberflächenkonzentration für die Dissoziation nach Gl. 5.17.

$$v = \frac{1}{A}\frac{dn_{H_{ad}}}{dt} = k^+ c_{H_{ad}} \qquad \text{Gl. 5.21}$$

k^+ ist hier die Reaktionsgeschwindigkeitskonstante der anodischen Reaktion (Index „+" gilt auch im Weiteren hierfür) in s^{-1}. Durch Multiplikation mit der Faradaykonstante F (elektrische Ladung pro Mol Elektronen) wird aus der Reaktionsgeschwindigkeit ein zeitlicher Ladungsumsatz pro Fläche, d. h. eine **Stromdichte** j (z. B. in mA cm^{-2}).

$$j^+ = F k^+ c_{H_{ad}} \qquad \text{Gl. 5.22}$$

$c_{H_{ad}}$ bleibt aufgrund der gemachten Voraussetzungen auch bei Stromfluss konstant. Es besteht kein Grund, nicht auch jetzt die Reaktionsgeschwindigkeitskonstante durch die Arrhenius-Gleichung

$$k = A e^{-E_A/RT} \qquad \text{Gl. 4.153}$$

auszudrücken. Mit k_0 (als Vorfaktor anstelle von A) haben wir für die anodische Stromdichte an der Wasserstoffelektrode die Beziehung

$$j^+ = F c_{H_{ad}} k_0^+ \, e^{-E_A^+/RT} \qquad \text{Gl. 5.23}$$

In ▶ Abschn. 5.1.1 haben wir festgehalten, dass ein positiveres Potential den Übergang von aus dem Wasserstoff freigesetzten Elektronen zur Elektrode – also den Strom und damit auch die Stromdichte – heraufsetzt. Diese Information ist auch in Gl. 5.23 enthalten: **Die Aktivierungsenergie** E_A^+ **wird durch ein positiveres Potential herabgesetzt.**

Wir erkennen dies anhand der ◘ Abb. 5.5, die den Verlauf der Reaktion entsprechend den Gl. 5.15 bis Gl. 5.19 zeigt, wobei die Reaktion Gl. 5.18 noch in Bildung und Abreaktion des Übergangszustands (vgl. ▶ Abschn. 4.2.2) aufgespalten wurde.

In diesem Zustand haben sich – modellhaft im Sinne von Abbildung und Rechnung – die Ladungen des Atoms separiert. Anschließend tritt das Elektron durch einen Tunnelprozess (vgl. ▶ Abschn. 7.4) in die Elektrode über.

5.2 · Elektrodencharakteristiken

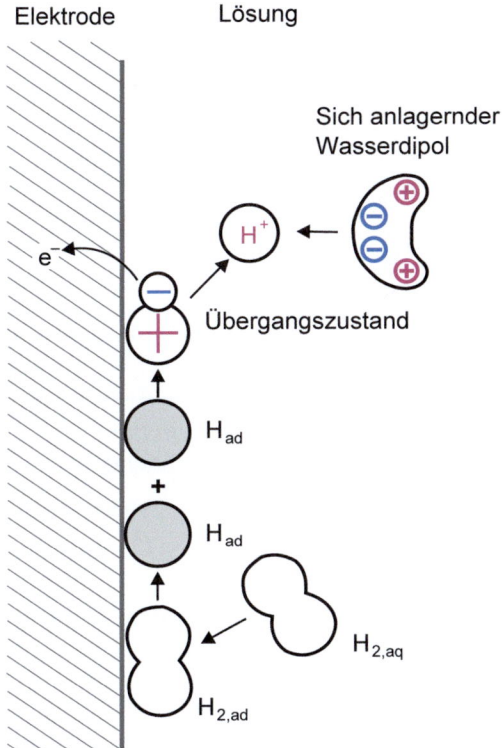

◘ **Abb. 5.5** Vorgänge bei der elektrochemischen H_2-Oxidation auf und vor der Elektrodenoberfläche.

Ein Elektron der Ladung $-e_0$ besitzt am Ort des Potentials φ die elektrische Energie $-e_0\varphi$, erfährt also bei einer Potentialänderung um den Wert η eine Energieänderung $-e_0\eta$, oder auf ein Mol bezogen $-F\eta$. Da das betrachtete Elektron sich jedoch nicht in der Elektrode, sondern nur unmittelbar davor befindet, wird die Potentialänderung (Überspannung) nur abgeschwächt wirksam. Dies wird allgemein durch Multiplikation mit dem sogenannten **Durchtrittsfaktor** α berücksichtigt, welcher zwischen 0 und 1 liegt. Für den Fall einer positiven Überspannung η liegt dann die molare Energieänderung $-\alpha F\eta$ vor. ◘ Abbildung 5.6 enthält den Versuch einer Visualisierung.

In konzentrierten elektrolytischen Lösungen besteht ein linearer Potentialgradient zwischen Elektrode und Lösung stets (d. h. auch nach einer Änderung des Elektrodenpotentials) nur über die ungefähre Distanz des Durchmessers eines hydratisierten Ions (Dicke der elektrolytischen Doppelschicht, vgl. hierzu ◘ Abb. 3.8). Danach ist schnell ein fester Wert (Potential des Lösungsinneren) erreicht. $\alpha = 1$ gilt damit an der Elektrodenoberfläche, $\alpha = 0$ in der Distanz einiger 10–100 nm.

Damit wird durch das Anlegen einer positiven Überspannung der energetische Zustand des Elektrons im Übergangszustand abgesenkt.

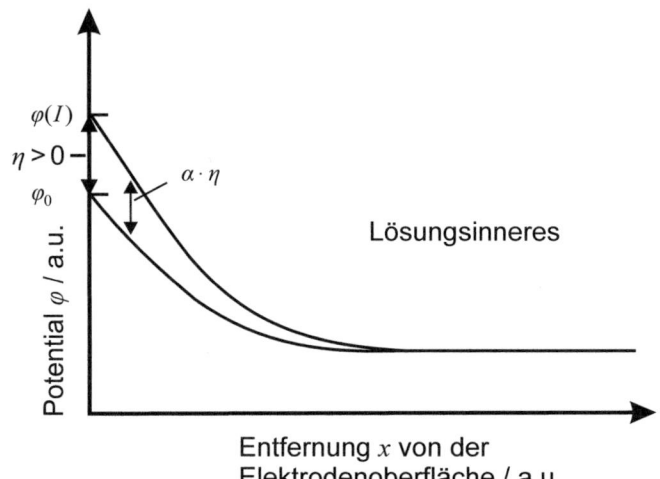

Abb. 5.6 Potentialverlauf vor der Elektrodenoberfläche bei Stromfluss.

Da die Energie des Elektrons im neutralen Atom ungeändert bleiben muss, gilt nach ◘ Abb. 5.7a

$$E_A^+(\eta) = E_{A,0}^+ - \alpha F\eta \qquad \text{Gl. 5.24}$$

mit $E_{A,0}^+$ als Aktivierungsenergie bei $\eta = 0$.
  Damit gilt mit Gl. 5.23

$$j^+ = Fc_{H_{ad}} k_0^+ e^{\frac{-\left(E_{A,0}^+ - \alpha F\eta\right)}{RT}} \qquad \text{Gl. 5.25}$$

Dies ist identisch mit

$$j^+ = Fc_{H_{ad}} k_0^+ e^{-E_{A,0}^+/RT} e^{\alpha F\eta/RT} \qquad \text{Gl. 5.26}$$

oder mit

$$j^+ = K^+ e^{\alpha F\eta/RT} \qquad \text{Gl. 5.27}$$

falls der vordere Teil der rechten Seite zu einer Konstanten K^+ zusammengefasst wird. Dies ist nur möglich, wenn $c_{H_{ad}}$ konstant ist. Für den hier vorliegenden Fall eines durchtrittsbestimmten Prozesses können wir dies annehmen, da eine Nachlieferung dann im Vergleich schnell ist. Die Konstante K^+ hat die Einheit einer Stromdichte und j^+ wird gleich K^+, wenn die Überspannung null ist. Wir haben damit die **Austauschstromdichte j_0** (vgl. ▶ Abschn. 5.1.1) vor uns

$$j^+ = j_0 e^{\alpha F\eta/RT} \qquad \text{Gl. 5.28}$$

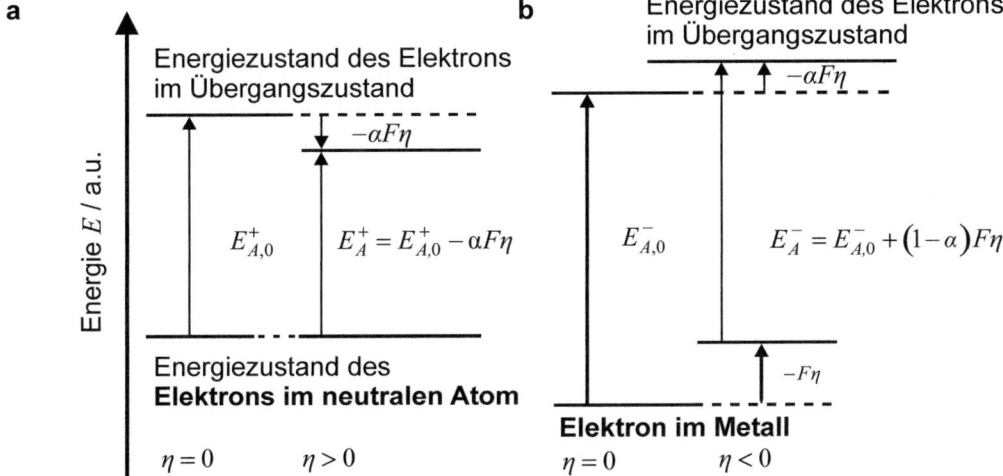

Abb. 5.7 Zur Abhängigkeit der Aktivierungsenergie von der Überspannung.

Der durchtrittsbestimmte anodische Strom steigt somit exponentiell mit der Überspannung an.

Dies wird man auch für den kathodischen Fall der Wasserstoffumsetzung (vgl. Abb. 5.3)

$$H^+ + e^- \rightarrow H_{ad} \qquad \text{Gl. 5.29}$$

erwarten. Für diese „bimolekulare Reaktion" können wir unter der Verwendung der Indexierung „$^-$" ansetzen

$$j^- = -Fc_{H^+} k_0^- e^{-E_A^-/RT} \qquad \text{Gl. 5.30}$$

Die Konzentration c_{e^-} der Elektronen im Metall ist sehr viel größer als die Oberflächenkonzentration c_{H^+} der Protonen und ist in der Konstanten enthalten. Die Aktivierungsenergie entspricht jetzt dem energetischen Unterschied des Elektrons im Metall und im Übergangszustand (Abb. 5.5, Pfeilrichtungen umkehren). Die angelegte Überspannung erhöht jetzt die Energie des Elektrons im Komplex um $-\alpha F\eta$ ($\eta < 0$, also ein positiver Betrag), die des Elektrons im Metall jedoch um $-F\eta$. Die Aktivierungsenergie wird damit um $(1-\alpha)F\eta$ kleiner (Abb. 5.7b).

$$E_A^-(\eta) = E_{A,0}^- + (1-\alpha)F\eta \qquad \text{Gl. 5.31}$$

Entsprechend erhalten wir mit dem Zwischenschritt

$$j^- = Fc_{H^+} k_0^- e^{-E_{A,0}^-/RT} e^{-(1-\alpha)F\eta/RT} \qquad \text{Gl. 5.32}$$

als Endgleichung für die kathodische Durchtrittsstromdichte in Abhängigkeit von der Überspannung

$$j^- = -j_0 e^{-(1-\alpha)F\eta/RT} \qquad \text{Gl. 5.33}$$

Es sei noch einmal an $\eta < 0$ für den kathodischen Fall erinnert.

Die Stromdichte j im äußeren Messkreis muss der Addition der beiden Teilstromdichten entsprechen

$$j = j^+ + j^- = j_0\left(e^{\alpha F\eta/RT} - e^{-(1-\alpha)F\eta/RT}\right) \qquad \text{Gl. 5.34}$$

Für $\eta > 0$ überwiegt der erste Term der Klammer den zweiten, für $\eta < 0$ der zweite den ersten und für $\eta = 0$ ist der äußere Strom gleich null (vgl. die Darstellung in ▶ Abschn. 5.1.1).

◘ Abbildung 5.8 stellt dies für den Fall $\alpha = 0{,}5$ grafisch dar. Kurven der dargestellten Form werden in der Realität auch erhalten (▶ Abschn. 5.3).

Die anhand der Wasserstoffelektrode durchgeführte Herleitung der **durchtrittsbestimmten Strom-Überspannungs-Beziehung** lässt sich leicht verallgemeinern. Bezeichnet man ein Substrat mit S und wählt die Indizes *ox* und *red* für den oxidierten bzw. reduzierten Zustand, so gilt anstelle von Gl. 5.18

$$S_{red} \rightarrow S_{ox} + e^- \qquad \text{Gl. 5.35}$$

und anstelle von Gl. 5.29

$$S_{ox} + e^- \rightarrow S_{red} \qquad \text{Gl. 5.36}$$

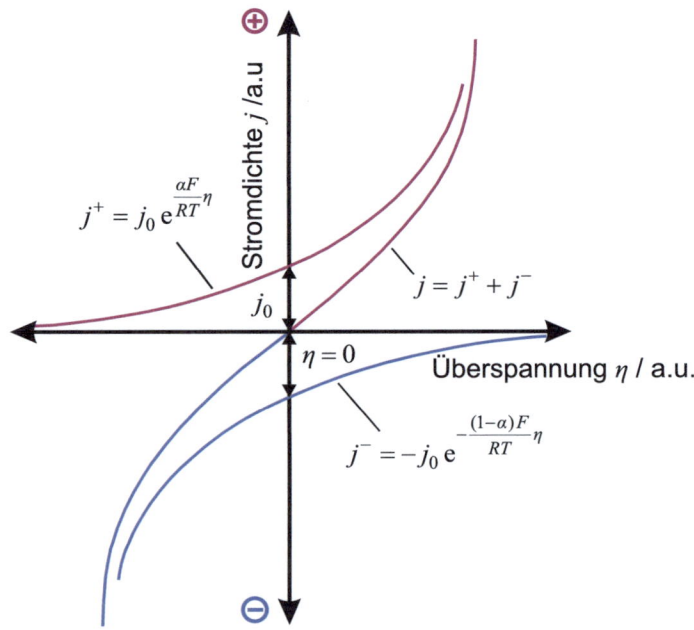

◘ **Abb. 5.8** Verlauf und mathematische Form der Durchtrittsstrom-Spannungs-Kurve.

5.2 · Elektrodencharakteristiken

Die anhand der Wasserstoffreaktion eingeführten Vorstellungen zur Potentialabhängigkeit der Aktivierungsenergien bleiben erhalten, auch dann, wenn S_{red} eine geladene Spezies darstellt (Beispiel $Fe^{2+} \rightarrow Fe^{3+} + e^{-}$, auch jetzt wird der Energiezustand des übergehenden Elektrons im Modell erst nach Separierung der Ladungen im Übergangszustand durch das Potential beeinflusst werden können).

Treten anstelle nur eines Elektrons deren n im Elementarschritt über (Elektrodenreaktionswertigkeit; $S_{red} \rightarrow S_{ox} + ne^{-}$ bzw. $S_{ox} + ne^{-} \rightarrow S_{red}$), so ist beim Übergang von der umgesetzten Substanzmenge zum Stromfluss mit nF zu multiplizieren. Des Weiteren ist die elektrische Energie dann $-nF\eta$, sodass n auch in die Exponenten eintritt. Damit gilt anstelle von Gl. 5.26 und Gl. 5.28 allgemein

$$j^{+} = nFc_{red}k_0^{+}e^{-E_{A,0}^{+}/RT}e^{\alpha nF\eta/RT} = j_0 e^{\alpha nF\eta/RT} \qquad \text{Gl. 5.37}$$

und anstelle von Gl. 5.32 und Gl. 5.33

$$j^{-} = -nFc_{ox}k_0^{-}e^{-E_{A,0}^{-}/RT}e^{-(1-\alpha)nF\eta/RT} = -j_0 e^{-(1-\alpha)nF\eta/RT} \qquad \text{Gl. 5.38}$$

Anstelle von Oberflächenkonzentrationen kann man vereinfacht zumeist auch Lösungskonzentrationen einsetzen. Die Geschwindigkeitskonstanten tragen dann z. B. die Einheit Länge pro Zeiteinheit cm s^{-1}.

Die Gl. 5.34 lautet somit

$$j = j_0 \left(e^{\alpha nF\eta/RT} - e^{-(1-\alpha)nF\eta/RT} \right) \qquad \text{Gl. 5.39}$$

Sie wird als **Butler-Volmer-Gleichung** bezeichnet. Die Form der ◘ Abb. 5.8 bleibt natürlich erhalten.

An dieser Stelle sei noch einmal an die für alle Gleichungen dieses Abschnitts geltende Voraussetzung einer durchtrittsbestimmten Reaktion erinnert. Aus diesem Grund hätten – außer n, F, R und T – eigentlich alle auftretenden Größen mit D (für Durchtritt) indiziert werden müssen. Üblich ist dies jedoch nur bei der Stromdichte j_D („Durchtrittsstromdichte") und der Überspannung η_D („Durchtrittsüberspannung"). In diesem Text wurde der Übersichtlichkeit wegen auch darauf verzichtet. Stattdessen sei als Gl. 5.40 nachgetragen

$$j_D = j_0 \left(e^{\alpha nF\eta_D/RT} - e^{-(1-\alpha)nF\eta_D/RT} \right) \qquad \text{Gl. 5.40}$$

Die in der Butler-Volmer-Gleichung auftretenden Kenngrößen Austauschstromdichte j_0 und Durchtrittsfaktor α sind dem durchtrittsbestimmten Experiment zu entnehmen. Die Auftragung des Logarithmus der gemessenen Stromdichte gegen den Betrag der gemessenen Überspannung liefert nach den Gl. 5.37/Gl. 5.38 Geraden (sog. **Tafel-Geraden**). j_0 folgt aus deren Achsenabschnitt und α aus deren Steigung.

> Diese Festlegung bedeutet, dass die Mehrfachladung hier als Einheit betrachtet wird. Die n Elektronen müssen simultan mit der Elektrode ausgetauscht werden. Treten die n Elektronen konsekutiv über, so werden die Verhältnisse sehr kompliziert, siehe z. B [A23]. Die sog. Elektrodenreaktionswertigkeit n ist zumeist eins oder zwei, drei ist selten.

◘ **Tab. 5.2** Austauschstromdichten j_0, Standardaustauschstromdichten j_{00} und Durchtrittsfaktoren α für eine Auswahl von Elektrodenreaktionen. Alle Elektrolyte liegen in wässriger Lösung vor. Im Falle der Wasserstoff- und Sauerstoffelektroden sind die Lösungen unter Standarddruck mit dem Gas gesättigt und die H^+- bzw. OH^--Konzentration beträgt 1 mol l^{-1}. Alle Temperaturen: 298 K. Nach [A23]

System	Elektrolyt	Elektrodenmaterial	j_0 (A cm^{-2})	j_{00} (A cm^{-2})	α
$Fe^{3+} + e^- \rightleftharpoons Fe^{2+}$ $\left(c_{Fe^{3+}} = c_{Fe^{2+}} = 5 \cdot 10^{-3} \text{ mol l}^{-1}\right)$	$HClO_4$ 1 M	Platin	$2 \cdot 10^{-3}$	$4 \cdot 10^{-1}$	0,58
$Fe(CN)_6^{3-} + e^- \rightleftharpoons Fe(CN)_6^{4-}$ $\left(c_{Fe(CN)_6^{3-}} = c_{Fe(CN)_6^{4-}} = 10^{-2} \text{ mol l}^{-1}\right)$	K_2SO_4 0,5 M	Platin	$5 \cdot 10^{-2}$	5	0,49
$Cd^{2+} + 2e^- \rightleftharpoons Cd$ $\left(c_{Cd^{2+}} = 0,5 \cdot 10^{-2} \text{ mol l}^{-1}\right)$	K_2SO_4 0,8 N	Cadmium	$1,5 \cdot 10^{-3}$	$1,9 \cdot 10^{-2}$	0,55
$Ag^+ + e^- \rightleftharpoons Ag$ $\left(c_{Ag^+} = 10^{-3} \text{ mol l}^{-1}\right)$	$HClO_4$ 1 M	Silber	$1,5 \cdot 10^{-1}$	13,4	0,65
$2H_2O + 2e^- \rightleftharpoons H_2 + 2OH^-$	KOH	Platin	10^{-3}	10^{-3}	0,5
$2H^+ + 2e^- \rightleftharpoons H_2$	H_2SO_4	Quecksilber	10^{-12}	10^{-12}	0,5
$2H^+ + 2e^- \rightleftharpoons H_2$	H_2SO_4	Platin	10^{-3}	10^{-3}	0,5
$½O_2 + H_2O + 2e^- \rightleftharpoons 2OH^-$	KOH	Platin	10^{-6}	10^{-6}	0,3
$½O_2 + 2H^+ + 2e^- \rightleftharpoons H_2O$	H_2SO_4	Platin	10^{-6}	10^{-6}	0,25

◘ Tabelle 5.2 gibt eine entsprechende Zusammenstellung. Sie enthält neben den Austauschstromdichten j_0 auch auf Einheitskonzentrationen umgerechnete Daten, die sog. **Standardaustauschstromdichten** j_{00} (vgl. die Gl. 5.37 und Gl. 5.38, c_{ox} und c_{red} gehen in die Austauschstromdichten ein).

Für den Durchtrittsfaktor α wird danach recht häufig ein Wert um 0,5 erhalten. j_0 bzw. j_{00} liegen für unterschiedliche Elektrodenreaktionen zumeist zwischen 10^{-6} und einigen 10 A cm^{-2}. Demgemäß reichen in manchen Fällen (z. B. $Ag^+ + e^- \rightarrow Ag$) wenige mV an Überspannung aus, um Stromdichten im Bereich 100 mA cm^{-2} zu erzielen. In anderen Fällen werden mehrere 100 mV benötigt, um „sichtbare" Stromdichten zu erzeugen (z. B. bei der Sauerstoffentwicklung an Platin nach $H_2O \rightarrow 2H^+ + 2e^- + ½ O_{2,g}$. Bei gasentwickelnden Elektroden wird der Stromfluss bei ca. 1 mA cm^{-2} als beginnende Gasblasenbildung sichtbar).

5.2 · Elektrodencharakteristiken

Bei Durchsicht der Tabelle fällt noch auf, dass ganz offenbar auch das Elektrodenmaterial sehr entscheidend auf die Höhe der Austauschstromdichte einwirkt. Die Wasserstoffelektrode in saurer Lösung weist an Hg hierfür einen Wert von nur 10^{-12} A cm^{-2} auf, an Pt erreicht die Austauschstromdichte immerhin 1 mA cm^{-2}.

Hier tritt uns die sog. **Elektrokatalyse** entgegen, welche gegebenenfalls aus einer gehemmten eine schnelle Durchtrittsreaktion macht.

Für den Fall, dass der Elektronenübertritt von oder zu einer auf der Elektrodenoberfläche adsorbierten Spezies erfolgt, hängt die genaue Struktur des aktivierten Komplexes analog zur heterogenen chemischen Katalyse (▶ Abschn. 4.2.3.3) von den Wechselwirkungen mit der Oberfläche ab. Dies bietet in beiden Fällen die Möglichkeit zur Erniedrigung der Aktivierungsenergie $E_{A,0}$ (Aktivierungsenergie für den Fall $\eta = 0$). $E_{A,0}$ geht in die Austauschstromdichte nach Maßgabe der Gl. 5.37/Gl. 5.38 ein. Es verwundert daher nicht, dass die Wasserstoffreaktion gerade an Platin, nicht aber an Quecksilber katalysiert wird (vgl. ▶ Abschn. 4.2.3.3).

Nur wenige elektrochemische Prozesse verlaufen ohne vorherige Adsorption von Reaktionspartnern auf der Elektrodenoberfläche und weisen dann eine von der Natur der Oberfläche unabhängige Geschwindigkeit auf. Es sind dies Prozesse an stark hydratisierten Teilchen, deren Wechselwirkungen mit der Elektrode also abgeschirmt sind. Starke Hydratation weisen vor allem Teilchen mit hohen Ladungen auf. Das zweite System der ◻ Tab. 5.2 ist ein Beispiel.

Abschließende Hinweise und Bemerkungen. In der Einführung zu diesem Buch (▶ Kap. 1) sind zwei Aussagen enthalten:
- Bei nicht zu starken treibenden Kräften kann man einen linearen Zusammenhang zwischen Flüssen und (treibenden) Kräften ansetzen.
- Gesetze für Prozesse enthalten auch Informationen über das zugehörige Gleichgewicht.

Ein Fluss ist im vorliegenden Fall durch den Stromfluss gegeben, treibende Kraft ist die Überspannung. Dies bedeutet, dass im durchtrittsbestimmten Fall für kleine Überspannungen η die Stromdichte j linear von η abhängen sollte. Dies ist ausweislich der Butler-Volmer Gl. 5.39 (und der ◻ Abb. 5.8) auch der Fall. Die lineare Verknüpfung entspricht Ohm'schem Verhalten, der Ausdruck η/I stellt dann einen sog. Durchtrittswiderstand dar.

Die „Information über das zugehörige Gleichgewicht" ist im vorliegenden Falle die Nernst'sche Gleichung (siehe Text im Anschluss an Gl. 5.2). Sie muss also in den Gleichungen dieses Abschnitts enthalten sein.

Für eine Verifizierung ersetzen wir in Gl. 5.37 die Überspannung durch $\varphi(j) - \varphi_0$ (Gl. 5.14, auf die Indizierung mit D sei wiederum verzichtet).

$$j^+ = nFc_{red}\, k_0^+ \, e^{-E_{A,0}^+/RT} e^{\alpha nF\varphi(j)/RT} e^{-\alpha nF\varphi_0/RT} \qquad \text{Gl. 5.41}$$

Passendes Zusammenfassen der konstanten Terme liefert

> Die Butler-Volmer-Gleichung stellt aus mathematischer Sicht einen Sinus hyperbolicus (sin h) dar. Dieser verläuft in der Nähe des Koordinatenursprungs linear.

$$j^+ = c_{red}C^+ e^{\alpha nF\varphi(j)/RT} \qquad \text{Gl. 5.42}$$

Entsprechend gilt

$$j^- = -c_{ox}C^- e^{-(1-\alpha)nF\varphi(j)/RT} \qquad \text{Gl. 5.43}$$

Im Gleichgewicht ist $\varphi(j) = \varphi_0$ und $j^+ = |j^-| = j_0$. Dies liefert

$$c_{red}C^+ e^{\alpha nF\varphi_0/RT} = c_{ox}C^- e^{-(1-\alpha)nF\varphi_0/RT} \qquad \text{Gl. 5.44}$$

Logarithmieren ergibt

$$\ln c_{red} + \ln C^+ + \varphi_0 \frac{\alpha nF}{RT} = \ln c_{ox} + \ln C^- - \varphi_0 \frac{(1-\alpha)nF}{RT} \qquad \text{Gl. 5.45}$$

d. h. es gilt

$$\varphi_0 \frac{nF}{RT} = \ln \frac{c_{ox}}{c_{red}} + konst \qquad \text{Gl. 5.46}$$

oder

$$\varphi_0 = konst + \frac{RT}{nF} \ln \frac{c_{ox}}{c_{red}} \qquad \text{Gl. 5.47}$$

Damit ist die ein elektrochemisches Gleichgewicht $S_{ox} + ne^- \rightleftarrows S_{red}$ beschreibende Nernst'sche Gleichung reproduziert.

5.2.2 Der Einfluss der Diffusion

Wir betrachten nun den Einfluss der Diffusion in einer vereinfachten Darstellung anhand der Wasserstoffoxidation nach ◘ Tab. 5.1, heben also die Voraussetzung schnellen Stofftransports (im Vorabschnitt durch Rührung des Elektrolyten bewirkt) aus der Lösung zur Elektrode auf.

Dies hat zur Folge, dass bei Stromfluss die Konzentration $c_{H_{ad}}$ des Wasserstoffs an der Elektrodenoberfläche nach Maßgabe von Geschwindigkeit des Elektronendurchtritts einerseits und der jetzt gehemmten Nachlieferung von H_2 aus der Lösung (Nachdiffusion) andererseits gegenüber dem durchtrittsbestimmten Fall auf einen kleineren Wert absinken muss.

Mit Gl. 5.26 bedeutet dies für eine bestimmte, der Elektrode aufgeprägte Überspannung eine kleinere Stromdichte. Soll die für schnellen Stofftransport gültige Stromdichte wieder eingestellt werden, so muss die Überspannung erhöht werden.

Wir zerlegen die neue Überspannung formal in den Durchtrittsanteil η_D und einen Diffusionsanteil η_{diff} (Diffusionsüberspannung).

Je schneller nun die Durchtrittsreaktion ist – d. h. je größer die Durchtrittsüberspannung gewählt wird – umso stärker wird der Stofftransport auf das Gesamtgeschehen einwirken. Der Anteil der

5.2 · Elektrodencharakteristiken

Diffusionsüberspannung an der Gesamtüberspannung steigt dann an. Machen wir die Durchtrittsreaktion sehr schnell, so bestimmt schließlich die Diffusion allein das Gesamtgeschehen. Eine weitere Erhöhung der Gesamtüberspannung kann bei Vorliegen dieser Situation den Strom (bzw. die Stromdichte) nicht mehr erhöhen. Es ist der sog. **Diffusionsgrenzstrom** I_{lim} (bzw. die **Diffusionsgrenzstromdichte** j_{lim}) erreicht.

Für den allgemeinen Fall werden die Gl. 5.37 und Gl. 5.38 entsprechend diskutiert. Diffusionsgrenzstromdichten können unabhängig von der Reaktionsrichtung auftreten.

◘ Abbildung 5.9 stellt die Verhältnisse daher im Anschluss an ◘ Abb. 5.8 ohne Nennung eines Vorzeichens für Überspannung und Stromdichte dar.

Für kleine Stromdichten wird die Oberflächenkonzentration noch sehr wenig vom durchtrittsbestimmten Fall abweichen, weil die Diffusion „noch nachkommt". Die Butler-Volmer-Gleichung kann dann als noch gültig angesetzt werden.

Eine sehr schnelle Durchtrittsreaktion bedeutet, dass jedes Teilchen, welches die Elektrode erreicht, sofort abreagiert. Vollständige Diffusionskontrolle bedeutet daher in Bezug auf die abreagierende Spezies die Oberflächenkonzentration null.

Übernehmen wir jetzt aus ▶ Abschn. 2.2.1.3 bzw. ▶ Abschn. 3.2 die Vorstellung einer durch künstliche oder natürliche Konvektion stationär gewordenen Diffusionsschicht der Dicke δ_N (◘ Abb. 5.10), so können wir den Diffusionsgrenzstrom in einfacher Weise berechnen.

Mit dem 1. Diffusionsgesetz (Gl. 2.46) gilt für die pro Zeiteinheit durch Diffusion zur Elektrode der Fläche A gelangende Stoffmenge n an umzusetzendem Substrat

$$\frac{dn}{dt} = -AD\frac{dc}{dx}\bigg|_{x=0} \qquad \text{Gl. 5.48}$$

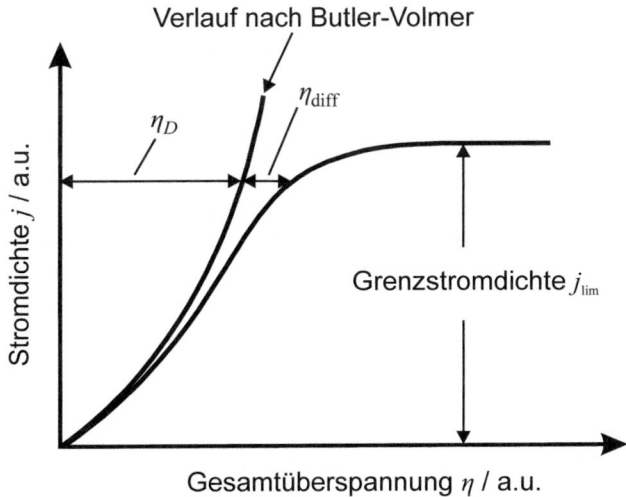

◘ **Abb. 5.9** Zum Einfluss der Diffusion auf die Strom-Spannungs-Kurve

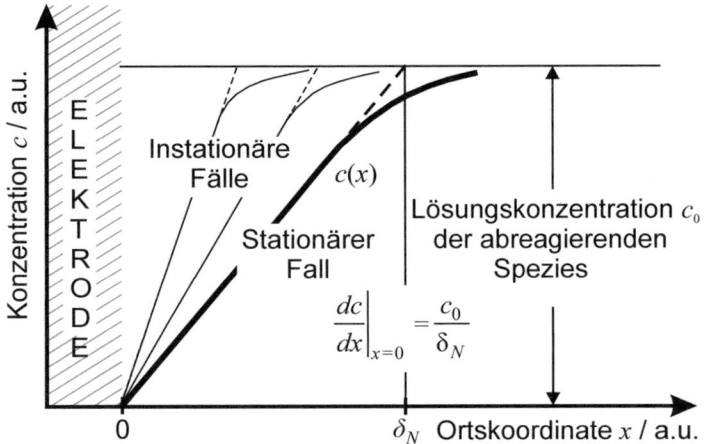

Abb. 5.10 Stationäre Diffusionsschicht vor einer stromdurchflossenen Elektrode bei schneller Durchtrittsreaktion, vgl. Text

Multiplikation von dn/dt mit der Faraday-Konstanten F sowie der Elektrodenreaktionswertigkeit n liefert den über die Elektrode fließenden Strom. Den Term $(dc/dx)_{x=0}$ können wir der ◘ Abb. 5.10 entnehmen. Die Elektrode wirkt als eine Flächensenke, auf welcher die Oberflächenkonzentration gleich null ist. Der Konzentrationsverlauf vor der Elektrode stellt sich im stationären Fall (δ_N = konstant; Existenz natürlicher oder künstlicher Rührung) dann entsprechend der dick durchgezogenen Linie ein. Einbringen von $(dc/dx)_{x=0} = c_0/\delta_N$ und Teilen durch A ergibt dann als stationäre Diffusionsgrenzstromdichte (das Minuszeichen aus obiger Gleichung entfällt, da es lediglich die Richtung des Stofftransports angibt)

$$j_{\lim} = nFD \frac{c_0}{\delta_N} \qquad \text{Gl. 5.49}$$

Je nach den hydrodynamischen Verhältnissen vor der Elektrode – natürliche Konvektion (d. h. ruhende Lösung) über schwache bis hin zu sehr starker Rührung – kann der stationäre Wert für δ_N von einem Millimeter bis herab zu 10^{-4} cm reichen. Die Grenzstromdichte kann daher ausgehend von ruhender Lösung durchaus um drei Dekaden erhöht werden. ◘ Abbildung 5.11 deutet dies an.

Legt man einen Diffusionskoeffizienten von 10^{-5} cm^2 s^{-1} zugrunde (häufiger Wert für Ionen in wässrigen Lösungen), so erhält man mit Gl. 5.49 in ruhender Lösung eine stationäre Grenzstromdichte von 10 mA cm^{-2} bei $c_0 = 1$ mol l^{-1} ($n = 1$, $\delta_N = 10^{-3}$ m). Bei Vorliegen starker Rührung sind ohne Weiteres Werte im A cm^{-2}-Bereich möglich (technisch 10 kA m^{-2}).

Im ▶ Abschn. 2.2.1.1 hatten wir die Gesetzmäßigkeiten der Diffusion anhand der sog. Flächenquelle untersucht. Ein Vergleich der dortigen ◘ Abb. 2.12 mit der jetzigen ◘ Abb. 5.10 zeigt auf, dass nunmehr zu ◘ Abb. 2.12 spiegelbildliche Verhältnisse vorliegen. Dies ändert Randbedingungen und Lösungen $c(x, t)$ des Diffusionsproblems. Bei

5.2 · Elektrodencharakteristiken

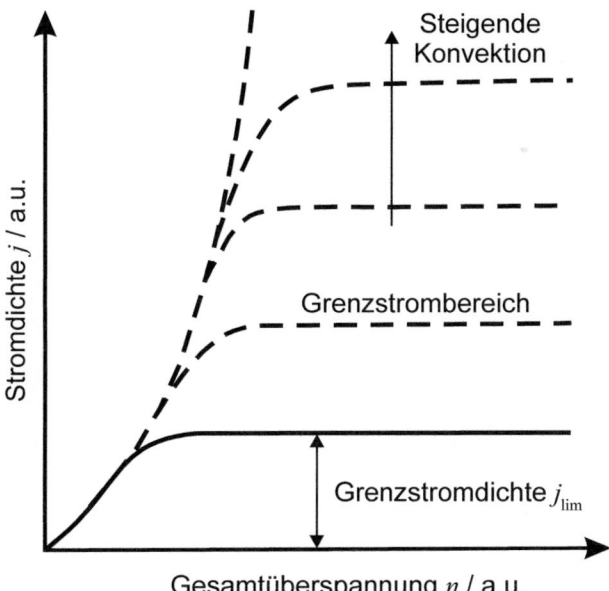

Abb. 5.11 Grenzstromdichte bei steigender Konvektion.

Berechnung des Gesetzes für das Wachstum der Diffusionsschicht – jetzt beginnend mit dem Anlegen einer Überspannung im Grenzstrombereich (vgl. Abb. 5.11) – erhält man jedoch wieder

$$\delta_N = \sqrt{\pi D t} \qquad \text{Gl. 2.52}$$

Dies ist auch von der Anschauung her zu erwarten: Das bloße Spiegeln kann auf das Vorankommen diffundierender Teilchen keinen Einfluss haben.

Damit gilt nach Gl. 5.49 nach dem Einschalten des Experiments

$$j(t) = nFD \frac{c_0}{\sqrt{\pi D t}} \qquad \text{Gl. 5.50}$$

Der fließende Strom ist damit zunächst viel höher als der Grenzstrom und strebt diesem – zunächst mit $1/\sqrt{t}$ – zeitlich zu. Der Strom wird für $t = 0$ jedoch keinesfalls unendlich. **Vielmehr sind dann Gl. 5.37 bzw. Gl. 5.38 anzuwenden: Im Augenblick des Einschaltens spielt die Diffusion noch keine Rolle.** Dies gilt selbstverständlich auch für den Fall, dass man eine Überspannung unterhalb des Grenzstrombereichs benutzt.

Die hier aufgezeigten Gegebenheiten lassen sich im Experiment exakt reproduzieren (▶ Abschn. 5.3 und [A23]).

Für den Fall der Verwendung nichtflächiger Elektrodengeometrien müssen die Überlegungen dieses Abschnitts modifiziert werden. Aber auch in diesen Fällen (etwa die Verwendung von porösen Elektroden in Brennstoffzellen oder von sog. Ultra-Mikroelektroden sphärischer Oberfläche mit Radien < ca. 20 μm, Anwendung in Analytik, Sensorik und Bioelektrochemie) entwickeln sich bei Diffusionskontrolle stets stationäre Grenzstromdichten.

> **Messdaten ohne Diffusionseinfluss**
>
> Die Überlegungen zeigen auch auf, dass man die für die Durchtrittsreaktion maßgeblichen Größen j_0 und a nur dann korrekt bestimmen kann, wenn man der Tafel-Auftragung (siehe ▶ Abschn. 5.2.1) Messdaten zugrunde legt, welche von Diffusion unbeeinflusst sind. Derartige Daten kann man zum einen durch sog. Einschaltmessungen (s.o.) gewinnen: Der zeitlich abnehmende Strom muss passend auf die Zeit $t = 0$ extrapoliert werden. Eine andere Möglichkeit ist – neben weiteren – eine Elektrodengeometrie zu finden, welche die Berechnung von δ_N in Abhängigkeit von der Rührgeschwindigkeit gestattet. Dann kann man auf $\delta_N = 0$ extrapolieren und hat jeglichen Diffusionseinfluss ebenfalls aus der Messung eliminiert. Diese Möglichkeit wird durch eine scheibenförmige Arbeitselektrode eröffnet, welche – eingelassen in die Stirnfläche eines elektrisch isolierenden Zylinders – in der Lösung rotiert (*rotating disc electrode*, RDE). Umgekehrt kann man auch den Diffusionseinfluss für eine Messung nutzen. Gleichung 2.52 ist die Basis der Bestimmung von Lösungskonzentrationen c_0 bis herab zu 10^{-8} mol l^{-1} durch Messung des Diffusionsgrenzstroms (sog. Polarografie).

5.2.3 Weitere Einflüsse auf die Elektrodencharakteristik

In den ▶ Abschn. 5.2.1 und ▶ Abschn. 5.2.2 wurden der Elektronendurchtritt und die Diffusion/konvektive Diffusion als geschwindigkeitsbestimmende Schritte elektrochemischer Prozesse vorgestellt. Dieses sind jedoch nicht die einzigen Möglichkeiten. Gehemmt sein kann z. B. auch eine chemische Reaktion, die dem eigentlichen, hier als schnell angenommenen Durchtritt vor- oder nachgelagert ist. Beispiel ist hier die Wasserstoffentwicklung aus einer schwachen Säure HA mit je einem vorgelagerten und nachgelagerten Schritt

$$HA \rightarrow H^+ + A^-$$
$$H^+ + e^- \rightarrow H_{ad}$$
$$2H_{ad} \rightarrow H_2$$

Gl. 5.51

Hiervon ist der erste Schritt, d. h. die in unmittelbarer Elektrodennähe **ablaufende Nachdissoziation** der Säure langsam. Es kommt zur Ausbildung einer Dissoziations-(allgemein Reaktions-)Überspannung. Ist die Durchtrittsreaktion schnell (passendes Elektrodenmaterial, z. B. Platin) und ist die **Nachlieferung der undissoziierten Säure** selbst schnell (starke Rührung), **so wird die Nachdissoziation für den Gesamtvorgang bestimmend**. Es kann zu einem sogenannten Reaktionsgrenzstrom kommen, aus welchem die Dissoziationskonstante der Säure zugänglich wird.

Weitere Hemmungen können von Fall zu Fall in Adsorptions-, Desorptions-, Dissoziations- oder Rekombinationsschritten liegen, auch die Auflösung eines Metallgitters oder der Einbau entladener Kationen in das Gitter können gehemmt sein. Dies führt im Einzelfall zu entsprechenden Überspannungen. Liegen unterschiedliche Hemmungen nebeneinander vor, so wird die Auswertung von experimentellen Ergebnissen schwierig. Auch in der Elektrochemie sind zwischenzeitlich Simulationsprogramme üblich geworden.

Nur in unmittelbarer Elektrodennähe ist das Dissoziationsgleichgewicht gestört, man redet von einer Reaktionsschicht. Ihre Ausdehnung ist jeweils kleiner als die der Diffusionsschicht.

5.3 Beispiele für Elektrodenreaktionen

5.3.1 Wasserstoff- und Sauerstoffelektrode I: Die H_2/O_2-Brennstoffzelle

An den Anfang stellen wir die ◘ Abb. 5.12. Sie enthält Originalergebnisse, wie sie mit einer Messanordnung nach ◘ Abb. 5.4 erhalten wurden. Als Messelektrode dient ein Platinblech von einem Quadratzentimeter Oberfläche, Elektrolyt ist einmolare wässrige Schwefelsäure bei Raumtemperatur.

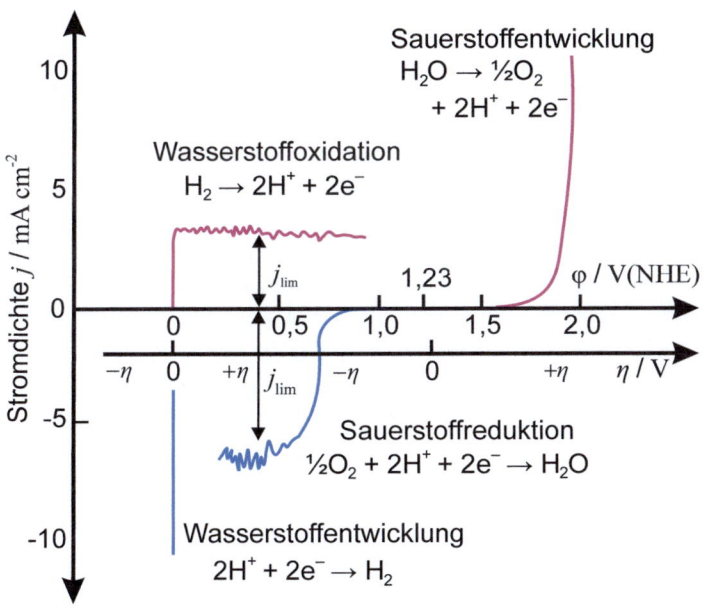

◘ **Abb. 5.12** Experimentelle Strom-Spannungs-Kurven an der Wasserstoff- und Sauerstoffelektrode.

Die beiden Kurvenzüge der ◨ Abb. 5.12 entstammen getrennten Experimenten.

Im Falle der Wasserstoffelektrode nach $2H^+ + 2e^- \rightleftharpoons H_2$ wird die Lösung mit Wasserstoff gesättigt und die Elektrode weiterhin damit gespült. Das sich einstellende Gleichgewichtspotential liegt nahe bei 0 V NHE.

Jetzt wird die Potentialachse (durch eine vom Funktionsgenerator gelieferte, zeitlich linear ansteigende Sollspannung, Potentialanstiegsgeschwindigkeit etwa 0,5 V min^{-1}) kontinuierlich positiviert, d. h., es werden an der Elektrode positive Überspannungen vorgegeben. Man erhält infolge der Wasserstoffoxidation sofort einen steil ansteigenden anodischen Strom. Der Anstieg verläuft zunächst exponentiell, was aber durch den gewählten Abszissenmaßstab nicht sichtbar wird.

Sehr deutlich sichtbar wird hingegen die Ausbildung eines Diffusionsgrenzstromes entsprechend ◨ Abb. 5.9. Darüber hinaus zeigt der Graph auch sehr deutlich den Einfluss der Diffusionsschichtdicke auf den Grenzstrom: Die in der ◨ Abb. 5.12 sichtbaren Stromschwankungen entsprechen statistischen Dickeschwankungen, die durch die Elektrode umperlenden Gasblasen verursacht werden.

Kehrt man zum Gleichgewichtspotential zurück und startet das Potentialprogramm hin zu negativeren Potentialen, so erhält man einen steilen Anstieg des kathodischen Stroms. **Ein Grenzstrom wird jetzt nicht erhalten.** Dies liegt daran, dass die sich entwickelnden und von der Elektrode trennenden Gasblasen eine außerordentlich starke Rührung darstellen, welche sich zudem mit steigendem Strom (Stoffumsatz) noch verstärkt (sog. Gasblasenrührung). Die Grenzstromdichte liegt dann so hoch, dass sie in der Praxis nicht erreicht wird.

Im Falle der Sauerstoffelektrode nach $\frac{1}{2} O_2 + 2H^+ + 2e^- \rightleftharpoons H_2O$ wurde die Lösung mit Sauerstoff gesättigt und gespült. Als Standard-Gleichgewichtspotential dieser Elektrode berechnet man mit ▶ Abschn. 5.1.1 +1,23 V NHE. Dieses stellt sich im Experiment zumeist nicht sehr genau ein (sie liegt eher bei 0,8 V NHE), was hier aber nicht weiter stört.

Das Anlegen positiver Überspannungen führt zu einem diesmal sehr gut ausgeprägten exponentiellen Stromanstieg infolge von Sauerstoffentwicklung. Diffusionseinflüsse sind wiederum aufgrund der sich entwickelnden Sauerstoffblasen gering, ein Grenzstrom wird nicht beobachtet. Der kathodische Teil der Stromdichte-Überspannungs-Kurve (Sauerstoffreduktion) folgt eindrucksvoll den Überlegungen, die zu ◨ Abb. 5.9 geführt haben.

Es sei noch einmal betont, dass beide Stromdichte-Überspannungs-Kurven an ein und derselben Elektrode gemessen wurden, einmal mit Wasserstoff und einmal mit Sauerstoff bespült. Verwendet man zwei getrennte Elektroden in gleicher Lösung für den Fall der Wasserstoffoxidation und Sauerstoffreduktion, so liegt ein Wasserstoff-Sauerstoff-Element vor.

Haben die Elektroden dieses Elements die gleiche Oberfläche wie in unserem Experiment, so kann die **Strom-Spannungs-Kurve des Elements**

> Die Tatsache, dass sich für die Wasserstoffelektrode bei kleinen Überspannungen sofort relativ große Stromdichten ausbilden, an der Sauerstoffelektrode jedoch hohe Überspannungen für kleine Stromdichten erforderlich sind, liegt an den drei Dekaden auseinanderliegenden Austauschstromdichten (◨ Tab. 5.2 und der darunter stehende Text).

5.3 · Beispiele für Elektrodenreaktionen

(Klemmenspannung E_{Kl} in Abhängigkeit von der Strombelastung) direkt aus ◘ Abb. 5.12 gewonnen werden (vgl. zuvor ◘ Abb. 5.2 oben). ◘ Abbildung 5.13 zeigt das Ergebnis.

Der Anfangsverlauf wird ersichtlich durch das Verhalten der Sauerstoffelektrode bestimmt. Das Zusammenbrechen der Klemmenspannung bei 3,5 mA cm^{-2} entspricht im vorliegenden Experiment dem Erreichen des Wasserstoff-Grenzstroms. Genau diese Informationen fehlen, wenn man die Strom-Spannungs-Kurve des Elements am Element selbst misst.

Ein in der Praxis brauchbares Wasserstoff-Sauerstoff-Element (heute als Brennstoffzelle bezeichnet) muss pro Bauvolumen oder -gewicht einen möglichst großen Strom bei möglichst großer Klemmenspannung abgeben. Dies bedeutet eine hohe spezifische Leistung (z. B. in W kg^{-1}). Hierfür müssen große Elektrodenflächen in einem gegebenen Bauvolumen untergebracht werden – glattflächige Elektroden wie sie unserer Versuchsanordnung zugrunde liegen haben dabei keine Chance, da ihre wahre Oberfläche nur der geometrischen Oberfläche entspricht. Weiter ist die Minimierung aller auf die Reaktion einwirkenden Hemmungen erforderlich.

◘ Abbildung 5.14 zeigt hierzu ein Konstruktionsbeispiel. Die Zelle arbeitet bei rund 200 °C (temperaturbedingte Reaktionsbeschleunigung). Die Elektroden bestehen aus Graphitfilz, in welchem Platin als Elektrokatalysator in geringen Mengen fein verteilt niedergeschlagen ist. So wird eine große wahre Oberfläche erzielt. Die Elektroden liegen auf einer Matrix auf, welche den Elektrolyten in Form von Phosphorsäure enthält; diese wiederum benetzt die Elektrodenstruktur. Die Gase können dann direkt durch einen dünnen Feuchtigkeitsfilm hindurch

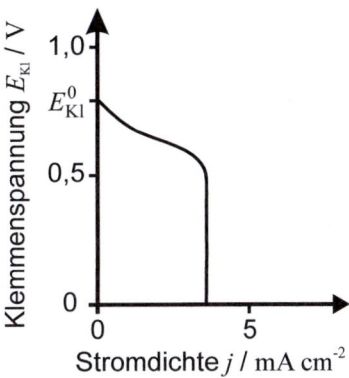

◘ **Abb. 5.13** Strom-Spannungs-Kurve eines Wasserstoff-Sauerstoff-Elements.

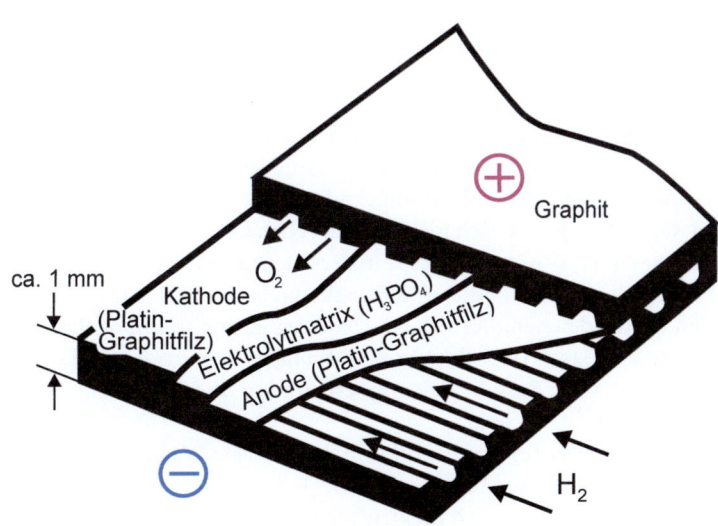

◘ **Abb. 5.14** Schematischer Aufbau einer Phosphorsäurebrennstoffzelle (Phosphoric Acid Fuel Cell, PAFC). Diese Abbildung wurde mit freundlicher Genehmigung des Wiley-VCH-Verlags, Weinheim, dem unter [A23] zitierten Werk entnommen

den Ort ihrer Abreaktion erreichen. Das gebildete Wasser entsteht an der Sauerstoffelektrode (vgl. ◘ Abb. 5.12) und wird mit dem Gasstrom ausgetragen. Die Stromdichte einer solchen Phosphorsäurebrennstoffzelle in Bezug auf die geometrische Elektrodenoberfläche ist gegenüber unserer H_2/O_2-Beispielzelle um den Faktor 100 gesteigert (250 mA cm^{-2} bei 0,7 V Klemmenspannung). Die Leistungsdichte kann 0,1 kW kg^{-1} und mehr erreichen.

5.3.2 Wasserstoff- und Sauerstoffelektrode II: Die Wasserelektrolyse

Die Kombination der Stromdichte-Überspannungs-Kurven für Wasserstoffentwicklung und Sauerstoffentwicklung liefert die Strom-Spannungs-Kurve der Wasserelektrolyse zu H_2 und O_2 (vgl. ◘ Abb. 5.12). Die Elektrolysespannung entspricht der Zersetzungsspannung des Wassers (1,23 V), vermehrt um die Beträge der an beiden Elektroden bestehenden Überspannungen sowie dem Spannungsabfall im Elektrolyten. Die Überspannungen sind nach ◘ Abb. 5.12 an der Sauerstoffelektrode erheblich höher als an der Wasserstoffelektrode. Dadurch erhält man mit einer entsprechenden Versuchsanordnung bei einer Elektrolysespannung von 2 V nur eine Stromdichte von ca. 10 mA cm^{-2}. Dies bedeutet eine geringe Raum-Zeit-Ausbeute (vgl. ▶ Abschn. 4.2.5.1) in Bezug auf die Gase bei hohen Kosten für elektrische Energie.

Ganz offenbar wird die Sauerstoffentwicklung an Platin nur unzureichend katalysiert, und man muss in der Praxis geeignetere Anodenmaterialien wählen (und aus Preisgründen auch andere Kathodenwerkstoffe). ◘ Abbildung 5.15 zeigt hierzu die stark unterschiedlichen Strom-Überspannung-Kurven für die Wasserstoff- und die Sauerstoffentwicklung an einer Reihe unterschiedlicher Elektrodenmaterialien und Elektrolyte.

An den Kurven sind die Elektrodenprozesse für alkalische und saure Lösungen aufgelistet. Die Kurvenverläufe werden vom Wechsel des Elektrolyten nur wenig tangiert und die Zersetzungsspannung von 1,23 V bleibt ungeändert, da die Elektrolysereaktion $H_2O \rightarrow H_2 + \frac{1}{2} O_2$ sich nicht geändert hat. Dementsprechend wird die klassische Wasserelektrolyse in der Praxis zwischen (aufgerauten) vernickelten Eisenanoden und Eisenkathoden ausgeführt. Zwischen den Elektroden befindet sich ein Diaphragma zur Trennung der entstehenden Gase. Als Elektrolyt wird Kalilauge verwendet, da Säuren korrosiver sind. Bei 2 V Elektrolysespannung sind Stromdichten bis 300 mA cm^{-2} erreichbar.

Im Rahmen der für die Zukunft diskutierten Wasserstoffökonomie wird die Wasserelektrolyse zentrale Bedeutung gewinnen. Für diesen Fall befinden sich Elektrolyseure mit SPE-Membranen bzw. sauerstoffionenleitenden Keramikmembranen als Elektrolyt in der Entwicklung [2], [3].

> Unabhängig von der angelegten Spannung (und der benötigten Zeit) bewirkt der Stromdurchgang von einem Faraday (26,8 Ah) die Abscheidung von einem halben Mol H_2 und einem viertel Mol O_2. Dies ist reversibel mit einer Elektrolysespannung von 1,23 V zu bewirken. Für die überschießende elektrische Energie erhält man als Gegenwert nur Wärme.

5.3 · Beispiele für Elektrodenreaktionen

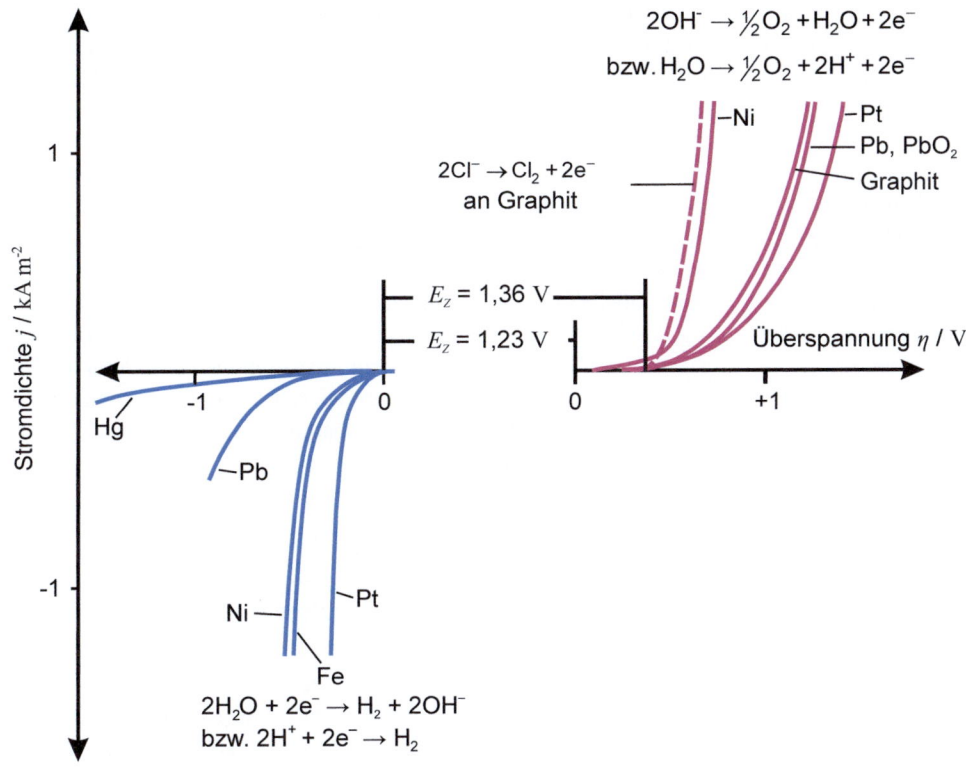

Abb. 5.15 Strom-Spannungs-Kurven für die Wasserstoff- und die Sauerstoffelektrode an unterschiedlichen Elektrodenmaterialien und mit unterschiedlichen Elektrolyten. Die anodische Strom-Spannungs-Kurve für die Bildung von Chlorgas wird im Folgeabschnitt benötigt

5.3.3 Selektive Elektrokatalyse

Wie im Falle der heterogenen chemischen Katalyse kann auch in der Elektrochemie ein und dasselbe Material einen Prozess gut und einen anderen schlecht katalysieren. Graphit ist hierfür ein Beispiel: Die Sauerstoffentwicklung läuft an diesem Material wie an Platin nur gehemmt ab. Die Chlorentwicklung benötigt demgegenüber nur geringe Überspannungen (siehe ◘ Abb. 5.15).

Erst dies ermöglicht die technische Elektrolyse wässriger HCl zu H_2 und Cl_2 trotz der hierfür höheren Zersetzungsspannung von 1,36 V gegenüber 1,23 V für die Wasserzerlegung (**selektive Elektrokatalyse**).

Ohne die aus ◘ Abb. 5.15 hervorgehenden hohen Überspannungen für die Wasserstoffentwicklung an Blei und die Sauerstoffentwicklung an Blei und Bleidioxid wäre ein Bleiakkumulator nicht funktionsfähig. Anstelle der bei ca. 2,2 V ablaufenden Ladereaktion erhielte man eine Wasserelektrolyse.

> Die HCl-Elektrolyse wird benutzt, um bei der Chlorierung von Kohlenwasserstoffen anfallende Salzsäure wieder in Chlor zu verwandeln.

Auch die elektrolytische Gewinnung von Metallen, welche in der Spannungsreihe negativ zum Wasserstoffpotential angesiedelt sind (z. B. Zink) wäre ohne hohe Wasserstoffüberspannung an diesen Metallen selbst nicht möglich: Anstelle der Metallabscheidung würde der Prozess $2H^+ + 2e^- \rightarrow H_2$ ablaufen.

Ein extremes Beispiel ist die hohe Wasserstoffüberspannung an Quecksilber. Hier lassen sich sogar Natrium, Kalium oder gar Lithium (als Amalgam) abscheiden, ohne dass unzulässig viel Wasserstoff parallel entsteht. Dies wird im sog. Amalgamverfahren der Chlor-Alkali-Elektrolyse ausgenutzt.

In Zusammenfassung gilt die Aussage, dass die Existenz von Elektroden mit hohen Überspannungen für die Wasserstoff- und/oder Sauerstoffentwicklung eine Vielzahl von mit wässrigen Lösungen arbeitenden Elektrolyseprozessen und galvanischen Elementen überhaupt erst ermöglicht. Bei zu hohen Elektrolysespannungen (etwa bei elektroorganischen Synthesen) werden natürlich dennoch Lösungsmittel mit gegenüber Wasser höheren Zersetzungsspannungen erforderlich (etwa Acetonitril, N,N-Dimethylformamid u. a. m.). Dies gilt auch für galvanische Elemente mit Ruheklemmenspannungen größer als ca. 2 V (z. B. bei den sog. Lithium-Batterien).

5.4 Schlussbemerkungen

5.4.1 Theorie elektrochemischer Reaktionen

In diesem Text wurde die Butler-Volmer-Gl. (Gl. 5.39 bzw. Gl. 5.40) auf Basis der Arrhenius-Gleichung (Gl. 4.153) hergeleitet. Diese Art der Herleitung muss heute als historisch gelten, hat jedoch den Vorteil der Anschaulichkeit. Vor allem aber leisten Herleitungen wie etwa auf Basis der Theorie des aktivierten Komplexes auch nicht mehr: Die Austauschstromdichte bleibt weitgehend eine experimentelle Größe.

Interessante Details liefert aber eine Rechnung, welche Elemente der klassischen Mechanik enthält (für die potentielle und kinetische Energie schwingender Liganden). Unsere Überlegungen dazu beziehen sich auf einfache Redoxreaktionen stark hydratisierter Ionen, z. B.

$$[Fe(H_2O)_6]^{2+} \rightarrow [Fe(H_2O)_6]^{3+} + e^- \qquad \text{Gl. 5.52}$$

Die Wassermoleküle sollen, wie schon in ▶ Abschn. 4.3.5 beschrieben, wiederum die innere Hydrathülle der Aquakomplexe darstellen. Der Ladungsübergang – Abgabe eines Elektrons an die metallische Elektrode aus dem zweiwertigen Zustand, dadurch Bildung des dreiwertigen Zustands – soll wiederum durch einen Tunnelprozess folgen.

Nach dem Übergang müssen sich die Liganden des Aquakomplexes wegen des geänderten elektrischen Feldes, in welchem sie sich befinden, umlagern. Dies bedeutet eine Energieänderung. Sie wird als Reorganisationsenergie E_S bezeichnet. E_S lässt sich aus konkreten Modellen für die Hydrathülle berechnen, sie liegt bei etwa einem Elektronenvolt (entspricht $1{,}602 \cdot 10^{-19}$ J).

Damit lassen sich die anodische und kathodische Durchtrittsstromdichte ausrechnen (siehe [A23]):

5.4 · Schlussbemerkungen

$$j_D^+ = FAc \, e^{-(E_S - e_0\eta_D)^2 / 4k_B T E_S} \quad \text{Gl. 5.53}$$

$$j_D^- = -FAc \, e^{-(E_S + e_0\eta_D)^2 / 4k_B T E_S} \quad \text{Gl. 5.54}$$

c stellt darin die für S_{ox} und S_{red} gleiche Konzentration dar, A einen Frequenzfaktor, für welchen eine Theorie noch fehlt.

Nach der binomischen Formel ist $(E_S - e_o\eta_D)^2$ identisch mit $E_s^2 - 2E_S e_0 \eta_D + e_0^2 \eta_D^2$. Hierin kann für kleine Überspannungen $e_0^2 \eta_D^2$ vernachlässigt werden. Beachtet man ferner die Identität $e_0/k_B = F/R$, so folgt

$$j_D = j_D^+ + j_D^- = FAc \, e^{-E_S / 4k_B T}(e^{F\eta_D / 2RT} - e^{-F\eta_D / 2RT}) \quad \text{Gl. 5.55}$$

Die Butler-Volmer-Gleichung Gl. 5.39 ist damit reproduziert, und zwar mit $\alpha = \frac{1}{2}$ (wie im Experiment häufig erhalten). Die Austauschstromdichte ($\eta_D = 0$) ergibt sich damit als

$$j_0 = FAc \, e^{-E_s / 4k_B T} \quad \text{Gl. 5.56}$$

In ▶ Abschn. 4.3.5 wurde in Bezug auf die Marcus-Theorie chemischer Reaktionen berichtet, dass bei Reaktionen mit zumindest näherungsweise identischen Reorganisationstermen, aber unterschiedlichen Freien Reaktionsenthalpien, die Reaktionsgeschwindigkeit in Abhängigkeit von $\Delta_R G$ ein Maximum durchlaufen kann.

$\Delta_R G$ können wir als treibende Kraft für den chemischen Reaktionsablauf ansehen, für den elektrochemischen Reaktionsablauf ist es die Überspannung. Bei Letzterer kann man also die treibende Kraft ohne Änderung der eigentlichen Reaktion (und damit der Reorganisationssituation) verändern. Dies legt nahe, dass es elektrochemische Reaktionen geben kann, deren Durchtrittsstromdichte mit steigender Überspannung ein Maximum durchläuft und somit einen inversen Bereich aufweist. Die Gl. 5.53/Gl. 5.54 weisen dies tatsächlich aus. Für $e_0\eta = E_S$ ist der Exponentialausdruck gleich eins und j somit identisch mit FAc. In allen anderen Fällen ($e_0\eta$ kleiner oder größer als E_S, in Gl. 5.54 trägt η ein negatives Vorzeichen) ist er kleiner als eins. Es konnte inzwischen auch die Existenz eines solchen Strommaximums für den Falle einer photoelektrochemischen Reaktion bestätigt werden [4].

Näheres zur Theorie elektrochemischer Reaktionen ist in [A23] und der darin zitierten Literatur aufgeführt, vor allem aber in Band 2 von [A25]. Es sei angemerkt, dass dort allerdings die Existenz eines inversen Bereiches bei elektrochemischen Reaktionen verneint wird.

5.4.2 Untersuchungsmethoden

In ▶ Abschn. 5.1 hatten wir ein Grundmessprinzip der Elektrochemie kennengelernt: die Methode, einer Elektrode ein vorgegebenes Potential / ein Potentialprogramm bzw. eine vorgegebene Überspannung /

ein Überspannungsprogramm aufzuprägen. In ▶ Abschn. 5.2.2 wurden ansatzweise Methoden vorgestellt, eine (zumeist vorhandene) Diffusionshemmung von der Durchtrittsreaktion abzutrennen und so die grundlegenden kinetischen Größen j_0 und α einer elektrochemischen Reaktion zu bestimmen.

Derartige Methoden, welche Elektrodenpotentiale / -überspannungen vorgeben und die Stromantwort messen (oder auch umgekehrt), vermögen jedoch weitaus mehr. Überlagert man z. B. das Potential der Arbeitselektrode mit einer Wechselspannung kleiner Amplitude und variiert die Wechselfrequenz, so sind einem einzigen Experiment ggf. Durchtrittsparameter und solche von weiteren Hemmungen gleichzeitig zu entnehmen, da unterschiedliche Hemmungsvorgänge auch unterschiedliche Frequenzabhängigkeiten des resultierenden Wechselstromanteils bewirken (sog. Impedanzmethode).

Variiert man im elektrochemischen Experiment dann noch Lösungskonzentrationen, so können ggf. noch die Natur der reaktiven Spezies und/oder von Zwischenprodukten bestimmt werden. Dies ist allerdings universeller möglich, wenn man moderne sog. spektroelektrochemische Methoden benutzt: Spektroskopie wird auf die elektrodennahe Schicht / die Elektrodenoberfläche angewendet. Die benutzten Wellenlängen reichen dabei von Mikrowellen bis in den kurzwelligen Röntgenbereich.

Eine elektrochemische Methode aus dem Bereich der Rastersondenmikroskopie stellt das sog. Scanning Electrochemical Microscope (SECM) dar [5]. Hierbei wird eine Mikroelektrode als Sonde in das elektrochemische Geschehen einbezogen. Auf diese Weise werden in der Grenzschicht vor der Flächenelektrode befindliche elektrochemisch aktive Spezies detektiert. Da auch der Abstand von der Elektrode variiert werden kann, werden auch Halbwertszeiten gebildeter reaktiver Teilchen zugänglich.

Literatur

[1] Dechema e.V.: Chem. Ing. Tech. 82, 1629 (2010)
[2] Hamann, C.H., Röpke, T., Schmittinger, P., in Band 5, [A25]
[3] Schmidt, V.M.: Elektrochemische Verfahrenstechnik: Grundlagen, Reaktionstechnik, Prozessoptimierung. Wiley-VCH, Weinheim (2012)
[4] Felcmann, C., Greiner, G., Rau, H., Wörner, M.: Chiral modified electrodes. Part 2. Marcus behaviour and high enantioselectivity in the photoelectrochemistry at a polymeric [Ru(4-methyl-4'-vinyl-2,2'-bipyridine)3]$^{2+}$ electrode. Phys. Chem. Chem. Phys. 2, 3491 (2000)
[5] Wittstock, G.: Imaging localized reactivities of surfaces by scanning electrochemical microscopy. Top. Appl. Phys. 85, 335 (2003)

Kinetik aus Sicht der Thermodynamik linearer irreversibler Prozesse

© Springer-Verlag GmbH Deutschland, ein Teil von Springer Nature 2017
C. H. Hamann, D. Hoogestraat, R. Koch, *Grundlagen der Kinetik*,
https://doi.org/10.1007/978-3-662-49393-9_6

Die klassische Thermodynamik stellt eine Theorie zur Beschreibung der Gleichgewichtszustände stofflicher Systeme dar. Voraussetzungen über die Struktur der Materie sind dazu prinzipiell nicht erforderlich. Die Beschreibung selbst erfolgt mit Hilfe der (durch die Hauptsätze der Thermodynamik definierten) Zustandsfunktionen Innere Energie U und Entropie S sowie von daraus abgeleiteten Größen wie Enthalpie H, Freie Energie F und Freie Enthalpie G. Ein Hilfskonstrukt ist dabei die Vorstellung von reversiblen Prozessen. Diese Gedankenprozesse verlaufen über infinitesimal benachbarte Gleichgewichtszustände, sind also jederzeit umkehrbar. Zum Verständnis von ▶ Kap. 6 sind hinreichende Kenntnisse der klassischen Thermodynamik notwendig.

Tatsächliche Prozesse sind hingegen stets irreversibel, d. h. ohne äußeres Zutun nicht umkehrbar. Eine anschauliche Vorstellung gewinnen wir etwa für den Fall der in einer Brennstoffzelle ablaufenden Vorgänge. Für eine Umkehr ist eine Elektrolyse vonnöten (vgl. ▶ Abschn. 5.3).

Über den zeitlichen Ablauf eines irreversiblen Prozesses vermag die klassische Thermodynamik keine Aussagen zu treffen. Vordergründig, weil in der klassischen Theorie die Zeit gar nicht auftritt, exakter, weil die thermodynamischen Funktionen außerhalb von Gleichgewichtszuständen gar nicht definiert werden. Es treten nur Differenzen zwischen Gleichgewichtszuständen auf.

Es erscheint jedoch vernünftig anzunehmen, dass Größen wie Innere Energie oder Entropie außerhalb eines Gleichgewichts ihren Sinngehalt nicht verlieren, zumindest dann nicht, wenn sich das betrachtete System nahe dem Gleichgewicht aufhält. Genauer: Jedes Volumenelement durchläuft bei dem Prozessablauf nur solche Zustände, die unter den gegebenen lokalen Bedingungen auch in einem Gleichgewicht gelten würden (sog. „lokales Gleichgewicht"). Die Gleichungen der klassischen Thermodynamik behalten dann auch während der Abläufe irreversibler Prozesse, d. h. für beliebige Zeiten t, Gültigkeit und sind auch nach der Zeit differenzierbar.

Eine so aufgebaute Thermodynamik muss tatsächliche Prozessabläufe beschreiben können, und das immer noch unabhängig von Vorstellungen zum Aufbau der Materie [A27]–[A29], [A32]. Damit besteht gegenüber unserem bisherigen Text zur Kinetik ein völlig anderer Ansatz und neue Erkenntnisse sind zu erwarten, welche die bisherigen ergänzen und erweitern. Insoweit wäre das vorliegende Buch ohne den laufenden Abschnitt unvollständig.

Die Wortwahl „lineare irreversible Prozesse" in der Kapitelüberschrift bezieht sich auf die Tatsache, dass Prozesse „nahe dem Gleichgewicht" durch kleine treibende Kräfte (Symbol X) verursacht werden können und in diesem Bereich Linearität zwischen diesen und den resultierenden Flüssen (Symbol Φ) besteht (Beispiel: laminare Strömung, $dv/dt \sim \Delta p$, Gl. 3.3). Der Bereich „Prozessablauf fern vom Gleichgewicht" erfordert hingegen große treibende Kräfte, der Zusammenhang zwischen X und Φ wird nichtlinear (z. B. turbulente Strömung, Gl. 3.7).

In Bezug auf die dann resultierende Thermodynamik nichtlinearer irreversibler Prozesse können wir hier nur einen Ausblick geben

(▶ Abschn. 6.4). Aber auch die nun folgenden ▶ Abschn. 6.1 bis ▶ Abschn. 6.3 zu linearen Systemen können wir nur mit informierendem Charakter ausstatten und müssen stark vereinfachen. Beispielsweise werden Wärmetransport und Diffusion nur für den Fall von Temperatursprung und Konzentrationssprung behandelt, anstelle – wie zuvor – entlang entsprechender Gradienten. Daneben werden die Überlegungen, die zu stationären Prozessen in isolierten Systemen führen, simplifiziert, und auf Matrizenrechnung – nicht aber auf die Wiedergabe von Matrizen – wird verzichtet.

6.1 Die Entropieproduktion

Eine wichtige Rolle bei der Ausformulierung einer Thermodynamik irreversibler Systeme spielt die zeitliche Entropieproduktion dS/dt. Zweckmäßigerweise werden dann isolierte Systeme (Außenwände undurchlässig für Wärme Q, Arbeit W und Materie) betrachtet, da hier nach dem 2. Hauptsatz der klassischen Thermodynamik die Information

$$dS \geq 0 \qquad \text{Gl. 6.1}$$

bekannt ist ($dS > 0$ für irreversible, $dS = 0$ für reversible Prozesse). Damit ist auch

$$\frac{dS}{dt} \geq 0 \qquad \text{Gl. 6.2}$$

Wir berechnen dS/dt beispielhaft für den Fall chemischer Reaktionen, für die Diffusion und für die Wärmeleitung und ziehen erste Schlussfolgerungen.

6.1.1 Chemische Reaktionen

Chemische Reaktionen lassen sich thermodynamisch durch Änderungen dn_i der Stoffmengen der im System vorhandenen Stoffe i beschreiben. Für ein **geschlossenes System** (Systemwände durchlässig für Wärme und Arbeit, undurchlässig für Materie) gilt der allgemeine, in der klassischen Thermodynamik viel benutzte Zusammenhang

$$\left[dG = Vdp - SdT + \sum_i \left.\frac{\partial G}{\partial n_i}\right|_{p,T,n_{j \neq i}} dn_i \right]^g \qquad \text{Gl. 6.3}$$

(Gibbs'sche Fundamentalgleichung, die Schreibweise $[\ ]^g$ soll dabei darauf hinweisen, dass sich sämtliche auftretenden Größen auf ein geschlossenes System beziehen). Der Ausdruck $(\partial G/\partial n_i)$ stellt die partielle molare Freie Enthalpie der i-ten Komponente dar, sie wird üblicherweise auch als „chemisches Potential" μ_i bezeichnet.

> **Chemisches Potential**
>
> Das chemische Potential – ein Begriff aus der Thermodynamik – besitzt die Fähigkeit, Nutzarbeit zu leisten, d. h. Prozesse in Gang zu setzen. Die Wortwahl kann man in Analogie zu physikalischen Potentialen (etwa potentielle Energie, elektrisches Potential) sehen, die ebenfalls eine Fähigkeit zur Arbeitsleistung beinhalten. Das chemische Potential ist angebbar als $\mu_i = \mu_{i,0} + RT \ln a_i$ mit $\mu_{i,0}$ als Standardwert und a_i als stoffliche Aktivität, letztere in einfacher Diktion einem Konzentrationsterm c_i entsprechend.

Eine Differentiation von Gl. 6.3 nach der Zeit, Auflösen nach dS/dt und Vergleich mit Gl. 6.2 wäre allerdings nicht statthaft, da sich beide Gleichungen auf unterschiedliche Systeme (dort isoliert, hier geschlossen) beziehen. Man muss daher einen Umweg beschreiten.

Zunächst gilt zusätzlich mit $G = H - TS$ und $H = U + pV$ im geschlossenen System

$$[G = U + pV - TS]^g \qquad \text{Gl. 6.4}$$

Die Bildung des totalen Differentials liefert unter Beachtung der Kettenregel

$$[dG = dU + pdV + Vdp - TdS - SdT]^g \qquad \text{Gl. 6.5}$$

Gleichsetzen der rechten Teile von Gl. 6.5 und Gl. 6.3 liefert dann nach Umstellung und unter Berücksichtigung der angegebenen Umbenennung

$$\left[TdS = dU + pdV - \sum_i \mu_i dn_i\right]^g \qquad \text{Gl. 6.6}$$

Setzen wir nunmehr $dV = 0$ und damit auch $pdV = dW = 0$ sowie $dU = dQ = 0$, so haben wir aus dem geschlossenen ein isoliertes System gemacht und müssen nicht mehr indizieren. Dann ist mit Gl. 6.2

$$T\frac{dS}{dt} = -\sum_i \mu_i \frac{dn_i}{dt} \geq 0 \qquad \text{Gl. 6.7}$$

Besser als durch Stoffmengenänderungen lassen sich chemische Reaktionen durch die Änderung der Reaktionslaufzahl ξ aus Gl. 4.2 beschreiben

$$v_i d\xi = dn_i \qquad \text{Gl. 6.8}$$

d. h. es gilt

$$\frac{dS}{dt} = -\sum_i \frac{v_i \mu_i}{T} \frac{d\xi}{dt} = \frac{A}{T} \frac{d\xi}{dt} \geq 0 \qquad \text{Gl. 6.9}$$

wobei der Ausdruck $A = -\sum_i v_i \mu_i$ der klassischen Definition der Affinität der betrachteten Reaktion entspricht.

Werden mehrere Reaktionen R zugelassen, so folgt als Endformel für die Entropieproduktion chemischer Reaktionen im isolierten System

$$\frac{dS}{dt} = \sum_R \left(\frac{A_R}{T}\right)\left(\frac{d\xi_R}{dt}\right) \geq 0 \qquad \text{Gl. 6.10}$$

Läuft eine Reaktion ab, so ändern sich die Konzentrationen von Edukten und Produkten, damit die Aktivitäten, die chemischen Potentiale und in der Folge die Affinität der Reaktion. Bei Reaktionsende (Gleichgewicht) wird sie zu null. Für einen stationären Prozess hingegen muss A konstant sein. Dies ist im Gedankenversuch im isolierten System dadurch erreichbar, dass man sich eine homogene Reaktion bei hohen Konzentrationen von Edukten und Produkten als so langsam ablaufend vorstellt, dass sich die Konzentrationen zeitlich nicht ändern.

6.1.2 Diffusion

Auch die Diffusion lässt sich durch Stoffmengenänderungen beschreiben. Wir betrachten daher weiterhin ein isoliertes System entsprechend Gl. 6.7, jetzt durch eine Schranke in zwei Teilräume 1 und 2 unterteilt. Im Teilraum 1 liege ein Stoff der Konzentration c_1 bzw. des chemischen Potentials μ_1 vor, im Teilraum 2 seien die entsprechenden Größen c_2 bzw. μ_2. Weiterhin gelte $\mu_2 > \mu_1$. Dann wird durch die Schranke hindurch eine Diffusion aus dem Teilraum 2 in den Teilraum 1 einsetzen. Der stattfindende stoffliche Transport sei durch dn beschrieben. dn ist für Teilraum 2 negativ, für den Teilraum 1 positiv.

In Gl. 6.7 ist jetzt über die Teilräume zu summieren, d. h., es gilt

$$T\frac{dS}{dt} = -\sum_{1,2} \mu \frac{dn}{dt} = -\left(\mu_1 \frac{dn}{dt} - \mu_2 \frac{dn}{dt}\right) \geq 0 \qquad \text{Gl. 6.11}$$

oder

$$\frac{dS}{dt} = \left(\frac{\mu_2}{T} - \frac{\mu_1}{T}\right)\left(\frac{dn}{dt}\right) \geq 0 \qquad \text{Gl. 6.12}$$

Für den Fall paralleler unterschiedlicher Diffusionsprozesse muss wiederum summiert werden.

In Gl. 6.12 sind die chemischen Potentiale zunächst zeitlich nicht konstant, da sie sich im Zuge des Diffusionsprozesses letztlich ausgleichen.

Ein stationärer Prozess erfordert wiederum konstante Werte. Dies ist wie im vorangehenden Fall erreichbar, wenn der Prozess hinreichend langsam und die Teilräume hinreichend mit der diffundierenden Spezies gefüllt sowie hinreichend groß sind.

6.1.3 Wärmeleitung

Ausgehend von Gl. 6.6 werden chemische Reaktionen und Volumenänderungen ausgeschlossen. Es verbleibt

$$[TdS = dU = dQ]^g \qquad \text{Gl. 6.13}$$

Wir machen aus dem geschlossenen ein isoliertes System, in welchem ein Wärmetransport dQ nur im Inneren stattfindet, z. B. zu einem Teilraum 1 der Temperatur T_1 aus einem Teilraum 2 der Temperatur T_2 durch eine Schranke hindurch. Dies bedeutet $T_2 > T_1$ bei negativem dQ für den Teilraum 2.

Zu summieren ist wiederum über die Teilräume, d. h.

$$\frac{dS}{dt} = \sum_{1,2} \frac{dQ}{dt} = \left(\frac{1}{T_1} - \frac{1}{T_2}\right)\frac{dQ}{dt} \geq 0 \qquad \text{Gl. 6.14}$$

oder

$$\frac{dS}{dt} = \left(\frac{T_2 - T_1}{T_1 T_2}\right)\left(\frac{dQ}{dt}\right) = \left(\frac{\Delta T}{T^2}\right)\left(\frac{dQ}{dt}\right) \geq 0 \qquad \text{Gl. 6.15}$$

Die letzte Identität bezieht sich auf kleine Temperaturdifferenzen $T_2 - T_1$, d. h. $T_1 \approx T_2 = T$.

Im Laufe des Prozesses werden sich die Temperaturunterschiede ausgleichen. Für den Fall stationären Wärmetransports (konstantes ΔT) kann man die Überlegungen des Vorabschnitts sinngemäß übernehmen.

6.1.4 Erste Schlussfolgerungen

Als Erstes stellen wir fest, dass in allen drei behandelten Fällen der freiwillige, irreversible Prozessablauf mit $dS/dt > 0$ gekoppelt ist (Gl. 6.10, Gl. 6.12 und Gl. 6.15).

Betrachten wir zunächst die Gl. 6.10 für sich alleine. Sie kann auch dann noch zu einer positiven Entropieentwicklung führen, falls eine oder mehrere Teilreaktionen eine negative Affinität aufweisen, die positiven Terme müssen in der Summenbildung nur überwiegen. Dies führt als Erstes auf die Erkenntnis, dass innerhalb einer Reaktionsfolge ohne Weiteres auch solche Reaktionen möglich sind, die für sich allein nicht ablaufen könnten.

Als Zweites betrachten wir ein isoliertes System, in welchem chemische Reaktionen und ein Diffusionsprozess gleichzeitig ablaufen können. Für eine Beschreibung der Entropieproduktion sind dann die Gl. 6.10 und Gl. 6.12 zu addieren.

$$\frac{dS}{dt} = \sum_R \left(\frac{A_R}{T}\right)\left(\frac{d\xi_R}{dt}\right) + \left(\frac{\mu_1}{T} - \frac{\mu_2}{T}\right)\left(\frac{dn}{dt}\right) > 0 \qquad \text{Gl. 6.16}$$

Nunmehr ist es möglich, dass dS/dt positiv bleibt, wenn der zweite Term negativ ist und der erste Term den Gesamtwert ins Positive dreht.

Dies bedeutet, dass durch Kopplung einer oder mehrerer chemischer Reaktionen mit einem Diffusionsprozess Letzterer entgegen einem Gefälle im chemischen Potential bzw. in der Konzentration ablaufen kann (sog. aktiver Transport).

Auf diese Art wird z. B. unter Verbrauch von chemischer Energie die Na^+-Konzentration in der lebenden Zelle aufrechterhalten (diese ist in der Zelle stets um ca. den Faktor 10 **kleiner** als außerhalb). Auf derartige Kopplungen – auch Interferenzprozesse genannt – kommen wir noch zurück.

Weitere Ergebnisse erhält man, wenn man die Struktur der drei Gleichungen näher untersucht.

6.2 Die Onsager'schen Reziprozitätsbeziehungen

Lars Onsager erhielt für die von ihm 1931 entwickelten **Reziprozitätsbeziehungen** 1968 den ungeteilten Nobelpreis. Die Beziehungen finden – ähnlich wie die Hauptsätze in der klassischen Thermodynamik – in der Thermodynamik irreversibler Systeme vielfältige Anwendung. Sie stehen insofern gleichberechtigt neben den Hauptsätzen der klassischen Thermodynamik.

> Reziprozität:
> Gegen-, Wechselseitigkeit

6.2.1 Korrespondierende Kräfte und Flüsse

Die Gl. 6.10, Gl. 6.12 und Gl. 6.15 für die zeitliche Entropieproduktion enthalten Produkte aus zwei Klammerausdrücken. Die jeweils erste Klammer lässt sich als Beschreibung einer den Prozess einleitenden treibenden Kraft interpretieren, die jeweils zweite Klammer beschreibt den resultierenden Fluss. Das Produkt aus beiden Klammern muss die Einheit der Entropieproduktion, also $J\ K^{-1}\ s^{-1}$, aufweisen (man kann sich leicht davon überzeugen, dass dies bei den genannten Gleichungen der Fall ist). Treibende Kräfte und resultierende Flüsse, welche diese Bedingung erfüllen, werden als korrespondierende Kräfte X_i und Flüsse Φ_i bezeichnet. Die Einheit der miteinander multiplizierten Kräfte und Flüsse ist dann $J\ s^{-1}$.

Damit gilt

$$\frac{dS}{dt} = \sum_i X_i \Phi_i \qquad \text{Gl. 6.17}$$

> TdS/dt wird als **Dissipationsfunktion** bezeichnet. Dissipation: Übergang einer umwandelbaren Energieform in Wärmeenergie.

6.2.2 Die Reziprozität der phänomenologischen Koeffizienten

Als Zusammenhang zwischen korrespondierenden Kräften und Flüssen werden lineare Beziehungen angesetzt (vgl. die Kapiteleinleitung ▶ Kap. 6), z. B. für den Fall einer Kraft X_1.

$$\Phi_1 = L_1 X_1 \qquad \text{Gl. 6.18}$$

In diesem (strengen) Sinne wäre etwa das Wärmeleitungsgesetz Gl. 2.35 keine phänomenologische Gleichung, da dort keine korrespondierenden Flüsse und Kräfte vorliegen.

mit L_1 als phänomenologischem Koeffizienten in der **phänomenologischen Gl. 6.18**.

Die getroffene Formulierung reicht jedoch nicht aus, falls im betrachteten System eine zweite treibende Kraft X_2 besteht, da Interferenzen bestehen können (siehe ▶ Abschn. 6.1.4). Die phänomenologischen Gleichungen sind dann zu formulieren als

$$\Phi_1 = L_{1,1}X_1 + L_{1,2}X_2$$
$$\Phi_2 = L_{2,1}X_1 + L_{2,2}X_2$$

Gl. 6.19

Für den Fall von drei bestehenden Kräften erhalten wir

$$\Phi_1 = L_{1,1}X_1 + L_{1,2}X_2 + L_{1,3}X_3$$
$$\Phi_2 = L_{2,1}X_1 + L_{2,2}X_2 + L_{2,3}X_3$$
$$\Phi_3 = L_{3,1}X_1 + L_{3,2}X_2 + L_{3,3}X_3$$

Gl. 6.20

und so weiter. Als Beispiel für eine Messvorschrift wählen wir den Koeffizienten $L_{2,1}$ in den Gl. 6.20 aus. Er ist aus dem Fluss Φ_2 für den Fall $X_2 = X_3 = 0$ nach $L_{2,1} = \Phi_2/X_1$ zu bestimmen.

Für eine vollständige Kenntnis der Koeffizienten in den Gl. 6.19 wären auf den ersten Blick vier voneinander unabhängige Messungen erforderlich, im Falle dreier bestehender Kräfte wären es neun. Tatsächlich kommt man mit drei bzw. sechs Messungen aus, da Onsager nachweisen konnte, dass die von den Koeffizienten gebildete Matrix symmetrisch ist. Damit ist z. B. in den Gl. 6.20 $L_{1,2} = L_{2,1}$, $L_{1,3} = L_{3,1}$ und $L_{3,2} = L_{2,3}$. Allgemein gilt $L_{i,j} = L_{j,i}$, wenn mit i und j zwei unterschiedliche Flüsse bzw. Kräfte indiziert sind (Reziprozität).

6.2.3 Interferenzerscheinungen und eine Plausibilitätsbetrachtung zur Reziprozität

Sind in einem System phänomenologische Koeffizienten außerhalb der Diagonale ihrer Matrix ≠ 0, so liegen Interferenzeffekte vor. Da $L_{i,j} = L_{j,i}$ ist, gibt es zu jedem dieser Effekte auch den reziproken Fall. Dies wird im Folgenden erläutert, jedoch ohne Durchrechnungen.

In einem isolierten, gasförmigen Einkomponentensystem bestehe sowohl ein Wärmefluss als auch ein Materiefluss. Ein solches System haben wir bereits in ▶ Abschn. 2.2.3.3 anhand von ◯ Abb. 2.17 kennengelernt. In der dortigen Gl. 2.90 ist ein Stofftransport definiert, der aufgrund einer Temperaturdifferenz zustande kommt.

Aus Sicht der Thermodynamik irreversibler Systeme kann man mit Φ_w und Φ_n als Flüssen und X_w bzw. X_n als dazu korrespondierenden Kräften (Indizes w und n für Wärme- und Stofftransport) folgende phänomenologische Gleichungen entsprechend Gl. 6.19 ansetzen

$$\Phi_w = L_{w,w}X_w + L_{w,n}X_n$$
$$\Phi_n = L_{n,w}X_w + L_{n,n}X_n$$

Gl. 6.21

In diese Gleichungen sind die korrespondierenden Kräfte und Flüsse entsprechend Gl. 6.12 bzw. Gl. 6.15 einzusetzen.

Ohne dies, wie bereits angemerkt, hier ausführen zu können, sei mitgeteilt, dass nach längerer umständlicher Rechnung Gl. 2.91 reproduziert wird (sog. thermomolekulare Druckdifferenz). **Dies gelingt jedoch nicht, ohne die Reziprozitätsbeziehung** $L_{w,n} = L_{n,w}$ **zu benutzen** [A27].

Entsprechendes gilt für die Behandlung einer Vielzahl weiterer durch nebeneinander bestehende Kräfte ausgelöster Interferenzen. In [A28] findet sich eine ca. 20 wesentliche Effekte umfassende Zusammenstellung. Sie enthält auch den zur thermomolekularen Druckdifferenz reziproken Effekt: Eine Druckdifferenz bewirkt einen Wärmestrom (mechano-kalorischer Effekt). Ein Beispiel für die Durchrechnung eines Systems entsprechend Gl. 6.20 ist in [A23] enthalten (Stofftransport durch Membranen unter dem Einfluss von Gefällen in Konzentration, Druck und elektrischem Potential).

Interferenzerscheinungen bieten – mit Einschränkung – auch einen anschaulichen Zugang zu den Reziprozitätsbeziehungen. Kehrt man im Gedankenexperiment auf mikroskopischer Ebene die Zeit um, so müssen die den Effekt einstellenden Vorgänge sich ebenfalls umkehren (in Analogie zur Invarianz himmelsmechanischer bzw. quantenmechanischer Gleichungen bezüglich Zeitumkehr zu sehen). Dies bedingt die Identität von $L_{w,n}$ und $L_{n,w}$. Aus einer mikroskopischen Reversibilität folgt so die makroskopische Reziprozität.

6.3 Das Prinzip der minimalen Entropieproduktion und die Stabilität linearer irreversibler Prozesse

Der zweite Hauptsatz der klassischen Thermodynamik lautet: $dS \geq 0$ für ein isoliertes System. Strebt ein solches System irreversibel einem Gleichgewichtszustand zu, so muss sein Entropieinhalt zunehmen, d. h. $dS > 0$. Dies gilt unabhängig von der Seite, von welcher aus das Gleichgewicht angestrebt wird. Dies können wir als Evolutionsphasen des Gleichgewichts ansehen, $dS > 0$ als eine Evolutionsbedingung.

Im Gleichgewicht selbst muss $dS = 0$ sein, da wir den Übergang zu infinitesimal benachbarten Zuständen als reversible Zustandsänderungen interpretieren können.

Es liegt also ein Extremalprinzip vor. Nur solche Prinzipien enthalten die Auszeichnung eines bestimmten Zustands, welcher angestrebt wird; das Prinzip enthält also eine Richtungsvorgabe für im isolierten System ablaufende Prozesse. Der 1. Hauptsatz ist hingegen nur ein Äquivalenzprinzip, das keinen Zustand bevorzugt.

Irreversible Prozesse können auch zu stationär ablaufenden Prozessen führen, d. h. während des Prozessablaufs ändern sich die messbaren Parameter dann nicht mehr. Vor Erreichen der Stationarität

In der Literatur werden stationär ablaufende Prozesse oft als stationäre Zustände bezeichnet. Dieses Wort liegt birgt jedoch die Gefahr der Verwechselung mit einem Gleichgewichtszustand.

liegt wiederum eine Evolutionsphase. Es erhebt sich die Frage, ob auch jetzt ein Extremalprinzip nebst Evolutionsbedingung auffindbar ist.

Die Antwort gab I. Prigogine, der 1945 unter Benutzung der Onsager'schen Reziprozitätsbeziehungen ein Prinzip der minimalen Entropieproduktion aufgestellt hat und 1977 den Nobelpreis erhielt. Er stellte fest, das bei einem stationären Prozess die Entropieproduktion ein Minimum aufweist. Während der Evolution nimmt also die Entropieproduktion zeitlich ab, gleich von welcher Seite aus der stationäre Prozess eingestellt wird

$$d\left(\frac{dS}{dt}\right) < 0 \qquad \text{Gl. 6.22}$$

und in der Stationarität des Prozesses ist

$$d\left(\frac{dS}{dt}\right) = 0 \qquad \text{Gl. 6.23}$$

Anders formuliert: Wenn durch aufrechterhaltende Kräfte die Einstellung eines Gleichgewichts verhindert wird, so sucht das System denjenigen Prozess auf, in welchem wenigstens möglichst wenig Entropie produziert wird. Weitergehende Überlegungen zeigen auf, dass stationäre Prozesse (im bisherigen Sinne, d. h. auf linearen Zusammenhängen zwischen Flüssen und Kräften basierend) gegenüber Störungen stabil sind. Diese Aussage bedeutet nicht etwa, dass die Störung keinen Einfluss auf den Prozess ausübt, sondern dass nach Aufhebung der Störung sich der ursprünglich vorhandene stationäre Prozess wieder einstellt.

Dies kann man mit nur geringem Verlust an Beweiskraft auch anschaulich einsehen. Nach Wegnahme der Störung befindet sich der seinem Extremalprinzip gehorchende Prozess wieder in seiner Evolutionsphase (Zustand größerer Entropieproduktion), welche mit dem Erreichen der ursprünglichen Stationarität endet. Man kann Gl. 6.22/Gl. 6.23 daher auch als Stabilitätskriterium auffassen.

Die Überlegungen lassen sich auf offene Systeme übertragen, d. h., die Gl. 6.22 und Gl. 6.23 gelten für lineare Prozesse dann allgemein [A28]. Als Beispiel betrachten wir ein Rohr, in welchem eine laminare Strömung herrscht, d. h., die mittlere Strömungsgeschwindigkeit $\bar{v}$ ist proportional zum Druckunterschied Δp an den Rohrenden. Die Stabilität gegenüber einer Störung – im Verlaufe des Rohres werde z. B. ein Ventil teilweise oder ganz geschlossen – ist evident: Nach Wiederöffnung stellt sich die ursprüngliche Strömungsgeschwindigkeit wieder ein. Die Evolutionsphasen sind in diesem Beispiel als sehr kurz zu betrachten. Dieses Verhalten ist keinesfalls eine Selbstverständlichkeit, es entspricht lediglich unseren Denkgewohnheiten.

6.4 Ausblick: Nichtlineare irreversible Systeme

6.4.1 Aufhebung von Linearität und Reziprozität bei großen treibenden Kräften, Verlust des Prinzips der minimalen Entropieproduktion

In ▶ Abschn. 2.2.3.2 haben wir die laminare und in ▶ Abschn. 2.2.3.4 die turbulente Gasströmung kennengelernt. Der Übergang von laminarer zu turbulenter Strömung findet bei einer sog. kritischen Reynoldszahl (Gl. 2.92) statt. Dies bedeutet bei vorgegebenen Stoffdaten für das strömende Gas und vorgegebener Strömungsgeometrie einen Umschlag der Strömung bei einem bestimmten Wert für die mittlere Strömungsgeschwindigkeit $\bar{v}$, d. h. bei einer bestimmten Höhe der zwischen den Rohrenden bestehenden Druckdifferenz Δp.

Für die laminare Strömung gilt nach Gl. 2.80 ein linearer Zusammenhang zwischen $\bar{v}$ und Δp. Mit den Gl. 2.80 und Gl. 2.92/Gl. 2.93 gilt im Falle von Turbulenz die Beziehung $\bar{v} \sim \Delta p^{4/7}$. Dies bedeutet bei Verdoppelung von Δp eine Erhöhung der Strömungsgeschwindigkeit nur noch um das Eineinhalbfache.

Die Linearität zwischen resultierenden Flüssen und treibenden Kräften kann daher – wie hier an einem Beispiel aufgezeigt – aufgehoben sein, falls „große treibende Kräfte" vorhanden sind. Dies ist äquivalent zu einem Prozess „fern vom Gleichgewicht".

Dies gilt natürlich auch für den Fall der Diskussion korrespondierender Flüsse und Kräfte. Im Fall des Vorliegens von Nichtlinearität kann man dann die Gl. 6.18 – Gl. 6.20 durchaus formal beibehalten, wenn die phänomenologischen Koeffizienten als von den Kräften abhängig angesetzt werden. Etwa anstelle von. Gl. 6.18 wäre dann zu formulieren

$$\Phi_1 = L_1(X_1)X_1 \qquad \text{Gl. 6.24}$$

Die Reziprozitätsbedingungen sind dann allerdings ebenfalls aufgehoben, denn man wird nicht davon ausgehen können, dass die phänomenologischen Koeffizienten $L_{i,j}$ und $L_{j,i}$ (vgl. ▶ Abschn. 6.2.2) die jeweils gleiche Abhängigkeit von den Kräften X_j bzw. X_i besitzen.

Wie in ▶ Abschn. 6.3 ausgeführt, werden zur Herleitung des Prinzips der minimalen Entropieproduktion in Bezug auf einen stationären irreversiblen Prozess die Reziprozitätsbeziehungen benötigt. Nach ihrem Wegfall ist dieses Extremalprinzip ebenfalls nicht mehr haltbar.

6.4.2 Das Evolutionskriterium für nichtlineare Systeme

Wie wir in ▶ Abschn. 2.2.3.4 gesehen haben, gibt es einen Übergangsbereich zwischen linearem und nichtlinearem Verhalten, dort charakterisiert durch den Satz: „Im Bereich 1800 < Reynoldszahl < 2800 ist ein Hin- und Herschwanken zwischen den Strömungsarten möglich".

Wir sehen von Übergangsbereichen ab und fragen, was der **vollständige Verlust des Extremalprinzips** zur Folge haben könnte. Es wäre dann keine Prozessform gegenüber einer anderen ausgezeichnet, d. h., es müssten sofort chaotische Verhältnisse entstehen. Ganz offensichtlich ist dies in unserem Strömungsbeispiel jedoch nicht der Fall. Die in ▶ Abschn. 2.2.3.4 geschilderte Form der turbulenten Strömung stellt sich in Abhängigkeit von Strömungsgeometrie und Reynoldszahl reproduzierbar ein. Damit muss es nach wie vor ein Evolutionskriterium geben. Hierfür konnten Prigogine und Glansdorff [1] die Ungleichung

$$\sum_i \Phi_i dX_i \leq 0 \qquad \text{Gl. 6.25}$$

ganz allgemein beweisen. Sie gilt als Evolutionsbedingung (<0) bzw. als Stationaritätsbedingung (=0) für nichtlineare Prozesse. Sie führt für den Fall von Strömungen auf die turbulente Strömungsform. Für den Fall der Wärmeleitung geht der Transportprozess bei größeren Temperaturdifferenzen von Stößen zwischen den Molekülen auf (bei Gasen und Flüssigkeiten) konvektive Prozesse über. Besteht so beispielsweise eine horizontale, von unten erwärmte dünne Wasserschicht mit geschlossener Oberfläche, so entstehen unter dem Einfluss des Schwerefeldes Konvektionszellen, d. h., die Schicht zerfällt selbstorganisierend in Zonen aufsteigender und absinkender Flüssigkeitselemente (sog. Bénard-Konvektion). Im Idealfall entstehen von oben gesehen hexagonale Strukturen, die gegen Störungen stabil sind. Die Stabilität stationärer nichtlinearer Prozesse ist jedoch keine Selbstverständlichkeit (s. ▶ Abschn. 6.4.3).

Übrigens: Wenn man das Experiment einer turbulenten Strömung bzw. das Experiment einer Bénard-Konvektion noch nicht gemacht hat, lassen sich weder Umschlagspunkt (kritische Reynoldszahl bzw. Temperaturdifferenz) noch die neue Prozessform angeben. Das Verhalten eines Systems „fern vom Gleichgewicht" ist aus seinem Verhalten in Gleichgewichtsnähe nicht vorhersagbar, das System vergisst seine Vorgeschichte.

6.4.3 Die Stabilität nichtlinearer Prozesse

Extremalprinzipien wie zugehörige Evolutionskriterien können nur dann zu definierten und stabilen Stationaritäten (Gleichgewichte, stationäre Prozesse) führen, wenn ihnen Zustandsfunktionen zugrunde liegen.

In Bezug auf lineare irreversible Systeme ist die Voraussetzung der Formulierung eines Extremalprinzips über eine Zustandsfunktion – hier die Entropie S – erfüllt.

In Bezug auf irreversible Systeme ist diese für den Fall der turbulenten Strömung oder einer Benard-Konvektion ersichtlich ebenfalls erfüllt (Gl. 6.25 stellt den durch eine Änderung der treibenden Kräfte X_i gesteuerten Anteil des totalen Differentials der zeitlichen Entropieproduktion nach Gl. 6.17 dar).

6.4 · Ausblick: Nichtlineare irreversible Systeme

Generell kann man für nichtlineare Prozesse ein Extremalprinzip nicht immer finden. Die zugrundeliegenden Funktionen sind dann keine Zustandsfunktionen mehr, sondern hängen vom Wege ob, auf welchem ein Zustand entsteht. Die Verhältnisse werden mehrdeutig.

So werden stationäre Prozesse möglich, die gegenüber Störungen, auch Fluktuationen, instabil sind. Das System kann eine vorhandene Stationarität endgültig verlassen und eine neue einstellen. Es ist auch nicht ausgeschlossen, dass das System einen Zustand mehrfach durchläuft. Dann werden periodische Vorgänge möglich. Die Unvorhersehbarkeit neuer Prozessformen und Parameter bleibt erhalten.

Insbesondere periodisch ablaufende chemische Reaktionen (oszillierende oder periodische elektrochemische Reaktionen ([A23] sowie die im dortigen Abschn. 11.5 zitierte Literatur)) sind keinesfalls selten.

Schließlich werden im Bereich der Nichtlinearität nach Prigogine noch sog. dissipative Strukturen möglich. Hier wird in stationären Prozessen unter Energieverbrauch örtlich eine Zone mit gegenüber ihrer Umgebung höherer Ordnung gebildet und aufrechterhalten. Mit Ende des Energieverbrauchs löst sich auch die Struktur wieder auf. Ein Beispiel hierfür haben wir in Form der Bénard-Konvektion schon kennengelernt.

Ein anderes Beispiel stellt ein lebender Organismus dar, welcher seine Ordnungsstruktur auf Kosten aus der Umgebung stammender Energie, z. B. in Form von Nahrung, aufrechterhält. Es hat daher auch nicht an Versuchen gefehlt, die Entstehung des Lebens mit Hilfe der Thermodynamik irreversibler Systeme zu beleuchten/zu erklären. Sie sind insbesondere mit dem Namen Manfred Eigen (vgl. ▶ Abschn. 4.2.4.4) verbunden [2].

Literatur

[1] Glansdorff, P., Prigogine, I.: Thermodynamic Theory of Structure, Stability, and Fluctuations. Wiley-Interscience, London (1971)
[2] Eigen, M.: Selforganization of matter and the evolution of biological macromolecules. Naturwissenschaften 58, 465 (1971)

Anhang

Dieser Anhang enthält im ersten Abschnitt eine Herleitung und Diskussion der sog. Boltzmann-Statistik (auch „Boltzmann'scher Energiesatz" genannt). Sie beschreibt die Verteilung von Teilchen auf unterschiedliche Energiezustände in Abhängigkeit von der Temperatur.

Der zweite Abschnitt wendet diese Statistik auf die Teilchengeschwindigkeiten in einem Gas an. Die Kenntnis dieser Verteilung ist unverzichtbar für die ▶ Kap. 2 (benötigt wird eine Mittelung der Teilchengeschwindigkeiten) und ▶ Kap. 4 (Verständnis der Stoßtheorie bimolekularer Gasreaktionen).

Im dritten Abschnitt des Anhangs wird die Boltzmann-Statisktik benutzt, um thermodynamische Funktionen aus den Teilcheneigenschaften aufzusummieren. Nur so kann man in ▶ Kap. 4 im Rahmen der Theorie des aktivierten Komplexes Zahlenwerte für Geschwindigkeitskonstanten chemischer Reaktionen gewinnen.

▶ Abschnitt 7.4 schildert kurz die Grundregeln für das Auftreten eines Tunneleffekts.

7.1 Die Boltzmann-Statistik

Ein individuelles Teilchen (Atom, Molekül) kann aufgrund unterschiedlicher Geschwindigkeiten u auch unterschiedliche kinetische Energien $\frac{1}{2}mu^2$ (m: Teilchenmasse) aufweisen. Letztere werden auch als Translationsenergie ε_{trans} bezeichnet. Außerdem kann sich das Teilchen noch auf unterschiedlichen Niveaus in Bezug auf die Rotationsenergien ε_{rot} und die Schwingungsenergien ε_v befinden (v symbolisiert hier die Schwingungsfrequenz). Noch höhere Niveaus sind durch Elektronenanregungsenergien gegeben. Alle Energieniveaus sind gequantelt.

Die Quantelung gilt Expressis Verbis auch für translatorische Zustände, siehe ▶ Abschn. 7.3.3.1. Für den Fall eines Laborsystems müssen potentielle Energien im Schwerefeld der Erde bzw. translatorische Energien in Bezug auf Erddrehung etc. nicht berücksichtigt werden.

Für die weitere Diskussion betrachten wir eine Spezies, welche ganz allgemein die Energiezustände $\varepsilon_0, \varepsilon_1, \varepsilon_2, \ldots \varepsilon_i, \ldots \varepsilon_m$ aufweisen kann. ε_0 sei hierbei der niedrigstmögliche energetische Zustand, ε_m der höchste besetzte. Die Gesamtzahl der vorhandenen Teilchen sei N. Der Anschauung können wir entnehmen, dass der i-te Zustand umso schwerer erreichbar sein wird, je größer die Energiedifferenz $\varepsilon_i - \varepsilon_0 = \Delta\varepsilon_i$ ist und je kleiner gleichzeitig die Systemtemperatur T ausfällt. Umso kleiner ist dann die Teilchen-Teilmenge N_i, welche zum betrachteten $\Delta\varepsilon_i$ gehört. N_i wird auf der anderen Seite mit schrumpfendem $\Delta\varepsilon_i$ und wachsendem T ansteigen.

Die Boltzmann-Statistik stellt nun nichts anderes dar als das Ergebnis einer allgemeinen Berechnung des Ausdruckes $N_i = N_i(\Delta\varepsilon_i, T)$. Die N_i werden in diesem Zusammenhang auch als Besetzungszahlen bezeichnet.

Für ein Nachvollziehen dieser Rechnung gehen wir von einer **großen Zahl** $N = \sum N_i$ identischer Teilchen aus. Alle Teilchen sollen sich zunächst im untersten Energiezustand $\varepsilon = \varepsilon_0$ befinden. Jetzt werde dem System punktuell (z. B. in seiner räumlichen Mitte) Energie zugeführt. Diese wird sich anschließend verteilen, d. h. ihrer (gesuchten)

7.1 · Die Boltzmann-Statistik

endgültigen Verteilung auf die Teilmengen $N_i = N_i(\Delta\varepsilon_i, T)$ zustreben. Damit dies nicht verfälscht werden kann, sei das System nach außen isoliert.

Nach dem 1. Hauptsatz der Thermodynamik ist die Innere Energie U eines isolierten Systems konstant, d. h., für die differentielle Änderung gilt

$$dU = 0 \qquad \text{Gl. 7.1}$$

Für die Innere Energie muss weiter im vorliegenden Fall zu jedem Zeitpunkt gelten

$$U = \sum \Delta\varepsilon_i N_i \qquad \text{Gl. 7.2}$$

d. h., ebenfalls **zu jedem Zeitpunkt** gilt

$$\sum \Delta\varepsilon_i dN_i = dU = 0 \qquad \text{Gl. 7.3}$$

Für den **endgültigen Zustand** (thermisches Gleichgewicht einheitlicher Temperatur T) muss nach dem 2. Hauptsatz der Thermodynamik die Entropie S des isolierten Systems ein Maximum einnehmen, d. h.

$$dS = 0 \qquad \text{Gl. 7.4}$$

Für die Entropie gilt allgemein $S = k_B \ln W$ mit W als Zahl der Realisierungsmöglichkeiten des Systems. Sie wird daher auch als „thermodynamische Wahrscheinlichkeit" bezeichnet. Dies ist in diesem Fall die Zahl der Möglichkeiten, die N Teilchen der Gesamtheit individuell auf die unterschiedlichen Teilmengen N_i aufzuteilen. **W ist damit ersichtlich Funktion sowohl von N als auch von allen N_i.** Aus Gl. 7.4 folgt dann unmittelbar

$$d(k_B \ln W) = d \ln W = 0 \qquad \text{Gl. 7.5}$$

Schließlich muss, da N konstant ist, wegen $N = \sum N_i$ noch

$$\sum dN_i = 0 \qquad \text{Gl. 7.6}$$

gelten.

Die Gl. 7.3, Gl. 7.5 und Gl. 7.6 stellen ein Differentialgleichungssystem dar.

$$\begin{aligned} \sum \Delta\varepsilon_i dN_i &= 0 \\ d \ln W &= 0 \\ \sum dN_i &= 0 \end{aligned} \qquad \text{Gl. 7.7}$$

Eine Integration des Differentialgleichungssystems Gl. 7.7 führt, wie wir gleich sehen werden, auf $N_i = N_i(\Delta\varepsilon_i, T)$. Vor einer Integration ist natürlich zunächst der Ausdruck $W = W(N, N_i)$ auszuführen.

Für die Auswahl von N_0 (Besetzungszahl des untersten Energieniveaus) Teilchen aus der Gesamtheit der N Teilchen gibt es

$$W_0 = \binom{N}{N_0} = \frac{N(N-1)(N-2)\ldots(N-N_0+1)}{N_0!} \qquad \text{Gl. 7.8}$$

Möglichkeiten. Dieser Ausdruck entspricht mit dem Zähler gleich $N!/(N-N_0)!$

$$W_0 = \binom{N}{N_0} = \frac{N!}{N_0!(N-N_0)!} \qquad \text{Gl. 7.9}$$

> **Hinweis zur Schreibweise**
>
> $\binom{N}{N_0}$ wird als „N über N_0" gesprochen, $N!$ als „N Fakultät". $N!$ ist das Produkt der ganzen positiven Zahlen von 1 bis N. Für $N_0!$ gilt entsprechendes. Die Anwendung der Gl. 7.8 auf eine Auswahl von 6 aus 49 ergibt die Zahl 13 983 816. Man findet diese Gleichungen in Lehrbüchern der Mathematik in den Gebieten Wahrscheinlichkeitsrechnung/Mathematische Statistik unter dem Stichwort „Kombination ohne Wiederholung".

Die N_1 Teilchen (Besetzungszahl des nächsten Energieniveaus) **müssen nunmehr aus den noch verbleibenden $N - N_0$ Teilchen ausgewählt werden** - N_0 Teilchen sind ja bereits zugeordnet. Dies ist analog zu Gl. 7.9 auf

$$W_1 = \binom{N-N_0}{N_1} = \frac{(N-N_0)!}{N_1!(N-N_0-N_1)!} \qquad \text{Gl. 7.10}$$

Arten möglich.

In Fortsetzung dieser Argumentation gilt

$$W_2 = \binom{N-N_0-N_1}{N_2} = \frac{(N-N_0-N_1)!}{N_2!(N-N_0-N_1-N_2)!} \qquad \text{Gl. 7.11}$$

ε_m war als höchstbesetztes Energieniveau festgelegt, ε_{m-1} ist damit das Zweithöchste. Die zugehörigen N_{m-1} Teilchen sind aus den noch verbleibenden, bisher nicht verwendeten $N-N_0-N_1\ldots-N_{m-2}$ Teilchen auszuwählen. Es bestehen hierfür W_{m-1} Realisierungsmöglichkeiten.

$$W_{m-1} = \binom{N-N_0-N_1\ldots N_{m-2}}{N_{m-1}} = \frac{(N-N_0-N_1\ldots N_{m-2})!}{N_{m-1}!(N-N_0-N_1\ldots-N_{m-1})!}$$

$$= \frac{(N-N_0-N_1\ldots N_{m-2})!}{N_{m-1}!N_m!}$$

$$\text{Gl. 7.12}$$

Die letzte Umrechnung ist richtig, da $N - N_0 - N_1 \ldots - N_{m-1} = N_m$ ist. Dies zeigt auch auf, dass für die Besetzung des höchsten Energieniveaus

7.1 · Die Boltzmann-Statistik

(Besetzungszahl N_m) gerade noch N_m Teilchen zur Verfügung stehen, d. h., es besteht nur eine einzige Realisierungsmöglichkeit

$$W_m = 1 \qquad \text{Gl. 7.13}$$

Die gesuchte Zahl W für die insgesamt vorhandenen Möglichkeiten, N Teilchen individuell auf die unterschiedlichen Teilmengen zu verteilen, ist gleich dem Produkt der Einzelmöglichkeiten

$$W = W_0 \, W_1 \, W_2 \ldots W_{m-1} \, W_m \qquad \text{Gl. 7.14}$$

d. h., die rechten Seiten der Gl. 7.8 bis Gl. 7.13 sind unter Einfügen von W_3 bis W_{m-2} miteinander zu multiplizieren. Wir müssen dies jedoch nicht unbedingt ausführen, denn es ist erkennbar, dass sich jeweils die zur Fakultät erhobene Klammer im Nenner eines vorhergehenden gegen den Zähler des nachfolgenden Ausdrucks kürzen lässt (vgl. den Fettdruck in den Gl. 7.9 bis Gl. 7.12). Somit gilt für die gesamten Realisierungsmöglichkeiten unseres Systems

$$W = \frac{N!}{N_0! N_1! N_2! \ldots N_{m-1}! N_m!} \qquad \text{Gl. 7.15}$$

Damit ist der gesuchte Ausdruck $W = W(N, N_i)$ gewonnen. Benötigt wird für die Lösung von Gl. 7.7 allerdings der Ausdruck $d \ln W$. Wir logarithmieren zunächst

$$\ln W = \ln N! - \ln(N_0! \ldots N_m!) = \ln N! - \sum_{i=0}^{m} \ln N_i! \qquad \text{Gl. 7.16}$$

und berechnen $\ln W$ mit Hilfe der vereinfachten Stirling'schen Formel zu

$$\ln W = N \ln N - N - \left(\sum N_i \ln N_i - \sum N_i \right) \qquad \text{Gl. 7.17}$$

Mathematischer Hintergrund

Die Stirling'sche Formel ist eine Näherung für $n!$ im Falle großer Zahlen n

$$n! \approx n^n e^{-n} \sqrt{2\pi n}$$

Damit gilt auch

$$\ln n! \approx \ln n^n + \ln e^{-n} + \ln \sqrt{2\pi n}$$

oder mit $\ln x^y = y \ln x$

$$\ln n! \approx n \ln n - n \ln e + \ln \sqrt{2\pi n}$$

> Auf Grund von ln $e = 1$ und bei Vernachlässigung des dritten Gliedes entsteht so als vereinfachte Stirling'sche Formel
>
> $$\ln n! \approx n \ln n - n$$
>
> Diese Näherung wurde für die Umrechnung von Gl. 7.16 in Gl. 7.17 angewendet.

Mit $\sum N_i = N$ folgt daraus

$$\ln W = N \ln N - \sum N_i \ln N_i \quad \text{Gl. 7.18}$$

Da N konstant ist, gilt für $d \ln W$

$$d \ln W = -d\left(\sum N_i \ln N_i\right) \quad \text{Gl. 7.19}$$

oder nach Anwendung der Produktenregel

$$d \ln W = -\sum N_i\, d \ln N_i - \sum dN_i \ln N_i \quad \text{Gl. 7.20}$$

$d \ln N_i$ kann durch $\dfrac{dN_i}{N_i}$ ersetzt werden

$$d \ln W = -\sum dN_i - \sum dN_i \ln N_i = -\sum \left(\ln N_i + 1\right) dN_i. \quad \text{Gl. 7.21}$$

Das Differentialgleichungssystem Gl. 7.7 lautet damit etwas umgestellt

$$\begin{aligned} d \ln W &= -\sum \left(\ln N_i + 1\right) dN_i = 0 \\ dN &= \sum dN_i = 0 \\ dU &= \sum \Delta\varepsilon_i\, dN_i = 0 \end{aligned} \quad \text{Gl. 7.22}$$

Für eine Lösung des Systems Gl. 7.22 greift die Methode der unbestimmten Multiplikatoren nach Lagrange. Danach können die drei Einzelgleichungen zu einer Gesamtgleichung aufaddiert werden, wenn vorher zwei davon mit je einer unbestimmten Größe (etwa α, β) multipliziert werden.

$$\sum \left(\ln N_i + 1\right) dN_i + \sum \alpha\, dN_i + \sum \beta \Delta\varepsilon_i\, dN_i = 0 \quad \text{Gl. 7.23}$$

Mit $1 + \alpha = \gamma$ wird daraus

$$\sum \left(\ln N_i + \gamma + \beta \Delta\varepsilon_i\right) dN_i = 0 \quad \text{Gl. 7.24}$$

Der Vorzeichenwechsel beim Übergang von Gl. 7.22 nach Gl. 7.23 ist erlaubt, da α und β noch unbestimmte Vorzeichen tragen.

Diese Summe weist insgesamt $m + 1$ Summanden auf - es wurde festgelegt, dass die Energiezustände i von ε_0 bis ε_m laufen. Von den Besetzungszahlen N_i sind wegen $\sum dN_i = 0$ und $\sum \Delta\varepsilon_i\, dN_i = 0$ deren zwei festgelegt, d. h. es verbleiben $m - 1$ Variablen. Hinzu treten die beiden unbestimmten Multiplikatoren γ und β. In Gl. 7.24 gibt es somit ebenso

7.1 · Die Boltzmann-Statistik

viele Summanden wie Variablen. Für eine Lösung können die Variablen daher so gewählt werden, dass jeder Summand für sich gleich null wird. Dann gilt für jeden energetischen Zustand

$$\ln N_i + \gamma + \beta \, \Delta\varepsilon_i = 0 \qquad \text{Gl. 7.25}$$

Daraus wird mit $e^{-\gamma} = \delta$

$$N_i = \delta \, e^{-\beta \Delta \varepsilon_i} \qquad \text{Gl. 7.26}$$

Die Bedeutung der Größe δ erkennt man sofort, wenn der unterste Energiezustand – d. h. $\Delta\varepsilon_i = 0$ für $N_i = N_0$ – betrachtet wird. δ muss nach Gl. 7.26 dann der Besetzungszahl N_0 für den untersten Zustand entsprechen.

$$N_i = N_0 \, e^{-\beta \Delta\varepsilon_i} \qquad \text{Gl. 7.27}$$

Damit ist der Informationsgehalt des Gleichungssystems Gl. 7.22 erschöpft, für die Bestimmung von β muss weitere Information herangezogen werden.

Noch nicht genutzt wurde der Zweite Hauptsatz in der allgemeinen Form $S = k_B \ln W$. Mit Gl. 7.18 gilt dann

$$S = k_B \left(N \ln N - \sum N_i \ln N_i \right) \qquad \text{Gl. 7.28}$$

β wird in diese Gleichung über die in der Form $\ln N_i = \ln N_0 - \beta\Delta\varepsilon_i$ geschriebene Gl. 7.27 eingeführt

$$S = k_B \left(N \ln N - \sum N_i \left(\ln N_0 - \beta\Delta\varepsilon_i\right)\right) \qquad \text{Gl. 7.29}$$

Nach dem Ausmultiplizieren unter dem Summenzeichen folgt wegen $\sum N_i = N$ und $\sum N_i \Delta\varepsilon_i = U$ (vgl. Gl. 7.2)

$$S = k_B \left(N \ln N - N \ln N_0 - \beta U \right) \qquad \text{Gl. 7.30}$$

Die Entropie S ist nach der klassischen Thermodynamik Funktion von Innerer Energie U und Volumen V. Das betrachtete Teilchensystem war als isoliert, d. h. auch als isochor ($dV = 0$) vorausgesetzt, denn sonst würde es bei Ausdehnung Arbeit leisten können! Für eine Eliminierung der Größen N und N_0 können wir daher die Entropie **bei konstantem Volumen** nach der Inneren Energie partiell differenzieren.

$$\left.\frac{\partial S}{\partial U}\right|_V = k_B \beta \qquad \text{Gl. 7.31}$$

Das Differential ist dabei aufgrund der sog. Fundamentalgleichung der Thermodynamik $dU = TdS - pdV$ identisch mit $\frac{1}{T}$, d. h.

$$\beta = \frac{1}{k_B T} \qquad \text{Gl. 7.32}$$

In das Differentialgleichungssystem Gl. 7.22 fand nur Gl. 7.5 in der Form von Gl. 7.21 Eingang – das Differential hat stets einen geringeren Informationsinhalt als die Stammfunktion!

Die Endformel der Boltzmann-Statistik lautet damit

$$N_i = N_0 \, e^{-\Delta \varepsilon_i / k_B T} \qquad \text{Gl. 7.33}$$

(Boltzmann'sche Energieformel). Das Ergebnis der Rechnung entspricht der Anschauung (vgl. den zweiten Absatz des laufenden Abschnitts).

Bei der Herleitung wurde in Bezug auf die Natur der betrachteten Energiezustände keine Einschränkung gemacht, Gl. 7.33 kann insoweit auf kinetische, Rotations- wie Schwingungsenergien angewendet werden.

Barometrische Höhenformel

Natürlich gilt Gl. 7.33 auch für die potentielle Energie im Schwerefeld der Erde. In Bezug auf die Höhe h über dem Erdboden beträgt sie mgh. Damit ist

$$N_h = N_0 \, e^{\frac{-mgh}{k_B T}} = N_0 \, e^{\frac{-Mgh}{RT}}$$

($N_A m = M$, $N_A k_B = R$). Die Besetzungszahlen entsprechen den Teilchendichten ^1n in der entsprechenden Höhe, diese wiederum sind proportional zum Druck p. Es resultiert die sog. barometrische Höhenformel

$$^1n = {^1n_0} \, e^{\frac{-Mgh}{RT}} \quad \text{bzw.} \quad p = p_0 \, e^{\frac{-Mgh}{RT}}$$

Man errechnet bei Einsetzen einer mittleren Molmasse von 0,028 kg mol^{-1} für die Luft ein Absinken des Luftdrucks auf die Hälfte in knapp 6 km Höhe – einheitliche Temperaturen vorausgesetzt. Die Formel ist auch die Grundlage des Zentrifugierens.

Die Benutzung der Boltzmann-Statistik darf allerdings auch nicht unreflektiert erfolgen.

Zunächst setzen die bei der Herleitung gemachten Voraussetzungen Grenzen. N wurde als große Zahl vorausgesetzt – sonst hätte man die Stirling'sche Näherung nicht anwenden können. Für den Fall chemisch interessanter Systeme wird man hierin allerdings keine Probleme sehen – besteht doch selbst ein milliardstel Mol noch aus $6 \cdot 10^{14}$ Teilchen.

Weiter wurde (ab Gl. 7.8) bei der Herleitung ein Abzählverfahren benutzt. Dies setzt unterscheidbare Teilchen voraus.

Ganz sicher ist diese Voraussetzung für subatomare Teilchen nicht erfüllt. Hier greifen die sog. Quantenstatistiken nach Fermi-Dirac für Teilchen mit halbzahligem Spin (sog. Fermionen, etwa Elektronen) oder nach Bose-Einstein für Teilchen mit ganzzahligem Spin (Bosonen, etwa ^{4}Helium-Kerne). In diesen Fällen ergeben sich (nach recht anspruchsvollen Rechnungen) völlig andere Energieverteilungen, **welche jedoch für den Fall ausreichend hoher Temperaturen in die Boltzmann-Statistik übergehen.**

Im Falle der erwähnten Elektronen sind dazu allerdings Temperaturen $>10^4$ K erforderlich.

Elektronen in Gasplasmen folgen insoweit der Boltzmann-Statistik.

Die Teilchen kondensierter Materie kann man stets aufgrund ihrer räumlichen Lage als unterscheidbar ansehen. Hingegen kann man die Teilchen eines einatomigen Gases im Augenblick des Stoßes nicht unterscheiden, da nach Heisenberg eine Unschärfe in Bezug auf Ort bzw. Impuls gilt (die sog. Unschärferelation). Nach einem Stoß weiß man also nicht mehr, welches Teilchen welches war. Für komplizierte molekulare Gasteilchen fällt eine Entscheidung zwischen Unterscheidbarkeit und Ununterscheidbarkeit auch noch schwer. Die dann vorhandenen unterschiedlichen Rotations- und Schwingungszustände können während des Stoßes zwar Änderungen unterliegen, aber möglicherweise auch nach dem Stoß noch eine Zuordnung erlauben.

Eine Entscheidung bleibt uns an dieser Stelle erspart. Im Folgepunkt wird untersucht, wie viele Teilchen eines Gases jeweils bestimmte Translationsgeschwindigkeiten aufweisen. Diese sog. Geschwindigkeitsverteilung ändert sich aber nicht, wenn zwei Teilchen nicht unterscheidbar sind.

7.2 Die Maxwell'sche Geschwindigkeitsverteilung

Die Teilchen eines Gases sind ständig einer Vielzahl von Stößen untereinander ausgesetzt. Eine Beantwortung der Frage, welcher Prozentsatz der Teilchen jeweils eine bestimmte Geschwindigkeit u aufweist (oder sich in einem bestimmten Geschwindigkeitsintervall aufhält), erscheint daher auf den ersten Blick hoffnungslos. Tatsächlich kann die Antwort auf Basis der Boltzmann-Statistik jedoch relativ einfach gewonnen werden. Wir vollziehen dies in vier aufeinanderfolgenden Stufen nach

- für das eindimensionale Gas,
- für das zweidimensionale Gas,
- für das tatsächliche, dreidimensionale Gas,
- und aus Sicht der Systemtemperatur.

7.2.1 Das eindimensionale Gas

Im Modell des eindimensionalen Gases können sich die als ideal elastisch gedachten Teilchen der Masse m – wie Perlen auf einer unendlich langen reibungsfreien Schnur – mit einer individuellen Geschwindigkeit u in positiver oder negativer x-Richtung bewegen. Die Verteilung kinetischer (translatorischer) Energie ε_{trans} auf die Teilchen wird durch die Boltzmann-Statistik Gl. 7.33 geregelt. Mit $\varepsilon_{trans,0} = 0$ ist $\Delta\varepsilon_{trans,u} = \dfrac{m}{2}u_x^2$, d. h. wir können schreiben

$$N_{u_x} = N_{u_x=0}\, e^{-\dfrac{mu_x^2}{2k_B T}} \qquad \text{Gl. 7.34}$$

N_{u_x} stellt dabei die Zahl der Teilchen mit der Geschwindigkeit u_x dar, ausgedrückt durch ihre kinetische Energie, die Temperatur und die Zahl der Teilchen mit der Geschwindigkeit $u_x = 0$.

Da das Ziel der Überlegungen u. a. darin besteht, mittlere Werte für Geschwindigkeiten zu erhalten, muss die Gesamtzahl N_x der sich in $\pm x$-Richtung bewegenden Teilchen in die Rechnung eingeführt werden.

$$N_x = \sum_{u_x} N_{u_x} = \sum_{u_x} N_{u_x=0}\, e^{-\frac{mu_x^2}{2k_BT}} \qquad \text{Gl. 7.35}$$

Division beider Gleichungen durcheinander liefert

$$\frac{N_{u_x}}{N_x} = \frac{e^{-\frac{mu_x^2}{2k_BT}}}{\sum_{u_x} e^{-\frac{mu_x^2}{2k_BT}}} \qquad \text{Gl. 7.36}$$

Dies stellt bereits den prozentualen Anteil der Teilchen mit der Geschwindigkeit u_x an der Teilchengesamtheit N_x dar, lediglich die Summe im Nenner der rechten Seite ist noch zu berechnen.

Die Geschwindigkeiten molekularer wie atomarer Gasteilchen sind wie ihre Rotations- und Schwingungszustände gequantelt (diese Information wird in der Lehrbuchliteratur manchmal unterschlagen), liegen aber sehr dicht beieinander (vgl. ▶ Abschn. 7.3.3.1). Wir können die Summe daher durch das Integral ersetzen.

$$\sum_{u_x} e^{-\frac{mu_x^2}{2k_BT}} = \int_{u_x=-\infty}^{+\infty} e^{-\frac{mu_x^2}{2k_BT}}\, du_x = \sqrt{\frac{2\pi k_BT}{m}} \qquad \text{Gl. 7.37}$$

> **Mathematischer Hintergrund**
>
> Es können in diesem Modell alle Geschwindigkeiten von $-\infty$ bis $+\infty$ vorkommen. Für eine Lösung des Integrals wird $mu_x^2/2k_BT$ durch die neue Variable x^2 substituiert. Die Grenzen ändern sich dadurch nicht und du_x wird zu $\sqrt{2k_BT/m}\, dx$, d. h.
>
> $$\int_{-\infty}^{+\infty} e^{-\frac{mu_x^2}{2k_BT}}\, du_x = \sqrt{\frac{2k_BT}{m}} \int_{-\infty}^{+\infty} e^{-x^2}\, dx$$
>
> Letzteres Integral hat laut Integraltafel den Wert $\sqrt{\pi}$.

Die eindimensionale Geschwindigkeitsverteilung lautet damit

$$\frac{N_{u_x}}{N_x} = \sqrt{\frac{m}{2\pi k_BT}}\, e^{-\frac{mu_x^2}{2k_BT}} \qquad \text{Gl. 7.38}$$

bzw.

$$N_{u_x} = N_x \sqrt{\frac{m}{2\pi k_BT}}\, e^{-\frac{mu_x^2}{2k_BT}} \qquad \text{Gl. 7.39}$$

7.2 · Die Maxwell'sche Geschwindigkeitsverteilung

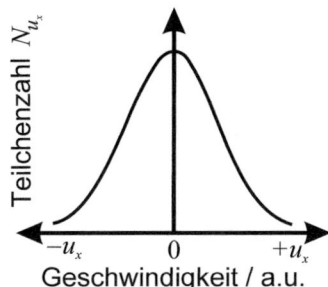

◘ **Abb. 7.1** Geschwindigkeitsverteilung für das eindimensionale Gas, vgl. Text

◘ Abbildung 7.1 stellt die Gl. 7.39 grafisch dar.

Wie von der Boltzmann-Statistik gefordert, kommt also die Geschwindigkeit null – entsprechend dem niedrigsten möglichen energetischen Zustand – am häufigsten vor. Wir bezeichnen diese Geschwindigkeit als u_x^W (wahrscheinlichste Geschwindigkeit).

Hohe und sehr hohe Geschwindigkeiten werden demgegenüber selten. Die wahrscheinlichste Geschwindigkeit stellt für den Fall des betrachteten eindimensionalen Gases ersichtlich gleichzeitig auch die mittlere Geschwindigkeit $\bar{u}_x$ dar.

Dies ist auch von der Anschauung her einsichtig. Die mittlere Geschwindigkeit muss im vorliegenden Fall null sein, denn sonst würde sich die Teilchengesamtheit in eine Vorzugsrichtung bewegen. Sie muss auch am häufigsten vorkommen. Hierfür denken wir uns **alle** Teilchen zunächst bewegungslos. Wird nunmehr Energie zugeführt, so können immer mehr Teilchen immer höhere Geschwindigkeiten aufnehmen. Stößt jedoch ein bereits in Bewegung befindliches Teilchen – **notwendigerweise zentral** – auf ein noch ruhendes, so wird nach den Gesetzen des elastischen Stoßes das gestoßene Teilchen die Bewegung übernehmen und das stoßende zur Ruhe kommen. Die Geschwindigkeit null wird also stets die häufigste bleiben.

7.2.2 Das zweidimensionale Gas

Die Teilchen des zweidimensionalen Gases können sich in der x-y-Ebene bewegen. Nimmt das Gas Energie auf, so sind jetzt die Verhältnisse beim Stoß zwischen bewegten und ruhenden Teilchen geändert: Da exakt zentrale Stöße die Ausnahme sein werden, bleibt ein stoßendes Teilchen in Bewegung und ein ruhendes Teilchen nimmt Bewegung auf. Insgesamt müssen jetzt Geschwindigkeiten nahe oder gleich null ebenso selten werden wie sehr hohe Geschwindigkeiten.

Dies ändert nichts an der Tatsache, dass in Bezug auf die einzelne Raumrichtung nach wie vor die vorhergehende Aussage (Gl. 7.38) richtig bleibt, z. B. muss auch mit u_y als Geschwindigkeit in y-Richtung gelten

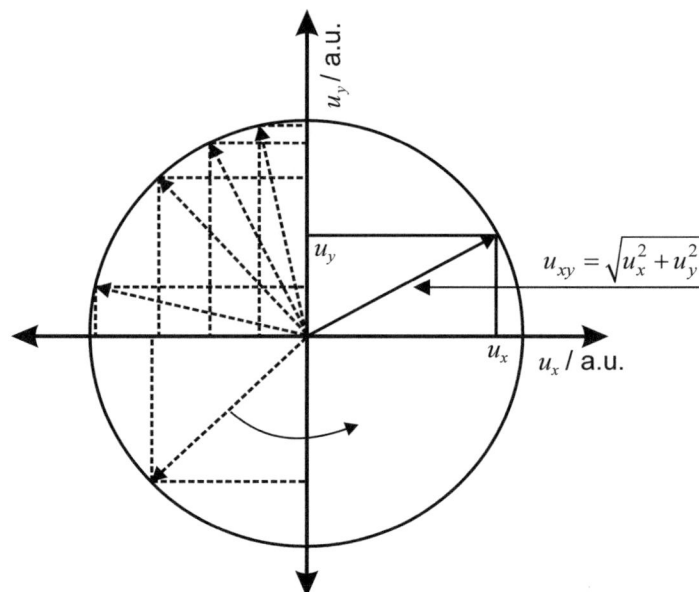

Abb. 7.2 Zur Herleitung der zweidimensionalen Geschwindigkeitsverteilung, vgl. Text

$$\frac{N_{u_y}}{N_y} = \sqrt{\frac{m}{2\pi k_B T}}\, e^{-\frac{m u_y^2}{2 k_B T}} \qquad \text{Gl. 7.40}$$

Für eine Berechnung der zweidimensionalen Geschwindigkeitsverteilung setzen wir die Geschwindigkeit u_{xy} aus den Geschwindigkeiten u_x und u_y zusammen.

$$u_{xy}^2 = u_x^2 + u_y^2 \qquad \text{Gl. 7.41}$$

(Abbildung 7.2, durchgezogene Linien).

Die Wahrscheinlichkeit für das Auftreten der durch den Betrag u_{xy} und die eingezeichnete Richtung gekennzeichneten Geschwindigkeit ist dann als Produkt der Einzelwahrscheinlichkeiten $\frac{N_{u_x}}{N_x}$ und $\frac{N_{u_y}}{N_y}$ anzusetzen. Der Geschwindigkeitsbetrag u_{xy} allein kann jedoch auch aus anderen Komponenten zusammengesetzt werden (Abb. 7.2, gestrichelte Linien). Die Wahrscheinlichkeit hierfür wächst mit dem Umfang des Kreises mit dem Radius u_{xy} um den Koordinatenursprung, d. h. mit $2\pi u_{xy}$.

Die Gesamtwahrscheinlichkeit für das Auftreten des Geschwindigkeitsbetrages u_{xy} ist damit gleich dem mit $2\pi u_{xy}$ multiplizierten Produkt der Gl. 7.38 und Gl. 7.40. Mit N_{xy} als neuer Teilchengesamtheit gilt also unter Beachtung von Gl. 7.41

$$\frac{N_{u_{xy}}}{N_{xy}} = \frac{m}{2\pi k_B T}\, e^{-\frac{m u_{xy}^2}{2 k_B T}}\, 2\pi u_{xy} \qquad \text{Gl. 7.42}$$

7.2 · Die Maxwell'sche Geschwindigkeitsverteilung

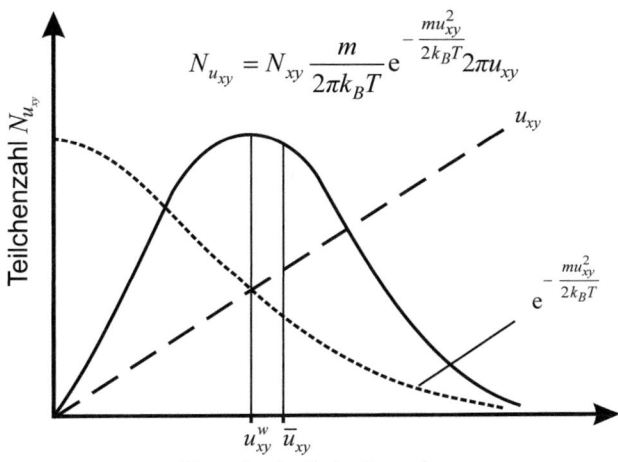

◘ Abb. 7.3   Zweidimensionale Geschwindigkeitsverteilung, vgl. Text

Für $N_{u_{xy}}$ gilt entsprechend

$$N_{u_{xy}} = N_{xy} \frac{m}{2\pi k_B T} e^{-\frac{mu_{xy}^2}{2k_B T}} 2\pi u_{xy} \qquad \text{Gl. 7.43}$$

Gl. 7.43 bestätigt die eingangs getroffene Vermutung: Sowohl für $u_{xy} \to 0$ als auch für $u_{xy} \to \infty$ gehen die zugehörigen Teilchenzahlen gegen null.

> **Mathematischer Hintergrund**
>
> $\lim \frac{x}{e^x}$ ergibt für $x \to \infty$ den unbestimmten Ausdruck $\frac{\infty}{\infty}$.
> Zähler und Nenner sind daher für einen Grenzübergang zunächst zu differenzieren (Regel von L'Hospital,
> $\lim_{x \to x_1} \frac{f(x)}{g(x)} = \lim_{x \to x_1} \frac{f'(x)}{g'(x)}$, hier mit $x_1 \to \infty$).

◘ Abbildung 7.3 stellt dies grafisch dar.

Die häufigste (wahrscheinlichste) Geschwindigkeit u_{xy}^w entspricht dem Maximum im Kurvenzug. Die mittlere Geschwindigkeit $\bar{u}_{xy}$ muss aufgrund der Asymmetrie der Verteilung größer als die häufigste Geschwindigkeit sein. Der Anteil höherer Geschwindigkeiten schlägt bei der Mittelung zu Buche. Auf eine Berechnung dieser Größen kann verzichtet werden.

Die mittlere Geschwindigkeit unter Berücksichtigung von Betrag und Richtung hat natürlich, wie im eindimensionalen Fall, den Wert null – sonst würde sich das Gas in eine Vorzugsrichtung bewegen.

7.2.3 Das tatsächliche Gas

Im Falle des tatsächlichen, also dreidimensionalen Gases gilt

$$u_{xyz}^2 = u^2 = u_x^2 + u_y^2 + u_z^2 \qquad \text{Gl. 7.44}$$

Die Wahrscheinlichkeit für das Auftreten der durch **Betrag und Raumrichtung** gekennzeichneten Geschwindigkeit u ist jetzt gleich dem Produkt der Einzelwahrscheinlichkeiten $\dfrac{N_{u_x}}{N_x} \cdot \dfrac{N_{u_y}}{N_y} \cdot \dfrac{N_{u_z}}{N_z}$.

Für die **Wahrscheinlichkeit des Auftretens des Betrages allein** muss jetzt noch mit der Oberfläche $4\pi u^2$ der Kugel des Radius u um den Ursprung multipliziert werden.

$$\frac{N_u}{N} = \left(\frac{m}{2\pi k_B T}\right)^{\frac{3}{2}} e^{-\frac{mu^2}{2k_B T}} 4\pi u^2 \qquad \text{Gl. 7.45}$$

Entsprechend gilt

$$N_u = N\left(\frac{m}{2\pi k_B T}\right)^{\frac{3}{2}} e^{-\frac{mu^2}{2k_B T}} 4\pi u^2 \qquad \text{Gl. 7.46}$$

Die ◘ Abb. 7.4 gibt dies grafisch wieder.

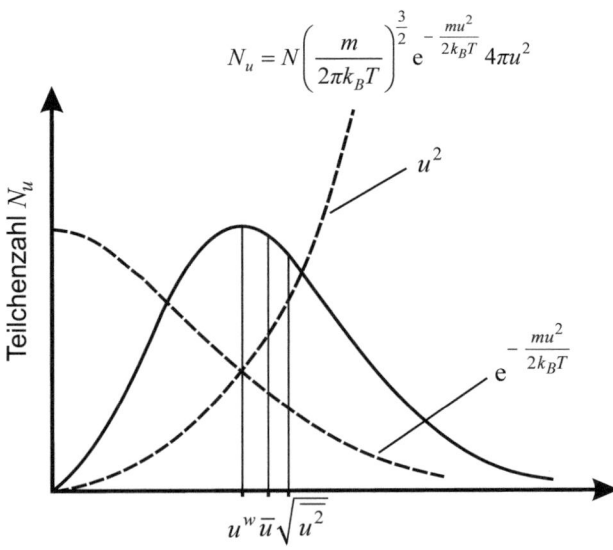

◘ **Abb. 7.4** Tatsächliche Geschwindigkeitsverteilung

7.2 · Die Maxwell'sche Geschwindigkeitsverteilung

Dieser Kurvenzug ähnelt dem vorhergehenden Fall (Abb. 7.3). Da die Exponentialfunktion jedoch jetzt mit u^2 anstelle nur mit u multipliziert ist, fällt die Kurve zu höheren Geschwindigkeiten hin etwas langsamer ab.

Mit in die Abbildung eingetragen sind wiederum die wahrscheinlichste Geschwindigkeit u^w und die (größere!) mittlere Geschwindigkeit $\bar{u}$. Hinzu tritt die Wurzel $\sqrt{\overline{u^2}}$ aus dem sog. mittleren Geschwindigkeitsquadrat $\overline{u^2}$. Diese Wurzel muss wiederum größer als $\bar{u}$ ausfallen (es wird erst quadriert und dann gemittelt!), weiter muss $\overline{u^2}$ bei einer Ausrechnung (siehe Folgetext) mit dem aus der Grundgleichung der kinetischen Gastheorie hierfür folgenden Ausdruck $3\,RT/M$ identisch sein.

Die **wahrscheinlichste Geschwindigkeit** u^w entspricht dem Maximum des Kurvenzugs, d. h. der Steigung $\dfrac{dN_u}{du} = 0$. Die Ausführung liefert nach Differentiation der Gl. 7.46 unter Beachtung der Kettenregel

$$\frac{dN_u}{du} = N\left(\frac{m}{2\pi k_B T}\right)^{\frac{3}{2}} 4\pi \left(e^{-\frac{mu^2}{2k_B T}} 2u - \frac{2mu}{2k_B T} e^{-\frac{mu^2}{2k_B T}} u^2 \right) = 0 \quad \text{Gl. 7.47}$$

Mit dem Zwischenschritt

$$2u^w = \frac{m(u^w)^3}{k_B T} \quad \text{Gl. 7.48}$$

erhält man für die wahrscheinlichste Geschwindigkeit den Ausdruck

$$u^w = \sqrt{\frac{2k_B T}{m}} = \sqrt{\frac{2RT}{M}} \quad \text{Gl. 7.49}$$

Die **mittlere Geschwindigkeit** $\bar{u}$ wird nach den Regeln der Mittelwertbildung erhalten – Aufsummation der mit ihrem jeweiligen Vorkommen multiplizierten Eigenschaft und Division durch das gesamte Vorkommen. Unter Ersetzen der Summe durch das Integral gilt im vorliegenden Fall mit Gl. 7.46

$$\bar{u} = \frac{\sum u N_u}{N} = \frac{\int_0^\infty u N_u \, du}{N} = \left(\frac{m}{2\pi k_B T}\right)^{\frac{3}{2}} 4\pi \int_0^\infty u^3 e^{-\frac{mu^2}{2k_B T}} du \quad \text{Gl. 7.50}$$

Das auftretende Integral hat den Wert $2\left(\dfrac{k_B T}{m}\right)^2$, d. h.

$$\bar{u} = \sqrt{\frac{8k_B T}{\pi m}} = \sqrt{\frac{8RT}{\pi M}} \quad \text{Gl. 7.51}$$

Für einen Beweis $\lim N_u \to 0$ für $u \to \infty$ wende man die Regel von L'Hospital zweimal hintereinander an.

> **Mathematischer Hintergrund**
>
> Die Substitution $\frac{mu^2}{2k_BT} = x$ liefert $\frac{m}{2k_BT}2udu = dx$ oder $du = \frac{k_BT}{mu}dx$.
> Das Integral lautet damit
> $$\int_0^\infty u^2 \frac{k_BT}{m} e^{-x} dx = 2\left(\frac{k_BT}{m}\right)^2 \int_0^\infty xe^{-x}dx$$
> Das verbleibende bestimmte Integral ist laut Integraltafel gleich eins.

Diese Gleichung wurde bereits in ▶ Abschn. 2.1 eingeführt.

Für die **Mittelung über das Quadrat der Geschwindigkeit** gilt entsprechend

$$\overline{u^2} = \frac{\sum u^2 N_u}{N} = \left(\frac{m}{2\pi k_BT}\right)^{\frac{3}{2}} 4\pi \int_0^\infty u^4 e^{-\frac{mu^2}{2k_BT}} du \qquad \text{Gl. 7.52}$$

Das Integral in Gl. 7.52 ist mit den Instrumenten von partieller Integration, Substitution (beides mehrfach!) und Integraltafel zu lösen.

Wir erhalten dafür

$$\overline{u^2} = \frac{3k_BT}{m} \qquad \text{Gl. 7.53}$$

bzw.

$$\sqrt{\overline{u^2}} = \sqrt{\frac{3k_BT}{m}} = \sqrt{\frac{3RT}{M}} \qquad \text{Gl. 7.54}$$

Dies entspricht in der Tat dem Ergebnis aus der kinetischen Gastheorie.

Nach Gl. 7.49, Gl. 7.51 und Gl. 7.54 gilt – wie bereits diskutiert – die Größenfolge $u^w < \overline{u} < \sqrt{\overline{u^2}}$. Auf $u^w = \sqrt{\frac{2RT}{M}}$ normiert verhalten sich u^w zu $\overline{u}$ zu $\sqrt{\overline{u^2}}$ wie 1 zu $\sqrt{\frac{8}{2\pi}}$ zu $\sqrt{\frac{3}{2}}$ oder wie 1 zu 1,13 zu 1,22. Für 300 K und M in Gramm pro Mol nimmt u^w den Wert $2243/\sqrt{M}$ ms^{-1} an. ◻ Tabelle 7.1 führt u^w, $\overline{u}$ und $\sqrt{\overline{u^2}}$ für je ein Gas kleiner, mittlerer und großer Molmasse aus.

◻ **Tab. 7.1** Häufigste und mittlere Geschwindigkeit u^w und $\overline{u}$ sowie Wurzel aus dem mittleren Geschwindigkeitsquadrat $\sqrt{\overline{u^2}}$ (m s^{-1}) von Gasmolekülen für T = 300 K.

Gasart (M [g mol^{-1}])	u^w	$\overline{u}$	$\sqrt{\overline{u^2}}$
H$_2$ (2)	1586	1779	1934
O$_2$ (32)	396	444	483
UF$_6$ (352)	119	134	145

7.2 · Die Maxwell'sche Geschwindigkeitsverteilung

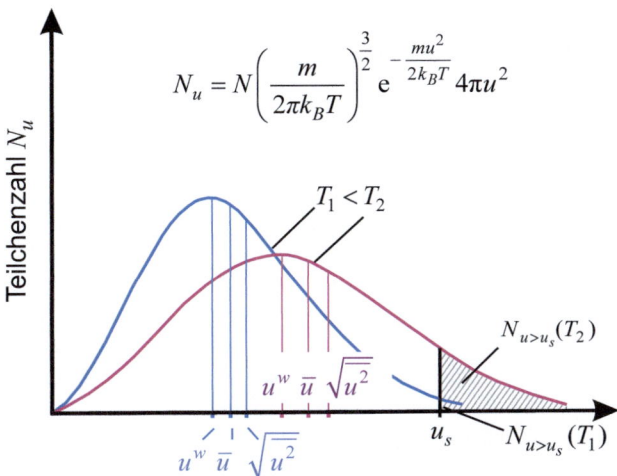

☐ **Abb. 7.5** Einfluss der Temperatur auf die Geschwindigkeitsverteilung, schematisiert

Die Moleküle eines Gases mittlerer Molmasse haben danach bei Normaltemperatur eine mittlere Geschwindigkeit von etwa einem halben Kilometer pro Sekunde entsprechend 1800 km h^{-1}.

7.2.4 Der Einfluss der Temperatur

Die Größen u^w, $\bar{u}$ und $\sqrt{\overline{u^2}}$ steigen mit der Temperatur an. Dies bedeutet eine Abflachung des Kurvenzugs der ☐ Abb. 7.4 mit steigender Temperatur, da die Fläche unter dem Kurvenzug der Gesamtzahl N der Teilchen entspricht, also konstant bleibt.

$$N = \int_0^\infty N_u \, du \qquad \text{Gl. 7.55}$$

Ebenso bedeutet dies einen überproportionalen Anstieg des Vorkommens höherer Geschwindigkeiten, etwa oberhalb eines Schwellenwertes u_s (☐ Abb. 7.5).

Für eine Verifizierung ist der prozentuale Anteil $\dfrac{N_{u>u_s}}{N}$ der Teilchen mit einer Geschwindigkeit $u > u_s$, d. h. mit Gl. 7.46 der Ausdruck

$$\frac{N_{u>u_s}}{N} = \frac{1}{N}\int_{u_s}^\infty N_u \, du = \left(\frac{m}{2\pi k_B T}\right)^{\frac{3}{2}} 4\pi \int_{u_s}^\infty u^2 e^{-\frac{mu^2}{2k_B T}} du \qquad \text{Gl. 7.56}$$

zu berechnen.

Eine Näherungslösung für großes u_s ist

$$\frac{N_{u>u_s}}{N} = \frac{2}{\sqrt{\pi}} \sqrt{\frac{m}{2k_BT}} \cdot u_s \cdot e^{-\frac{mu_s^2}{2k_BT}}$$
Gl. 7.57

Mathematischer Hintergrund

Substitution mit $x = \sqrt{\frac{m}{2k_BT}}u$ führt auf

$$\frac{N_{u>u_s}}{N} = \frac{4}{\sqrt{\pi}} \int_{x_s}^{\infty} x^2 e^{-x^2} dx = \int_{x_s}^{\infty} x(xe^{-x^2})dx$$

Durch partielle Integration (Variablen wie in der Vorzeile durch eine Klammer angedeutet aufteilen) wird daraus

$$\frac{N_{u>u_s}}{N} = \frac{4}{\sqrt{\pi}} \left(\frac{1}{2} x_s e^{-x_s^2} + \frac{1}{2} \int_{x_s}^{\infty} e^{-x^2} dx \right)$$

Das verbliebene Integral ist nur numerisch lösbar, sein Wert kann für hinreichend hohe x_s-Werte (entsprechend hohen u_s) gegenüber dem ersten Term in der Klammer vernachlässigt werden. Dortiges Ersetzen von x_s durch $u_s\sqrt{m/2k_BT}$ führt sofort auf die Gl. 7.57. Das Verfahren der partiellen Integration wird bei der Gewinnung der späteren Gl. 7.82 näher ausgeführt.

Mit Gl. 7.49 wird daraus

$$\frac{N_{u>u_s}}{N} = \frac{2}{\sqrt{\pi}} \frac{u_s}{u^w} e^{-\frac{u_s^2}{(u^w)^2}}$$
Gl. 7.58

Beispiel

Die wahrscheinlichste Geschwindigkeit u^w für Sauerstoffmoleküle liegt für 300 K bei 396 m s^{-1}. Wählen wir u_s fünfmal höher, d. h. zu 1980 m s^{-1}, so liegt der Anteil von Teilchen mit einer noch höheren Geschwindigkeit bei nur noch 8 · 10^{-11}. Wird die Temperatur auf 310 K gesteigert, so steigt u^w auf 401 m s^{-1}. Der Anteil der Teilchen mit $u_s > 1980$ m s^{-1} steigt dann auf ca. 14 · 10^{-11}, d. h. bereits auf fast das Doppelte.

Die Geschwindigkeit, welche ein Körper für ein Verlassen des Schwerefeldes der Erde haben muss, beträgt rund 11 km s^{-1} (sog. Fluchtgeschwindigkeit). Gehen wir von einer (punktuell ggf. bestehenden) Temperatur von 1000 K am Rande der Atmosphäre aus, so liegt u^w (wiederum für Sauerstoff) bei einem Kilometer pro Sekunde. Der Anteil der Teilchen mit einer Geschwindigkeit

7.2 · Die Maxwell'sche Geschwindigkeitsverteilung

> gleich oder höher dem 11-fachen Betrag beträgt dann nach Gl. 7.58 nur $3 \cdot 10^{-52}$. Ein merklicher Verlust an Sauerstoff durch Abdiffusion in das Weltall ist damit nicht zu befürchten. Für Wasserstoffatome errechnet man unter den genannten Bedingungen allerdings einen Anteil von mehreren Prozenten. Der Einfang interstellaren Wasserstoffs kann dies kompensieren. Diese Überlegungen beleuchten auch den Verlust atmosphärischer Gase während der Entstehungsgeschichte der Erde bzw. den Verlust der gesamten Atmosphäre bei Himmelskörpern kleinerer Masse.

Da das Ergebnis im Bereich der Reaktionskinetik (Stoßtheorie, ▶ Abschn. 4.3.1) benötigt wird, führen wir diese Überlegungen anhand der **zweidimensionalen Geschwindigkeitsverteilung** noch einmal aus. Mit Gl. 7.43 folgt (unter Verzicht auf den Index xy) anstelle von Gl. 7.56 jetzt

$$\frac{N_{u>u_s}}{N} = \int_{u_s}^{\infty} \frac{m}{k_B T} u \, e^{-\frac{mu^2}{2k_B T}} du \qquad \text{Gl. 7.59}$$

d. h.

$$\frac{N_{u>u_s}}{N} = -e^{-\frac{mu^2}{2k_B T}} \Bigg|_{u_s}^{\infty} = e^{-\frac{mu_s^2}{2k_B T}} \qquad \text{Gl. 7.60}$$

Durch Differenzieren der integrierten Form sofort verifizierbar.

Aus Vollständigkeitsgründen sei noch die mittlere absolute Geschwindigkeit der Teilchen des eindimensionalen Gases angegeben. Wir erhalten die gesuchte Abhängigkeit entsprechend ◘ Abb. 7.1 durch Mittelung der Geschwindigkeit zwischen null und unendlich. Gleichung 7.39 liefert hierfür analog Gl. 7.50

$$\bar{u}_x = \frac{\int_0^{\infty} u_x N_{u_x} du_x}{N_x} = \sqrt{\frac{m}{2\pi k_B T}} \int_0^{\infty} u_x e^{-\frac{mu_x^2}{2k_B T}} du_x \qquad \text{Gl. 7.61}$$

Eine Umformung liefert

$$\bar{u}_x = \sqrt{\frac{m}{2\pi k_B T}} \cdot \frac{k_B T}{m} \cdot \int_0^{\infty} \frac{m}{k_B T} u_x e^{-\frac{mu_x^2}{2k_B T}} du_x \qquad \text{Gl. 7.62}$$

Die mittlere absolute Geschwindigkeit liegt damit (man vgl. die Integration der Gl. 7.59) bei

$$\bar{u}_x = \sqrt{\frac{k_B T}{2\pi m}} \cdot (-) e^{-\frac{mu_x^2}{2k_B T}} \Bigg|_0^{\infty} = \sqrt{\frac{k_B T}{2\pi m}} \qquad \text{Gl. 7.63}$$

7.2.5 Abschließende Hinweise und Bemerkungen

Multipliziert man beide Seiten der Gl. 7.46 mit dem differentiellen Geschwindigkeitsintervall du, so erhält man eine Aussage über die Zahl $N_u du$ der Teilchen, welche eine Geschwindigkeit im Geschwindigkeitsintervall zwischen u und $u + du$ aufweisen.

$$N_u du = N \left(\frac{m}{2\pi k_B T} \right)^{\frac{3}{2}} e^{-\frac{mu^2}{2k_B T}} 4\pi u^2 du \qquad \text{Gl. 7.64}$$

Der Ausdruck

$$\frac{N_u du}{N} = \left(\frac{m}{2\pi k_B T} \right)^{\frac{3}{2}} e^{-\frac{mu^2}{2k_B T}} 4\pi u^2 du \qquad \text{Gl. 7.65}$$

ist demzufolge der Anteil dieser Teilchen (die Wahrscheinlichkeit für ihr Vorkommen).

Der Ausdruck $N_u du$ wird vielfach auch als dN_u geschrieben (dies mag aus Sicht der Gl. 7.47 problematisch sein) und der Ausdruck

$$f(u) = \left(\frac{m}{2\pi k_B T} \right)^{\frac{3}{2}} e^{-\frac{mu^2}{2k_B T}} 4\pi u^2 \qquad \text{Gl. 7.66}$$

wird als Verteilungsfunktion (mit der Einheit einer reziproken Geschwindigkeit) bezeichnet. Die Geschwindigkeitsverteilung nimmt dann die vielfach benutzte Form

$$\frac{dN_u}{N} = f(u)\, du \qquad \text{Gl. 7.67}$$

an. Diese Schreibweise lässt sich natürlich auch für die zwei- wie eindimensionale Verteilung anwenden. In Bezug auf die ◘ Abb. 7.1, ◘ Abb. 7.3 und ◘ Abb. 7.4 macht es für die Kurvenform ersichtlich keinen Unterschied, ob man $N_u, \frac{N_u}{N}, f(u), N_u du = dN_u$ oder $\frac{dN_u}{N}$ als Ordinate wählt (solange du als konstant gewählt wird).

> **Beispiel**
> Die Richtigkeit der Maxwell'schen Geschwindigkeitsverteilung und der daraus gezogenen Folgerungen kann relativ einfach experimentell überprüft werden:
> Ein experimenteller Grundaufbau besteht aus einer Reihe äquidistant hintereinander auf einer Achse angebrachter Scheiben. Jede Scheibe besitzt einen radialen Schlitz, der Schlitz in der jeweiligen Folgescheibe ist gegenüber der vorhergehenden um z. B. 10 Winkelgrade nach links versetzt. Die Anordnung rotiert im Vakuum mit konstanter Drehzahl rechtsdrehend. Ist nunmehr

ein feiner Gasstrahl auf die vorderste Scheibe gerichtet, so treten bei Passieren des Schlitzes Teilchen, welche die zu überprüfende Geschwindigkeitsverteilung aufweisen, durch diesen Schlitz hindurch. Den Schlitz der zweiten Scheibe – und aller folgenden – können nur Teilchen passieren, deren Geschwindigkeit so bemessen ist, dass die Flugzeit zur Folgescheibe gerade derjenigen Zeit entspricht, in welcher sich die Anordnung um 10° dreht. Alle Scheiben passierende Teilchen werden für eine bestimmte Zeit aufgefangen und das Experiment wird mit anderen Drehzahlen wiederholt. Die Verteilung wird so abgebildet.

Historisch wurde zunächst mit einem Dampf aus Silberatomen experimentiert – Silberatome verbinden sich beim Auftreffen auf eine Glasplatte fest mit diesem Material. Die Größe der entstehenden Silberflecken konnte so als Maß für dN_u / N dienen.

7.3 Die wichtigsten Gleichungen der statistischen Thermodynamik

In diesem Punkt führen wir als Erstes die Berechnung der Inneren Energie $U(T,V)$ eines Systems von einer Vielzahl gleicher Teilchen über eine Aufsummation der individuellen Teilchenenergien von 0 K ausgehend aus. Als Basis benutzen wir die Boltzmann-Statistik

$$N_i = N_0 \, e^{-\Delta\varepsilon_i / k_B T} \qquad \text{Gl. 7.33}$$

Ist U bekannt, so werden auch die Enthalpie $H = U + pV$, die molaren Wärmekapazitäten $c_V = (\partial U / \partial T)_V$ und $c_p = (\partial H / \partial T)_p$, die Entropie S als Aufintegration von c_V / T in den Grenzen von 0 bis T, die Freie Energie $F = U - TS$ und die Freie Enthalpie $G = H - TS = F + pV$ zugänglich.

Die Boltzmann-Statistik bezieht sich auf voneinander unterscheidbare („abzählbare") Teilchen. Eine Diskussion zur Abgrenzung von Systemen aus unterscheidbaren und nichtunterscheidbaren Teilchen wurde bereits in ▶ Abschn. 7.1 geführt. Danach können wir die Teilchen kondensierter Materie als abzählbar betrachten. Für Gase ist dies nicht unbedingt der Fall. Hier wäre vom Prinzip her also eine Quantenstatistik anzuwenden.

Die Energie eines makroskopischen Teilchensystems kann jedoch nicht davon abhängen, ob Teilchen voneinander unterschieden, also vertauscht werden können oder nicht. Daher können Formeln für U, H, c_V und c_p in beiden Fällen auf Basis der für unterscheidbare Teilchen geltenden Gl. 7.33 berechnet werden.

Im Falle der Entropie S ist dies nicht zulässig: Das Vertauschen zweier unterscheidbarer Teilchen bedeutet eine neue Realisierungsmöglichkeit, also einen Entropiezuwachs ($S = k_B \ln W$, ▶ Abschn. 7.1). Sind die Teilchen nicht unterscheidbar, entfällt dies.

Im Rahmen dieses Buches können wir den mit der Anwendung einer Quantenstatistik verbundenen erheblichen mathematischen Aufwand allerdings vermeiden. Dies gelingt durch nachträgliches Anpassen eines für die Entropie eines Gases auf der Basis der Boltzmann-Statistik gewonnenen Ausdrucks an die Bedingung der Nichtunterscheidbarkeit.

Die für die Rechnung noch erforderlichen Energiezustände ε_i der Teilchen werden durch Lösen der Schrödinger-Gleichung (für Translations-, Rotations- und Schwingungsbewegungen) gewonnen. Diese Lösungen werden im vorliegenden Zusammenhang unter einigen erläuternden Hinweisen aus der Physik übernommen.

7.3.1 Zustandssumme, Innere Energie und molare Wärmekapazität

Den energetischen Zustand eines Systems von N Teilchen (Teilchengesamtheit) können wir durch das Verhältnis von N zu N_0 beschreiben (N_0 ist die Zahl der im untersten energetischen Zustand ε_0 verbliebenen Teilchen)

$$\frac{N}{N_0} = Q \qquad \text{Gl. 7.68}$$

Der Quotient Q eines insgesamt im Grundzustand befindlichen Systems ($N_0 = N$) ist dann gleich eins. Je weniger Teilchen bei einem bestimmten Zustand im Grundzustand verbleiben – je höher also der energetische Gesamtzustand ist – umso größer wird N/N_0.

Mit N als Summe über die Besetzungszahlen N_i gilt mit Gl. 7.33

$$Q = \frac{\sum N_i}{N_0} = \frac{\sum N_0 e^{-\Delta \varepsilon_i / k_B T}}{N_0} = \sum e^{-\Delta \varepsilon_i / k_B T} \qquad \text{Gl. 7.69}$$

Q wird insoweit als **Zustandssumme** bezeichnet. Die Zustandssumme ist in dieser Schreibweise eine reine Zahl.

Zahlenwerte für Q sind erst bei Kenntnis der einzelnen von den Teilchen einnehmbaren Energiezustände zugänglich. Diesem Thema widmen wir den späteren ▶ Abschn. 7.3.3 – dort wird in Q auch das statistische Gewicht eingeführt. Zum jetzigen Zeitpunkt setzen wir einfach Q als ausführbar voraus.

Im Folgenden drücken wir als Erstes die Innere Energie eines aus N Teilchen bestehenden Systems durch die Zustandssumme aus.

Für $T = 0$ besitzen sämtliche Teilchen die Nullpunktsenergie ε_0. Die Innere Energie des Systems ist dann $U_0 = N\varepsilon_0$. Das System werde jetzt auf die Temperatur T (Innere Energie U) gebracht.

Bei der Temperatur T verbleiben nach der Boltzmann'schen Statistik N_0 Teilchen auf dem untersten Niveau ε_0, nehmen also keine Energie auf. N_1 Teilchen befinden sich auf dem Energieniveau ε_1. Pro Teilchen musste dazu die Energie $\varepsilon_1 - \varepsilon_0 = \Delta \varepsilon_1$ aufgenommen werden, insgesamt also nach Gl. 7.33 die Energie

$$\Delta U_1 = \Delta \varepsilon_1 N_0 e^{-\Delta \varepsilon_1 / k_B T} \qquad \text{Gl. 7.70}$$

7.3 · Die wichtigsten Gleichungen der statistischen Thermodynamik

Für die Energieaufnahme der Teilchen auf dem i-ten Energieniveau gilt entsprechend

$$\Delta U_i = \Delta\varepsilon_i N_0 e^{-\Delta\varepsilon_i/k_B T} \qquad \text{Gl. 7.71}$$

Aufsummation liefert dann für die Innere Energie $U - U_0$ sofort

$$U - U_0 = N_0 \sum \Delta\varepsilon_i e^{-\Delta\varepsilon_i/k_B T} \qquad \text{Gl. 7.72}$$

Die Summation ist dabei vom untersten ($\Delta\varepsilon_0 = 0$) bis zum höchsten vorhandenen Energiezustand auszuführen.

Die Zustandssumme Q führen wir in Gl. 7.72 über die Eigenschaft der Exponentialfunktion ein, dass bei einer Differentiation der differenzierte Exponent als multiplikativer Faktor auftritt.

Gl. 7.69 liefert insoweit

$$\left.\frac{\partial Q}{\partial T}\right|_V = \frac{1}{k_B T^2} \sum \Delta\varepsilon_i\, e^{-\Delta\varepsilon_1/k_B T} \qquad \text{Gl. 7.73}$$

Ein Vergleich von Gl. 7.72 mit Gl. 7.73 ergibt dann sofort

$$U - U_0 = k_B T^2\, N_0 \left.\frac{\partial Q}{\partial T}\right|_V \qquad \text{Gl. 7.74}$$

Die Größe N_0 wird dabei über Gl. 7.68 in der Form $N_0 = N/Q$ eliminiert

$$U - U_0 = N k_B T^2 \frac{1}{Q}\left.\frac{\partial Q}{\partial T}\right|_V = k_B T^2 \left.\frac{\partial \ln Q^N}{\partial T}\right|_V \qquad \text{Gl. 7.75}$$

Mathematischer Hintergrund

$\left.\frac{1}{Q}\frac{\partial Q}{\partial T}\right|_V$ ist identisch mit $\left.\frac{\partial \ln Q}{\partial T}\right|_V$, wenn man auf Letzteres die Kettenregel $\frac{d}{dT}\ln(Q) = \frac{d\ln(Q)}{dQ}\frac{dQ}{dT} = \frac{1}{Q}\frac{dQ}{dT}$ anwendet.

$N \ln Q$ ist gleich $\ln Q^N$.

Q^N in Gl. 7.75 wird als Systemzustandssumme Z bezeichnet

$$U - U_0 = k_B N T^2 \left.\frac{\partial \ln Q}{\partial T}\right|_V = k_B T^2 \left.\frac{\partial \ln Z}{\partial T}\right|_V \qquad \text{Gl. 7.76}$$

Thermodynamische Größen werden üblicherweise auf die Stoffmenge bezogen. Folglich werden diese Größen durch n geteilt. Weiterhin muss die entsprechende Teilchenzahl auch in der Zustandssumme berücksichtigt werden.

Wir beziehen uns im Folgenden auf 1 Mol Teilchen ($n^\ominus$). Hierzu darf die Teilchenzahl N nicht einfach durch die Avogadro-Konstante N_A ersetzt werden, da N_A eine Einheit (mol^{-1}) trägt, sondern durch den Zahlenwert Z_{NA} der Avogadro-Konstanten ($Z_{NA} = N_A \cdot n^\ominus$). In der Zustandssumme Q ($Q = N/N_0$) ist dann N ebenfalls gleich Z_{NA} und N_0 ist der Anteil an den Z_{NA} Teilchen, welcher sich im energetischen Grundzustand befindet. Die Systemzustandssumme ist jetzt $Z = Q^{Z_{NA}}$ und anstelle von Gl. 7.75 erhält man

$$\Delta U = U - U_0 = k_B Z_{NA} T^2 \left.\frac{\partial \ln Q}{\partial T}\right|_V = k_B T^2 \left.\frac{\partial \ln Q^{Z_{NA}}}{\partial T}\right|_V \qquad \text{Gl. 7.77}$$

Für die Gewinnung der Änderung der molaren Inneren Energie ΔU_m ist dann noch durch die Einheitsgröße $n^\ominus$ (1 mol) zu teilen und wir erhalten jetzt mit $\frac{Z_{NA} k_B}{n^\ominus} = R$ und mit V_m als Molvolumen

$$\Delta U_m = U_m - U_{m,0} = RT^2 \left.\frac{\partial \ln Q}{\partial T}\right|_{V_m} \qquad \text{Gl. 7.78}$$

Die molare Wärmekapazität $c_V = \left.\frac{\partial U_m}{\partial T}\right|_{V_m}$ erhalten wir aus Gl. 7.78 sofort zu

$$c_V = \left(\frac{\partial}{\partial T} RT^2 \left.\frac{\partial \ln Q}{\partial T}\right|_{V_m}\right)_{V_m} \qquad \text{Gl. 7.79}$$

Innere Energie und molare Wärmekapazität bei konstantem Volumen sind also bei bekannter Zustandssumme sofort angebbar. Für kondensierte Systeme weichen Enthalpie H und molare Wärmekapazität c_p bei konstantem Druck davon nur wenig ab ($H = U + pV$ mit kleinem pV, $c_p = (\partial H / \partial T)_p$). Für (ideale) Gase ist $H = U + RT$ und $c_p = c_V + R$.

7.3.2 Entropie, Freie Energie und Freie Enthalpie

7.3.2.1 Systeme unterscheidbarer Teilchen

Für die Entropie S als Funktion von Volumen und Temperatur gilt als molare Größe

$$S_m = \int_0^T \frac{c_V}{T} dT \qquad \text{Gl. 7.80}$$

wobei die Nullpunktsentropie nach dem 3. Hauptsatz gleich null gesetzt wurde. Einsetzen der Gl. 7.79 liefert

$$S_m = \int_0^T \frac{1}{T} \left(\frac{\partial}{\partial T} RT^2 \left.\frac{\partial \ln Q}{\partial T}\right|_{V_m}\right)_{V_m} dT \qquad \text{Gl. 7.81}$$

Nach partieller Integration erhält man

$$S_m = RT \left.\frac{\partial \ln Q}{\partial T}\right|_{V_m} + R \ln Q \qquad \text{Gl. 7.82}$$

7.3 · Die wichtigsten Gleichungen der statistischen Thermodynamik

> **Mathematischer Hintergrund**
>
> Mit u wie v als Funktion einer Variablen x und u' wie v' als Ableitungen nach dieser Variablen gilt allgemein
> $\int u\,v'dx = u\,v - \int v\,u'dx$. Im vorliegenden Fall setzen wir $u = \frac{1}{T}$ bzw. $u' = -\frac{1}{T^2}$ sowie $v' = \frac{\partial}{\partial T}\left(RT^2 \frac{\partial \ln Q}{\partial T}\right)$ und $v = RT^2 \frac{\partial \ln Q}{\partial T}$.
>
> Für Gl. 7.81 können wir dann schreiben
> $$S_m = \frac{1}{T} RT^2 \frac{\partial \ln Q}{\partial T} - \int_0^T RT^2 \frac{\partial \ln Q}{\partial T} \cdot (-) \frac{1}{T^2} \partial T$$
>
> d. h. $S_m = \frac{1}{T} RT^2 \frac{\partial \ln Q}{\partial T} + \int_0^T R\, \partial \ln Q$.
>
> Die untere Grenze des verbliebenen Integrals ist wegen $Q(T = 0K) = 1$ identisch null und Gl. 7.82 damit bewiesen.

Der erste Term der Gl. 7.82 entspricht wegen Gl. 7.78 dem Ausdruck $U_m - U_{m,0}/T$. Damit ist

$$S_m = \frac{U_m - U_{m,0}}{T} + R \ln Q = \frac{U_m - U_{m,0}}{T} + \frac{k_B}{n^{\ominus}} \ln Q^{Z_{NA}} \qquad \text{Gl. 7.83}$$

Für die Freie Energie $F_m = U_m - TS_m$ erhalten wir schließlich

$$F_m = U_m - (U_m - U_{m,0}) - RT \ln Q = U_{m,0} - RT \ln Q \qquad \text{Gl. 7.84}$$

Für kondensierte Materie ist mit (näherungsweise) $H = U$ auch $G = F$, d. h. auch für G gilt

$$G_m = U_{m,0} - RT \ln Q \qquad \text{Gl. 7.85}$$

7.3.2.2 Systeme nicht unterscheidbarer Teilchen

Für den Fall von Gasen als ununterscheidbaren Teilchen teilen wir die System-Zustandssumme $Q^{Z_{NA}}$ durch die Zahl der im System möglichen Vertauschungen (Permutationen). Es sind dies $Z_{NA}!$. Die Division durch $Z_{NA}!$ bewirkt, dass alle Zustände, die durch ein bloßes Vertauschen von Teilchen entstanden sind, nachträglich als ein einziger Zustand gewertet werden.

Anstelle von Gl. 7.77 schreiben wir dann

$$\Delta U = U - U_0 = k_B T^2 \frac{\partial \ln(Q^{Z_{NA}} / Z_{NA}!)}{\partial T} = k_B Z_{NA} T^2 \frac{\partial \ln Q}{\partial T}$$

$$\text{Gl. 7.86}$$

oder wieder auf ein Mol bezogen

$$\Delta U_m = U_m - U_{m,0} = \frac{RT^2 \partial \ln Q}{\partial T} \qquad \text{Gl. 7.87}$$

> **Mathematischer Hintergrund**
>
> $$\ln\left(Q^{Z_{NA}} / Z_{NA}!\right) = \ln Q^{Z_{NA}} - \ln Z_{NA}!$$
>
> Der zweite Term wird als eine Konstante durch die Differentiation nach T eliminiert.

Das Ergebnis für die Innere Energie hängt also – wie bereits in ▶ Abschn. 7.3 einleitend bemerkt – nicht davon ab, ob Teilchenvertauschungen möglich oder nicht möglich sind. Gleiches gilt ersichtlich für Enthalpie und molare Wärmekapazitäten.

Für die Entropie gilt nach Division durch $Z_{NA}!$ jetzt anstelle von Gl. 7.83

$$S_m = \frac{U_m - U_{m,0}}{T} + \frac{k_B}{n^{\ominus}} \ln \frac{Q^{Z_{NA}}}{Z_{NA}!} \qquad \text{Gl. 7.88}$$

Mit $\ln Z_{NA}! = Z_{NA} \ln Z_{NA} - Z_{NA}$ (vereinfachte Stirling'sche Formel, siehe mathematischer Hintergrund zu Gl. 7.17) wird daraus

$$S_m = \frac{U_m - U_{m,0}}{T} + R \ln Q - R \ln Z_{NA} + R \qquad \text{Gl. 7.89}$$

oder

$$S_m = \frac{U_m - U_{m,0}}{T} + R \left(\ln \frac{Q}{Z_{NA}} + 1 \right) \qquad \text{Gl. 7.90}$$

Dann gilt für die Freie Energie anstelle von Gl. 7.84

$$F_m = U_{m,0} - RT \left(\ln \frac{Q}{Z_{NA}} + 1 \right) \qquad \text{Gl. 7.91}$$

und anstelle von G erhalten wir als molare Größe (ideales Gas)

$$G_m = F_m + pV_m = F_m + RT = U_{m,0} - RT \ln \frac{Q}{Z_{NA}} \qquad \text{Gl. 7.92}$$

Damit ist die eingangs gestellte Aufgabe gelöst.

7.3 · Die wichtigsten Gleichungen der statistischen Thermodynamik

7.3.3 Zur Berechnung von Zustandssummen

Für eine Berechnung von Zustandssummen

$$Q = \sum e^{-\Delta \varepsilon_i / k_B T} \qquad \text{Gl. 7.69}$$

müssen als Erstes die möglichen Energiezustände ε_i einschließlich der Grundzustandsenergie ε_0 bekannt sein. Danach muss die Summe ausgeführt werden.

7.3.3.1 Energieterme für Translations-, Rotations- und Schwingungszustände

Teilchen können unter bestimmten experimentellen Bedingungen auch Welleneigenschaften zeigen (Beispiel: beim Streuen eines Elektronenstrahls am Festkörpergitter treten Interferenzen auf). Umgekehrt zeigen Wellenerscheinungen auch korpuskulares Verhalten (Beispiel: Photoeffekt).

Dies ist der sog. Welle-Teilchen-Dualismus. Eine einheitliche Beschreibung muss beide Aspekte berücksichtigen. Zeigt z. B. ein Teilchen Welleneigenschaften, so ist ihm neben seinem Impuls mv auch eine (ggf. aus dem Experiment erhältliche) Wellenlänge λ zuzuordnen (die Geschwindigkeit des Teilchens der Masse m sei in diesem Zusammenhang mit v bezeichnet). Zeigt eine Welle der Wellenlänge λ Korpuskeleigenschaften, so muss sich dies in einem beobachtbaren Impuls mv niederschlagen. De Broglie fand als Zusammenhang

$$\lambda = \frac{h}{mv} \qquad \text{Gl. 7.93}$$

h ist hierin das Planck'sche Wirkungsquantum, $h = 6{,}626 \cdot 10^{-34}$ J s. Für Objekte größerer Masse m ist nach Gl. 7.93 die Wellenlänge λ selbst für kleine Geschwindigkeiten v unmessbar klein. Für langwellige Strahlung gilt dies für den Impuls mv. Beide treten dann nicht mehr in Erscheinung.

Für eine klassische stehende Welle gilt die Differentialgleichung

$$\Delta \Psi + \frac{4\pi^2}{\lambda^2} \Psi = 0 \qquad \text{Gl. 7.94}$$

Hierin ist Ψ die ortsabhängige Amplitude der stehenden Welle, d. h. $\Psi = \Psi(x, y, z)$ bei Verwendung kartesischer Koordinaten, und $\Delta \Psi$ ist eine Abkürzung für die zweite Ableitung der Funktion nach den Ortskoordinaten.

Setzen wir nun Gl. 7.93 in Gl. 7.94 ein, so folgt bei geringfügigem Umstellen

$$\Delta \Psi + \frac{8\pi^2 m}{h^2} \cdot \frac{1}{2} m v^2 \Psi = 0 \qquad \text{Gl. 7.95}$$

$\frac{1}{2}mv^2$ ist die kinetische (translatorische) Energie ε_{trans} des Teilchens. Mit ε_{pot} als zugehöriger potentieller Energie und $\varepsilon = \varepsilon_{trans} + \varepsilon_{pot}$ als Gesamtenergie ist dann

Für kartesische Koordinaten gilt $\Delta\Psi = \frac{\partial^2\Psi}{\partial x^2} + \frac{\partial^2\Psi}{\partial y^2} + \frac{\partial^2\Psi}{\partial z^2}$. Die zweite räumliche Ableitung der Funktion entsteht durch formale Multiplikation mit dem sog. Laplace-Operator Δ (hier durch $\frac{\partial^2}{\partial x^2} + \frac{\partial^2}{\partial y^2} + \frac{\partial^2}{\partial z^2}$ definiert).

$$\Delta\Psi + \frac{8\pi^2 m}{h^2}\left(\varepsilon - \varepsilon_{pot}\right)\Psi = 0 \qquad \text{Gl. 7.96}$$

Dies ist die sog. Schrödinger-Gleichung (genauer: ihre zeitunabhängige Form). Sie stellt den Ausgangspunkt für die Berechnung von Teilchenenergien dar.

Die Variable Ψ – sie ist jetzt Bestandteil einer Elemente aus Teilchenphysik **und** klassischer Physik enthaltenden Gleichung – wird aus Analogiegründen als eine **Wellenfunktion** bezeichnet. Man darf sich unter Ψ jedoch keinesfalls die Amplitude einer tatsächlichen Welle oder eine andere physikalische Realität vorstellen. Physikalische Realität im mathematischen Sinne besitzt jedoch das Quadrat Ψ^2 der Wellenfunktion bzw. im Falle komplexer Wellenfunktionen das Produkt $\Psi\Psi^*$ der konjugiert komplexen Ausdrücke. Es wird als Maß für die Wahrscheinlichkeit der Anwesenheit des Teilchens an einem bestimmten Ort angesehen (Aufenthaltswahrscheinlichkeit, Wahrscheinlichkeitsdichte).

Die Wellenfunktion Ψ wird dann – immer noch in Analogie zu tatsächlichen Wellen, bei welchen das Quadrat der Amplitude die Energiedichte beschreibt – auch als Wahrscheinlichkeitsamplitude gekennzeichnet.

Die Schrödinger-Gleichung wird mit dieser (oder mit einer anderen) Einführung nicht bewiesen. Sie ist vielmehr ein Postulat, mit Hilfe dessen man die Realität der Teilchenphysik (bisher) unwidersprochen beschreiben kann. – Die moderne Schreibweise (Einführung des sog. Hamilton-Operators) ist im vorliegenden Rahmen verzichtbar.

Für ein in einem Volumen V real existierendes Teilchen ist die Aufenthaltswahrscheinlichkeit in diesem Volumen gleich eins. Dies führt auf die (für eine physikalisch sinnvolle Lösung der Gl. 7.96) geltende Vorausbedingung

$$\int_V \Psi\Psi^* d\tau = 1 \qquad \text{Gl. 7.97}$$

(Integral über das Volumen V, $d\tau$ ist das Volumenelement $dxdydz$).

Weitere Bedingungen für physikalisch sinnvolle (d. h. einem realen Teilchenverhalten entsprechende) Lösungen $\Psi(x,y,z)$ sind Eindeutigkeit und Stetigkeit dieser Funktionen. Außerdem müssen natürlich die für ein konkretes Problem bestehenden Randbedingungen erfüllt werden.

Die Schrödinger-Gleichung als eine partielle Differentialgleichung zweiter Ordnung besitzt an sich eine doppelt unendliche Lösungsmannigfaltigkeit. Die obigen Bedingungen wirken aus mathematischer Sicht insgesamt jedoch so einschränkend, dass Lösungen im Allgemeinen nur noch bei bestimmten Werten für die Teilchenenergien entstehen können. Diese Lösungen werden Eigenfunktionen genannt, die zugehörigen diskreten Energien Eigenwerte. **Damit besteht eine Quantelung der Energie.**

Die genaue Form der Eigenwerte hängt noch von der Energieform (Translations-, Rotations- und Schwingungsenergie der Teilchen) ab.

Für den Fall der Translationsenergie benötigen wir die Kenntnis der Energien ε_{trans} eines Teilchens der Masse m, welches sich in einem begrenzten Raum bewegen kann. Wir wählen einen Quader der Kantenlängen a, b und c.

Diese Festlegung stellt bereits die Randbedingungen dar ($\Psi = 0$ für $x = 0$ und $x = a$, $y = 0$ und $y = b$, $z = 0$ und $x = c$; das Problem wird auch als das eines „Teilchens im Kasten" gekennzeichnet).

Irgendwelche potentielle Energie soll das betrachtete Teilchen nicht besitzen (kräftefreie Bewegung, der Raum im Kasten muss feldfrei sein). In diesem Falle ist mit $\varepsilon_{pot} = 0$ die Gleichung

$$\Delta\Psi + \frac{8\pi^2 m}{h^2}\varepsilon\Psi = 0 \qquad \text{Gl. 7.98}$$

> In Bezug auf eine chemischen Reaktion würde der Kasten das Reaktionsvolumen beschreiben.

unter Beachtung der jetzt und zuvor genannten Bedingungen zu lösen. Aus der Lösung übernehmen wir als für das Teilchen mögliche Translationsenergien

$$\varepsilon_{trans} = \varepsilon_{trans,x} + \varepsilon_{trans,y} + \varepsilon_{trans,z} = \frac{h^2 n_x^2}{8ma^2} + \frac{h^2 n_y^2}{8mb^2} + \frac{h^2 n_z^2}{8mc^2} \qquad \text{Gl. 7.99}$$

Die n_x, n_y und n_z sind die Quantenzahlen für die Translationsenergien in x-, y- und z-Richtung. Sie entsprechen ganzen Zahlen 1, 2, 3, 4, …

Da das Planck'sche Wirkungsquantum h eine sehr kleine Größe ist (die zudem noch quadriert wird), die geometrischen Abmessungen a, b, c auf der anderen Seite (gegenüber der Teilchengröße) groß sind, bleiben die Energiebeträge selbst für hohe Quantenzahlen n klein. Dies bedeutet, dass die Energiezustände der Translation sehr dicht liegen.

Die Quantelung der kinetischen Energie eines Teilchens wird deshalb oftmals unterschlagen. Dies mag seinen Grund auch darin haben, dass für ein völlig frei bewegliches Teilchen (a, b und c sind ∞) die Quantelung als aufgehoben betrachtet werden kann. Eine Lösung der Schrödinger-Gleichung unter letzteren Bedingungen bestätigt dies.

Die Zahl eins als unterste mögliche Quantenzahl ist durch die Tatsache bedingt, dass die (hier nicht angegebene) Eigenfunktion überall den Wert null annimmt, wenn eine der Zahlen nx, ny, nz gleich null wird. Dann wäre das Integral Gl. 7.97 ebenfalls gleich null, d. h. das Teilchen nicht mehr existent. Man kann einem Teilchen also auch für $T = 0$ nicht sämtliche Translationsenergie entziehen. Für $\varepsilon_{trans} = 0$ wären Impuls und Ort gleichzeitig absolut festgelegt – in Form eines in Ruhe befindlichen Teilchens. Dies würde der Heisenberg'schen Unschärferelation widersprechen.

Ausgangspunkt unserer **Überlegungen zu Rotationsenergien** ist ein Teilchen der Masse m, welches sich auf einer Kugeloberfläche des Radius

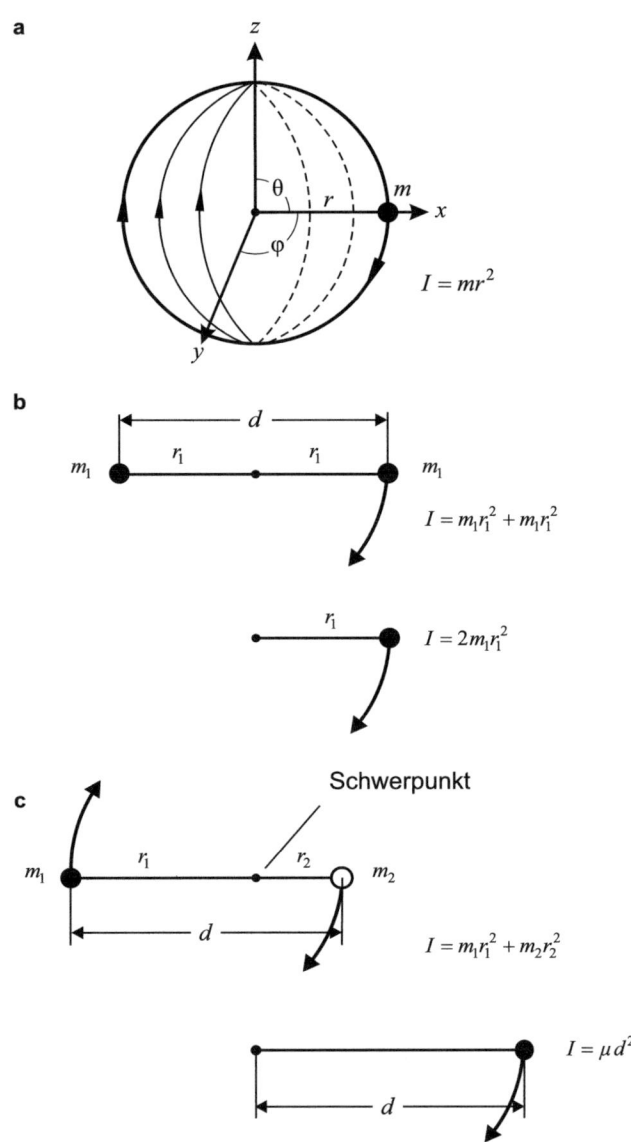

Abb. 7.6 Starrer Rotator, vgl. Text

r frei bewegen kann. Randbedingung ist, dass die Oberfläche weder nach innen noch nach außen verlassen werden kann. Man spricht von einem starren Rotator, ● Abb. 7.6a).

Bei Rotationsbewegungen tritt laut elementarer Physik an die Stelle der Teilchenmasse m das Trägheitsmoment I, im vorliegenden Fall $I = mr^2$. An die Stelle der kinetischen Energie $mv^2/2$ tritt die Rotationsenergie $I\omega^2/2$ (ω ist die Winkelgeschwindigkeit $2\pi\nu$ mit ν als Rotationsfrequenz).

$$\varepsilon_{rot} = mr^2 \frac{\omega^2}{2} = I\frac{\omega^2}{2} \qquad \text{Gl. 7.100}$$

7.3 · Die wichtigsten Gleichungen der statistischen Thermodynamik

Eine solche Bewegung wird in sphärischen Polarkoordinaten beschrieben (Radius r, Polwinkel θ und Azimutwinkel φ). Sie sind in ◘ Abb. 7.6a mit eingezeichnet.

In der Realität finden wir eine Entsprechung etwa bei der Betrachtung der Anfangsphase eines Hammerwurfs. Im molekularen Bereich fehlt diese Entsprechung. Vielmehr sind hier (zweiatomiges Molekül) Rotationen von Massen umeinander zu diskutieren. Im einfachsten Fall ist das Molekül symmetrisch, d. h. beide Atome weisen die gleiche Masse m_1 auf und rotieren auf einer Kugeloberfläche des Radius $r_1 = d/2$. In diesem Falle entspricht das Trägheitsmoment des Systems demjenigen eines starren Rotators der Masse $m = 2m_1$ (◘ Abb. 7.6b). Dann liegt auch die gleiche Rotationsenergie vor und wir können Gl. 7.100 mit $I = 2m_1 r^2$ weiterverwenden.

Diese Weiterverwendung gilt auch für ein um seinen Schwerpunkt rotierendes asymmetrisches zweiatomiges Molekül (m_1, m_2; r_1, r_2, ◘ Abb. 7.6c), wenn es gelingt, das Trägheitsmoment des Moleküls durch einen Ausdruck der Form „Masse mal Quadrat der Entfernung vom Rotationszentrum" zusammenzufassen. Dies erfolgt durch den Ansatz

$$m_1 r_1^2 + m_2 r_2^2 = \mu d^2 \qquad \text{Gl. 7.101}$$

wobei $d = r_1 + r_2$.

Mit der Nebenbedingung $r_1/r_2 = m_2/m_1$ (für die Lage des Schwerpunkts) kann man Gl. 7.101 nach μ auflösen

$$\mu = \frac{m_1 m_2}{m_1 + m_2} \qquad \text{Gl. 7.102}$$

Dieser Ausdruck wird auch als reduzierte Masse bezeichnet.

> **Mathematischer Hintergrund**
>
> $d^2 = (r_1 + r_2)^2$ wird nach dem binomischen Lehrsatz ausgeführt, das entstehende gemischte Glied $2r_1 r_2$ wird in $r_1 r_2 + r_2 r_1$ aufgespalten. Ersetzen einmal von r_1 und einmal von r_2 durch die Nebenbedingung liefert dann für d^2 den Ausdruck $r_1^2 + m_2 r_2^2/m_1 + m_1 r_1^2/m_2 + r_2^2$. Dieser entspricht dem Produkt $(m_1 r_1^2 + m_2 r_2^2)(1/m_1 + 1/m_2)$. Mit Gl. 7.101 ist daher $1/\mu = (1/m_1 + 1/m_2)$, d. h. μ nimmt den im Text genannten Wert an. Für das symmetrische Molekül wird $\mu = m_1/2$; das Trägheitsmoment $m_1 d^2/2$ entspricht mit $d = 2r_1$ korrekt dem Wert $2m_1 r_1^2$.

Damit können wir die Schrödinger-Gleichung für den vorliegenden Fall aufstellen. Hierzu setzen wir wieder einen feldfreien Raum voraus (in Gl. 7.96 ist $\varepsilon_{pot} = 0$). Die zweite räumliche Ableitung $\Delta\Psi$ der Wellenfunktion setzen wir in Gl. 7.96 in Polarkoordinaten-Schreibweise ein. Diese enthält den Faktor $1/r^2$. Durchmultiplikation führt das Trägheitsmoment I in die Gleichung ein, welches dann auch in ihren Lösungen (Eigenwerten) auftreten muss. Wir übernehmen diese zu

$$\varepsilon_{rot} = \frac{h^2}{8\pi^2 I} J(J+1)$$ Gl. 7.103

> **Mathematischer Hintergrund**
>
> Die zweite räumliche Ableitung $\Delta\Psi$ lautet in Polarkoordinaten r, θ, φ
>
> $$\Delta\Psi = \frac{\partial^2\Psi}{\partial r^2} + \frac{2}{r}\frac{\partial\Psi}{\partial r} + \frac{1}{r^2}\frac{\partial^2\Psi}{\partial\theta^2} + \frac{\cos\theta}{r^2\sin\theta}\frac{\partial\Psi}{\partial\theta} + \frac{1}{r^2\sin^2\theta}\frac{\partial^2\Psi}{\partial\varphi^2}$$
>
> Dies vereinfacht sich hier noch etwas, weil Ψ nicht von r abhängt. Dann entfallen die beiden ersten Terme. Wir wollen es bei diesen Feststellungen belassen.

Die Rotationsquantenzahl J kann die Werte 0, 1, 2, 3, 4, ... annehmen. Einem Molekül ist damit für $T = 0$ die gesamte Rotationsenergie entziehbar, $\varepsilon_{rot,0} = 0$.

Ausgangspunkt für die **Berechnung von Schwingungsenergien** ist der sog. lineare harmonische Oszillator. Hierunter wird eine Masse m verstanden, welche gegen eine rückstellende Kraft F eine Schwingung der Frequenz v ausführt (man kann sich an dieser Stelle F zunächst als eine Federkraft vorstellen). Linear bedeutet, dass die Schwingung nur in einer Raumrichtung (z. B. der x-Richtung) erfolgt. Harmonisch bedeutet, dass die Kraft F stets proportional zur Auslenkung aus der Ruhelage ist

$$F = -Dx$$ Gl. 7.104

Die Proportionalitätskonstante D bezeichnet man als Kraftkonstante.

Im Gegensatz zu den beiden vorhergehenden Fällen ist im betrachteten System jetzt potentielle Energie vorhanden und damit in der Schrödinger-Gleichung zu berücksichtigen. Wir erhalten die potentielle Energie ε_{pot} mit Gl. 7.104 über den allgemeinen Zusammenhang

$$F = -\frac{d\varepsilon_{pot}}{dx}$$ Gl. 7.105

nach Integration zu

$$\varepsilon_{pot} = \frac{1}{2}Dx^2$$ Gl. 7.106

Die Schwingungsfrequenz können wir durch den Zusammenhang

$$v = \frac{1}{2\pi}\sqrt{\frac{D}{m}}$$ Gl. 7.107

d. h.

$$D = 4\pi^2 m v^2 \qquad \text{Gl. 7.108}$$

in die potentielle Energie einführen

$$\varepsilon_{pot} = 2\pi^2 m v^2 x^2 \qquad \text{Gl. 7.109}$$

Die Schrödinger-Gleichung Gl. 7.96 für den linearen harmonischen Oszillator lautet somit

$$\frac{d^2\Psi}{dx^2} + \frac{8\pi^2 m}{h^2}(\varepsilon - 2\pi^2 m v^2 x^2)\Psi = 0 \qquad \text{Gl. 7.110}$$

Für den Fall der Schwingung der Atome eines zweiatomigen Moleküls gegeneinander behält Gl. 7.110 bei Ersetzen der schwingenden Masse m durch die reduzierte Masse μ der schwingenden Teilchen und der Auslenkung x durch den (sich zeitlich periodisch ändernden) Kernabstand ihre Gültigkeit (vgl. den vorhergehenden Fall). Als resultierende Energie-Eigenwerte für die Schwingung übernehmen wir

$$\varepsilon_{schw} = h\nu(v + \frac{1}{2}) \qquad \text{Gl. 7.111}$$

mit der Frequenz ν und der Schwingungsquantenzahl $v = 0, 1, 2, 3, 4, \ldots$
Die Schwingung ist damit (wie die Translation) mit einer Nullpunktsenergie verbunden, hier $\varepsilon_{schw,0} = \frac{1}{2}h\nu$.

Hier tritt der unglückliche Fall ein, dass die im Druck fast identisch wirkenden Symbole für Frequenz (nü) und Quantenzahl v in einer Gleichung auftreten.

7.3.3.2 Zustandssummen für Translation, Rotation und Schwingung sowie Molekülzustandssummen

Die Teilchen eines Gases weisen ganz allgemein Translations-, Rotations- und Schwingungsenergien auf

$$\varepsilon = \varepsilon_{trans} + \varepsilon_{rot} + \varepsilon_{schw} \qquad \text{Gl. 7.112}$$

Diese Additivität gilt nur dann, wenn sich die Energien gegenseitig nicht beeinflussen. Andernfalls (wenn etwa die Schwingung das Trägheitsmoment und damit ε_{rot} beeinflusst) werden Korrekturterme erforderlich.

Aufgrund der für Exponentialfunktionen geltenden Rechenregeln können wir mit Gl. 7.69 also schreiben

$$Q = \sum e^{-\Delta \varepsilon_i / k_B T}$$

$$= \sum e^{-\frac{\Delta \varepsilon_{i,trans}}{k_B T}} \sum e^{-\frac{\Delta \varepsilon_{i,rot}}{k_B T}} \sum e^{-\frac{\Delta \varepsilon_{i,schw}}{k_B T}}$$

$$= Q_{trans} Q_{rot} Q_{schw} \qquad \text{Gl. 7.113}$$

Wir können also die sog. **besonderen Zustandssummen** Q_{trans}, Q_{rot} und Q_{schw} einzeln berechnen und anschließend multipliziert zur **vollständigen Zustandssumme Q** zusammensetzen. Für den Fall eines einatomigen Gases entfallen ε_{schw} und ε_{rot} (letzteres auf Grund eines zu kleinen Trägheitsmomentes). Die zugehörigen besonderen Zustandssummen sind dann gleich eins.

Die vollständige Zustandssumme wird auch als **Molekülzustandssumme** bezeichnet. Sie muss natürlich auch einen Term für Elektronenanregungsenergien enthalten. Dies ist auch der Fall: Da Elektronenanregungen erst bei hohen Temperaturen relevant werden, ist nach Gl. 7.68 der multiplikative Term $Q_{el} = N / N_0$ ebenfalls gleich eins.

Wir führen die besonderen und die vollständigen Zustandssummen im Folgepunkt anhand eines zweiatomigen Gasmoleküls beispielhaft aus.

Die **Translationszustandssumme** Q_{trans} kann mit Gl. 7.99 noch einmal aufgespalten werden.

$$Q_{trans} = \sum e^{-\frac{\Delta\varepsilon_{i,trans,x}}{k_B T}} \sum e^{-\frac{\Delta\varepsilon_{i,trans,y}}{k_B T}} \sum e^{-\frac{\Delta\varepsilon_{i,trans,z}}{k_B T}}$$

Gl. 7.114

$$= Q_{trans,x} \, Q_{trans,y} \, Q_{trans,z}$$

Für $\varepsilon_{trans,x}$ hatten wir ebenfalls nach Gl. 7.99 mit $n_x = 1, 2, 3 \ldots$ erhalten

$$\varepsilon_{trans,x} = \frac{h^2 n_x^2}{8ma^2}$$

Gl. 7.115

Da die Quantenzahlen n_x als Quadrate in die Energien eingehen, können wir die Energie des untersten Zustands in der Differenz $\Delta\varepsilon_i$ vernachlässigen. Dies liefert

$$Q_{trans,x} = \sum_{n_x=1}^{n} e^{-\frac{h^2 n_x^2}{8ma^2 k_B T}}$$

Gl. 7.116

Wie in ▶ Abschn. 7.3.3.1 angemerkt, liegen die Energiezustände der Translation dicht beieinander. Damit kann die Summe durch ein Integral ersetzt werden.

Um alle möglichen Quantenzahlen zu erfassen, wählen wir als obere Integrationsgrenze den Wert unendlich. Dann kann es auch nichts ausmachen, ob die Integration bei $n_x = 1$ oder $n_x = 0$ beginnt

$$Q_{trans,x} = \int_0^\infty e^{-\frac{h^2 n_x^2}{8ma^2 k_B T}} dn_x$$

Gl. 7.117

Das Integral hat den Wert (Integration entsprechend dem mathematischen Hintergrund zu Gl. 7.37 unter Beachtung der geänderten unteren Grenze)

$$Q_{trans,x} = \frac{\sqrt{2\pi m \, k_B T}}{h} a$$

Gl. 7.118

7.3 · Die wichtigsten Gleichungen der statistischen Thermodynamik

Entsprechende Ausdrücke gewinnt man für $Q_{trans,y}$ und $Q_{trans,z}$. Die besondere Zustandssumme für die Translation lautet damit ($abc = V$, vgl. ▶ Abschn. 7.3.3.1).

$$Q_{trans} = \frac{(2\pi m k_B T)^{\frac{3}{2}}}{h^3} V \qquad \text{Gl. 7.119}$$

Dies entspricht Zahlenwerten im Bereich von 10^{24} bis 10^{27} pro ml des Volumens.

Die **Zustandssumme Q_{rot} für die Rotation** des zweiatomigen Moleküls ist nach Gl. 7.113

$$Q_{rot} = \sum e^{-\frac{\Delta\varepsilon_{i,rot}}{k_B T}} \qquad \text{Gl. 7.120}$$

Gleichung 7.103 für die Rotationsenergie

$$\varepsilon_{rot} = \frac{h^2}{8\pi^2 I} J(J+1) \qquad \text{Gl. 7.103}$$

kann jedoch nicht direkt in Gl. 7.120 eingesetzt werden. Der Grund liegt darin, dass ein Molekül für ein und dieselbe Quantenzahl J in einem Magnetfeld $2J+1$ unterschiedliche Orientierungen in Bezug auf seinen Drehimpulsvektor einnehmen kann. Der zur Quantenzahl J gehörende Energiezustand spaltet dann in $2J+1$ Zustände unterschiedlicher magnetischer Energien auf.

Dies ist in Gl. 7.120 multiplikativ zu berücksichtigen. Dann gilt mit $\Delta\varepsilon_{i,rot} = \varepsilon_{i,rot}$ ($\varepsilon_{rot,0}$ war gleich Null)

$$Q_{rot} = \sum (2J+1) e^{-\frac{h^2}{8\pi^2 I\, k_B T} J(J+1)} \qquad \text{Gl. 7.121}$$

Der Drehimpulsvektor $I\omega$ steht senkrecht zur Rotationsebene. Seine Komponente in Feldrichtung kann die Werte $\pm Jh/2\pi, \pm(J-1)h/2\pi \ldots \pm 0$ annehmen, dies sind $2J+1$ Möglichkeiten.

> **Entartung**
>
> Der multiplikative Faktor $(2J+1)$ wird auch als statistisches Gewicht g bezeichnet. Ein statistisches Gewicht tritt in Zustandssummen immer dann auf, wenn der betrachtete Energiezustand z. B. in einem Feld noch einmal aufgespalten werden kann. Die Zustandssumme wird insoweit häufig auch in der Form
>
> $$Q = \sum g_i e^{-\Delta\varepsilon_i / k_B T}$$
>
> geschrieben. Aufspaltbare Energiezustände nennt man auch entartet; die Entartung wird durch Einschalten des Feldes aufgehoben.

Die Ausführung der Summe ist umständlich. Für ausreichend hohe Temperaturen T wird der Bruch im Exponenten jedoch klein (falls nicht ein besonders kleines Trägheitsmoment dies konterkariert) und die Summe kann durch ein Integral ersetzt werden.

Wir setzen dies voraus und integrieren von null bis unendlich

$$Q_{rot} = \int_0^\infty (2J+1) e^{-\frac{h^2}{8\pi^2 I k_B T} J(J+1)} dJ \qquad \text{Gl. 7.122}$$

Dieses Integral hat den Wert

$$Q_{rot} = \frac{8\pi^2 I k_B T}{h^2} \qquad \text{Gl. 7.123}$$

Damit ist auch die besondere Zustandssumme für die Rotation bekannt. Sie liegt zwischen 10 und 10^4.

Für den Fall eines symmetrischen zweiatomigen Moleküls muss im Gegensatz zum von uns behandelten asymmetrischen Fall die Zustandssumme noch durch eine Symmetriezahl (vom Zahlenwert zwei) geteilt werden. Die Zustandssumme für die Rotation eines nichtlinearen Moleküls (Rotation um drei Raumachsen) lautet

$$Q_{rot} = \frac{8\pi^2 \left(8\pi^3 I_A I_B I_C\right)^{\frac{1}{2}} (k_B T)^{\frac{3}{2}}}{\sigma h^3} \qquad \text{Gl. 7.124}$$

mit $I_{A,B,C}$ als Trägheitsmomente um die drei Achsen und σ als Symmetriezahl, welche bei komplizierten Symmetrien auch > 2 sein kann.

Die Zustandssumme Q_{schw} für die Schwingung lautet mit Gl. 7.113, Gl. 7.111 (bitte die dortige Marginalie beachten) sowie $\varepsilon_{schw,0} = \frac{1}{2} h\nu$

$$Q_{schw} = \sum_0^\infty e^{-h\nu v / k_B T} \qquad \text{Gl. 7.125}$$

d. h. mit $v = 0,1,2,3 \ldots$ gilt

$$Q_{schw} = 1 + e^{-h\nu/k_B T} + e^{-2h\nu/k_B T} + \ldots \qquad \text{Gl. 7.126}$$

Diese unendliche Reihe hat den Wert

$$Q_{schw} = \frac{1}{(1 - e^{-h\nu/k_B T})} = \left(1 - e^{-h\nu/k_B T}\right)^{-1} \qquad \text{Gl. 7.127}$$

Mathematischer Hintergrund

Man setze $e^{-h\nu/k_B T} = x$. Dann ist nach Gl. 7.126 $xQ_{schw} = x + x^2 + x^3 + \ldots$ Für die rechte Seite dieser Gleichung kann man auch $Q_{schw} - 1$ einsetzen, d. h. $xQ_{schw} = xQ_{schw} - 1$. Auflösen nach Q_{schw} liefert $Q_{schw} = \frac{1}{1-x}$.

Diese Zustandssumme hat die Größenordnung 10. In Molekülen mit mehr als zwei Atomen treten auch mehrere Schwingungsmoden auf.

7.3 · Die wichtigsten Gleichungen der statistischen Thermodynamik

In diesem Fall setzt man eine Gesamt-Zustandssumme für die Schwingung multiplikativ aus den für die Einzelschwingungen nach Gl. 7.127 berechneten Zustandssummen zusammen

$$Q_{schw} = Q_{schw,1}\, Q_{schw,2}\, Q_{schw,3}\cdots \qquad \text{Gl. 7.128}$$

Abschließende Hinweise: Die Überlegungen dieses Abschnitts beziehen sich auf Teilchen, welche untereinander nicht in Wechselwirkung treten (also auf ein ideales Gas).

Betrachtet man kondensierte Systeme, so müssen die zwischen den eng benachbart lokalisierten Teilchen bestehenden Wechselwirkungen mit ins Kalkül gezogen werden.

Im Falle von **Flüssigkeiten** wären dies die potentiellen Energien der Teilchen untereinander. Zudem sind hier die translatorischen, rotatorischen und oszillatorischen Bewegungen der individuellen Teilchen im Allgemeinen eingeschränkt und verändert. Dies verhindert noch die exakte Berechnung von Zustandssummen. Es sind sehr viel kleinere Werte als für den Fall der Gase zu erwarten (beim Grenzübergang zu ruhenden Teilchen würde der Faktor 10^{24} bis 10^{27} fehlen (kein Q_{trans}, vgl. den Text unterhalb von Gl. 7.119).

Für den Fall von **Festkörpern** brauchen wir natürlich nur die Zustandssumme für die Schwingungen der Gitterbausteine zu berücksichtigen. Q sinkt jetzt noch mehr ab (es fehlt auch der Beitrag für die Rotation). Einstein gelang eine entsprechende Rechnung, bei welcher er den Gitterbausteinen eine einheitliche Frequenz zuwies. Debye rechnete später ein, dass ein Schwingungsspektrum mit einer Grenzfrequenz (höchste vorkommende Frequenz) v_{max} auftritt.

7.3.4 Beispiele für Anwendungen

7.3.4.1 Molare Wärmekapazitäten

Als erstes Beispiel berechnen wir die **molare Wärmekapazität eines idealen zweiatomigen Gases** mit Hilfe von Gl. 7.79.

Aufgrund der Rechenregeln für Logarithmen kann wegen Gl. 7.113 die Rechnung für die Einzelanteile der molaren Wärmekapazitäten (Translation, Rotation, Schwingung) getrennt erfolgen.

Dann gilt im Falle der Translation unter Berücksichtigung von Gl. 7.119

$$c_{V,trans} = \frac{\partial}{\partial T}\left(RT^2 \frac{\partial \ln Q_{trans}}{\partial T}\bigg|_{V_m}\right)_{V_m} =$$

$$\frac{\partial}{\partial T}\left(RT^2 \frac{\partial \ln\left[(2\pi m k_B)^{3/2} V_m/h^3\right]}{\partial T}\bigg|_{V_m} + RT^2 \frac{\partial \ln T^{3/2}}{\partial T}\bigg|_{V_m}\right)_{V_m} \qquad \text{Gl. 7.129}$$

Der erste Term hat den Wert 0 und mit $\partial \dfrac{3}{2}\dfrac{\ln T}{\partial T} = \dfrac{3}{2}\dfrac{1}{T}$ erhält man

$$c_{V,trans} = \dfrac{\partial}{\partial T}\left(RT^2 \cdot \dfrac{3}{2T}\right) = \dfrac{3}{2}R \qquad \text{Gl. 7.130}$$

Die Anwendung auf die Rotations-Zustandssumme Q_{rot} (Gl. 7.123) liefert sofort

$$c_{V,rot} = \dfrac{\partial}{\partial T}\left(RT^2 \dfrac{\partial \ln Q_{rot}}{\partial T}\bigg|_{V_m}\right)_{V_m} = \dfrac{\partial}{\partial T}\left(RT^2 \cdot \dfrac{1}{T}\right) = R \qquad \text{Gl. 7.131}$$

Im Falle einer Schwingung gilt

$$c_{V,schw} = \dfrac{\partial}{\partial T}\left(RT^2 \dfrac{\partial \ln Q_{schw}}{\partial T}\bigg|_{V_m}\right)_{V_m} \qquad \text{Gl. 7.132}$$

Wir setzen Normaltemperatur und nicht zu hohe Schwingungsfrequenzen voraus. Dann ist in der Zustandssumme Gl. 7.127 der Exponent der e-Funktion klein und es gilt wegen $e^{-x} = 1 - x$ für kleine x

$$Q_{schw} = \dfrac{1}{1 - (1 - h\nu/k_B T)} = \dfrac{k_B T}{h\nu}. \qquad \text{Gl. 7.133}$$

Dann ist

$$c_{V,schw} = \dfrac{\partial}{\partial T}\left(RT^2 \cdot \dfrac{1}{T}\right) = R. \qquad \text{Gl. 7.134}$$

Ein Vergleich von Gl. 7.130, Gl. 7.131 und Gl. 7.134 mit den entsprechenden Passagen (zu molaren Wärmekapazitäten) in [A1]–[A6], [A30]–[A36] stärkt das Vertrauen in die bisherigen Gleichungen des ▶ Abschn. 7.3.

Die **molaren Wärmekapazitäten von Flüssigkeiten** müssen wir nach der Anmerkung am Ende des ▶ Abschn. 7.3.3.2 nach wie vor als rein experimentelle Größen ansehen. Für die **molaren Wärmekapazitäten von Festkörpern** weisen die im ▶ Abschn. 7.3.3.2 angemerkten Rechnungen von Einstein bzw. Debye korrekt $c_V \to 0$ für $T \to 0$ und $c_V \to 3R$ für hohe Temperaturen (Regel von Dulong-Petit) aus. Die Rechnung von Debye führt für Temperaturen wenig oberhalb von $T=0$ zusätzlich auf $c_V = aT^3$, eine Beziehung, welche für die Gewinnung von Zahlenwerten für die Entropie mit Hilfe kalorischer Daten wichtig ist ([A1]–[A6], [A30]–[A36]). Der Faktor a ist dabei (als Funktion der Grenzfrequenz) als Zahlenwert berechenbar.

7.3.4.2 Entropien

Als zweites Beispiel soll die Entropiedifferenz ΔS für die isotherme reversible Expansion eines idealen Gases vom Molvolumen $V_{m,1}$ auf das Molvolumen $V_{m,2}$ berechnet werden. Anzuwenden ist die Gl. 7.90. Einsetzen von Gl. 7.119 liefert

7.3 · Die wichtigsten Gleichungen der statistischen Thermodynamik

$$S_m(V_{m,1}) = \frac{U_m - U_{m,0}}{T} + R\left(\ln\frac{(2\pi m\, k_B T)^{\frac{3}{2}}}{h^3 Z_{NA}} + \ln V_{m,1} + 1\right)$$

Gl. 7.135

und

$$S_m(V_{m,2}) = \frac{U_m - U_{m,0}}{T} + R\left(\ln\frac{(2\pi m\, k_B T)^{\frac{3}{2}}}{h^3 Z_{NA}} + \ln V_{m,2} + 1\right)$$

Gl. 7.136

Die Innere Energie des idealen Gases hängt nicht vom Volumen ab. Dann ist

$$\Delta S_m(V_{m,1} \to V_{m,2}) = R \ln \frac{V_{m,2}}{V_{m,1}}$$

Gl. 7.137

Auch diese Gleichung findet sich – aus elementaren Überlegungen hergeleitet – in allen Lehrbüchern der Thermodynamik oder der Physikalischen Chemie.

Bei der **Berechnung der Zustandssummen** für Translation, Rotation und Schwingung wurde jeweils nur die Größenordnung für resultierende Zahlenwerte genannt. **Genaue Zahlenwerte entstehen, wenn individuelle Teilchenmassen, Trägheitsmomente und Schwingungsfrequenzen in die Rechnung eingeführt werden.** Trägheitsmomente und Frequenzen sind z. B. aus Spektren erhältlich.

Dann lassen sich absolute Entropien mit guter Genauigkeit berechnen. Zum Beispiel erhält man die Standard-Entropie $S_m^\ominus$ von molekularem Fluor nach Gl. 7.90 zu 200,2 J K^{-1} mol^{-1}. Eine Bestimmung aus experimentellen Daten (Wärmemengenmessungen) führt demgegenüber auf einen Wert von 202,8 J K^{-1} mol^{-1} [1].

7.3.4.3 Das chemische Gleichgewicht

Von außerordentlicher Wichtigkeit für das Verständnis des zeitlichen Ablaufs chemischer Reaktionen ist die Möglichkeit, die Konstante eines chemischen Gleichgewichts durch Zustandssummen auszudrücken.

Für diese Gleichgewichtskonstante gilt ([A1]–[A6], [A30]–[A36])

$$K = e^{-\Delta_R G_m / RT}$$

Gl. 7.138

Die molare Freie Reaktionsenthalpie $\Delta_R G_m$ setzt sich dabei aus den molaren Freien Enthalpien von Produkten und Edukten zusammen

$$\Delta_R G_m = \sum_{\text{Produkte}} \nu_j G_{m,j} - \sum_{\text{Edukte}} \nu_i G_{m,i}$$

Gl. 7.139

Wir betrachten als Beispiel eine **bimolekulare Gasreaktion** des Ablaufs

$$A + BC \rightarrow ABC \qquad \text{Gl. 7.140}$$

Mit den Gl. 7.139 und Gl. 7.92 ist dann

$$\Delta_R G_m = U_{m,0,ABC} - U_{m,0,A} - U_{m,0,BC}$$
$$- \left(RT \ln \frac{Q_{ABC}}{Z_{NA}} - RT \ln \frac{Q_A}{Z_{NA}} - RT \ln \frac{Q_{BC}}{Z_{NA}} \right) \qquad \text{Gl. 7.141}$$

Die ersten drei Terme entsprechen der Differenz der Inneren Energien von Edukten und Produkt bei $T = 0$ K, bei Verwendung molarer Größen, also der molaren Reaktionsenergie $\Delta_R U_{m,0}$ beim absoluten Nullpunkt. Sie kann sich (aus sich bei Reaktionsablauf ändernden) Nullpunkts-Schwingungsenergien und aus (sich ändernden) Bindungsenergien zusammensetzen.

Mit dieser Festlegung wird

$$\Delta_R G_m = \Delta_R U_{m,0} - RT \ln \frac{Z_{NA} Q_{ABC}}{Q_A Q_{BC}} \qquad \text{Gl. 7.142}$$

und wir erhalten mit Gl. 7.138 als Gleichgewichtskonstante der bimolekularen Reaktion A + BC → ABC

$$K = \frac{Z_{NA} Q_{ABC}}{Q_A Q_{BC}} e^{-\Delta_R U_{m,0}/RT} \qquad \text{Gl. 7.143}$$

Die in Gl. 7.143 auftretenden Zustandssummen enthalten Volumina – siehe Gl. 7.119 – und sind damit druckabhängig. Für die in Partialdrücken ausgedrückte Gleichgewichtskonstante gilt mit p_0 als Standarddruck

$$K_p = \frac{(p_{ABC}/p_0)}{(p_A/p_0) \cdot (p_{BC}/p_0)} \qquad \text{Gl. 7.144}$$

Da bei der Aufstellung der Zustandssummen Wechselwirkungen zwischen den Teilchen nicht berücksichtigt sind, werden Drucke und nicht Druckaktivitäten bzw. Fugazitäten verwendet.

Die Kombination beider Gleichungen liefert

$$K_p = \frac{p_0\, p_{ABC}}{p_A\, p_{BC}} = \frac{Z_{NA} Q_{ABC}}{Q_A Q_{BC}} e^{-\Delta_R U_{m,0}/RT} \qquad \text{Gl. 7.145}$$

Die Gleichgewichtskonstante der betrachteten Reaktion kann damit aus den Zustandssummen von Edukten und Produkt berechnet werden, falls die Reaktionsenergie $\Delta_R U_{m,0}$ ebenfalls zugänglich ist.

Wir setzen die Möglichkeit einer Berechnung voraus – Näheres hierzu in ▶ Abschn. 4.3.2.2 – und formen Gl. 7.145 noch in **die im Rahmen der Reaktionskinetik benötigte Konzentrationsschreibweise um**. Mit $p = cRT$ (ideales Gasgesetz) wird

7.4 · Der quantenmechanische Tunneleffekt

$$K_p = \frac{p_0 c_{ABC}}{RT c_A c_{BC}} \qquad \text{Gl. 7.146}$$

oder mit Gl. 7.145

$$K_c = \frac{c_{ABC}}{c_A c_{BC}} = \frac{RT}{p_0} \frac{Z_{NA} Q_{ABC}}{Q_A Q_{BC}} e^{-\Delta_R U_{m,0}/RT} \qquad \text{Gl. 7.147}$$

Mit $RT/p = V_m$ haben beide Seiten der Gleichung jetzt die Einheit l mol^{-1} (Q und Z_{NA} waren reine Zahlen, ▶ Abschn. 7.3.1).

Für eine **trimolekulare Gasreaktion**

$$A + B + C \rightarrow ABC \qquad \text{Gl. 7.148}$$

erhalten wir auf dem gleichen Wege

$$K_c = \frac{c_{ABC}}{c_A c_B c_C} = \frac{R^2 T^2}{p_0^2} \frac{Z_{NA}^2 Q_{ABC}}{Q_A Q_B Q_C} e^{-\Delta_R U_{m,0}/RT} \qquad \text{Gl. 7.149}$$

mit K_c in der Einheit l^2 mol^{-2}.

7.4 Der quantenmechanische Tunneleffekt

Aus dem vorgelegten Buchtext geht hervor, wie sehr die moderne Chemie auf Physik, Mathematik und instrumenteller Mathematik fußt. Zu ihren physikalischen Grundlagen gehört auch der quantenmechanische Tunneleffekt.

Zur Beleuchtung betrachten wir zwei Metalldrähte, die sich berühren, und durch welche ein elektrischer Strom fließt. Man kann dabei keineswegs davon ausgehen, dass sich die Metallgitter direkt berühren: Auf jeder Metalloberfläche befinden sich unter atmosphärischen Bedingungen dünne Oxidschichten und Wasserdipole u. a. m. Beide Metalle sind also selbst für den Fall planer Auflageflächen durch eine nichtleitende Schicht getrennt. Diese stellt für die Elektronen eine energetische Barriere dar.

Dies wird klar, wenn man die klassische Sicht anwendet. Ein Elektron müsste erst unter Aufbringen der sog. „Elektronenaustrittsarbeit" aus dem einen Metall austreten, bevor es unter dem Einfluss des im Leiterkreis bestehenden elektrischen Feldes – z. B. sei über den Kreis eine Spannung von einem Volt angelegt – weitergeleitet wird.

Die Elektronenaustrittsarbeit liegt bei Metallen im Bereich einiger **Elektronenvolt**, kann also im Beispiel nicht aufgebracht werden. Wie kommt nun ein elektrischer Strom durch die Drähte trotzdem zustande?

Aus quantenmechanischer Sicht hat das Elektron auch ohne ein körperliches Überwinden auf der abgewandten Seite einer energetischen Barriere eine gewisse Aufenthaltswahrscheinlichkeit. Es kann

> Ein Elektronenvolt (eV) entspricht derjenigen Energie, welche ein Elektron beim ungestörten Durchlaufen einer Potentialdifferenz von einem Volt aufnimmt. Es sind dies $1{,}6 \cdot 10^{-19}$ As (als Elementarladung) mal einem Volt, d. h. $1{,}6 \cdot 10^{-19}$ VAs oder Joule. Auf ein Mol Teilchen umgerechnet erhält man 96 494 J (Zahlenwert der Faradaykonstanten!) oder ca. 100 kJ mol^{-1}.

damit dort auch agieren. Die Wahrscheinlichkeit dafür wächst mit der Energie des Elektrons und sinkt mit wachsender Höhe und Breite der Barriere. „Tunnelprozess" oder auch „Durchtunneln" sind sehr anschauliche Wortprägungen für einen solchen **Seitenwechsel ohne Aufbringen einer Aktivierungsenergie**. Er ist nicht auf Elektronen beschränkt, sondern kann auch im Falle von größeren Teilchen (etwa Protonen, Atome u. a.m.) noch stattfinden (die Wahrscheinlichkeit sinkt allerdings mit wachsender Teilchenmasse ab).

Bisher im vorliegenden Text erwähnte Beispiele für das Tunneln von Elektronen sind etwa Elektronentransfers zwischen Ionen oder zwischen einer Elektrode und Lösungsbestandteilen (▶ Abschn. 5.2). Das Tunneln von Protonen ist Basis der Extraleitfähigkeit von wässrigen Säuren und Laugen (vgl. ▶ Abschn. 3.4.2).

Die drei letztgenannten Vorgänge lassen sich unter dem Stichwort „Einfluss des Tunneleffekts auf elektrochemische Prozesse" subsumieren. Aber auch auf die Kinetik chemischer Reaktionen könnten Tunnelprozesse Einfluss nehmen.

Für eine Veranschaulichung stelle man sich ein reaktives Molekül vor, welches sich zu zwei unterschiedlichen stabilen Spezies umlagern kann. Das eine (erste) Umlagerungsprodukt entstehe durch Überwinden einer breiten, niedrigen Aktivierungsbarriere. Zwischen dem Ausgangsmolekül und dem anderen (zweiten) Umlagerungsprodukt liege eine deutlich höhere, wenngleich schmalere energetische Hürde.

Aus Sicht der Theorie des aktivierten Komplexes (▶ Abschn. 4.2 und ▶ Abschn. 4.3) sollte dann das erste Umlagerungsprodukt überwiegen. Berücksichtigt man jedoch die Möglichkeit eines Tunnelprozesses, so wird dies gegebenenfalls bevorzugt zum „Überwinden" („Durchtunneln") der schmaleren Barriere und damit zum zweiten Produkt führen.

Schreiner et. al. haben diesen Effekt kürzlich anhand des Ausgangsmoleküls Methylhydroxycarben H_3CCOH (entsteht aus Brenztraubensäure durch Hochvakuum-Blitzpyrolyse) experimentell und rechnerisch beschrieben [2]. Erstes Produkt – entsteht durch thermische Aktivierung – ist Vinylalkohol, $H_2C=CHOH$. Zweites Produkt – zu erreichen über einen Tunnelprozess – ist Acetaldehyd, H_3CCHO, welches in der Tat überwiegt.

Die Autoren führen weiter aus, dass, wird eine Aktivierungsbarriere vom System (wörtlich) *„thermisch erklommen"*, mit zunehmender Energie sich ja auch breite Barrieren schmälern. Zitat: *„Durch Tunneln aus höheren Schwingungsniveaus können also erhebliche Beiträge zur Geschwindigkeitskonstanten einer Reaktion hinzukommen."* Und: *„ … dies erlaubt die Hypothese, dass es möglicherweise gar keine rein thermischen Über-den-Berg-Reaktionen gibt…"* Dies relativiert – im Anschluss an ▶ Abschn. 4.3.5 – ein weiteres Mal die ansonsten sehr erfolgreiche Theorie des aktivierten Komplexes.

Inzwischen wohl bekannteste **Anwendung** des Tunnelns von Elektronen ist das Rastertunnelmikroskop für die Untersuchung von Oberflächenstrukturen. Hierbei steht eine Metallspitze der zu untersuchenden Oberfläche in kleinem Abstand (atomarer Bereich, aber keine

Berührung!) gegenüber. Zentrale Idee ist die Verwendung des durch eine kleine Ziehspannung einsetzenden, vom Abstand exponentiell abhängigen Tunnelstroms als Stellgröße beim Abrastern der Oberfläche. **Die Stellgröße steuert dabei den Abstand** der Spitze (stellt den Abstand stets konstant ein). Das Überfahren etwa von Wachstumskanten u. a.m. wird so sichtbar.

Literatur

[1] Cox, J.D., Wagman, D.D., Medvedev, V.A.: CODATA Key Values for Thermodynamics. Hemisphere Publishing Corp., New York (1989)

[2] (a) Schreiner, P.R., Reisenauer, H.P., Ley, D., Gerbig, D., Wu, C.-H., Allen, W.D.: Methylhydroxycarbene: Tunneling control of a chemical reaction. Science 332, 1300–1303 (2011); (b) Ley, D., Gerbig, D., Schreiner, P.R.: Durch die Wand – Tunnelkontrolle chemischer Reaktionen. Nachr. Chem. 59, 1139–1141 (2011)

Serviceteil

Hinweise zu Literatur und Literaturstudium – 316

Schlusswort – 321

Stichwortverzeichnis – 322

© Springer-Verlag GmbH Deutschland, ein Teil von Springer Nature 2017
C. H. Hamann, D. Hoogestraat, R. Koch, *Grundlagen der Kinetik*,
https://doi.org/10.1007/978-3-662-49393-9

Hinweise zu Literatur und Literaturstudium

Die vorliegenden „Grundlagen der Kinetik" enthalten eine Schilderung von Transportprozessen in Gasen, Flüssigkeiten und Festkörpern, die Schilderung von chemischen und elektrochemischen Reaktionen sowie eine kurze Behandlung der Beschreibung von Prozessen mit Hilfe der Thermodynamik irreversibler Systeme. Eingeschlossen sind einige Aspekte technischer Prozessführungen. In einem Anhang werden einige für das Verständnis dieser Themen erforderliche Aspekte aus Statistik, statistischer Thermodynamik und Physik dargelegt.

Eine vergleichbare Zusammenstellung in dieser **für das Chemiestudium sinnvollen Form** gibt es nach Wissen der Autoren für das Fachgebiet der Kinetik nicht. Trotzdem: Mit einem einzigen Buch kommt man beim Studium selbst nur eines Teilgebiets der Physikalischen Chemie niemals aus.

Zum Ersten benötigt man Informationen über Dinge, die in einem betrachteten Lehr- oder Fachbuch schon vorausgesetzt werden. Im vorliegenden Falle ist dies die Thermodynamik chemischer Systeme. Hier sei eine Auswahl von Einzeldarstellungen dieses Gebiets angegeben:

[A1]   Reich, R.: Thermodynamik. Grundlagen und Anwendungen in der Allgemeinen Chemie. Wiley-VCH, Weinheim (1993)
[A2]   Rau, H., Rau, J.: Chemische Gleichgewichtsthermodynamik. Begriffe, Konzepte, Modelle. Vieweg, Braunschweig (1995)
[A3]   Nickel, U.: Lehrbuch der Thermodynamik. Hanser, München (1995)
[A4]   Gmehling, J., Kolbe, B.: Thermodynamik. Thieme, Stuttgart (1988)

Das zuletzt genannte Werk arbeitet das Thema aus Sicht von Chemieingenieurwesen und Verfahrenstechnik auf.

In früheren Jahren erschienen, aber trotzdem lesenswert, ist

[A5]   Möbius, H.H., Dürselen, W.: Chemische Thermodynamik. Wiley-VCH, Weinheim, VEB Deutscher Verlag für Grundstoffindustrie, Leipzig (1973)

Schließlich gibt es noch eine Einzeldarstellung zum Thema von einem der Autoren des vorliegenden Bandes

[A6]   Hamann, C.H.: Abriss der chemischen Energetik. Aschenbeck & Isensee Universitätsverlag, Oldenburg (2004)

In dieser Darstellung wird (erstmalig) das Konzept der Chemischen Thermodynamik nach dem Motto „von den Hauptsätzen zum chemischen Gleichgewicht" an Hand eines Schaubildes ganz geradlinig entwickelt. Eine weitere Einzeldarstellung zur Thermodynamik ist unter [A29] gelistet.

Zum Zweiten ist es eine goldene Regel beim Selbststudium anhand eines Lehrbuches oder beim Nacharbeiten einer Vorlesung ein zweites oder gar drittes Buch **zum gleichen Thema** danebenzulegen. Passagen, die man aus einer Darstellung heraus eventuell nicht versteht, werden beim Lesen einer zweiten (dritten) Darstellung häufig schnell klar.

Dies ist im vorliegenden Fall allerdings schwierig, denn wie schon diesen Abschnitt einleitend angemerkt, ist die Stoffzusammenstellung hier neu und umfasst Transportprozesse sowie die Kinetik chemischer und elektrochemischer Reaktionen, einschließlich technischer Aspekte. Man muss sich also mit einem Danebenlegen von Einzeldarstellungen zu den genannten Fachgebieten behelfen, oder, im Falle des Fehlens, mit (später zitierten) Gesamtdarstellungen der Physikalischen Chemie.

In Bezug auf Transportprozesse sind Einzeldarstellungen aus physikalisch-chemischer Sicht wenig üblich. Eine von wenigen Ausnahmen ist

[A7]   Haase, R.: Transportvorgänge, 2. Aufl. Steinkopff, Darmstadt (1987)

Einzeldarstellungen der Kinetik chemischer Reaktionen gibt es hingegen vielfach, etwa

[A8]   Frost, A.A., Pearson, R.G.: Kinetik und Mechanismen homogener Reaktionen. Wiley-VCH, Weinheim (1973)
[A9]   Schwetlik, K., Dunken, H., Pretzschner, G., Scherzer, K., Tiller, H.-J.: Chemische Kinetik. Wiley-VCH, Weinheim, VEB Deutscher Verlag für Grundstoffindustrie, Leipzig (1973)
[A10] Laidler, K.J.: Reaktionskinetik I und II. B. I. Wissenschaftsverlag, Mannheim (1970)
[A11] Homann, K.H.: Reaktionskinetik. Steinkopff, Darmstadt (1975)
[A12] Hammes, G.G.: Principles of Chemical Kinetics. Academic Press, New York (1978)
[A13] Pilling, M.J., Seaking, P.W.: Reaction Kinetics. Oxford University Press, Oxford (1995)
[A14] Logan, S.R.: Grundlagen der Chemischen Kinetik. Wiley-VCH, Weinheim (1997)

Speziell mit monomolekularen Reaktionen befasst sich

[A15]   Robinson, P.J., Holbruck, K.A.: Unimolecular Reactions. Wiley-Interscience, London (1972)

Eine Einführung in chemische Prozessführungen aus technischer Sicht bieten:

[A16] Baerns, M., Hofmann, H., Renken, A.: Chemische Reaktionstechnik. Thieme, Stuttgart (1987)
[A17] Gmehling, J., Brehm, A.: Grundoperationen. Thieme, Stuttgart (1996)
[A18] Müller-Erlwein, E.: Chemische Reaktionstechnik. Teubner, Stuttgart (1998)
[A19] Emig, G., Klemm, E.: Technische Chemie. Einführung in die Reaktionstechnik. Springer, Heidelberg (2005)

Das Wort Grundoperationen umfasst im Sprachgebrauch der Technischen Chemie Stoff- und Wärmetransportprozesse sowie Verfahren zur Stofftrennung, -vermischung und -verarbeitung. Das Wort Reaktionstechnik umfasst u. a. das Gebiet der technisch-chemischen Reaktoren.
  Beispiele für die Aufarbeitung elektrochemischer Transportvorgänge und Reaktionen sind:

[A20] Schmickler, W.: Grundlagen der Elektrochemie. Vieweg, Wiesbaden (1996)
[A21] Holze, R.: Leitfaden der Elektrochemie. Teubner, Stuttgart (1998)
[A22] Bard, A.J., Faulkner, L.R.: Electrochemical Methods, 2. Aufl. Wiley, New York (2001)
[A23] Hamann, C.H., Vielstich, W.: Elektrochemie, 4. Aufl. Wiley-VCH, Weinheim (2005)
[A24] Hamann, C.H., Hammett, A., Vielstich, W.: Eletrochemistry, 2. Aufl. Wiley-VCH, Weinheim (2007)
[A25] Bard, A.J., Stratmann, M. (Hrsg.): Encyclopedia of Electrochemistry, B. 1–11. Wiley-VCH, Weinheim (2001–2007)

[A22] hebt auf Untersuchungsmethoden in der Elektrochemie ab, [A23] umfasst das Gesamtgebiet einschließlich technischer Aspekte. Eine Sonderrolle spielt

[A26] Bockris, J. O'M., Khan, S.U.M.: Surface Electrochemistry. Plenum Press, New York (1993)

In diesem Band wird (fast) das Gesamtgebiet der Elektrochemie aus molekularer Sicht abgedeckt.
  Als Einstieg in ein näheres Kennenlernen der Thermodynamik irreversibler Prozesse können dienen:

[A27] Höpfner, A.: Irreversible Thermodynamik für Chemiker. De Gruyter, Berlin (1977) (Sammlung Göschen)
[A28] Kammer, H.W., Schwabe, K.: Thermodynamik irreversibler Prozesse. Wiley-VCH, Weinheim (1985) (Taschentext).

Hinweise zu Literatur und Literaturstudium

Wie im Buchtext erwähnt, sind dem Gebiet der Thermodynamik irreversibler Prozesse bereits zwei Nobelpreise zugefallen. Einer der Preisträger hat eine Einzeldarstellung zur Thermodynamik veröffentlicht, welche naturgemäß irreversiblen Prozessen (englisch: *nonequilibrium thermodynamics*) breiten Raum gibt.

[A29] Kondepudi, D.K., Prigogine, I.: Modern Thermodynamics. Wiley, Chichester (1998)

Im Vorwort zu seinem Buch finden sich die folgenden Schlussworte (Zitat): Science has no final formulation. And it is moving away from a static geometrical picture towards a description in which evolution and history play essential roles. For this new description of nature, Thermodynamics is basic.

Für ein „**Danebenlegen im vorliegenden Falle**" verbleiben dann noch Gesamtdarstellungen der Physikalischen Chemie. Gesamtdarstellungen enthalten neben der Thermodynamik weitere Teilgebiete der Physikalischen Chemie wie z. B. statistische Thermodynamik, chemische und elektrochemische Reaktionskinetik, Quantenchemie u. a. m., im Falle vieler der nachstehend zitierten Werke jedoch nicht das Gebiet der Thermodynamik irreversibler Prozesse. Und sie enthalten auch eine Schilderung der Transportprozesse aus physikalisch-chemischer Sicht.

Allerdings: Der Stoff findet sich dann über zumeist gut 1000 Seiten verstreut und wird nicht unbedingt aus einheitlicher Sicht betrachtet. Und manches wird man kaum finden, etwa den wichtigen (weil realen) Gesichtspunkt des konvektiven Stoff- und Wärmetransports, die Überleitung zu technischen Prozessführungen oder als Detail den Knudsen-Effekt.

Als Gesamtdarstellungen seien genannt:

[A30] Moore, W.J.: Grundlagen der Physikalischen Chemie. De Gruyter, Berlin (1990)
[A31] Wedler, G.: Lehrbuch der Physikalischen Chemie, 5. Aufl. Wiley-VCH, Weinheim (2004)
[A32] Atkins, P.W., de Paula, J.: Physikalische Chemie, 4. Aufl. Wiley-VCH, Weinheim (2006)
[A33] Engel, T., Reid, P.: Physikalische Chemie. Pearson Studium, München (2006)

Auf circa 500 Seiten komprimiert finden sich noch die folgenden Gesamtdarstellungen der Physikalischen Chemie

[A34] Ceslik, C., Seemann, H., Winter, R.: Basiswissen Physikalische Chemie, 2. Aufl. Teubner, Wiesbaden (2007).
[A35] Job, G., Rüffler, R.: Physikalische Chemie. Springer-Vieweg & Teubner, Wiesbaden (2011)

Die letztere wohl derzeit neueste Gesamtdarstellung stellt insofern eine Singularität dar, als sie das chemische Potential als treibende Kraft (in diesem Text in ▶ Abschn. 6.1.1 eingeführt) in den Mittelpunkt allen Geschehens stellt. Dies scheint aus Sicht der zu [A29] zitierten Worte durchaus sinnvoll.

Empfohlen sei schließlich noch das früher erschienene Werk

[A36] Brdicka, R.: Grundlagen der Physikalischen Chemie, 8. Aufl. VEB Deutscher Verlag der Wissenschaften, Berlin (1969)

Es zeichnet sich in vielen Passagen durch eine besonders leichte Zugänglichkeit aus. Man muss beim Durcharbeiten natürlich eine moderne Darstellung danebenlegen, um noch Gültiges und inzwischen Überholtes trennen zu können. Hierzu kann z. B. die Neuauflage von 1990 (Akademieverlag) dienen.

Abschließend noch zwei Hinweise, die aus dem eigenen Studium der Autoren begründet sind:
– Es ist keine Schande, wenn man einmal einen ganzen Tag des Nachdenkens und Nachschlagens benötigt, um nur wenige Seiten eines Lehrbuches der Physikalischen Chemie (oder gar nur eine einzige) ganz zu verstehen. C.H. Hamann erinnert sich an eine solche Situation. Er brauchte (vor langer Zeit) einen ganzen Nachmittag, um den Übergang von Gl. 7.16 zu Gl. 7.17 dieses Buches zu schaffen. Der Grund: In dem studierten Text fehlte über der Gl. 7.17 das Wort „vereinfacht".
– Beim Studium von Lehrbüchern muss man sich stets bewusst sein, dass etwa drei Bücher auch drei verschiedene Symboliken benutzen können. Ein Nichtbeachten unterschiedlicher Notationen kann beim Literaturstudium eine beachtliche Frustquelle sein.

Schlusswort

Am Ende des Vorwortes wurde auf die Notwendigkeiten von didaktischen Reduktionen hingewiesen, wenn – im Gegensatz zu einem Lehrbuch oder einer Enzyklopädie – die Grundlagen zu einem Wissensgebiet vorgelegt werden sollen (auch eine Vollständigkeit ist bei einem solchen Vorhaben übrigens nicht erreichbar). Ein Beispiel für ein diesbezüglich vielleicht etwas kühnes Vorgehen ist der ▶ Abschn. 7.3.3.1 dieses Buches über die physikalischen Grundlagen zu Energietermen von Molekülen.

Im Text tauchen aber auch Passagen auf, die kein uns bekanntes Vorbild haben. In ▶ Abschn. 4.3.4.1 wird die Gültigkeit der aus der Eyring-Gleichung für eine bimolekulare Reaktion folgenden Gl. 4.310 auf die Reaktion in flüssiger Phase erweitert. In ▶ Abschn. 5.4.1 wird eine Hypothese bezüglich Marcus-inverser Bereiche bei elektrochemischen Reaktionen aufgestellt. In ▶ Abschn. 7.3.1 wird der reine Zahlenwert der Avogadro-Konstanten als Rechengröße (zur Sicherstellung korrekter Einheiten) eingeführt. All dies mag beim Leser auf Kritik stoßen. Es ist aber besser, sich allfälligen Problemen zu stellen als sie zu übergehen.

C.H. Hamann möchte sich noch etwas weiter herauslehnen (er kann sich das mit seinen nunmehr 80 Lebensjahren auch leisten), und zwar in Bezug auf den derzeit zweifellos festzustellen Klimaänderungsprozess. Hierzu begreift er diesen als ein starken Kräften unterworfenes System, welches einer Störung durch einen Anstieg von Klimagasen unterliegt. Nach ▶ Abschn. 6.4 kann dies bedeuten: Wir wohnen einem laufenden atmosphärischen Experiment unbekannten Ausgangs und ohne verbürgte Rückkehroption bei Wegnahme der Störung bei. Das Wort „unbekannter Ausgang" bezieht sich auf die Möglichkeit, dass die heute beobachtete Erwärmung auch noch in eine Abkühlung umschlagen kann – der neue stationäre Zustand kann nicht vorhergesagt werden!

Vielleicht lässt sich ja auch die Weltwirtschft als ein starken Kräften unterliegendes nichtlineares System begreifen. Dann würden wir in Form der derzeitigen (2017) monetären Niedrigzins-Politik als einer Beeinflussung/Störung des Wirtschaftsgeschehens wiederum einem Experiment mit unbekanntem Ausgang ohne Rückkehroption beiwohnen.

Schließlich gibt es wohl kein Buch, in welchem alle im Zuge von Textbe- und -verarbeitung entstandenen Fehler vor der Imprimatur („Es werde gedruckt") aufgedeckt werden. Geneigte Leser, welche entsprechende Fehler finden (oder sachliche Fehler oder sachliche Textlücken), werden gebeten, dies den Autoren mitzuteilen.

Denen ist übrigens bekannt, dass **beim Druck** dieses Buches ein Grundsatz verletzt wurde, welcher im Interesse guter Lesbarkeit hätte Bestand haben müssen: eine Abbildung oder eine Tabelle ist als erstes im Text einzufügen und ihr Abdruck dann so schnell als möglich dahinter auszuführen.

Stichwortverzeichnis

A

Adsorption 153
- Adsorptions-Desorptions-Gleichgewicht 155
- Adsorptionsgeschwindigkeitskonstante 156
- Adsorptionskoeffizient 157
Ähnlichkeitstheorie 51, 56
Aktivierter Komplex 141, 198, 201, 210
Aktivierungsenergie 98, 142–143, 145, 190, 239
Aktivierungsenthalpie 211
Aktivierungsparameter 211
Allgemeine Transportgleichung 25
Äquipotentiallinien 203
Äquivalentleitfähigkeit 72, 89, 175
Arrhenius-Gleichung 142
- Herleitung 140
- Präexponentieller Faktor 142
Austauschstromdichte 239, 241
Austauschströme 228

B

Bernoulli-Gleichung 38
BET-Isotherme 158–159
Bifunktionalität von Katalysatoren 165
Bilanzgleichung 184
Bimolekulare Reaktion 106, 191
Blitzlichtphotolyse 181
Boltzmann-Statistik 272, 291
Brennstoffzelle 249
Brønstrup-Bjerrum-Formeln 216
Butler-Volmer-Gleichung 235, 241

C

Chemische Dynamik 197
Chemische Relaxation 178
Chemisorption 154

D

Diffusion 14, 17, 26
- bei elektrochemischen Reaktionen 244
- in Festkörpern 60
- in Flüssigkeiten 56
- in Gasen 15

Diffusionsgesetze 15, 18–19
Diffusionsgrenzstromdichte 245
Diffusionskoeffizient 18, 29
Diffusionskontrollierte Reaktion 197
Durchtrittscharakteristik 235

E

Effusion 37, 42
elektrochemisches Gleichgewicht 231
Elektrodencharakteristiken 234
Elektrokatalyse 243
- selektive 253
Elektrolytische Doppelschicht 77
Elektronen-Transfer-Katalyse 165
Elementarreaktion 99, 101
Energiehyperflächen 204
Energieterme 296
- Rotation 299
- Schwingung 302
- Translation 298
Enzym-Substrat-Komplex 167
Enzyme 167
- Affinität 170
- Aktivität 171
- Hemmung 172
- Inhibition 172
Enzymreaktion 168
Explosion, Explosionsgrenze 134
Extraleitfähigkeit 85, 311
Eyring-Gleichung 200
- Herleitung 198

F

Femtosekundenmethode 181
Flächenquelle 15, 27
Fließbetrieb 184
Fließgleichgewicht 168
Flüssigkeitsströmungen 54
Folgereaktion 120, 123, 168
Frequenzfaktor 200, 212
- Berechnung 200
Freundlich-Isotherme 156

G

Gasmischungsanalysator 34
Gasströmung 36
- Berechnung 50

Geschwindigkeitsbestimmender Schritt 122
Grashof-Zahl 66
Grenzleitfähigkeiten 74, 80

H

Haber-Luggin-Kapillare 233
Hagen-Poiseuille-Gleichung 41, 54
Halbwertszeit 104–105, 107, 110, 119, 174
Hammett-Gleichung 218
Heterogene Mechanismen 159
Hydratation 84, 235

I

Impulstransport 25, 37
Induced-Fit-Modell 168
Inhibition 134, 172
Innere Reibung 14, 37
Ionenbeweglichkeit 71, 74, 85
Ionengrenzleitfähigkeit 74, 80, 84
Ionenradien 85
Ionenstärke 215
Ionenwanderung 69, 73
- Geschwindigkeit 70
- unabhängige 74
Ionenwolke 74

K

Käfigeffekt 197
Katalysator 148
Katalyse 148
- Auto- 152
- Basen- 152
- enzymatische 167
- heterogene 159
- homogene 150
- mikroheterogene 165
- Säure- 151
- selektive 165
Kathode, kathodische Reduktion 229
Kettenabbruch 130, 201
Kettenlänge 130
Kettenreaktion 129
Kettenträger 130
Kinetische Gleichungen 102, 106, 110, 112

Stichwortverzeichnis

Kinetischer Isotopeneffekt 204
Knallgasreaktion 133
Knudsen-Effekt 46
Knudsen-Gleichung 44
Knudsen-Strömung 42
Kohlrausch-Gesetz 75
Kondensator 77
Konvektive Diffusion
- in Flüssigkeiten 56
- in Gasen 30
Konzentrations-Zeit-Gesetz 100, 103, 107
- für Folgereaktionen 120
Künstliche Konvektion 31

L

Laminare Strömung 37–38, 48, 266
Langmuir-Isotherme 157
Leitfähigkeit 71
- Festkörper 89
- nichtwässrige Lösungen 89
- Schmelzen 91
- schwache Säuren 88
Lindemann-Hinshelwood-Mechanismus 210
Lindemann-Theorie 206–207
Linear Free Energy Relationship 219
Lineare Freie Enthalpie-Beziehung 219
Lineweaver-Burk-Diagramm 171, 173

M

Marcus-Theorie 219
Maxwell'sche Geschwindigkeitsverteilung 98, 279
- eindimensionales Gas 279
- mittlere Geschwindigkeit 285
- mittleres Geschwindigkeitsquadrat 285
- tatsächliches Gas 283
- Temperaturabhängigkeit 286
- wahrscheinlichste Geschwindigkeit 285
- zweidimensionales Gas 281
Michaelis-Konstante 169
Michaelis-Menten-Gleichung 169
Mischkammerverfahren 177
Mittlere freie Weglänge 9
Mittleres Verschiebungsquadrat 27
Molare Leitfähigkeit 72
Molekularer Wärmetransport 35
Molekularstrahlen, gekreuzt 198

Molekularströmung 43, 47
Monomolekulare Reaktion 102, 206
Moving boundary 86

N

natürliche Konvektion 245
Natürliche Konvektion 57
Nernst'sche Diffusionsschicht 27, 245
Nernst'sche Gleichung 226
Nußeltzahl 64

O

Oberflächenmolalität 155
Ostwald'sches Verdünnungsgesetz 88

P

Physisorption 154
Pirani-Manometer 35
Polarografie 248
Polymerase-Kettenreaktion 174
Potentialabhängigkeit der Aktivierungsenergie 241
Prandtlzahl 64
Prandtl'sche Grenzschicht 57
Promotor 164

Q

Quantenstatistik 278
Quasistationarität 168

R

Radioaktiver Zerfall 104
Radiocarbon-Methode 105
Raum-Zeit-Ausbeute 184
Raumbeständige Reaktionen 184
Reaktionsenergie 199, 201, 309
Reaktionsenthalpie, kinetische Deutung 144
Reaktionsgeschwindigkeit 100–101, 106
- Temperaturabhängigkeit 140
Reaktionsgeschwindigkeitskonstante 102, 115, 120
- Druckabhängigkeit 216
- Experimentelle Bestimmung 117, 174
- Lösungsmittelabhängigkeit 213
- Substituentenabhängigkeit 217

- Temperaturabhängigkeit 146
- Zusatzelektrolytabhängigkeit 214
Reaktionsmechanismus 99
Reaktionsordnung 113
- Experimentelle Bestimmung 117
- formale Reaktionsordnung 116
- gebrochene Reaktionsordnung 116
- Quasi-, Pseudoordnung 115
Reaktionszyklus 130
Reaktorstabilität 189
Relaxationszeit 180
Reynoldszahl 48, 55, 64
Rice-Ramsperger-Kassel- (RRK-) Theorie 210
Rice-Ramsperger-Kassel-Marcus- (RRKM-)Theorie 210
Rohrreaktor 187
rotating disc electrode 248
Rührkesselreaktor 185

S

Sauerstoffelektrode 249, 252
Schlüssel-Schloss-Prinzip 167
Schrödinger-Gleichung 297, 303
Spezifische Leitfähigkeit 71
- Experimentelle Bestimmung 75
Stationarität 2
Stationaritätsbedingung 208, 268
Sterischer Faktor 195
Stoke'sches Reibungsgesetz 69
Stopped-Flow-Verfahren 178
Stoßquerschnitt 9, 13, 192
Stoßtheorie 191, 197
Stoßzahl 9, 14, 192
Strom-Potential-Kurve 231
Strom-Spannungs-Kurve 231, 240, 249
Strömungsmethode 188
Superisolation 36
Sutherland-Korrektur 13

T

Tafel-Gerade 241
Temperaturleitfähigkeit 22
Theorie des aktivierten Komplexes 198, 210
Thermodynamische Wahrscheinlichkeit 273
transition state theory 141, 200
Transmissionsfaktor 201
Transportgleichungen 14, 26
Transportkoeffizienten 25
Transportschicht 32, 61

Treibende Kraft 3, 263
Trimolekulare Reaktion 110, 205
Tunneleffekt 85, 311
Turbulente Strömung 37, 47, 258

U

Überführungszahlen 73
– experimentelle Bestimmung 83
Übergangszustand 141, 145, 191, 198, 237
Überspannung 231–232, 241, 244

V

Verbrennung 135
Verteilungsfunktion 290
Verweilzeit 186
Viskosität 24, 38, 54

W

Wärmedurchgang 60, 66
– Wärmedurchgangskoeffizient 67
Wärmeexplosion 136
Wärmeleitfähigkeitsdetektor 34
Wärmeleitung 14, 32, 262
– in Flüssigkeiten und Festkörpern 54
– in Gasen 32
Wärmeleitungsgesetze 22
Wärmeleitungskoeffizient 22
– in Flüssigkeiten und Festkörpern 61
– in Gasen 32
Wärmestrahlung 35
Wärmeübergang 60
– Wärmeübergangszahl 62
Wasserstoffelektrode 228, 252
Wechselzahl 171
Widerstandszahl 42, 50

Z

Zündgrenzen 136
Zusammengesetzte Reaktionen 99, 113, 120
Zustandssumme 199, 292
Zweikörperproblem 14

 springer.com

Willkommen zu den Springer Alerts

Jetzt anmelden!

- Unser Neuerscheinungs-Service für Sie:
  aktuell *** kostenlos *** passgenau *** flexibel

Springer veröffentlicht mehr als 5.500 wissenschaftliche Bücher jährlich in gedruckter Form. Mehr als 2.200 englischsprachige Zeitschriften und mehr als 120.000 eBooks und Referenzwerke sind auf unserer Online Plattform SpringerLink verfügbar. Seit seiner Gründung 1842 arbeitet Springer weltweit mit den hervorragendsten und anerkanntesten Wissenschaftlern zusammen, eine Partnerschaft, die auf Offenheit und gegenseitigem Vertrauen beruht.

Die SpringerAlerts sind der beste Weg, um über Neuentwicklungen im eigenen Fachgebiet auf dem Laufenden zu sein. Sie sind der/die Erste, der/die über neu erschienene Bücher informiert ist oder das Inhaltsverzeichnis des neuesten Zeitschriftenheftes erhält. Unser Service ist kostenlos, schnell und vor allem flexibel. Passen Sie die SpringerAlerts genau an Ihre Interessen und Ihren Bedarf an, um nur diejenigen Information zu erhalten, die Sie wirklich benötigen.

Mehr Infos unter: springer.com/alert

MIX
Papier aus verantwortungsvollen Quellen
Paper from responsible sources
FSC® C105338

If you have any concerns about our products,
you can contact us on
ProductSafety@springernature.com

In case Publisher is established outside the EU,
the EU authorized representative is:
**Springer Nature Customer Service Center GmbH
Europaplatz 3, 69115 Heidelberg, Germany**

Printed by Libri Plureos GmbH
in Hamburg, Germany